飞行器试验工程

解维奇　李　岩　程　龙　徐　杰　著

国防工业出版社
·北京·

内容简介

本书结合航天装备工程教学和工程需要，系统介绍了飞行器试验工程的基本内容，包括基本概念、相关基础技术、测发控基本流程、飞行试验测量数据处理、试验勤务与发射指挥和项目管理等基本内容，并在此基础上结合航天发射试验工程实际精心设计了丰富的实例。

本书内容全面、丰富，与航天发射试验工程紧密结合，适合作为大学教材，也可以作为从事导弹航天试验指挥、测控等相关专业科技人员的任职培训教学用书。

图书在版编目（CIP）数据

飞行器试验工程/解维奇等著．—北京：国防工业出版社，2024.1

ISBN 978-7-118-13113-0

Ⅰ．①飞…　Ⅱ．①解…　Ⅲ．①飞行器-试验　Ⅳ．①V216

中国国家版本馆 CIP 数据核字（2024）第 010203 号

※

国防工业出版社出版发行

（北京市海淀区紫竹院南路 23 号　邮政编码 100048）

天津嘉恒印务有限公司印刷

新华书店经售

*

开本 710×1000　1/16　**印张** 21　**字数** 375 千字

2024 年 1 月第 1 版第 1 次印刷　**印数** 1—1500 册　**定价** 149.00 元

（本书如有印装错误，我社负责调换）

国防书店：（010）88540777　　书店传真：（010）88540776

发行业务：（010）88540717　　发行传真：（010）88540762

《飞行器试验工程》主要是针对装备技术保障与分队指挥需要而编写的，同时兼顾了航天测发技术与指挥专业本科生的教学需求，也适合从事导弹航天试验指挥、测控等相关专业的科技人员作为任职培训教学用书。

飞行器试验是一项复杂的系统工程，涉及导弹与航天试验场、测试发控技术、发射技术、测量与控制技术、试验测量与数据处理技术、试验勤务与组织指挥、试验项目管理等众多领域的知识与技术的综合。本书主要涵盖三个模块的内容，飞行器试验工程基础、飞行试验测量数据处理以及飞行器试验工程组织指挥与管理，力图使学生能够将理论与实践相结合，扎实地掌握航天发射试验的基本内容。本书首先介绍了飞行器试验技术基础知识，在介绍航天发射试验工程基本概念的基础上，主要介绍了与运载火箭试验相关的测试发控技术、发射技术、测量与控制技术等内容；其次，介绍了飞行试验测量数据处理，针对光学测量数据、雷达测量数据、遥测数据和安控数据处理的基本流程、误差修正的基本原理与方法及基于测量数据的弹道计算等内容；最后，介绍了飞行器试验工程组织指挥与管理，主要包括试验勤务与发射指挥、航天发射试验项目管理。

本书第 1、2 章由李岩编写，第 3、4 章由程龙编写，第 5 ~ 10 章由解维奇、徐杰编写。全书由解维奇进行统稿，郭晶晶对全书进行了校对。

本书的编写得到了酒泉卫星发射中心王家伍副总工程师，太原卫星发射中心技术部韩庆华副主任，航天工程研究所刘阳研究员，西昌卫星发射中心郑刚工程师、朱晓乐工程师，航天工程大学蔡远文教授、黄卫东教授、刘党辉教授、苑改红副教授、廖学军教授、侯兴明教授、贾玉树教授、陈凌云副研究员、王谦副研究员的大力支持与帮助。他们提供了大量的编写思路，给予了很好的意见和建议，没有他们的大力支持和无私帮助，本书是难以呈现在读者面前的。本书还参考和引用了一些论文和书籍的内容，在此也一并向有关作者表示衷心的感谢。

由于编者水平有限，加之时间仓促，疏漏和不足之处在所难免，恳请读者和专家们批评指正。

编　者

2022 年 9 月

目录

第 1 章　航天发射试验工程概述

本章是对航天发射试验工程的概述，在介绍飞行器概念的基础上，指出本书的主要研究对象是导弹和火箭，进而对航天工程、航天工程系统等基本概念进行介绍。航天发射试验是航天工程系统的重要组成部分，本章重点对航天发射试验工程的基本含义、组成、试验要素，航天发射试验工程的总体要求等具体内容进行详细阐述，为后续内容的学习奠定了基础。

1.1　基本概念

1.1.1　飞行器

《中国大百科全书》对飞行器的定义为：在大气层内或大气层外空间（太空）飞行的器械。飞行器分为三类：航空器、航天器、火箭和导弹。在大气层内飞行的飞行器称为航空器，如气球、飞艇、飞机等。它们靠空气的静浮力或空气相对运动产生的空气动力升空飞行。在太空飞行的飞行器称为航天器，如人造地球卫星、载人飞船、空间探测器、航天飞机等。它们在运载火箭的推动下获得必要的速度进入太空，然后在引力作用下完成与天体类似的轨道运动。

火箭是以火箭发动机为动力的飞行器，可以在大气层内，也可以在大气层外飞行。它不靠空气静浮力，也不靠空气动力，而是靠火箭发动机的推力升空飞行。导弹包括在大气层外飞行的弹道导弹和装有翼面且在大气层内飞行的地空导弹、巡航导弹等。有翼导弹在飞行原理上，甚至在结构上与飞机颇为相似。导弹是装有战斗部的可控制的火箭。通常火箭和导弹都只能使用一次，人们往往把它们归为一类。本书中的飞行器，就特指火箭和导弹。

1.1.2　航天工程

航天活动是人类冲出地球大气层，在太空进行航行的活动。航天活动所使用的飞行器包括航天器及其运载工具。太空一般是指地球大气层以外的区域。太空没有上边界，其下边界一般是指航天器轨道近地点所能到达的最低高度，大约距地面 100km。距地面 20~100km 高度为临近空间。距地面 20km 以内称为大气层内空间，飞机一般在这个区域内飞行，在大气层内空间的航行活动称为航空。航天器运行的太空环境与地球表面及大气层内空间环境有着极大的区别，又可细分为地球空间、太阳系空间、恒星空间和恒星系空间。地球空间通常以地球磁场作用范围为界，一般指距离地球表面65000km内，绝大部分航天器都运行在这个范围内。

航天工程是国家某航天计划进入实施阶段的实体，一般由多个系统组成，故又称为组合系统（Combined System）。美国常把组合系统分为在轨系统（On-orbit System）和地面发射系统（Launch System）。我国把在轨系统分为运载火箭系统和航天器（卫星或飞船）系统，地面发射系统分为地面测控通信系统、地面测试发控系统和地面回收着陆系统等。

航天任务是运用航天技术实现特定目标的工程项目，其范围十分广泛，已经从近地空间科学探测扩展到深空探测和载人航天，应用领域也延伸到通信、导航、遥感和气象等诸多范畴。航天任务的主要目的可以分为4大类。

一是利用太空高远位置进行观测。航天任务拓展了全球观测的手段。航天器所处的位置越高，可观测到的地球范围就越大。在轨运行的航天器可以提供各种各样的对地观测服务。夜晚遥望星空，星星在不停地闪烁，这是因为星光穿越大气层时，大气层使光线发生折射和散射。而将观测仪器（如哈勃太空望远镜或航天器所搭载的各种观测仪等）放置在大气层之外，就可以更加全面和准确地观测宇宙，其观测的范围也远远超过人类的眼睛，从而加深了人类对宇宙的认识。

二是利用太空失重的环境。航天器在轨运行时，会产生失重环境，物体所受的重力被与其方向相反的惯性力所抵消，物体重量呈现为零的现象即为失重。太空提供的失重环境使得一些在地球上不可能进行的实验过程成为可能。在失重状态下，密度不同的液体可以均匀地混合，在轨运行的加工厂可以生产新型材料和医药产品等。研究失重对植物、动物和人类生理的影响有助于我们更好地了解人类的疾病和衰老。

三是利用太空丰富的能量和资源。太阳系空间具有丰富的可开采矿产资源和能源，太阳辐射（太阳能）是人类可以利用的一种极为重要的能源，其能源含量巨大。将来可在空间建立太阳能发电站，利用光电转换发电，所产生的电能将以微波形式传输到地球上，然后通过天线接收整流转变成电能，送入供电网。月球上也具有丰富的资源，月岩中含有地壳中全部元素以及60多种矿物，其中有6种矿物是地球没有的。在月球土壤中，氦占40%，它可作为推进剂和受控环境生命保障系统的氧气来源。月球上还有大量的氦-3，它是核聚变反应堆的理想燃料。

四是探索太空。不断深入了解我们生活的宇宙，是人类科学探索中永恒的主题。

1.1.3　航天工程系统

航天任务是一项涉及面十分广泛的工程，需要由航天器系统、航天运输系统、航天发射场系统、航天测控系统和地面应用系统相互配合，组成航天工程系统。对于载人航天，还包括航天员系统及返回着陆场系统等。

1.1.3.1　航天器系统

航天器是指为执行一个特定任务，在地球大气层之外的太空按照力学规律运行的各种飞行器，如人造地球卫星、飞船、空间站和空间探测器等。航天器一般由保障平台和有效载荷组成。保障平台一般包括结构与机构分系统、热控分系统、制导导航与控制（Guidance Navigation and Control，GNC）分系统、推进分系统、测控与通信分系统、星务管理分系统和电源分系统等；返回式航天器还包括返回着陆分系统；载人航天还包括环境控制与生命保障分系统、应急救生分系统等。有效载荷是直接完成特定航天任务的专用系统，一般包括通信载荷、导航载荷、遥感载荷及各类科学仪器。

航天器一般分为人造地球卫星、空间探测器和载人航天器 3 种类型。

人造地球卫星是指环绕地球运行（至少一圈）的无人航天器，简称人造卫星或卫星。卫星是发射数量最多、用途最广的航天器。按照卫星功能划分，可以将卫星分为科学卫星、技术试验卫星和应用卫星。科学卫星用于科学探测和研究，主要包括空间物理探测卫星、天文卫星、微重力科学试验卫星等。技术试验卫星用于空间技术、空间应用技术原理性或工程性试验，如我国的试验系列卫星。应用卫星直接为国民经济、人民生产生活、文化教育服务，在各类卫星中，应用卫星发射数量最多，种类也最广泛。常见的应用卫星包括通信卫星、气象卫星、资源卫星和导航卫星等。图 1-1 和图 1-2 分别为中国的实践十三号通信卫星和风云四号气象卫星。

图 1-1　实践十三号通信卫星

图 1-2　风云四号气象卫星

空间探测器是对月球、其他地外天体和空间进行探测的无人航天器，月球是初期探测的重点。人类渴望探索神奇的未知宇宙。在踏上其他行星之前，只能依赖空间探测器帮助人类了解其他星球乃至茫茫宇宙。空间探测器包括月球探测器、行星和行星际探测器等。图 1-3 和图 1-4 分别为嫦娥四号月球探测车和卡西尼惠更斯号土星探测器。

图 1-3　嫦娥四号月球探测车

载人航天器可以分为载人飞船、空间站和航天飞机 3 种类型。载人飞船是在地球或月球轨道上运行的一次性使用航天器，能保障航天员在轨道上短期工作、生活，并能够在完成航天任务后安全返回。载人飞船由供航天员生活和工作的轨道舱，供航天员进入轨道和从轨道返回时乘坐的返回舱，装有动力、电源等设备的推进舱，与其他飞船或空间站进行对接的对接装置等组成。载人飞船既可独立执行航天任务，又可与其他航天器对接后构成一个整体，联合执行航天任务。载人空间站是在低地球轨道上运行，可供多名航天员巡访、长期工作的航天器。其用途可以从小型实验室扩展到具有加工生产和对天、对地观测及星际飞行转运等综合功能的大型轨道基地。随着用途的拓展，空间站的发展也经历了以下演变过程：从单模块空间站到多模块组合空间站，再到一体化综合轨道基地。空间站基本组成部分与载人飞船类似，但是由于航天员要在空间站内长期工作，所以要有保障航天员能长期生活和工作的设施。国际空间站是迄今为止人类航天领域规模最大的国际科技合作项目，由美国、俄罗斯、日本、加拿大等国家和组织共同承担。航天飞机是部分可重复使用的垂直起飞、水平着陆、在低地球轨道上运行的有翼式载人航天器，由助推器、外燃料箱和轨道器 3 部分组成。在航天飞机入轨前，抛掉已完成工作的助推器和外燃料箱，只有外形类似飞机的轨道器进入轨道并在轨道上运行。美国的航天飞机是目前世界上唯一可重复使用的运载系统，它是通往国际空间站的重要运载工具。图 1-5 和图 1- 6 分别为国际空间站和航天飞机。

图 1-4　卡西尼惠更斯号土星探测器

图 1-5　国际空间站

图 1-6　航天飞机

国际空间站采用桁架式结构，长为 108m，宽为 88m，总质量为 423t，电功率为 110kW，密封舱容积为 1202m³，含有 6 个实验舱，可供 6 名航天员长期驻留。国际空间站运行轨道高度为 400km，轨道倾角为 51.6°，预计寿命为 10～15 年。国际空间站的主要用途是进行遥感及微重力研究，维修卫星和为卫星补充推进剂，作为物资、航天员及航天器转运站。其中，在空间失重及真空环境下制造半导体材料、特种合金、药物、光学材料和进行植物育种等，比地面生产和培育的效果好得多，是未来空间应用的新领域。值得指出的是，为了更有效地应用空间站，人们正在研究发展空间机器人及虚拟现实技术，以使科学家能够以在地面工作替代在天上进行的各项工作，这也是一个极为重要的发展领域。

中国空间站（天宫空间站，英文名称 China Space Station）是我国建设中的一个空间站系统。空间站轨道高度为 400～450km，倾角为 42°～43°，设计寿命为 10 年，长期驻留 3 人，总质量可达 180t，以进行较大规模的空间应用。建成空间站是我国载人航天工程“三步走”发展战略的重要目标。中国空间站由天和核心舱、梦天实验舱、问天实验舱、载人飞船（即“神舟”载人飞船）和货运飞船（天舟货运飞船）五个模块组成。各飞行器既是独立的飞行器，具备独立的飞行能力，又可以与核心舱组合成多种形态的空间组合体，在核心舱统一调度下协同工作，完成空间站承担的各项任务。图 1-7 为中国空间站组成图。

随着人类对太空认识的深化和航天技术的进步，航天器技术也在不断发展，由于卫星具有很高的实用性和经济价值，将更多地进入商业化。各种应用卫星将继续提高技术水平，降低成本，扩大应用范围。对地观测方面，除发展陆地、海洋资源卫星外，还将加快地球环境监测、减灾预报等卫星的发展。在无线电中继方面，除了继续发展大容量、宽频段、大功率和长寿命的静止轨道通信卫星外，发射中、低轨道由小卫星组网的个人移动通信系统是重要发展方向，另一个重要

发展方向是卫星直接广播，采用 Ka 以上频段的大功率发射，可使地面天线小型化。在导航定位方面，为了能在全球范围任意地点实时获取多种遥感信息和实现导航定位，同时实现高速传输，航天大国正在研究建立天基综合信息网，并使其成为信息高速公路的重要组成部分，它的出现将对经济发展产生重大促进作用。

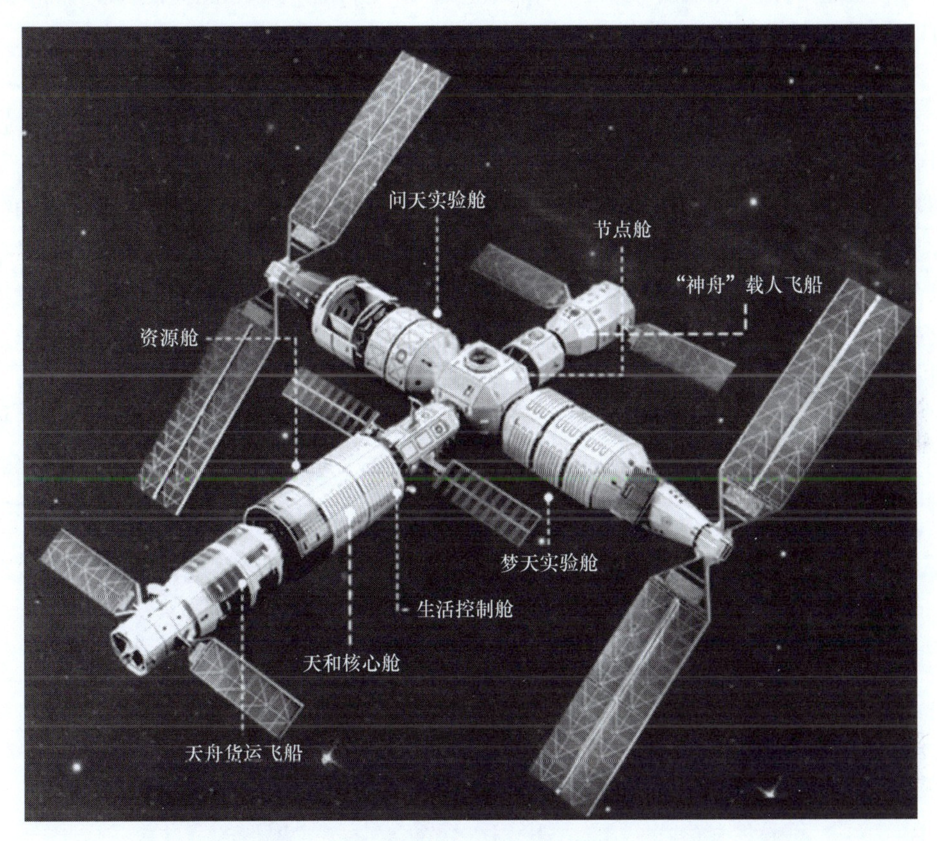

图 1-7　中国空间站组成图

深空探测过去只是初步的，美国、俄罗斯、欧洲国家、日本都将继续加强对深空的探索。美国已宣布将远征火星。随着航天技术的发展和综合国力的提高，中国也必将进入深空探索领域。中国分别于 2007 年 10 月和 2010 年 10 月成功发射了月球探测器嫦娥 1 号和嫦娥 2 号。人类对太空的探索将主要在两大方面：一是太阳系行星及其卫星探测，二是天文观测。目前太阳系内探测的重点是月球和火星。除发射环绕飞行器对星球表面进行探测外，还有着陆器、巡视器等探测方式。近年来，由于发现月球上存在着大量资源，航天大国正争相研究建造月球载人活动基地的计划。至于天文观测，今后将有数座包括不同观测谱段的轨道观测器在太空工作。

1.1.3.2　航天运输系统

航天运输系统是把各类航天器送入预定轨道的运输工具，包括一次性使用的运载火箭、可重复使用的航天飞机、空天飞机、单级入轨火箭、轨道机动飞行器（Orbit Maneuver Vehicle，OMV）和轨道转移飞行器（Orbital Transfer Vehicle，OTV）等。其中航天飞机兼具航天器系统和航天运输系统的功能。

运载火箭是指从地球把航天器送入太空运行轨道的工具，通常为多级（2~4级）火箭。运载火箭包括箭体结构、动力推进系统、飞行控制系统、遥测系统、外测安全系统和推进剂利用系统等，航天器通常由整流罩保护，飞出大气层后即可将整流罩抛掉。运载火箭的发展起步较早，德国的V-2火箭是现代火箭的先驱。1957年，苏联用运载火箭第一次把卫星送入地球运行轨道。此后，世界各国先后发射了几千颗卫星、宇宙飞船、月球探测器、行星探测器和空间站。发射这些航天器所用的航天运输系统主要就是多级运载火箭，或在第一级增加捆绑助推器的多级运载火箭。1981年，美国研制成功的航天飞机为航天运输系统增添了新的成员，这种可重复使用的运载器可以把航天器送入低地球轨道后返回地面，同时可以为航天器提供轨道支援和在轨服务，如可对在轨航天器进行维修等。图1-8为转运中的美国航天飞机。

图1-8　转运中的美国航天飞机

空天飞机是一种低成本、高效益的水平起飞、水平着陆、可完全重复使用的新一代天地往返运输系统。它是航空技术和航天技术相结合的产物，不仅可用于向空间站等在轨航天器补充人员、物资、推进剂，提供在轨服务，并把空间站等在轨航天器内制成的产品运回地球，而且可作为全球快速运输机。由于关键技术较多，特别是吸气式组合发动机一时难以研制成功，空天飞机目前尚处于概念研究和技术攻关阶段。

单级入轨火箭通常是指直接把有效载荷送入轨道的火箭。根据航天发射理论，要发射卫星，运载火箭必须将卫星加速到第一宇宙速度（7.91km/s）。而火箭的最终速度与燃烧时间或推进剂的绝对质量无关，只和推进剂燃烧时的喷气速度及推进剂的质量与火箭的结构质量之比有关。目前运载火箭所用的化学推进剂的喷气速度最大只能达到 4km/s 左右，而推进剂质量与火箭结构质量比又无法超过 10。考虑到地球引力及空气阻力引起的推力损失，最终的速度只能达到 7km/s，达不到第一宇宙速度要求，因此需要采取多级火箭方案。采用新型结构材料及新一代推进剂后，有可能可以使用单级运载火箭将航天器直接送入轨道。

轨道机动飞行器（OMV）是一种具有机动变轨和遥控操纵能力、可重复使用的空间飞行器。轨道机动飞行器建立在航天飞机、运载火箭和空间站技术基础之上，能在轨道上执行不同的任务。轨道机动飞行器除了具有天地往返运输的能力外，还是空间站的基本组成单元，其用途主要是空间平台的在轨服务，维护、回收、重新部署航天器和大型观测平台，支持空间站附近各种各样的操作活动等。轨道转移飞行器（OTV）分为 2 类：一类是地基轨道转移飞行器，即在地面上装配成一个能独立完成飞行任务的飞行器，由航天飞机或运载火箭送入预定轨道，独立完成任务后返回空间站基地，进行在轨服务、维修、补充推进剂、装备有效载荷等；另一类是天基轨道转移飞行器，它可以提供高性能的运载系统，容易适应更广泛的飞行任务，它选用的材料质量比地基轨道转移飞行器要小，能够更有效地利用推进剂，增加有效载荷的运输能力。

运载火箭目前仍然是进行航天器发射的主力工具。其中又以液体火箭居多，固体火箭大多作为助推器。运载火箭今后的发展趋势是高性能、无污染、低成本、好使用。

高性能包括大运载能力、高可靠性、高安全性。实现大运载能力的技术途径是研制采用高能推进剂发动机和轻型结构材料的大直径、大推力运载火箭；实现高可靠性、高安全性的技术途径是采用控制系统冗余及发动机冗余技术、助推器不分离技术、箭上总线及故障自诊断技术、冗余动态重组技术、火箭起飞前的系留技术、箭地一体化设计及自动脱落技术、自动加注技术等。对于载人航天使用的运载火箭，还要采用逃逸救生系统，提高航天员的安全性。

无污染是当今社会环境保护关注的焦点，无污染运载火箭今后主要采用液氢/液氧、煤油/液氧等无毒无害的化学推进剂，未来也可能发展利用核能或其他能量的运载火箭。我国新一代的大推力运载火箭将主要采用煤油/液氧作为推进剂。

实现低成本、好使用的技术途径是使运载火箭通用化、标准化、模块化。通过模块组合，形成新的运载火箭系列，满足不同航天器的发射要求，方便使用。我国将用 50t 推力的液氢/液氧发动机和 120t 推力的煤油/液氧发动机，组合成低轨道运载能力 1.2~25t、高轨道运载能力 1.8~14t 的各种运载火箭。

发展可重复使用的运载器是从技术上降低航天器发射费用和提高性能的重要

趋势。按起降方式，可重复使用的运载器大致分为三类。

第一类为垂直起飞、垂直降落的可重复运载器。美国的三角快帆单级火箭是其典型代表。其8台发动机起飞时全部工作，返回地面时利用其中4台工作减速，可全部回收再用。起飞质量为463t，有效载荷质量为4.5t。

第二类为垂直起飞、水平降落的可重复运载器。美国现有的航天飞机是其典型代表。但航天飞机维修费用高昂，每千克有效载荷的发射费大于1万美元，远高于1000美元的目标。为了降低费用，美国正研究新型的冒险型单级入轨火箭。其起飞质量为1000t，有效载荷质量为20t。

第三类为水平起飞、水平降落的可重复运载器。空天飞机是其典型代表。空天飞机采用吸气式发动机，利用大气层的氧与自带液氢作为推进剂。分单级和两级入轨两种，像飞机一样起降，可多次重复使用。

由于技术难度大，特别是防热耐高温材料和高超声速发动机的研制和试验，以及计算机专家诊断系统等关键技术一时难以突破，除航天飞机外，其他可重复使用的运载器仍在研究试验之中。

1.1.3.3 航天发射场系统

航天发射场又称为航天发射中心、航天港或卫星发射基地等，它是航天器进入太空的起点，绝大多数航天器都从航天发射场被送入太空。世界著名的航天发射场有美国的肯尼迪航天中心、范登堡空军基地，俄罗斯的拜科努尔发射场、普列谢茨克发射场，欧空局的圭亚那航天中心，日本的种子岛航天中心等。中国目前在用的航天发射场有酒泉卫星发射中心、太原卫星发射中心、西昌卫星发射中心和海南文昌卫星发射中心。

航天发射场的主要功能是牵头组织航天工程各系统在发射场试验活动的实施，对运载工具和航天器及其有效载荷进行发射前的各项测试与检查，并实施点火发射，把航天器按预定时间、方位和程序送入预定轨道。同时，在运载火箭、航天器飞行的上升段对其飞行状况实施跟踪测量与安全控制。此外，航天发射场还可进行火箭发动机试车等单项试验、各种设备的检验及推进剂的生产、贮存和检验，并可以开展运载火箭和航天器的部分研制试验工作。

航天发射场位置的选择涉及地理条件、经济条件、气象条件、地质结构条件、交通运输条件等多种因素，每个国家在选择发射场位置时都受到多种条件的限制，往往很难完全满足要求，需要综合考虑各方面的因素，平衡处理。航天发射场按区域划分，由发射准备区、发射区、试验技术区等组成；按系统划分，包括测试发射系统、指挥控制系统、测量控制系统、通信保障系统及时统、气象、运输、特种燃料等技术勤务保障系统等。图1-9和图1-10分别是美国的肯尼迪航天中心和欧空局的圭亚那航天中心。

图 1-9　美国的肯尼迪航天中心

图 1-10　欧空局的圭亚那航天中心

为完成航天发射试验任务，航天发射场拥有一整套完整的保障运载火箭与航天器的装配、测试、加注、发射、弹道测量与安全控制、测量信息接收与处理等工作任务的设施与设备。发射场设施设备的发展趋势总体而言是要适应航天器及运载器的发展，采用先进的发射技术，实行箭、地一体化设计，提高发射的安全性、可靠性，缩短发射准备时间，提高发射效率和进行环境保护。先进的发射技术主要包括液体推进剂自动加注技术、火箭起飞前的系留技术，以及将发射设备实现通用化、标准化和模块化的技术等。

液体推进剂自动加注技术是指大型液体运载火箭的远距离自动化加注，从而实现大流量、多贮箱并行加注及低温推进剂加注、补加分离控制，缩短加注时间，提高加注效率和安全性、可靠性。在发展新型大推力火箭时，为充分利用运载能力，将二级以上推进剂贮箱加注口下移至火箭尾端，减少加注连接器数量，低温推进剂加注、补加管路分开，采用具有自动对接、分离功能的加注连接器等措施；同时研制新型的低温真空绝热容器、阀门、管路和大流量高扬程的液氧泵和煤油泵等。

火箭起飞前的系留技术包括地面发射台利用自主式系留发射装置、箭上发动机推力检测装置和自动化控制释放装置 3 部分。地面发射台利用自主式系留发射装置是在全部发动机未能同时启动工作、起飞推力未达到额定值前牵制住运载火箭，不让故障火箭飞离发射台，防止事故的发生。火箭起飞前系留的技术途径是：系留装置采用远距离机构、爆炸复合型方案或远距离爆炸释放型分离螺栓方案，推力检测采用 VXI 总线、计算机巡回检测方案，自动控制采用计算机联锁控制方案。

采用先进的推进剂废液废气处理技术，解决液体推进剂对发射场环境带来的污染，实现环境保护，是发射场设施设备的一个发展方向。煤油燃烧法这一无污染推进剂废气处理法目前已有成熟的技术和设备可以利用；可贮存推进剂废液处理技术目前仍在探索试用之中。目前废液废气处理方法常用的有臭氧氧化法、氯化氧化法等化学方法，也有自然净化法、二氧化钛光催化降解法等物理方法和燃烧方法，处理工艺正在向实用化、自动化方向发展。

指挥手段信息化是发射场设施设备的又一重要发展方向。目前发射场测试发射指挥设备，已普遍使用现代化 C^3I（指挥自动化技术，Command、Control、Communication and Intelligence）系统。为使测试发射的决策指挥更加准确、快速、安全、可靠，适应载人航天、自动交会对接、建造空间站和空间探测的发展趋势，发射场测试发射指挥系统向信息化发展是必然趋势。其发展方向是：采用先进的传感器技术、电视技术及红外成像技术监测、监视测试发射设施设备的工作状态、技术参数、工作场景和工作过程；采用先进的无线电通信、光纤通信、卫星通信、激光通信技术，发展大容量、宽频带、数字化的高速传输网络和天基信息网络，快速传输发射决策所需要的测试发射、测量控制、勤务保障系统信息；采用仿真、智能专家系统和存储容量大、运行速度快的计算机组成巡回监测系统、故障自动诊断系统、准时发射系统、发射程序自动重组或中止系统、航天员应急救生决策系统等，利用所获得的各种现场信息，及时发现和处理测试发射过程中的异常、紧急和危险情况，使测试发射的决策、指挥效率更高，安全性、可靠性更好。

取消或减少发射塔架电缆摆杆是提高航天发射安全性和可靠性的一个重要方面，为达到这一目的，需要实行火箭与发射场系统的一体化设计，如在运载火箭上采用 VXI 总线技术，优化电缆设计，减少传输电缆及连接插头数量并将脱落插头位置下移到火箭尾端。

1.1.3.4 航天测控系统

航天测控系统是航天工程系统的重要组成部分，用于对航天器和运载火箭发射与飞行过程进行跟踪测量和控制。航天测控系统一般通过通信网络汇集若干个或数十个具有不同功能的测控台站或测量船、测控飞机及地面测控中心，从而实现对发射阶段和空间飞行阶段运载火箭和航天器的位置、姿态及状态进行跟踪测量与控制。随着卫星技术的发展，数据中继卫星也成为航天测控系统的重要组成部分。由于航天测控系统在航天器发射、运行、返回等各阶段起着十分关键的作用，因此必须具有可靠性高、实时性强、轨道覆盖率高、功能强大、数据量大的技术特点。

航天测控系统由跟踪测量系统、遥测系统、遥控系统、实时计算机处理系统、监控显示系统和事后数据处理系统等组成。跟踪测量系统包括光学测量系统和无线电外测系统，用于获取火箭、航天器的轨道参数和物理特性参数，拍摄和记录运载火箭的飞行状态（含姿态）图像；遥测系统由航天器或运载火箭上的数据采集设备，编码器，调制器，发射机和地面接收、解调、记录显示等设备组成，用于获取航天器上的工作状态和环境数据，航天器上所载仪器的测控数据也通过遥测链路上传；遥控系统包括安全遥控系统和航天器遥控系统，包括地面控制指令产生器、编码器、调制器、发射机、发射天线和航天器或运载火箭上指令接收机、译码器等设备，用于运载火箭实时的安全控制和航天器的轨道控制、姿态控制及航天器上所载仪器、设备的工作状态控制，或向航天器上的计算机注入数据；实时计算机处理系统包括各种计算机硬件和外部设备以及相应的软件，用于实时计算测量系统和遥测系统所获取的信息，为指控中心提供显示数据，为遥测系统提供引导信息；监控显示系统由监视显示台、大屏幕、电视监视器和各种记录设备组成，用于指挥人员观察航天器的发射过程及飞行实况，以便实施指挥控制；事后数据处理系统由计算机、判读设备、磁带（盘）记录重放设备、打印显示设备、频谱分析设备、数据存储设备以及相应的软件组成，其主要任务是精确处理运载火箭和航天器轨道数据和遥测数据，提供处理结果报告。图 1-11 和图 1-12 分别为航天测量船和航天地面测控站。

图 1-11　航天测量船

图 1-12　航天地面测控站

航天测控系统还需要数据通信系统和时间统一系统来支撑，数据通信系统把各级指挥中心、发射场区、返回场区和测控站联系起来，完成各种数据、话音和图像等信息的传输。时间统一系统由定时接收机、标准频率源和时间码产生器等设备组成，为各种测控设备提供统一的时间基准和频率基准。

因测控任务要求不同，航天测控系统中的站点布局、设备配置、设备性能会有所差异。中国航天测控系统按照布局划分，整个测控网包括北京航天飞行控制中心、西安卫星测控中心、三大航天发射场首区测控系统、陆上固定和活动测量站、海上测量船及连接它们的航天测控网等。按系统划分，包括跟踪测量系统、遥测系统、遥控系统、数据处理系统、通信系统、时间频率系统和指挥监控系统等。卫星测控系统是数量最多的一类测控系统，我国幅员辽阔，充分利用国内陆上测控站可以基本完成卫星发射及在轨运行阶段的测控工作。载人航天测控系统是为载人航天器的发射、在轨运行及返回着陆提供支持的测控系统，由于需要及时掌握航天器的运行状态和航天员的生理状态，载人航天测控的突出特点是高覆盖率、高安全性和高可靠性，并能够与航天员进行话音和图像通信，因此一般需要全球布站（地面固定站或测量船）。深空探测测控为月球、行星和行星际等深空探测服务，其主要特点是作用距离远，要求地面测控通信站配备大口径天线和高灵敏度的接收系统。

随着航天技术的发展和应用需求，对航天测控系统也提出了各种新的要求；而随着航天器上探测设备种类的增加和性能的提高，需要下传的数据量也急剧增大。航天测控系统的发展趋势有以下三个方面：

一是由地基测控向天基测控发展。天基测控是指利用高轨道卫星的转发功能或由其发射信号完成对中、低轨道航天器完成全部或部分测控的任务。目前跟踪与数据中继卫星系统已经能同时完成制导、导航与控制三大测控功能，全球卫星导航系统的七维导航能力可为航天器提供高精度测轨和定时，而且还能提供传统地基测控网所不具备的许多测量功能。

二是拓展应用毫米波和激光通信技术。航天测控网已从最初利用 HF 波段、VHF 波段发展到利用 Ka 波段和激光的通信链路，以提高数据传输速率。目前，各国的中继卫星和深空网均采用 Ka 波段，可提供 3.5GHz 的总传输带宽。工作频率的提高，在相同数据传输速率下，可减小收、发天线的直径，从而减小星载数传设备的质量和占用空间，甚至数据中继卫星上都有采用直径小的、易于制作的固定抛物面天线的可能。利用激光束传递数据，可使数据传输速率进一步提高，而且抗电磁干扰能力更强。在真空的卫星—卫星链路上使用激光，没有大气等不利因素的影响，近于理想自由空间，数据中继卫星以上千兆比特/秒的速率传递数据只需使用几十厘米直径的天线。

三是测控设备软件化。随着数字化技术和数字信号处理器（Digital Signal Processor，DSP）、现场可编程门阵列（Field Programmable Gate Array，FPGA）及专用集成电路的发展，其性能不断提高，地面和航天器上测控设备已在向软件化方向发展。

1.1.3.5　地面应用系统

航天系统的最终目的是为科学研究、技术试验、国民经济和社会发展服务。

应用系统由有效载荷、有效载荷公用设备、有效载荷应用中心和应用终端系统等组成。其中，前两部分装载在航天器上，是应用系统的空间部分，而后两部分为应用系统的地面部分。

根据航天任务目的不同，需要设置各类不同的地面应用系统。如：为开展电话、通信、数传业务而设置的卫星通信地球站；为对地球资源卫星进行跟踪、测量并接收、记录和处理卫星传输信息的地面应用中心；为实现全球导航服务的地面站等。

1.1.3.6 航天员系统

航天员系统负责选拔培训合格的航天员，对航天员实施医学监督与医学保障，设计合适的人工环境并研制相应的专用设备，以保证航天员在空间的生命安全，并为航天员提供合适的工作和生活保障条件。按任务和功能要求，航天员系统一般包括航天员选拔训练、航天员医学监督与保障、航天服、航天营养与食品、失重生理效应与特种防护、航天器载荷及医学评价、地面模拟设备、飞行训练模拟器和航天医学、工效学等分系统。

航天员系统是一个航天医学和航天工程相结合的系统，涉及人、机器和环境的各个方面，其具体内容包括合格的航天员、装载到航天器上的产品、地面配套设备、医学工效学要求及航天医学研究成果等。

1.1.3.7 返回着陆场系统

返回着陆场用来安全回收由轨道上返回地球的容器。根据返回容器的不同，可分为几种不同的返回着陆情况：照相观测卫星的返回物，即一个装有胶卷的容器，不自带动力，降落到离地面一定高度时打开降落伞减速，本身对落点无控制能力，由于受风速等的影响，落点散布范围很大，着陆场一般称为回收区；载人飞船的返回舱可以改变升阻比，从而具有一定横向机动能力，可以采用有升力控制方式，而且可以采用由航天员操作的可控翼伞，从而对落点有一定的控制能力，便于快速找到返回地球的航天员；可重复使用的航天器，如航天飞机、空天飞机，自身带有动力及机翼，具有较大的横向机动能力，降落时能选择固定跑道。

返回着陆场系统的主要任务是提供航天器（主要是载人飞船）返回着陆区、对返回轨道出故障后的部分进行跟踪测量、对返回着陆后的航天员及返回舱实施搜救与回收。返回着陆场一般分为主着陆场、副着陆场和应急返回着陆区 3 类。主着陆场是航天器返回的区域；副着陆场一般为主着陆场的气象备用着陆场；应急返回着陆场是在出现危及航天员生命安全的异常情况下，航天器应急返回的着陆区域。

返回着陆场的技术装备一般是可搬运的，或是安装在可运动载体（如飞机、车辆、舰船）上的机动设备。从功能上划分，包括跟踪测量设备、空中搜索救援与回收设备、地面搜索救援与回收设备、气象保障设备和通信保障设备等。搜索设备包括目视搜索设备和无线电搜索设备。目视搜索设备如望远镜、夜视仪等；无线电搜索设备主要是各种短波、中波或超短波无线电定向仪，用于发现目标发出的信标，并确定目标相对搜索设备的方位。

航天飞机的着陆场需要专门建造机场或利用现有的大型航空机场，其跑道长度一般要达到 3~5km，并配置着陆导航系统。

1.2　航天发射试验工程基本概念

1.2.1　航天发射试验工程

航天发射试验是指以航天器及其运载工具为试验对象，运用测试技术和发射技术，按照一定的程序和规范，进行技术准备和实施发射的过程。航天发射任务是一系列试验活动的总称，包括航天器及其运载工具进入发射场后所进行的全部检查、测试、装配、转运、起竖、对接、推进剂加注、发射前检查、发射及事故处理等工作，同时也包括航天发射场相应的勤务准备及地面测量控制与飞行试验结果分析。

航天发射试验成功的标志是将航天器按预定程序送入预定轨道，并开展工作。

航天发射试验工程作为航天工程的组成部分，是一门研究航天发射各相关系统的组织管理、工程技术、发射场建设及其有关设施设备的设计、制造、试验和使用的系统工程，它与运载火箭、航天器技术有着密切的联系，也随着运载火箭、航天器技术的发展而发展。航天发射试验工程在规划和论证时，要根据航天任务的特点，结合航天发射场的试验能力综合考虑。如航天器的类型、轨道倾角和高度、质量、外形结构尺寸和特征；运载火箭的型号（如级数、有无助推器等）、发射方位角、运载能力、外形尺寸、起飞质量、推进剂类型及其在发射场的工作流程、运输方式等。同时还要考虑发射首区、航区的安全和地面测控系统的站点布局等。

航天发射试验工程以系统工程为基础，以高标准、高质量和高效益完成航天发射试验任务为目标，其研究的主要内容包括：

（1）发射场建设。如发射场布局规划、各种发射设施设备建设等。

（2）发射试验组织指挥与管理。在航天发射场的统一组织下，协调各参试单位完成对发射任务的实施。

（3）运载火箭、航天器的测试与发射包括测试项目、测试方法、测试程序、质量与安全性控制等。

(4) 航天器飞行地面测量控制技术、安全控制技术、信息处理与传输技术、数据分析与处理技术等。

(5) 勤务保障技术，如火箭推进剂贮存与加注技术、发射通信与气象保障技术、供配电、供配气、发射场勤务保障的安全性与可靠性技术等。

航天发射试验工程具有以下一些特点：

(1) 国家决策的大型工程。

航天发展战略、技术发展规划及大型航天工程是由国家最高领导集体进行决策的。航天工程及其应用对国家的政治、经济、科技发展和国家安全都有重要意义，经费投入也非常巨大，陆上测控站或航天测量船的布站甚至需要进入其他国家的领土或领海。工程涉及面广泛，任何社会团体或个人都无法完成这项工程。

因此，航天发射试验工程一般都需要由国家（或由国家赋予职能的管理部门）实施决策，规定其管理体制、试验目标及试验实施过程中的关键节点。

(2) 科学管理的系统工程。

航天发射试验工程参与系统多、风险高、规模大、技术复杂，是一项大型系统工程。航天发射试验工程是以航天工程项目开发为研究对象，以系统科学等相关理论为基础，采用系统科学的研究方法，充分利用先进的科学和技术成果，发挥系统整体的最佳功能和最优效益，达到最优设计、规划、决策、实施和控制的一门专业工程技术和组织管理技术。

航天发射试验工程包含两个并行的基本过程，一个是技术工程过程，另一个是管理工程过程。技术工程过程是运用工程原理、技术、设备、资料等手段，制定实现工程目标的整体方案、实施途径和实施程序的过程。管理工程过程是运用系统分析、系统决策、系统评估以及综合运筹等手段，制定型号研制整体实施计划，组织协调技术、经济、质量、进度、保障措施的运行，对技术工程实施管理与控制的过程。在具体实施过程中，形成了行政总指挥和型号总设计师两条线的管理体制，即“两总系统”。

为适应航天技术发展的要求，航天发射试验工程通过引进现代项目管理方法，极大地提高了发射试验的可靠性、安全性和效能。

(3) 高可靠性、高安全性、高成本的高风险工程。

航天工程巨大的政治影响、应用价值和高昂的经济成本对航天发射试验工程提出了极高的安全性和可靠性要求，因此，航天发射试验工程必须按照万无一失、确保成功的管理理念组织实施。在实施过程中，航天发射试验的管理原则是进度服从于质量，对于重要和关键节点要进行质量评审，不能带有疑点转入下一个阶段或发射；对于航天发射试验过程中出现的质量问题必须按照“双五条”

标准组织归零，即技术问题的五条归零标准和管理问题的五条归零标准；对于特殊情况无法归零的问题，必须要有明确的不影响飞行试验成功的结论。

1.2.2　航天发射试验工程系统

航天发射试验工程作为航天工程的一个重要组成部分，是一个庞大的系统工程，从系统组成上包括试验组织指挥系统、测试发控系统、测控通信系统、勤务保障系统；从技术内容上包括航天发射场建设与信息化建设、测试与发控、测量与控制、试验组织与指挥、试验故障诊断与处理、试验质量管理、试验训练与仿真、试验可靠性与安全性、数据处理与试验分析、试验装备管理与延寿、发射试验项目管理等。

航天发射试验工程系统的主要任务是把研制方案变成工程上的具体要求，并综合成一个工程上可行、技术上合理、经济上合算、研制周期短、能够协调运行的实际系统，高标准、高质量、高效益地完成航天发射试验任务，将航天器送入预定轨道。在研究航天发射试验工程系统时，不仅要研究其性能指标及与航天工程各大系统间的接口关系，更需要研究在各个组成部分的相互作用和相互影响下形成整个系统的总体特性和功能。

航天发射试验工程系统结构如图 1-13 所示。

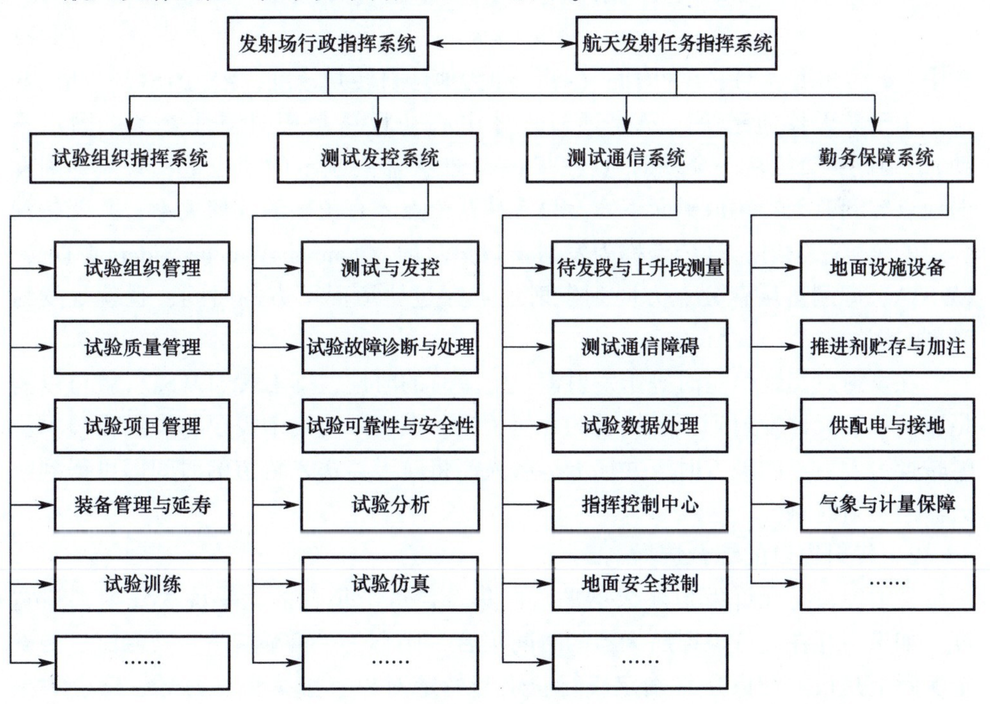

图 1-13　航天发射试验工程系统结构图

1.2.3 航天发射试验要素

1.2.3.1 发射窗口

1）发射时刻

在航天发射任务中，发射时间（又称发射窗口）包括发射时刻和允许发射的时间长度（发射窗口宽度）。发射时刻是指在确定的发射地点将航天器直接送入预定轨道的时间（计算时需要考虑运载火箭的飞行时间），即运载火箭发动机点火的时间。由于航天器预定的轨道平面在惯性参考系中是固定不动的，地球上的发射地点将在地球自转过程中与轨道平面周期性相交（如果不相交，则该发射点无法直接将航天器送入预定轨道）。此时存在一个发射时刻。

人类在日常生活中使用的是太阳时，但由于地球绕太阳旋转，因此在设计航天器发射时刻时，太阳时就不是一个很好的参考时间，需要使用以春分点作为参考点的恒星时。在恒星时里，由于测量的是地球的自转，把时间定义为一个角度更有意义，通过测量发射地点的经度和预定轨道之间的角度就可以得出发射时间。如果经度使用发射点当地的经度，从上一次经过当地经度到现在的时间定义为本地恒星时（Local Sidereal Time，LST）。

测量时间和角度的换算关系为

$$\varphi = t \times \omega_t \tag{1-1}$$

式中：φ 为角度（°）；t 为时间（s）；ω_t 为地球自转角速度，约为 15（°）/h。

由于航天器轨道平面总是通过地球中心（且总是相对惯性参考系固定不动）。因此，直接从一个发射地点发射一个航天器到预定的轨道上，必须等到发射地点转到航天器轨道平面下方。只有在这个点才有正确的几何关系，并能找到合适的角度来发射，这个点称为发射窗口恒星时（Launch Window Sidereal Time，LWST），即测量从春分点方向到发射地点穿过轨道面下方的时间，也就是发射时刻。

在发射点当地恒星时等于发射窗口恒星时的时候，即 LST=LWST，就可以满足直接将航天器发射到预定轨道的几何关系。在实际应用中需要将发射窗口恒星时转换为发射点的地方时，并加上运载火箭将航天器送入轨道的时间即可得到航天器的发射时刻。

2）发射窗口的综合选择

发射窗口是允许发射航天器的时间集合，这个集合的大小称为发射窗口宽度。如果不存在允许发射航天器的时间集合，则称为“零窗口”。发射窗口的确定实际上是根据约束条件确定飞行轨道与特定对象（如太阳、月球、交会对象等）之间的相对位置。在确定发射窗口时，要对各种对发射时间有影响的限制条件分别加以分析和计算，通过综合分析，确定特定任务的发射窗口。由于太阳、地球和其他星体的相对位置在不断变化，即使发射同一类型、同一轨道的航天器，其发射窗口也不是固定不变的。

发射窗口包括年计发射窗口、月计发射窗口和日计发射窗口。

年计发射窗口规定某年内连续几个月可进行发射。对于发射行星际探测器，一般要规定年计发射窗口。以发射哈雷彗星探测器为例，由于哈雷彗星的运行周期为 76 年，每 76 年中，只有其中一年的连续几个月哈雷彗星离太阳最近，在这段时间内适合于发射哈雷彗星探测器。因此，发射哈雷彗星探测器要规定年计发射窗口。发射火星探测器时，2 年内才有一段时间的发射窗口。

月计发射窗口规定某月内连续几天可进行发射。对于发射水星、金星等行星探测器，一般要规定月计发射窗口。以发射水星探测器为例，由于水星绕太阳公转的周期为 88 天，每年中与地球会合 3 次，会合时的前后几天水星离地球最近，这段时间内发射水星探测器最为合适。所以，发射水星探测器要规定月计发射窗口。

日计发射窗口规定某天内连续一段时间可进行发射。日计发射窗口的选择受到众多因素的影响，如发射时应具有良好的气象条件、发射后航天器应能进入预定轨道等。预定轨道的选择与飞行任务密切相关，如：利用太阳能电池的航天器发射后运行的轨道面，需要有良好的太阳光照射；进行对地观测的航天器，当航天器飞越观测区域上空时，该区域应阳光充足；进行对接的航天器入轨时应能与在轨飞行的航天器交会，完成对接任务。同时，发射窗口的时间范围与火箭的机动飞行能力密切相关。

选择发射窗口是一个复杂的综合决策。一般先根据各种影响因素，提出希望和允许的发射时间段，然后通过综合分析，根据不同发射时间段对发射试验目的的影响，排列出最佳发射窗口、较好发射窗口和最低允许发射窗口。航天器最终发射时间是由日计发射窗口来确定的。

归纳起来，影响发射窗口的主要外界条件大体分为以下几类：

（1）天体运行轨道条件。以探测某一天体（如太阳、月球、行星、彗星等）为目的的空间探测器要与目标天体接近或相遇，必须在地球与目标天体处于一定的相对位置之前或之后的某个时间段内进行发射，如果错过这个时间段，地球与天体之间的位置发生变化，发射窗口和飞行线路也会随之改变。

（2）航天器运行轨道条件。近地轨道航天器的交会和对接、用多颗非静止轨道的通信卫星和导航卫星组成专用网，都必须根据轨道分布的要求，严格按照规定的时间范围发射。

（3）航天器在轨工作条件。执行各种任务的地球应用卫星往往要求卫星、地球和太阳之间有一定的相对位置，而卫星有特定的姿态，以保证卫星上的设备能正常工作和完成预定任务。例如：要求太阳光以一定的方向照射卫星，以保证太阳能电池正常供电；地球资源卫星、照相侦察卫星要求目标区域有较好的地面光照条件，太阳同步卫星要求长期不进入地影。航天器上的姿态测量设备工作时，需要航天器、地球和太阳之间处在一个较好的相对位置。这时测量航天器的飞行姿态精度较高，由于地球自转且绕太阳公转，而公转的黄道面与赤道面成27°23′的夹角，因此发射时太阳、地球和卫星轨道面三者之间的相对位置关系是一定的，直接影响到卫星的日照、阴影时间及太阳光入射方向，从而影响到卫星舱内温度。这些要求都对发射时间构成一定限制。

（4）其他条件。其他条件包括地面观测的需要、航天器返回地面时的光照及气象条件等。1970 年 4 月 24 日，在中国酒泉卫星发射中心用长征 1 号运载火箭发射我国第一颗人造地球卫星东方红一号时，发射时间定在北京时间晚上 9 时 35 分，这时发射场当地的太阳已落山 1 个多小时，天空漆黑一片，但当运载火箭升到 400km 左右高空，把卫星送入轨道时，第三级火箭及卫星仍能受到太阳光的照射。此时在地面，人们用肉眼就能看到进入轨道运行的第三级火箭及卫星。对于返回式卫星和载人飞船从轨道返回地面时，一般都希望在白天，以方便寻找返回后的航天器；同时希望着陆区域气象条件较好，没有大风等恶劣天气，以便于降落伞打开。

发射窗口的选择要同时满足前述各方面的要求是有困难的，但应尽量兼顾各方面的要求，合理选择，进行适当取舍。

1.2.3.2 发射方位角

发射方位角定义为发射点天文正北方向与运载火箭发射方向的顺时针夹角。航天器轨道平面相对于惯性参考系是固定不动的，其在空间的位置取决于发射场的地理纬度 L_0 和发射方位角 β，同时还取决于航天器脱离地球表面的时刻。

对于给定的某发射点，轨道倾角与发射方位角的关系为

$$\cos i = \sin\beta\cos L_0 \tag{1-2}$$

式中：i 为航天器轨道平面的轨道倾角；β 为发射方位角；L_0 为发射场的地理纬度。

由式（1-2）可得，运载火箭向正东发射，即 $\beta = 90°$ 时，航天器轨道倾角等于当地地理纬度，这也是该发射场发射航天器轨道的最小轨道倾角。

由式（1-2）还可得，轨道倾角 i 必然不小于发射点的地理纬度 L_0，因此在中国酒泉卫星发射中心采用直接方式发射的航天器轨道倾角一定大于 40°。若要求轨道倾角大于 90°，则：$\beta < 0°$，发射方向为西北；或 $\beta > 180°$，发射方向为西南。由于中国酒泉卫星发射中心和太原卫星发射中心在中国的西北部，发射太

阳同步轨道卫星时（轨道倾角大于 90°），如果发射方向为西北，则运载火箭一级残骸将落入国外，而向西南方向发射时，则可以落入我国境内，并可充分利用国内的陆上地面测控站。因此，一般均选择西南方向发射太阳同步轨道卫星。

$i > 0°$ 时，航天器轨道在赤道平面内，称为赤道轨道，如地球同步轨道就是赤道轨道。目前无法直接将航天器送入该轨道，一般采用霍曼轨道转移方法先将航天器送入地球停泊轨道，经过火箭三级发动机的二次点火将航天器送入远地点为 36000km 的大椭圆转移轨道，最后通过航天器上的远地点发动机点火进入地球同步轨道。

$0° < i < 90°$ 时，航天器轨道称为“顺行轨道”，多数卫星采用这种轨道。顺行轨道卫星发射方位角为东南方向，可以利用地球自转角速度，从而节省发射能量。

$i = 90°$ 时，航天器轨道称为“极轨道”。极轨道上的卫星通过地球南北极，可以观测整个地球。

$90° < i < 180°$ 时，航天器轨道称为“逆行轨道”。发射逆行轨道航天器需要补偿部分地球自转速度，因此，如无特殊需要一般不会发射逆行轨道航天器。太阳同步轨道就属于这类轨道，由于其轨道倾角接近 90°，一般也将太阳同步轨道卫星近似称为极轨卫星。

综上所述，在某一个发射场发射不同轨道的航天器，需要不同的发射方位角。在运载火箭起飞后无法进行横向机动的情况下，需要在发射场同一发射塔架后面建设很多不同射向的地面瞄准间。

1.2.3.3　发射场位置

由于运载火箭发射后大致在一个包含发射点在内的发射平面内运动，所以航天器轨道平面和发射平面相差不大。在任何发射位置向正南或正北发射，都可以发射大轨道倾角的卫星。但如果要发射小轨道倾角的卫星，就受到发射点纬度的限制。如果不考虑消耗相当能量的横向机动，发射点纬度值就是从该发射场能直接发射的最小轨道倾角值。这就是说，发射点纬度限制了该发射场所能直接发射的最小轨道倾角。如果要发射更小轨道倾角的卫星就需要采取横向机动，同时要消耗较多的能量。

航天器进入轨道的速度包括运载火箭关机时的速度和发射地点由于地球自转引起的切向速度。在向东发射时，地球自转赋予的初速度较大，使得火箭所应提供的速度增量可适当减小。发射点在赤道时地球自转初速度最大，为

$$V_{赤道} = \frac{15(°)}{h} \times 6378.137\text{km} = 0.464\text{km/s}$$

随着发射点纬度增加，初速度逐步减小，发射点初速度与发射点纬度关系为

$$V_{发射点} = 0.464\text{km/s} \times \cos L_0$$

粗看起来，这一初速度比第一宇宙速度（7.91km/s）小很多，但是对运载能力的影响却很大。在向南（或向北）发射极轨卫星时，向东的初速度没有得到利用，其运载能力就比向东发射小，对一些运载火箭运载能力要小一半，所以大多数卫星总是向东发射。

对于太阳同步轨道卫星，由于是逆行轨道，发射方位角总要大于180°，运载火箭飞行时不但得不到地球自转速度的帮助，还要消耗能量抵消地球自转的影响，因此，大大降低了火箭的运载能力。

选择低纬度地区建设发射场对发射地球静止轨道（Geostationary Orbit，GEO）卫星还有一个好处，即卫星需要消除的轨道倾角小，节省了卫星变轨能量。这是因为火箭将卫星送入的轨道是地球同步转移轨道，卫星工作的轨道是地球静止轨道，由地球同步转移轨道到地球静止轨道的变轨任务一般由卫星自身承担，卫星在远地点附近变轨除了需要增加速度外，还需要改变速度方向，以消除轨道倾角。如果转移轨道的倾角小，卫星需要改变轨道的倾角也就小，消耗卫星的能量就少，卫星运行寿命就容易延长。

目前大多数商用卫星，如通信、广播和气象卫星都在赤道轨道运行，因而发射场越接近赤道，则发射运载火箭和航天器的效率越高，这种效率可转换成卫星在轨附加寿命或火箭增加的运载能力，图1-14给出当代各种一次性使用运载火箭由不同纬度发射场发射地球静止轨道卫星时运载能力增加量的百分比。比较的参考点取纬度为28.5°N的发射场，相当于美国佛罗里达州的卡纳维拉尔角发射场或中国西昌卫星发射中心。图中曲线表明，如果发射场建在赤道地区，则可增

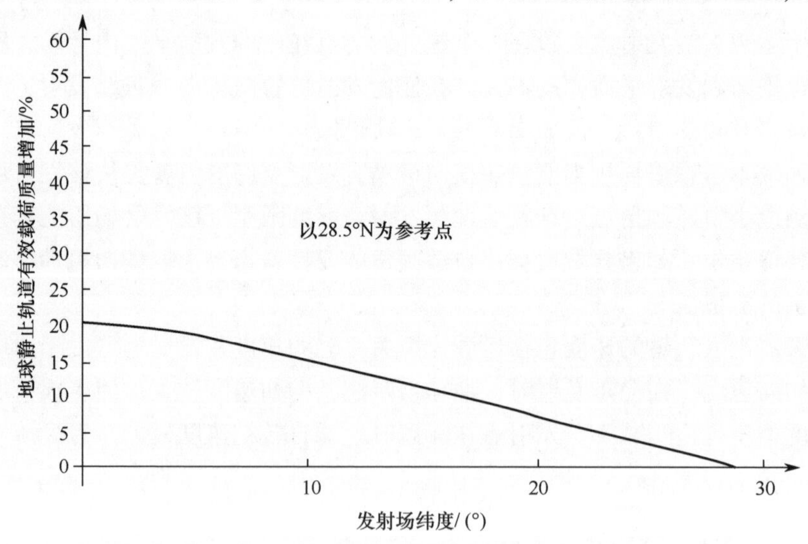

图1-14　发射场纬度和地球静止轨道有效载荷质量增加之间的关系

20%的运载能力。对地球静止轨道卫星来说，如中国发射场建在海南三亚，则可增加11%的运载能力，这部分运载能力的增加可以转化成有效载荷质量的增加。

目前，国际公认理想的航天发射场是南美洲圭亚那航天中心，其地理纬度为北纬5°，阿里安系列运载火箭均在此发射，这也是阿里安系列运载火箭在国际商业发射市场上一个重要的竞争优势。

由此可见，在选择发射场址时应尽量靠近低纬度地区，最好选择在赤道附近，这样才不会影响小轨道倾角卫星的发射。此外，低纬度发射场还可以使火箭得到更大的地球自转赋予的东向初速度，提高运载能力。越靠近地球赤道，地球自转速度越大，从而可利用更多的地球自转速度。我们可以粗略估计，地球赤道上某点转动的速度约为0.96km/s（假设地球半径为6371km），而非赤道上某点，如美国肯尼迪航天中心（位于北纬28°23′）地球旋转的速度为0.4km/s。因此，在肯尼迪航天中心发射需要提供额外的0.06km/s速度所需的能量。由于各国国土面积、地理环境、安全因素、气象条件和交通环境等因素影响，其航天发射场址选择都是综合各种因素决定的。

1.3 航天发射试验工程总体要求

1.3.1 发射能力

发射能力是指发射系统具有的发射航天器类型及运载火箭型号的能力。发射能力是发射系统总体设计的最基本要求，具体要素包括以下2个方面：

（1）航天器的类型、轨道倾角和高度、质量、外形结构和尺寸特征等；

（2）运载火箭的型号（如级数、有无助推器等）、发射方位角、运载能力、外形尺寸、起飞质量、推进剂类型及其在发射场的工作流程、运输方式等。

同时还要考虑到发射首区、航区的安全和测控系统的站点布局等因素。

发射系统满足不同航天器和运载火箭发射的程度，体现了发射能力的高低。发射系统除满足现有总体要求规定的航天器和运载火箭发射要求外，还应预留适应性改造的空间和接口，一旦未来新型航天器和运载火箭提出新的发射需求，可以有效地缩短建设周期，降低建设费用，满足发射要求。

1.3.2 发射可靠性与安全性

发射可靠性是指按照确定的发射要求，在规定的时间内成功进行发射的可靠程度。发射可靠性主要取决于地面发射和测控设施设备的可靠性和可维护性、发射试验方案及各种预案的完善程度、人员的心理素质和技术熟悉程度。

发射安全性主要是指在发射和准备过程中，保证人员不受伤害和设备不受损坏的能力。

在航天发射场建设和发射实施过程中，安全性往往具有决定性的作用。发射场安全性评估主要包括：分析研究发射场区易燃易爆品的种类、数量、爆炸威力和危险区范围；航区安全控制区范围内的人口、城镇、交通枢纽分布情况；运载火箭一级、助推器、整流罩坠落区及航天器回收区的人口分布情况等内容。最后要形成发射安全性分析评估报告。

可检测性是保证发射系统可靠性和安全性的一种措施，是对关键系统的故障检测和预测。可检测性包括故障的检测和评估、有毒及易燃气体的预警、发射场环境保障设备的检测和调节。供配电、供配气及推进剂加注系统的检测和调节通过使一些关键系统工作总是处在监控之中，提高发射系统的可靠性和安全性。

可维护性是指在给定的时间内和条件下，或者是一次正常发射后，进行下一次发射前仍能保持和恢复发射系统良好技术状态的概率。可维护性是通过设计确定的，如：勤务脐带塔上的设备会受到发射时环境效应的影响，设计中应该考虑防止射流烧蚀和振动冲击；加注系统应考虑推进剂的强腐蚀性，加注管道、阀门等除了具有防腐蚀性外，还应便于更换，对于长期处于室外和恶劣环境下工作的设备必须要考虑到其可更换性。因此，发射场在建设过程中要考虑到设施设备以通用化、系列化和组合化为主要内容的标准化建设问题。

1.3.3 发射成本

发射成本是指进行一次航天发射所消耗的全部费用。除任务实施中消耗的发射费用外，发射成本还包括发射设备运行日常维护费用。缩短发射周期、提高试验质量，也可降低发射成本。

航天发射试验作为一项大型系统工程，在确保质量和成功的前提下，必须按照工程经济学的要求提高试验效能。

1.3.4 环境保护

环境保护的要求包括：明确发射试验过程中产生的废液废气种类、成分、数量以及对环境影响的范围和程度，研究治理方案；分析研究发射噪声的危害范围及隔离措施；形成对环境影响的综合评价，并采取有效措施等。

1.3.5 气象保障

气象保障的要求包括为发射试验任务提供长、中、短期天气预报，及时发布危险大气警报，为选择发射窗口、产品转运和发射时机提供气象服务；同时完成高空大气参数的探测，为进行大气折射指数的修正、高空风的修正、加注量的计算等提供测量参数等。

思考题：

1. 航天任务的主要目的有哪几类？
2. 航天工程系统主要包括哪些分系统？
3. 什么是航天发射试验？
4. 航天发射试验工程的特点有哪些？
5. 航天发射试验工程系统的主要任务有哪些？
6. 什么是发射窗口？
7. 发射窗口类型有哪几种？
8. 影响发射窗口的外界因素有哪些？
9. 什么是发射方位角？
10. 发射能力的具体要素有哪些？

第2章　运载火箭与航天器的测试发控

测试发控系统是对运载火箭和航天器（总称为航天飞行器）的试样产品，在总装厂和发射场进行“综合测试与发射控制”的地面系统。它是航天工程师们最终诊断航天飞行器的工具，是航天发射场全部地面设备的中枢，在航天发射试验工程中具有重要的地位。本章围绕运载火箭与航天器的测试发控阐述其试验的相关内容、运载火箭和航天器在发射场的主要测试工作。

2.1　概述

航天飞行器的构成设备按其规模大小和功能来分，可分为仪器、分系统和系统二级；按研制阶段和性能成熟性，分为模样（试制品或攻关样品）、初样和试样三级产品（含硬件和软件）。这些产品要进行一系列的地面试验，如研制性试验、鉴定性试验、验收性试验、发射前合格性试验等，最终进行飞行试验，并完成评估。不同研制阶段和不同性质的产品，试验的目的不同，因而对应的试验方法、试验环境和测试参数也不同。

各级产品的地面试验是根据产品在实际空间环境或地面环境条件下进行的试验。复杂的飞行环境往往只能用多个单项试验环境的许多组合来实现。每一种环境最好以实际飞行遥测数据为依据。如有必要，可用该航天器的差异进行换算，或通过分析预示来确定，常用的试验环境参数有最高和最低期望温度（Maximum and Minimum Expected Temperatures）、被动热控分系统余量（Margins for Passive Thermal Control Subsystems）、主动热控分系统余量（Margins for Active Thermal Control Subsystems）、振动、声和冲击环境的统计估计（Statistical Estimates of Vibration, Acoustic, and Shock Environments）、疲劳等效持续时间（Fatigue Equivalent Duration）、极限和最高期望声环境（Extreme and Maximum Expected Acoustic Environment）、极限和最高期望随机振动环境（Extreme and Maximum Expected Random Vibration Environment）、极限和最高期望正弦振动环境（Extreme and Maximum Expected Sinusoidal Environment）、极限和最高期望冲击环境（Extreme and Maximum Expected Shock Environment）等。这些环境参数在结构性产品、推进性产品和电气性产品的试验中（最高、最低、极限），具体数据的取得是有差别的。这在各国的专业标准文件中都有详细的规定。

2.2　航天产品试验

航天产品的设计结果由各类试验来检验，只有通过了规定试验的合格产品才能参加航天飞行试验。航天产品必须进行以下各类试验。

2.2.1　研制试验

研制试验又称工程试验，是验证设计方案或成熟方案用于新航天工程型号的试验，是决定航天产品由方案阶段向实施阶段转变的试验，可检验出产品转入实施阶段的风险，可验证下一步鉴定试验和验收试验的程序，可研究出在鉴定试验合格后可能暴露的新问题。研制试验常在部件、设备和分系统级别上进行。研制试验的目的是在设计过程中较早发现问题，以便在鉴定试验前改正和修改设计。研制试验常用于验证结构及性能余量、工艺性、可试验性、可维修性、可靠性、概率寿命和系统安全性等内容，并用各种超过设计极限的工作条件确定备用能力和临界设计性能。研制试验一般在设计研制单位进行，它经常是产品仿真试验的基础。由于运载器和航天器飞行环境条件有所不同，因此研制试验的要求也不同。零件、部件、组件、设备、分系统都要进行研制试验，包括结构、推进、电器设备和系统的研制试验，热环境研制试验，冲击和振动研制试验，模态观测研制试验（大型飞行器缩比模型试验），声和冲击研制试验，热平衡研制试验，运输和装卸研制试验，以及风洞研制试验等。

2.2.2　鉴定试验

鉴定试验是验证产品设计和制造过程满足验收大纲规定要求的试验。鉴定试验还要验证包括试验技术、程序、设备、测试仪器和软件等内容在内的计划验收大纲的正确性。鉴定试验要严格按航天计划规定的要求进行。每一种飞行试验产品都必须经过鉴定试验合格后，才能进入分系统和系统中工作。一般产品都按适用环境试验，对于一次性使用产品（如爆炸装置或固体火箭发动机），要经多个鉴定试验件考验，用多个鉴定试验件来提高鉴定试验的可信度，这有专门的标准规定。试验件必须在相同的图纸、材料、加工工艺和工人制造的产品中抽样。

2.2.2.1　鉴定试验的环境应力和持续时间

鉴定试验件环境条件取比寿命期内的最高环境条件更严的严酷应力，但不能超过设计安全余量。若该设备在不同型号中使用，环境条件应取该型号安装的环境条件，这在不同航天工程中都有具体标准。典型鉴定试验量级余量和持续时间如表 2-1 所列。

表 2-1 典型鉴定试验量级余量和持续时间

试 验	组 件	飞 行 器
冲击	最高期望环境上加 6dB，3 个轴上 2 个方向各加 3 次	对所有冲击产生事件触发 1 次；对控制事件另触发 2 次
声	验收级上加 6dB，持续 3min	验收级上加 6dB，持续 2min
震动	验收级上加 6dB，持续 3min，对 3 个轴的每个轴进行试验	验收级上加 6dB，持续 2min，对 3 个轴的每个轴进行试验
热真空	验收级温度扩展 10℃，循环 6 次	验收级温度扩展 10℃，循环 13 次
热真空和热循环组合试验	验收级温度扩展 10℃ 热真空循环 25 次 热循环 53. 5 次	验收级温度扩展 10℃ 热真空循环 3 次 热循环 10 次
静载荷	对无人飞行是最大使用载荷的 1. 25 倍，对载人飞行是最大使用载荷的 1. 4 倍，持续时间与实际飞行时间相同	同组件试验，但只在分系统级进行

2. 2. 2. 2 鉴定试验的热真空和热循环试验

热循环试验的次数由产品使用寿命期中可能承受的热疲劳能力决定，这种能力的大小主要由验收试验决定。热循环（Thermal Cycle，TC）和热真空循环（Thermal Vacuum，TV）试验温度范围的典型值如表 2-2 所示，热循环次数典型值如表 2-3 所示。表中注释是各种情况下的修改。电工和电子组件通过热循环来达到环境应力筛选的目的，发现制造中的质量缺陷。因此热循环绝不是由任务热循环次数决定的。不含电工电子组件的设备，一般只进行热真空试验，热循环次数可大大减少。

表 2-2 热循环（TC）和热真空循环（TV）试验的温度范围

要求的试验	组 件	飞 行 器	
	TC 和 TV	TC	TV
验收（ΔT_A）	105℃[1]	105℃	由首先达到高或低验收温度限的组件决定
鉴定（ΔT_Q）	105℃[2]	105℃[2]	由首先达到高或低验收温度限的组件决定，但仅对鉴定温度限

注：① 推荐值，但如不可行，可以减少，或如需要包含工作温度，也可增加；

② $\Delta T_Q=\Delta T_A+20$（ΔT_A 为验收温度范围，ΔT_Q 为鉴定温度范围）

表 2-3　热循环（TC）和热真空循环（TV）试验的循环次数

要求的试验	组　件			飞 行 器	
	验　收		鉴　定	验　收	鉴　定
	N_A③	N_{AMAX}④	N_Q⑤	N_A	N_Q⑤⑥
二者：TC②	8.5	17	53.5	4	10
TV	4	8	25	1	3
仅作 TV	1	2	6	4	13
仅作 TC	12.5	25	78.5		

注：① 循环次数与表 2-2 中温度范围有关；

② 试验可以在真空中与 TV 试验结合进行；

③ 用于剪裁时，$N_A=10\left(\frac{125}{\Delta T_A}\right)^{1.4}$（$N_A$ 为要求的验收循环次数），仅做 TC 试验；当 TC 和 TV 都进行时为两者之和；

④ $N_{AMAX}=2N_A$（N_{AMAX} 为包括再试验的验收级试验循环的最大允许次数），但可以考虑若干再试验而改变；

⑤ 假设在任务期间和其他工作中温度循环是不重要的，$N_Q=4N_{AMAX}\left(\frac{\Delta T_A}{\Delta T_Q}\right)^{1.4}$（$N_Q$ 为要求的鉴定循环次数）；如果是重要的，应以相同的疲劳等效基础进行附加试验；

⑥ 假定将不进行飞行器级验收再试验，$N_{AMAX}=N_A$

2.2.2.3　声和振动鉴定试验

声和振动鉴定试验主要验证产品的两种承受力：一种是验收试验谱；另一种是极限期望谱。飞行器验收振动试验在每个轴向的最大允许持续时间为 6min，如果极限期望值按 4 倍持续时间算，就需要每轴向 24min 的验收级振动时间来满足鉴定试验，然后再加上极限期望谱的试验，一般为 6dB，每轴向 1min。还有一种加速试验，就是缩短时间的鉴定级试验，表 2-4 给出了对任意频率给定余量及谱值最大试验容差组合的时间缩短因子，取最接近的整数值。当鉴定余量 M 为 6dB、某频段内谱值试验容差 T 为 3dB 时，则时间缩短因子为 12。这样，24min 验收试验可用 2min 的鉴定级试验加速。

表 2-4　声和随机振动试验的时间缩短因子

余量 M/dB	谱值最大试验容差 T/dB	时间缩短因子
6.0	±1.5	15
6.0	±3.0	12
4.5	±1.5	7
4.5	±3.0	4

续表

余量 M/dB	谐值最大试验容差 T/dB	时间缩短因子
3.0	±1.5	3
3.0	±3.0	1
注：一般，时间缩短因子 $=10^{M}/5[1+(4/3)\sin h^{2}(T/M)]^{-1}$，其中，$T$ 为鉴定试验容差绝对值及验收试验正容差之和		

2.2.2.4 飞行器鉴定试验

飞行器鉴定试验的基本要求如表 2-5 所示，O 表示飞行器部件作为验收级试验而进行的其他特殊试验（如调直、仪器校准、天线辐射图和质量特性等），也应作为鉴定试验的一部分进行。飞行器上控制计算机软件应在最大实际可行范围内验证运行要求。飞行器鉴定功能试验应检验飞行器机械和电性能是否满足规范要求，并验证它与地面保障设备间的兼容性，证明全部试验内容采用的计算机指令和数据处理等软件的有效性，在最大实际范围内验证所有冗余组件运行的正确性。这类试验主要包括机械装置、阀门、可展开机构、分离机构在整个飞行阶段动作检验，电路光纤线路检验，冗余件和终端完整性检验，鉴定性电磁兼容性试验（辐射发射的敏感度、系统间辐射敏感度、外部射频干扰的敏感度等），鉴定性冲击试验（验证飞行器能否承受诱发的冲击环境），鉴定性振动试验（飞行器质量小，不超过 180kg，可用振动试验代替声试验），振动试验验证飞行器经受振动的能力，鉴定性压力及检漏试验，鉴定性热循环试验，鉴定性热平衡试验，鉴定性热真空试验，鉴定性模态观测试验（模态试验数据用来分析动力学等模型检验过程载荷时，还有相应的分析要求）。

表 2-5　飞行器鉴定试验的基本要求

试　验	建议试验顺序	运　载　器	末级飞行器	航　天　器
检查①	1	R	R	R
功能②	2	R	R	R
压力/检漏	3，7，11	R	R	R
电磁兼容	4	R	R	R
冲击	5	R	R	R
声或振动③	6	O	R	R
热循环④	8	O	O	O
热平衡⑤	9	—	R	R

续表

试　　验	建议试验顺序	运　载　器	末级飞行器	航　天　器
热真空	10	O	R	R
模态观测	任意	R	R	R

注：① 如合适，每次试验前后都要求做，包括适用的特殊试验；
② 对于结构紧凑的质量不超过 180kg 的飞行器，可以用振动试验代替声试验；
③ 如果进行热循环验收试验，则要求做该项试验；
④ 可以与热真空试验结合进行；
R—基本要求（要求做的概率高）；
O—其他（要求做的概率低）；
— —不要求做（要求做的概率可忽略）

2.2.2.5　分系统鉴定试验

分系统鉴定试验主要验证分系统设计的正确性。对于载人航天飞行，设计极限载荷试验选最大使用载荷的 1.4 倍；对于无人飞行，选最大使用载荷的 1.25 倍。屈服载荷试验对于有人、无人飞行都选最大使用载荷的 1.0 倍。一般要进行“静载荷”“振动”或“声”、热真空、分离、机械功能等试验项目。

2.2.2.6　组件鉴定试验

组件鉴定试验一般可在分系统级进行或在飞行器级上进行。组件鉴定性试验一般包括探伤、功能、检漏、冲击、振动、声学、加速度、热循环、热真空、气候、检验压力、电磁兼容、寿命、破坏等试验，但电工电子组件、结构组件和压力容器组件选做的项目是不同的。这在具体的航天工程中有明确的标准。

2.2.3　验收试验

验收试验是证明某产品的交付是否可以接收的依据。试验件应符合航天工程相应规范的要求，并提供有工艺和材料缺陷的质量控制保证。验收试验的目的是对产品进行应力筛选，以暴露零件、材料和工艺中潜藏的缺陷。试验条件不应超过设计安全余量或引起不真实的故障模式。典型的验收试验量级和持续时间如表 2-6 所示。验收试验的温度范围应包括最高和最低期望温度，范围尽可能放宽，以满足环境应力筛选的目的。这在具体的航天工程中有明确的标准。

表 2-6　典型验收试验量级和持续时间

试验名称	组　　件	飞　行　器
冲击	在 3 个轴的 2 个方向上皆有 1 次达到最高期望谱；如谱值很低，则可任选	至少激励出 1 次产生严重冲击的事件

续表

试验名称	组　件	飞行器
声	同飞行器	最高期望谱和最低谱的包络，1min
振动	最高期望谱和最低谱的包络，每轴向 1min	同组件，但最低谱按设计文件规定
热真空	-44～+61℃，1 次循环，真空度为 13.3mPa	-44～+61℃，4 次循环，压力同组件
热循环	-44～+61℃，12.5 次循环	按设计文件规定
热真空和循环组合	-44～+61℃，8.5 次循环	按设计文件规定
检验载荷	对黏结结构、符合材料制成的结构或加层结构，1.1 倍最大使用载荷	同组件，但只在分系统级进行
检验压力	对充压结构，1.1 倍最大期望工作压力。对压力容器及其他压力部件，按国军标执行	同组件

飞行器主要的验收试验项目和要求如表 2-7 所示。首先要检查硬件和软件，如商用通用软件（COST）按规定项目检查，非 COST 软件按航天工程规定项目试验。功能试验按规定的电性能和机械性能进行检查。压力/检漏试验按液压分系统规定的流量、压力和检漏要求进行检查。电磁兼容试验按鉴定试验的临界电磁兼容进行检查。冲击试验模拟飞行状态的动力学冲击环境。声或振动试验模拟飞行状态声环境和振动环境。热循环试验用飞行状态最低和最高两个极端温度循环，最少 4 次。热真空试验用真空和热应力条件考验材料、加工和制造过程的缺陷，主要验证热控分系统。贮存试验是在飞行器贮存时间和条件试验后进行的振动、热、静载荷或压力等试验。这些验收性试验有组件级的，也有分系统级的。

表 2-7　飞行器主要的验收试验项目和要求

试　验	建议试验顺序	运载器	末级飞行器	航天器
检查①	1	R	R	R
功能②	2	R	R	R
压力/检漏	3，7，10	R	R	R
电磁兼容	4	—	O	O
冲击	5	O	O	O
声或振动③	6	O	R	R
热循环④	8	O	O	O

（续）

试　验	建议试验顺序	运　载　器	末级飞行器	航　天　器
热真空	9	O	R	R
贮存	任意	O	O	O

注：① 如合适，每次试验前后都要求做，包括适用的特殊试验；
② 对于结构紧凑的飞行器（质量小于 180kg），可用振动试验代替声试验；
③ 如果进行热循环验收试验，则要求做该项试验；
R—基本要求（要求做的概率高）；
O—其他（要求做的概率低）；
— —不要求做（要求做的概率可忽略）

2.2.4　发射前合格验证与运行试验

发射前合格验证与运行试验是运载火箭和航天器规模最大的试验，是在工厂和发射场进行的，其目的是验证运载火箭和航天器是否符合飞行试验的各项要求，并验证测试发控系统和整个发射场系统的状态是否合格。这一试验分为以下两个阶段。

2.2.4.1　综合系统试验

运载火箭和航天器在各自的总装厂完成装配后，要进行综合测试，给出出厂运输前飞行器的验收试验基本数据；然后将数据和飞行器一起交发射场；经运输后到发射场再将火箭各级和航天器组装起来进行测试。一般有两种方式：一种是运载火箭在发射场技术阵地，以水平状态进行测试，合格后再把火箭分级运到发射阵地垂直吊装，最后进行垂直测试，点火发射；另一种是火箭各级和航天器在技术阵地吊装，测试合格后，垂直运输至发射阵地，最后进行发射前测试，点火发射。一般在技术阵地还要把火箭和航天器上的关键仪器设备取下进行单元测试，完成精度鉴定（作为射前发射诸元装定的重要数据）。这些试验主要验证飞行器的性能和精度，以保证飞行试验的成功。

2.2.4.2　射前发射演练和评估

综合系统试验完成后，运载火箭和航天器要与测控通信系统和发射场的各系统进行联合演练，以证明航天工程各系统的协调性和匹配性，验证飞行器和发射系统性能是否完全合格，验证飞行器硬件、软件、地面设备、计算机软件之间、天地系统间是否完全兼容，以评估全部硬件和软件的有效性及适应性。这些试验还着重测试可靠性、应急计划的可行性、可维修性、可支持性，以及后勤保障的完备。

这里所讲的运行试验是指后继运行试验，是在发射场的运行环境下进行的，所有设备要处于发射状态之下进行飞行状态的测试，并由专门人员分析试验结果，找出飞行器可能隐藏的缺陷。用在轨试验来检验航天器在发射或变轨飞行后的功能完好性是最终的办法（检验地面无法检验的内容）。

2.3 运载火箭的发射场测试

运载火箭在发射场的测试可分为技术阵地详细测试与发射阵地关键项目测试两类，其测试内容和测试程序都是建立在运载火箭出厂验收性测试基础之上的。以发射载人飞船的运载火箭为例，它与阿里安系列火箭（发射无人航天器火箭）最大不同点是，可靠性、安全性要求更高。对载人火箭，有航天员安全性要求，因此它具有足够的系统冗余设计和航天员应急救生分系统设计。

由于飞行器的射前测试是最终的验收试验，受试件是将要进行飞行试验的产品，施加的环境应力完全是飞行过程中受到的环境应力；而不像鉴定试验那样，受试件不是交付产品，而是同批产品的抽样件，更不会是飞行试验产品。因此，运载火箭的射前测试的目的是验证构成火箭各分系统设计的正确性、合理性和协调性，检验各分系统性能和技术指标的稳定性（这些性能和技术指标在本测试之前早已验证，已满足要求），保证运载火箭上的全部硬/软件产品处于正常工作状态。为达此目的，测试必须全面、完善、无漏洞，对于冗余设计的每个部件都要检查到。测试中施加的应力应完全与飞行环境一致，不应对产品产生任何不良影响。在选择测试方法时，要考虑发射场技术阵地和发射阵地的工作条件和环境（特别是发射供电与电磁环境）。一些较大改变箭上工作状态的测试和需手动操作仪器和电缆插头座的项目，必须在发射场技术阵地做完，发射阵地不宜做这些测试。下面分别介绍其测试内容。

2.3.1 单元测试

运载火箭各分系统的关键仪器和部件一般在出厂运输前要取下，单独包装运输（保证更好的运输条件），如火箭控制系统的惯性测量仪表（惯性平台、捷联惯性组合、速率陀螺等）、箭上计算机、综合放大器和伺服机构等，运输到发射场技术阵地后要进行单元测试，检验其功能和技术指标的稳定性。单元测试合格的仪器和部件才能再装入火箭，单元测试的内容是测试该仪器或部件的主要性能和技术指标。

2.3.1.1 惯性测量仪表测试

在惯性平台供电正常的情况下，测试其调平瞄准性能是否满足要求。测 3 个惯性坐标系的加速度，Y向加速度表应测出地球1个重力加速度（g_0）的脉冲输出值（即当量值），X向加速度表和Z向加速度表处于调平方向，加速度值应趋近于零值。速率陀螺的测量利用惯性空间的地球自转角速度（行星转速）15.04107°/h作为输入值，再测角速率陀螺输出值。

2.3.1.2　箭上计算机测试

箭上计算机测试除要运行各检查程序测其硬件性能外，还要检查各接口和软件的功能。对有冗余结构的计算机，还要模拟各种故障状态下的判断和冗余切换（系统重组）功能。

2.3.1.3　综合放大器测试

测试时用要求的输入信号（由测试发控系统的函数发生器产生不同波形的交流或直流信号）作为激励源，测量其输出零位和传递系数的正确性和稳定性。

2.3.1.4　伺服机构测试

伺服机构控制发动机摆动产生推力矢量的改变而产生力矩。使火箭产生姿态角改变的机电设备有石墨舵（小推力火箭用）和伺服机构（大推力火箭用）。单元测试通常要测试伺服机构的供电、油面、气压、摆角（或伸缩量）与控制电流（或电压）传递系数或延迟特性等。另外，漏油、漏气和漏电（简称“三漏”）也是主要指标。伺服机构的电机转速、电刷的磨损（接触特性）、温升等也是重要技术指标。只有单元测试合格的伺服机构才能安装到火箭上去。

2.3.1.5　其他测试

对结构系统的级间分离机构、控制机构和发动机管路的电爆管、供电电池和二次电源等，都要进行单元检查。有的进行电气检查，有的进行机械检查，对压力容器和管路还要进行密封检漏。

2.3.2　分系统测试

分系统测试是指控制系统、遥测系统、外测安全系统等电子和电气系统的电性能检查，结构与机构系统和动力系统的火工品电路检查，密封泄漏检查等。具体测试项目有以下几种。

1）电源系统测试

对一次电源和二次电源系统在正常供电负载下的电压和供电稳定性进行检查。

2）姿态控制系统测试

姿态控制系统测试分为开环（静态）和闭环（动态）测试两种。开环测试时伺服机构不启动，闭环测试时伺服机构启动。

3）速率陀螺指令检查

速率陀螺指令检查即向速率陀螺的力矩线圈加力矩电流，以产生输出信号，计算机按其后的检查输出测出传递系数。

4）转台测试

转台测试时将放置惯性器件的转台转动（模拟火箭产生的俯仰、偏航、滚动3种姿态角的大小和极性），测试惯性器件的极性和传递系数的正确性。该测试只在出厂测试中进行，在发射场一般不做。对捷联惯性组合转台的测试包括极性检查、比例系数检查、冗余陀螺输出一致性检查。惯性组合中的4个加速度表输出存在的固定对应关系也可在转台测试中得到验证。

5）平台系统检查

平台系统检查包括供电检查、姿态角极性及传递系数检查、程序角控制机构检查、平台上3个惯性坐标轴上的加速度表检查，调平瞄准后可测量Y向加速度表的$1g_0$输出检查（求得Y向加速度表的当量值）。用程序机构转动俯仰角90°后，可测量X向加速度表的$1g_0$输出检查（求得X向加速度表的当量值）。Z向加速度表的当量值可通过X陀螺加指令让台体转动一固定偏航角，测量Z向加速度表的输出求得。

6）捷联组合测试

捷联组合测试包括供电检查、速率陀螺指令检查、加速度表指令检查。

7）箭载控制计算机检查

箭载控制计算机检查的内容除包括正规的供电检查以及CPU、内存、输入/输出通道、对外接口的检查外，还包括对冗余设计的主CPU切换到从CPU的检查。

8）惯性平台程序机构检查

惯性平台程序机构检查是对飞行状态下自动改变飞行程序角的机构进行检查。

9）时序系统检查

时序系统检查即在飞行状态和计算机控制状态下，对时序指令发送的时间准确性进行检查。

10）导航与制导系统检查

导航与制导系统检查有两种方法：一是用惯性组合（平台在调平瞄准状态下）Y向加速度表在地球$1g_0$作用下，对导航与制导软件（用模拟轨道参数）进行检查（主要测试各“关机”时间的准确性）；二是用地面模拟惯性组合装置（模拟火箭飞行轨道的X向、Y向、Z向加速度表脉冲输出）直送箭载控制计算机，检查导航与制导软件（用真实轨道参数）的正确性。第一种方法常用于发射场发射阵地，第二种方法常用于出厂测试或发射场技术阵地。

2.3.3　总检查

运载火箭的总检查一般也是建立在控制系统总检查程序基础上的，其他分系统（如动力分系统和结构分离分系统）受控制系统输出（“关机”“分离”）指令的控制。遥测、外测安全分系统检查围绕控制系统进行，甚至在发射段的航天器检查也围绕该总检查进行。

总检查的目的是检查控制系统与各分系统（如控制系统与结构分离、动力、遥测、外测安全分系统）之间工作的协调性，检查电源配电系统、稳定系统、制导系统、时序控制系统等在火箭模拟飞行状态下，性能参数的精度和稳定性。

总检查的方法一般根据运载火箭的箭地线路连接状态的不同，分为 3 种总检查，即全系统模拟飞行总检查、飞行状态总检查、发射状态总检查。

总检查的 3 种线路状态是以箭地（箭体与地面测试发控系统）信息连接方式为基础的，即：

（1）手动操作插头座（每个插头座从几芯到 100 多芯不同规格）连接的信息。主要传送箭上主要控制设备与地面测试发控系统间的激励、测量和监视信号。地面电缆网与箭上设备连接是通过火箭壳体上的专门窗口完成的，这种信息约占全部箭地信息量的 60%~70%。

（2）电控脱落插头座连接信息。插头装在地面电缆网上，插座装在箭体上。插头座相连由人工操作完成，插头座脱开由电控信号完成。主要传送火箭在射前检查中要激励、测试和监视的信息，约占全部箭地信息量的 20%~30%；射前检查完毕后，在“点火”指令下达前 1min 完成“转电”（火箭由地面电源供电转为箭上电池供电），相继自动发出“脱插脱落”指令，脱落插头座脱开，支撑脱落插头的电缆摆杆摆开，火箭进入准备“点火”状态。

（3）力拉脱拔插头座连接信息。该插头座结构几乎与电控脱落插头座一样，只是插头上没有电控电磁机构而已。插座安装在箭体一级尾端，插头安装在地面电缆网上，并用钢丝绳固定在火箭发射基座上。主要传送发射状态下“转电”后需要监视的箭上信息，包括一级发动机点火信号、转电后还需要监视的信号，以及点火后在规定的时间内发动机若未建立推力地面发控台自动发出的“紧急关机”信号。这种信息量约占全部箭地信息的 5%~10%。当火箭点火、发动机建立正常推力后，箭体离开发射台，脱拔插头座自动拔掉。

总之，3 种箭地连接线路状态，确定了 3 种总检查。

2.3.3.1　全系统模拟飞行总检查

全系统模拟飞行总检查是在全部箭上系统和地面系统（包括动力系统、控制系统、箭结构与分离系统、外测安全系统、航天器及其地面测试系统、发射场火箭测试发控系统及其他地面系统等）的全部信息连接插头座都连好的状态下，完全按系统的射前检查、发射控制和火箭飞行程序进行的。检查测试的内容有：箭上和地面电源的启动过程、配电器的供电参数测试；稳定系统、制导系统、时序系统射前功能检查；对低温推进剂（液氢/液氧）的动力系统，还有预冷、吹除、卸压、补加、增压等一系列控制功能的检查；箭上控制系统、遥测系统、外测安全系统、航天器系统的转电功能检查。但在这种测试状态下，地面发控线路发出"转电"指令，但不"真转电"（有动作，但仍转到地面供电状态），故称"假转电"；地面发控线路仍按自动时序发出"电脱落插头脱落"指令，但脱落插头并不执行脱落（因为在模拟飞行时仍要保持箭地最大信息连接），故称"假脱落"。这种状态可获取箭上系统最完整的信息。地面系统可采集到箭上各系统各仪器最多最全的参数。由于这些参数（性能参数和时序指令参数）是地面测试发控系统与高精度数字仪表测得的，可以比较遥测系统（箭地无线通道传送）遥测参数的精度和误码率。这是发射场火箭与其他各系统（航天器系统、测控通信系统、发射场其他各系统等）联合试验用得最多的状态。

2.3.3.2 飞行状态总检查

箭地线路状态只连电控脱落插头和力拉脱拔插头，不连手动操作插头。火箭在"转电"前的测试同全系统模拟飞行总检查一样。当进入"转电"后，"真转电"（转由箭上电池供电，也可用模拟供电电缆由地面电源代替电池供电），"真脱落"。"点火"后火箭起飞，人操作拔开力拉脱拔插头（通常还保留一个监视火箭飞行过程的力拉脱拔插头）。火箭在基本断开与地面系统的联系下，执行模拟飞行程序。当火箭发出一、二级分离信号时，人操作拔开一、二级分离插头；当火箭发出二、三级分离信号时，拔开二、三级分离插头。在这种状态下，地面测试发控系统采集箭上各系统、分系统、子系统输出信号，判断系统工作的正确性。一般取不到仪器中间的信号（常用人工将插头座引出），但可用遥测系统下传的遥测结果判定设备的正常工作状态。

2.3.3.3 发射状态总检查

发射状态总检查的线路状态完全与飞行状态总检查一样，"真转电""真脱落""点火"前的测试内容也与之完全相同。"点火""起飞"后，经 7.5s（一级发动机一般应经 3~5s，建立推力起飞），地面发控台安全线路自动发出"紧急关机"信号（通过一级尾端脱拔插头座发至箭上一级发动机，实现紧急关机），同时整个火箭断电。这种总检查的目的主要是演练火箭真实发射过程；"起飞"后不测试，仅试验"紧急关机"的可靠性。

2.3.4　射前检查

在发射场技术阵地，火箭、航天器和全部地面设备要实施测试和发控演练。火箭的测试通常分两种情况。第一种是火箭各子级（含前端整流罩中的航天器）水平置于钢轨支架上，一般不进行机械连接，只完成电缆连接（即电气连接），在技术阵地测试完成后运至发射阵地，在发射塔起重机协助下完成火箭各子级吊装对接，火箭进入发射前的垂直状态。这称为发射场水平转垂直测试发控方案。第二种是技术阵地有垂直测试工作塔，火箭各子级完成吊装对接，有效载荷（航天器）也完成与火箭的吊装对接后，在技术阵地就实现垂直状态测试（由技术阵地把测好的火箭和航天器垂直运输至发射阵地），火箭和航天器可在发射阵地用很短时间完成射前测试和发射任务。这称为发射场三垂（技术阵地垂直测试，转场垂直运输，发射阵地垂直测试发控）测试发控方案。两种方案的优缺点如表 2-8 所示。

表 2-8　两种发射场测试发控方案比较

项目＼方案	发射场水平转垂直方案	发射场三垂方案
测试有效性	好	好
测试效率	① 技术阵地测试时间较短 ② 发射阵地测试时间较长	① 技术阵地测试时间较长 ② 发射阵地测试时间短，突显优点
建设经济性	① 积水阵地设施简单，建设时间短，省资金 ② 技术阵地转发射阵地用公路运输，省时省钱 ③ 发射阵地固定式发射台	① 技术阵地建立垂直厂房，有发射架，建设时间长，成本高 ② 技术阵地转发射转发射阵地要用专用钢轨，垂直运输，成本高 ③ 发射台建设要求活动性好，火箭装调自动化高，成本也相应增加

从表 2-8 可见，三垂方案的最大优越性是技术阵地的测试状态更接近发射阵地，缩短了运输转场时间，简化了发射阵地的测试，发射时间可缩短到 1～2d；其缺点是技术难度大、成本高。

一般而论，两种方案在技术阵地和发射阵地的测试内容类型都是相同的，只有简繁之分，三垂方案由于发射转场级间电气和结构未动，自然发射阵地的加注前后检查都较简单。接着是射前测试（进入“点火”前 2h 测试），箭地完成箭上计算机程序与参数装定（正式飞行程序），完成射前诸元计算，装定飞行诸元系数。地面测试发控系统执行发射程序。下面以阿里安 3 火箭发射地球同步卫星的发射程序为例，说明火箭在发射阵地射前检查与发射控制的具体内容：

（1）－17h（“点火”前 17h），加注前箭上分系统功能测试；

（2）-17h～-11h，一、二级常规推进剂（偏二甲肼和四氧化二氮）加注，进行动力系统检漏和液位检查；

（3）-11～-5h 55min，发射塔一、二级服务架撤离；

（4）-5h 55min～-3h 20min，三子级“吹除”“预冷”；

（5）-3h 20min～-2h 05min，三子级开始加注液氧和液氢，一、二级贮箱增压；

（6）-2h 5min，地面测试发控系统对火箭加电，火箭全部电子系统开始工作，展开临射前火箭关键项检查；

（7）-1h 5min，三级液氧和液氢加注结束，补加开始；

（8）-55min，地面测试发控系统向火箭计算机装定飞行程序和诸元参数，复核程序和参数的绝对正确性；

（9）-8min～-6min，各系统射前检查完毕，卫星“转电”（地面供电转星上电池供电）；

（10）-6min，测试发控系统执行同步发射程序（即与全航区时间统一勤务系统时间同步）；

（11）-1min，火箭“转电”（地面供电转入箭上电池供电），惯性平台解锁（-9s），低温臂缩回（-4s）；

（12）0s 时，第一级发动机“点火”，一级点火后经 3.4s，建立推力，火箭离开发射基座“起飞”（为火箭飞行程序 0s，也是全飞行航区测控站 0s），同步发射结束，重新回到初始状态。

以上是典型大型液体火箭（并有三子级低温推进剂级）的发射控制程序，而对于载人航天器的发射，基本过程是一致的，仅在各程序环节增加了对航天员的安全性检测和箭地语音通话。航天员一般在火箭加注后进舱（-3h～-2h 之间），之后执行加注后的射前检查与发控程序（即-2h 发射程序）。

2.4 航天器的发射场测试

2.4.1 射前测试

航天器的射前测试是建立在航天器总装测试方案基础上的。而这些测试项目都是建立在构成航天器各分系统电测基础上的，一般包括结构与机构分系统、测控通信分系统、制导/导航/控制（GNC）分系统、数据管理分系统、电源（太阳电池板、电池、配电）分系统、热控分系统、环境控制和生命保障分系统、仪表与照明分系统、推进分系统、应急救生分系统、回收着陆分系统、航天员分系统、有效载荷分系统等的电性能指标测试和控制功能测试，分系统之间的接口测试和软件的匹配测试，航天器飞行系统与地面系统的匹配测试，航天器与运载火箭间的机械接口与电气接口检查与测试等。在航天器的出厂测试中，除要对各分系统的性能进行检查外，还要对各分系统间匹配、航天器飞行系统与地面系统匹配、航天器与火箭间匹配进行检查。

航天器总装后要进行各种力学环境试验（结构部分的静力试验、航天器振动和噪声试验、航天器返回舱振动试验和噪声试验等），但一般只进行供电检查和上升段（主要力学性能考验段）飞行程序检查。

航天器总装后，还要进行热真空环境试验（验证热设计的正确性，考核热控分系统的工作能力），主要进行供电检查、模拟飞行检查。

航天器运输到发射场后，先在技术阵地进行总装、检漏、安装精度测量，太阳翼展开试验，各地面系统联合试验，航天器综合测试，完成航天器推进系统加注，并将航天器装入火箭的整流罩中运至火箭技术阵地测试厂房与运载火箭对接，完成航天器与运载火箭的匹配测试以及航天器与运载火箭地面测试发控系统、地面测控通信系统之间的电磁兼容试验；然后将航天器与运载火箭联合体运至发射区，完成发射区综合测试、航天器与火箭匹配试验和模拟发射试验。

2.4.2 地面综合测试系统

航天器和它的地面综合测试系统一起，完成射前综合测试任务。航天器的地面测试系统结构是随电子测量技术和计算机技术发展而发展的。

20世纪50年代上半期，运载火箭测试，采用单个电子测试仪器的手动测试系统。

20世纪50年代下半期，运载火箭和卫星采用模拟计算机的自动测试系统，测试程序是预先固定的。

20世纪60年代，运载火箭和航天器（卫星、飞船）采用数字逻辑控制的自动测试发控系统。

20世纪70~80年代，集成电路小型计算机技术飞速发展，数字式仪表（数字电压表、数字频率计、数字打印机、数字显示器等）技术成熟，出现了以小型计算机或微型机为中心的全数字化自动测试系统。80年代计算机网络技术成熟，也用于航天测试系统中，形成分布式计算机自动测试发控系统。

20世纪90年代，以以太网和标准总线数字仪表为基础的分布式测试系统的功能、精度和可靠性、可维修性都达到了较高的水平。现代航天器地面综合测试系统均采用该系统结构，完全实现了标准化和积木化的目标，系统功能增减灵活方便。图2-1是目前典型分布式测试系统结构图。该系统由总控测试设备、有线测试设备、各分系统专用测试设备和辅助测试设备等组成。

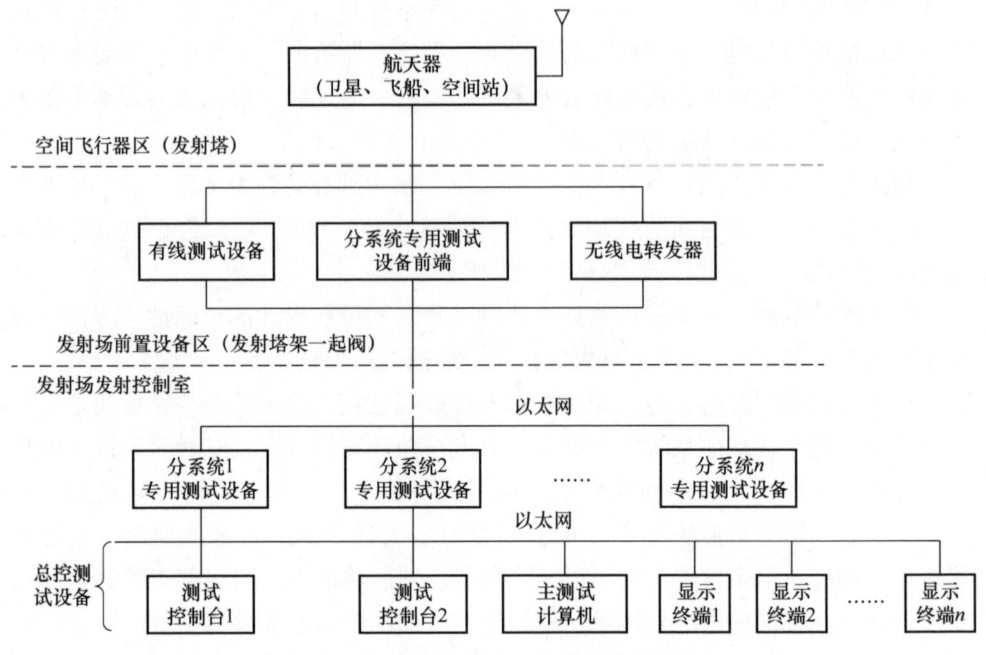

图 2-1 典型分布式测试系统结构图

总控测试设备是航天器地面综合测试系统的核心，是主要的人机界面。总控测试设备通过“以太网”与航天器各系统专用测试设备连接，构成地面综合测试系统。其工作模式有实时在线测控模式（与专用测试设备、遥测遥控通道相连对航天器进行测试）、离线遥测数据回收模式（对已测的遥测数据进行回放和处理）、测试数据库和应用程序编辑模式（建立遥测数据库、建立图形和曲线数据库、对应用程序进行编译等工作）等。总控测试设备的一般配置有主测试处理机、测试控制台、快速打印机、控制终端、图形显示终端、遥测数据处理机、航天器等效模拟器和网络设备等。总控测试设备的软件有通用设备随机软件（操作系统和通用语言）、测试系统软件（数据处理软件、进程管理、数据库管理、专用测试设备管理、通信管理、测试语言编译等）和测试应用软件（测试人员用测试语言编制的具体测试过程软件、测试数据库和图形库应用软件等）。

地面有线测试设备有航天器（太阳翼）模拟器、地面稳压电源、前端监控设备（电源控制设备和前端测试设备）、上位控制机、各种等效模拟器等，其主要功能是对地面电源的管理、对航天器供配电、完成航天器有线模拟信号测量、完成航天器开关量测量、完成航天器工作状态的监控等。地面有线设备的主计算机一般都由工业控制机构成。

分系统专用测试设备完成各分系统的参数采集、状态监视、产生激励信号并执行测试命令，完成分系统的性能、功能测试和验证。各分系统专用测试设备通过局域网和总控设备相连接，接收总控设备的测试命令，接收总控设备分发的相关下行遥测数据和高速综合数据，向总控测试设备传送分系统工作状态。

航天器地面综合测试系统的构成涉及数据采集、激励信号产生、网络构成协议、数据通信协议、计算机硬/软件等一系列的设计技术，由于篇幅限制，从略。

2.5　运载火箭的测发控系统

运载火箭是由中、远程导弹改进而来的，因此地面测试发控系统也是由导弹的测试发控系统改进而来的。导弹及其测试发控系统要求简单、快速、设备机动性好。运载火箭及其测试发控系统则要求测试全面、细致，确保火箭不带任何问题起飞，测试时间没有导弹测试紧迫，不要求机动性，而要求好的维修性。

测试发控系统结构的进步是由测试仪器数字化与计算机技术的发展而逐步发展的。它经历了导弹专用测试仪器时代（20 世纪 50 年代）、模拟机控制模数仪表测试的自动化系统时代（20 世纪 60 年代）、小型计算机为中心的数字化仪表测试发控系统（20 世纪 70 年代）、分布式局域网计算机测试发控系统（20 世纪 80 年代至 90 年代）。从 20 世纪 80 年代以来，通过各种计算机标准总线构成测试与发控系统，如工业标准微机总线（STD）、计算机自动化测试与控制总线（CAMAC）、微机总线（VME）在仪器领域的扩展（VXI）等。

航天火箭测试发控系统为适应“三垂”发射模式测试参数容量大、可靠性要求极高的特点，选用了计算机网络的 VXI 结构的测试发控方案，包括 VXI 测试系统、多媒体多屏监视系统、计算机网络系统、光纤传输系统、综合发控系统（发控台、继电器柜、80A 直流电源、250A 直流电源、中频逆变电源、火箭等效器、火工品电路等效器、地面电缆网）及光纤电缆等。该系统如图 2-2 所示。该系统分布在发射塔仪器间、发射塔下的电源间和测发大厅 3 处。测发大厅至发射台距离为 2km，测发大厅至电源间距离为 1.5km，电源间至发射塔（仪器间）距离为 80~100m。测发大厅布置了各微型计算机系统、显示、打印、多屏显示设备，以及部分测试发控设备等；发射塔仪器间布置了各种等效器、部分测试设备；发射区电源间布置了各类电源、转换控制设备、部分测控设备等。

测试发控系统的主要功能为：

（1）对火箭控制系统的功能和参数进行精确检测；对火箭动力系统“启动”和“关机”电路进行功能性检查；对火箭结构机构控制电路进行功能性检查；对火箭关键单机或设备进行单元检查；对火箭分系统间接口或匹配功能进行检查。

（2）对火箭与航天器进行联合检查；对火箭与外系统间接口进行检查。

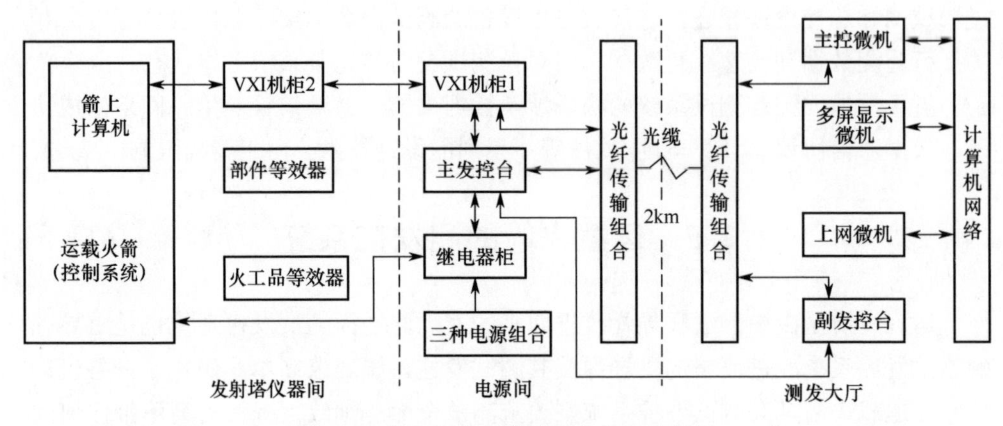

图 2-2 载人运载火箭测试发控系统框图

(3) 对火箭进行不同状态（地面全模拟飞行、发射状态模拟飞行和紧急关机模拟飞行）的总检查。

(4) 对火箭与各系统进行联合发射演练；进行火箭发射状态和总检查状态的时序控制指令和指令执行状态（指令“接通”或“断开”）时间检测（又称时串测量）。

(5) 完成火箭地面电源供电、转箭上电池供电等状态和参数检查；进行供电状态监控。

(6) 完成火箭发射状态的发射程序控制（诸元计算与飞行数据装定）、参数检测和状态监控。

思考题：

1. 什么是测试发控系统？其作用是什么？
2. 航天产品的试验一般包含哪些？
3. 飞行器鉴定试验内容包括哪些？
4. 发射前合格验证与运行试验的目的是什么？
5. 运载火箭单元测试项目有哪些？
6. 什么是分系统测试？
7. 总检查的目的是什么？
8. 总检查分为哪几类？每类的特点是什么？
9. 发射场三垂方案的优点有哪些？
10. 我国现行运载火箭的发射场测试包括哪几个阶段？
11. 运载火箭测试与发射控制系统（测发控系统）设计原则有哪些？

第3章　导弹与运载火箭发射

导弹与运载火箭的发射涉及众多的关键技术，本章主要对导弹与运载火箭在靶场发射过程中涉及的相关关键技术进行介绍，主要包括测试发射的工艺流程、地面瞄准主要原理和方法、推进剂加注系统基本组成和加注的基本方法、发射诸元的计算与装订，并对国内外空中发射和海上发射的基本情况进行了介绍。

3.1　运载火箭测试发射模式与工艺流程

3.1.1　基本概念

测试发射模式，简称测发模式，指运载火箭进入发射场后，在发射场技术区和发射区测试、组装、运输过程中，火箭箭体结构所处的物理状态（垂直、水平）。运载火箭测试发射模式的选择和确定，对测试发射流程的选择和确定、火箭与航天器总体参数及指标的确定，以及发射场地面技术设施的功能、组成与能力至关重要。运载火箭测试发射模式一经确定，就基本上确定了运载火箭的发射场测试发射流程和大致工作周期，确定了发射场主要设施的布局与基本规模。

测试发射工艺流程是内容涵盖广泛的技术方案，规定了运载火箭、航天器以及其他任务参试系统在发射场参加测试发射任务的物流方向或工艺路线，并明确了各系统的技术状态和主要的测试项，明确各系统之间及单个项目之间相互关系和先后次序、时间安排，明确了质量控制关键节点，以更好地控制进度和质量。测试发射工艺流程以文字描述、流程框图和流程网络计划图等形式表述。

测试发射工艺流程是发射工程最先开展的顶层总体设计内容之一，对于单个测试发射任务而言，是任务规划和任务组织实施的总体依据。运载火箭基本型号的测试发射工艺流程是发射场总体布局、设备设施技术方案的依据，决定着发射场建设布局以及火箭产品及其配套测试发射设备的研制设计工作，规范了各大系统在发射场的全部技术准备和发射活动。基本流程的框架应充分考虑技术先进性、必要性、可行性和经济性。

制约设计测试发射工艺流程方案的因素很多，主要包括可靠性要求、安全性要求、发射频率要求、技术基础、经济基础、环境条件等。这些因素相互关联，相互影响，是一个关系全局的复杂系统工程。基于对各种制约因素的重点考虑，会设计出不同的工艺流程方案，这就是导弹航天领域存在多种工艺流程模式的主要原因。

通常，在型号产品和发射场规划设计之前，最先进行的工作就是工艺流程方案的论证设计，一般称为研制基本型工艺流程方案，它是现代导弹航天工程中的第一个工程步骤，突出地体现了工艺流程在测试发射系统中的总体技术地位和特征。这一阶段的工作主要考虑的是工艺流程的框架内容在技术上的必要性、可行性和经济上的代价，以及对型号产品和发射场的统一要求和统一设计。这种一体化的同步论证、设计工作在我国实施载人航天工程时，取得了显著的成就和效益。

在型号产品研制完毕、发射场建成之后进行发射试验，要根据基本型工艺流程及发射场的具体情况、每一次发射试验的具体要求来设计和制定应用型工艺流程，以满足发射任务的需要。这一阶段的工作是第一阶段工作的延伸和具体细化，突出强调针对具体批次试验的技术状态和要求，调整和完善基本型工艺流程，使之成为实用的发射试验总体技术方案。通常，每次发射试验都要制订一个具体的应用型工艺流程，作为任务实施的依据。

工艺流程与各系统测试细则、操作规程是相互迭代完成的系统整体。流程指导细则、规程的编制，在细则和流程的拟制执行过程中，可能会遇到新的矛盾和问题，进而反馈对流程进行优化。

3.1.2 测发模式

测发模式，即火箭在发射场测试发射的基本技术状态。由于绝大多数运载火箭都是以水平状态运输进场，垂直状态发射升空，因此测试发射过程中的技术状态主要指测试状态、总装状态和转运状态是整箭整体开展，还是分部段开展，是垂直状态，还是水平状态。测发模式与火箭的总体设计和发射场的布局密切相关，经历多种形式的演变。

根据世界各国导弹、航天器发射所采取的技术准备方案，目前主流的测发模式包括：“三平”“三垂”“两平两垂”和“一平两垂”等模式。

1. “三平”模式（又称“三平一垂”模式）

“三平”模式，即水平总装、水平测试、水平转运模式。20 世纪 60 年代初期，苏联从军事战略上考虑，利用其运载火箭采用捷联惯性制导方案的有利条件，采用了水平总装、水平测试、水平转运和整体起竖的模式，如图 3-1 所示。进入发射工位的导弹不再进行综合测试，使发射时间缩短到 2～3 天，并把此方式应用到以后的航天发射上。苏联的“联盟号”“质子号”“能源号”“旋风号”

和“天顶号”，美国的“德尔它 4”“猎鹰 9”系列均采用这种模式，但具体实现上略有差异。

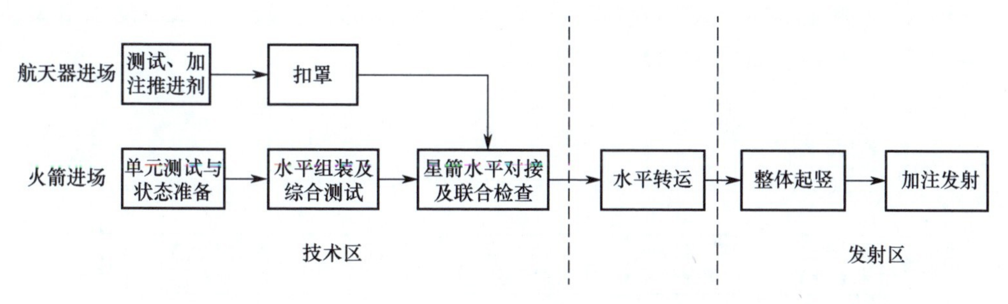

图 3-1　典型三平模式框图

这种模式的优点有：导弹、航天器及其运载器装配成整体后，直到点火发射以前，其电气、机械的连接不再变动，这样可以提高可靠性，也可以缩短在发射工位的测试时间。例如“联盟号”船箭组合体在发射工位上的时间只用 14h。这样，发射场的发射频率就大为提高，对于载人航天、交会对接发射及其他高频率的发射任务非常有利。另外，这种模式所需要的发射场建设费用较少，技术区不需要高大复杂的垂直总装测试厂房，也不需要大型复杂的垂直运输设备及专用道路。用“联盟号”火箭发射飞船和其他载荷，至今已进行了 200 多次，达到了很高的成功率，应该说首先得益于这种模式的优点。

但这种模式使用中也有局限性，即对于那些结构不适宜水平整体运输的导弹、航天器及其运载器来说，就不能采用这种模式。如结构强度较差的火箭，装上陀螺稳定平台等仪器设备后不允许水平方向运输的火箭，加注了液体推进剂后不宜水平放置的航天器，以及头体连接机构、部件连接机构等不能在运输过程中承受剪切力的导弹、航天器及其运载器。另外，导弹、航天器及其运载器在非工作状态（水平状态）装配，经起竖后才能到达工作状态（垂直状态），状态转换在理论上也容易带来故障。出现故障后，也增加了排除的难度。

当然，对于具有高可靠性和高强度结构的发射对象，这种技术准备模式仍是世界先进的测试发射模式之一。迄今为止，世界各国有一小部分地地战略导弹、运载火箭和航天器的发射技术准备仍继续沿用这种模式。

2. “三垂”模式

“三垂”模式，即垂直总装、垂直测试、垂直转运模式。火箭在垂直总装测试厂房进行垂直对接、组装，并进行垂直状态下的综合测试和整体垂直状态的运输至发射区，如图 3-2 所示。三垂模式最早由美国于 1962 年在肯尼迪航天中心建造“阿波罗”飞船 39 号发射工位时提出。三垂模式下，火箭测试在技术区，环境条件好，垂直转运至发射区后状态不变，发射区占位时间短，提高了发射窗口的适应性，且简化了发射区建设。美国采用这种模式进行“土星 5” 火箭测试发射，均取得成功。目前，世界各国运载火箭多采用此发射模式，包括我国的 CZ-5、CZ-7 和 CZ-2F 火箭，美国“土星 5”“宇宙神 5” 火箭、法国“阿里安 4”“阿里安 5” 火箭，日本 H-2A 系列火箭等。

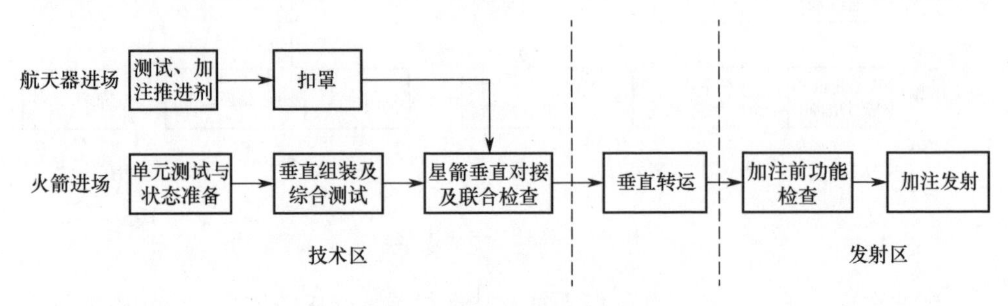

图 3-2 典型三垂模式框图

这种模式的特征是：在技术区，航天器及其运载器在垂直状态下进行装配、各子级各舱段的组装对接及总装对接，然后进行垂直整体测试，最后垂直整体运输到发射区加注发射。

美国在此以前的测试发射工艺流程中，曾先后使用过水平分段平行准备法的模式和发射台固定式准备法的模式。在论证“土星 V” 火箭发射“阿波罗” 飞船时，考虑到苏联 3d 中进行一次发射的能力，感到上述两种模式在发射工位的占用时间太长。为此，他们提出了一个全新的模式，即垂直整体组装、垂直整体测试、垂直整体运输的模式，放弃了一种型号一个发射阵地的很不经济的方案，决定采用具有多种用途的发射系统，强化技术区，简化发射区，建设技术区与发射区紧密连接在一起的统一的发射场，从而既可发射“土星 V-阿波罗”，又可今后发射其他航天器。

这一模式改变了在发射区才起竖的习惯，在技术区内就将火箭和航天器起竖对接成垂直状态，竖立在活动发射平台上，利用技术厂房的良好条件进行垂直整体测试等技术准备。之后，将完成技术准备的火箭和航天器垂直整体转运到发射工位。由于火箭、航天器及其射平台之间的相对连接关系不变，测试检查状态也就不变，因而避免了状态变化可能带来的故障以及不必要的重复检查，在发射工位上的测试检查时间可大大缩短，同时可以简化发射工位的设施，提高发射的可靠性和安全性，具有前所未有的优点。但这种模式需建造高大的垂直总装测试厂房和结构复杂的活动发射平台，以及巨型履带式公路运输车。

这种模式下的火箭和飞船的测试发射工艺流程为：

(1) 火箭对接测试。火箭各子级和组件运到航天中心后，由公路运至垂直总装测试厂房。在高跨厂房内先将第一级吊装到活动发射台上进行测试检查；在低跨厂房内完成单元测试及其他各级的组装和测试检查；然后通过运输走廊送到高跨厂房，依次组装第二级及上面级。组装好后在垂直状态下进行测试检查。

（2）飞船装配测试。在飞行器装配测试厂房内进行。

（3）船箭对接测试。在垂直总装测试厂房内进行。

（4）垂直转运。测试合格的火箭和飞船组合体，连同活动发射平台和脐带塔一起，由运输车运到几千米外的发射工位。

（5）合拢勤务塔。运输车返回将活动勤务塔运到发射工位。然合拢工作平台，连接有关的电路、气路、液路。

（6）火箭、飞船综合测试。

（7）加注。测试合格后，给火箭和飞船加注推进剂。

（8）安装火工品。

（9）活动勤务塔工作平台收回后，将其拉回到停放场。

（10）发射前 2h，航天员进舱。

（11）点火发射。

（12）发射后将活动发射平台运回垂直总装测试厂房检修备用。

美国“土星 V-阿波罗”使用这种技术准备模式进行发射，取得了满意的效果，极大地提高了发射成功率（达 100%）。之后，又将这一模式运用于航天飞机的发射。

后来，欧洲空间局在圭亚那的“阿里安”火箭发射场、日本在种子岛的“H-2”火箭发射场，也借鉴了这一模式。我国新建的载人航天发射场也采用了“三垂”模式。但是，各国的“三垂”模式各有特点，尤其是我国的“三垂”模式在规模和技术上具有许多鲜明特色，许多总体技术指标明显优于其他各国。

3. “两平两垂”模式

“两平两垂”模式，即水平测试、水平运输、垂直组装、垂直综合测试模式，如图 3-3 所示。20 世纪 50 年代，导弹、卫星、飞船等发射采用分级水平运输、起竖后垂直组装的模式，即火箭在技术区进行水平测试，然后分级水平运往发射区，在发射台上逐级将火箭和航天器起竖对接，并在垂直状态下再进行综合测试，最后加注发射。该模式作为航天技术的初级阶段，通过大量细致的工作，取得了较高的发射成功率。美国、苏联在早期导弹试验阶段曾用这种模式，美国的“德尔它 2”也采用了这种模式。我国早期运载火箭，如 CZ-3A 系列火箭早期采用这种模式。

4. “一平两垂”模式

“一平两垂”模式是指运载火箭水平分级运输、发射区垂直组装、垂直测试发射的“一水平、两垂直”方式，如图 3-4 所示。该模式是对“两平两垂”模式的优化，将水平测试取消，火箭水平状态的测试主要在出厂前完成，火箭进入发射基地后在技术区仅做临时储存和进场后转场前的一般性检查及部分仪器的单元测试，不做系统测试，主要测试在发射中心火箭为垂直状态的测试，简化或淡化了技术区工作。

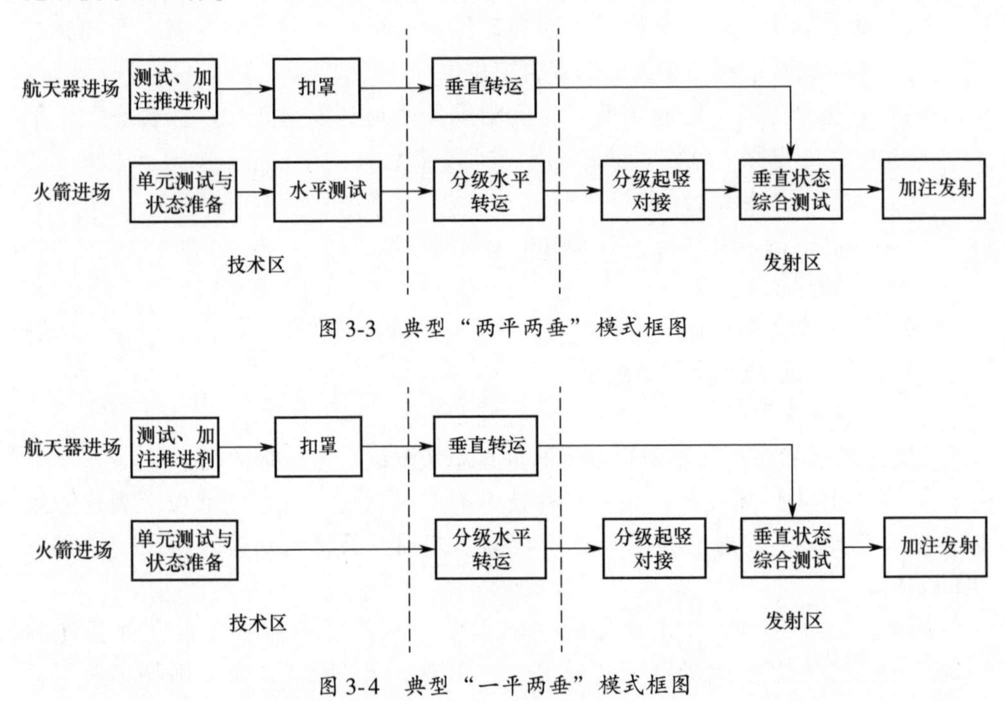

图 3-3　典型“两平两垂”模式框图

图 3-4　典型“一平两垂”模式框图

目前，我国的 CZ-3A 系列和 CZ-2C 系列运载火箭均采用这种模式。这种模式取消了技术区的综合测试，缩短了测试发射时间。

3.1.3　测发模式综合评价

对于常用的几种发射模式，总体来看，其优缺点总结如下：

(1)“两平两垂”测试方案可靠，但测试程序较复杂，测试周期长；

(2)“一平两垂”测试发射程序简单可靠，对星箭产品无特殊要求，技术区及转运设施设备简单，但由于全部测试工作都在发射区进行，产品在发射区工作时间长；

(3)“三垂”模式技术方案先进，测试发射程序简单，产品在发射区工作时间短，但组装测试、转运设施设备复杂，技术难度大，要求高，设施设备建设成本高。

总体来看，各种测试发射模式都具有其自身的特点、优缺点，及其适用范围，见表 3-1。

表 3-1　运载火箭测试发射模式对比

序号	项　　目	三　　平	三　　垂	两 平 两 垂	一 平 两 垂
1	箭体组装环境	水平厂房	垂直厂房	勤务塔	勤务塔
2	箭体测试环境	水平厂房	垂直厂房	水平厂房、勤务塔	勤务塔
3	测试工艺流程	简单	简单	复杂	简单
4	技术区设施	一般	复杂	一般	简单
5	发射区设施	简单	简单	复杂	复杂
6	转运气象要求	一般	较高	一般	一般
7	转运设备	复杂	复杂	简单	简单
8	对接火箭和航天器	有特殊要求	简单	简单	简单
9	技术状态	部分重新准备	一次性完成	发射区重新准备	一次性完成
10	技术区工作时间	25 天左右	25 天左右	15~20 天	7~10 天
11	发射区工作时间	3~4 天	3~4 天	15 天	15 天
12	测试发射周期	28 天	28 天	30~35 天	20~25 天
13	发射场建设费用	中下	高	中上	中等

在测试发射模式选择时，要综合考虑运载火箭、航天器的技术状况和对发射场的要求，发射试验任务对发射场测试发射周期和占位时间的要求，发射场气象环境条件和保障难度情况等各方面因素，才能做出切合实际、正确的选择。对于新研制、试验或技术不是很成熟、对测试发射时间及周期限制或要求不高的火箭，当发射场气象环境条件比较好或较容易保障时，适宜采用“两平两垂”测试发射模式；若运载火箭技术比较成熟、试验充分，航天发射任务对测试发射周期要求短，且发射场气象环境条件比较好或容易保障，适宜采用“一平两垂”测试发射模式；当发射场气象环境条件较差或保障难度大，适宜采用“三垂”测试发射模式；当发射场气象环境条件较差或保障难度大，要求发射区工作时间短、建设投资费用低，在新研制运载火箭、航天器能适应整体水平组装、转运、起竖前提下，可以选择“三平”或部分“三平”测试发射模式。

3.2　发射诸元

3.2.1　发射诸元的定义与内容

按照《中国大百科全书》中航空、航天卷的定义，发射诸元是指保证航天器准确入轨，确定运载火箭发射方位，为制导系统装订（输入）控制信息，即给运载火箭输入飞行程序和控制系统工作特征参数，此外还要确定推进剂贮箱精确的加注量。

这里做统一定义：发射诸元是指为保证航天器准确入轨，在发射前计算确定的基本参数，以及注入运载火箭上的飞行和控制参数。

（1）基本参数：发射窗口、发射方位角、推进剂加注量、$q\alpha$ 值。

（2）飞行和控制参数：飞行程序角（俯仰角、偏航角、滚动角）、控制系统参数（关机特征量、关机方程系数、导引方程系数等）。

某些诸元可以解出理论值，提前注入，但会在很大程度上影响精度。一些随机因素只能在发射的当时才能确知，如火箭组装好后的结构数据偏差、发射时的气象温度因素偏差等。临近发射，时间很紧，应尽量减少临近发射时的发射诸元计算工作量。

发射诸元的实施过程称为诸元准备。发射诸元的内容和项目多少取决于运载火箭的制导、控制方式，并以运载火箭专用射表或火箭上计算机专用诸元程序软件的形式给出。

例如，CZ-2F 运载火箭的发射诸元主要包括：

（1）发射方位角（Launch Azimuth）；

（2）制导系统装订诸元；

（3）利用系统（Propellant Utilization System）诸元；

（4）推进剂（Propellant）加注诸元；

（5）CZ-2F 子级和整流罩落区。

以上诸元中，制导系统装订诸元和利用系统诸元分别在控制系统有关课程中进行介绍，本章主要介绍发射窗口计算、推进剂加注诸元计算过程和高空风修正等问题。

3.2.2 发射窗口

设发射场的纬度为 L_0，轨道倾角为 i，则发射时刻有以下三种可能。

（1）对于顺行轨道，且 $L_0 > i$，对于逆行轨道，且 $L_0 > 180° - i$，则发射窗口不存在；

（2）若 $L_0 = i$ 或 $L_0 = 180° - i$，则一天中只存在一个发射窗口；

（3）若 $L_0 < i$ 或 $L_0 < 180° - i$，则一天中存在两个发射窗口。

人类在日常生活中使用的是太阳时，由于地球绕太阳旋转，因此在设计航天器发射时刻时，太阳时就不是一个很好的参考时间，需要使用以春分点作为参考点的恒星时。在恒星时里，由于测量的是地球的自转，把时间定义为一个角度更有意义，通过测量发射地点的经度和预定轨道之间的角度就可以得出发射时间。由于航天器轨道平面总是通过地球中心（且总是相对惯性参考系固定不动），因此直接从一个发射地点发射一个航天器到预定的轨道上，必须等到发射地点转到航天器轨道平面下方。只有在这个点才有正确的几何关系并能找到合适的角度来发射。这个点称为发射窗口恒星时（LWST），即测量从春分点方向到发射地点穿过轨道面下方的时间，也就是发射时刻。

1. 发射窗口恒星时（LWST）的表达式

如果发射点纬度与轨道倾角相等，即 $L_0 = i$，意味着每天发射点与轨道平面只有一次相交，即一次发射机会，发射时刻为

$$\text{LWST} = \Omega + 90°$$

仅有一次发射机会的示意图如图 3-5、图 3-6 所示。

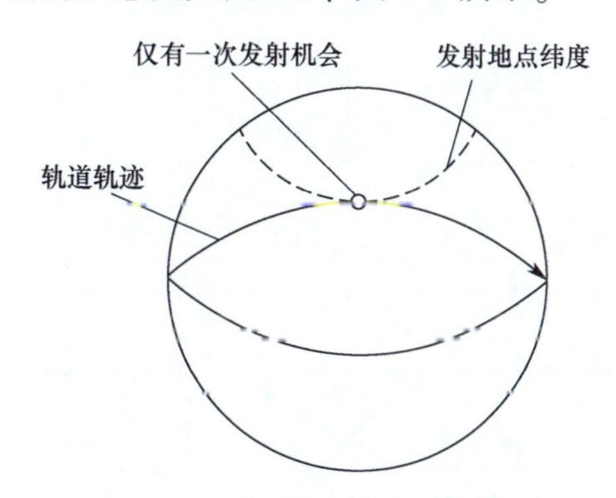

图 3-5　仅有一次发射机会示意图

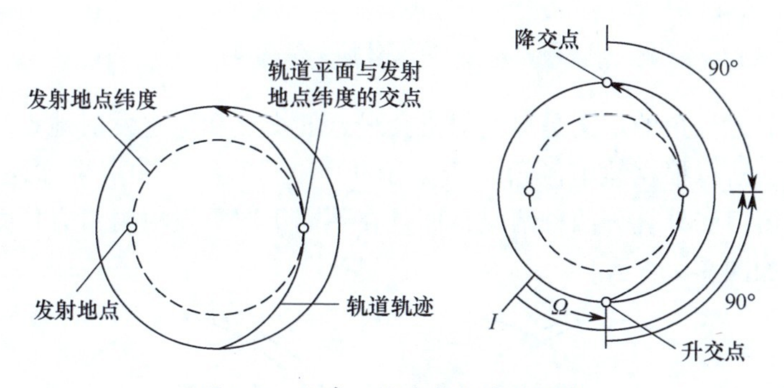

图 3-6　仅有一次发射机会俯视图

图 3-6 中：Ω 为轨道的升交点赤经；I 为春分点方向。

如果发射地点的纬度比轨道倾角低，地球自转时，会带动发射地点每天两次经过轨道下方，即有两次发射机会，一次靠近升交点，称为升交点机会；一次靠近降交点，称为降交点机会。而根据轨道倾角是否大于 90°，发射场是在北半球还是南半球，需要把发射窗口的计算分四种情况讨论计算，轨道倾角小于 90°且发射地点在北半球时的示意图如图 3-7、图 3-8 所示。

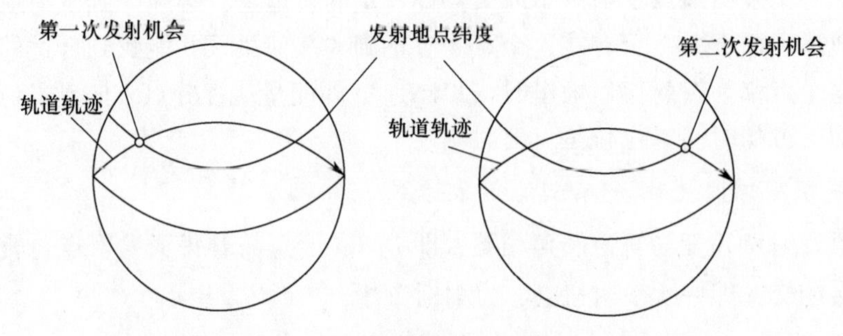

图 3-7　两次发射机会示意图

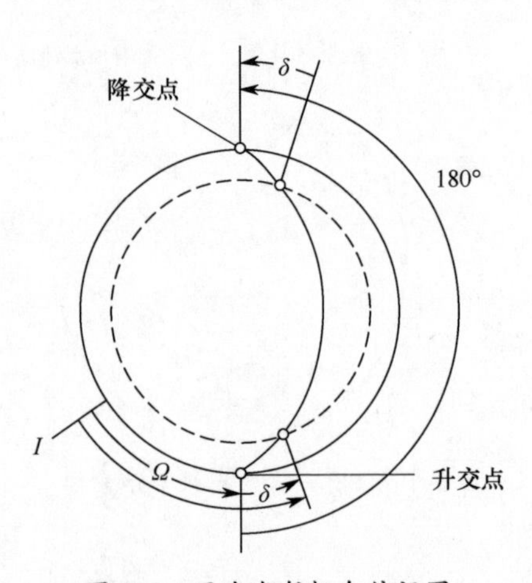

图 3-8　两次发射机会俯视图

由于发射方位角的定义是离发射机会最近的交点和穿越发射地点纬度的经线之间的弧长，所以根据轨道倾角是否大于 90°和发射地点在南半球还是北半球，需要将发射窗口的计算分四种情况，而且在不同情况下发射窗口方位角的计算公式也不同，如图 3-9 所示。

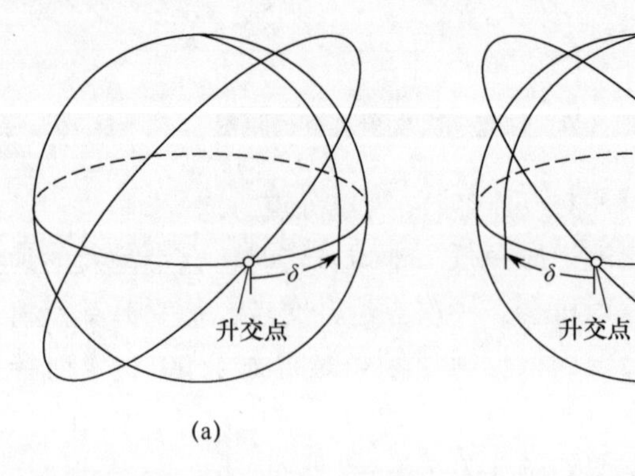

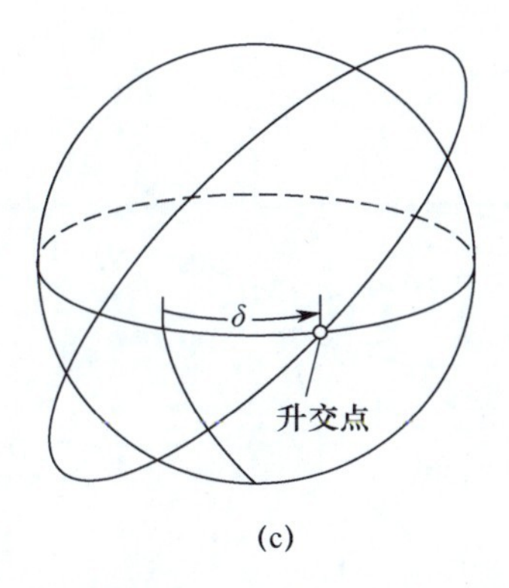

(c)

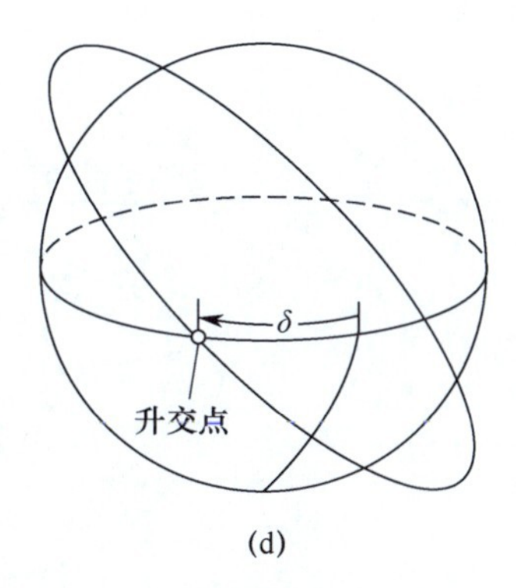

(d)

图 3-9　不同半球、不同方向发射情况下的发射窗口示意图

(a) 北半球，顺行轨道；(b) 北半球，逆行轨道；(c) 南半球，顺行轨道；(d) 南半球，逆行轨道。

所以，对于升交点机会，发射时刻见表 3-2。

表 3-2　升交点机会的发射窗口恒星时

	北　半　球	南　半　球
轨道倾角小于 90°	$\mathrm{LWST}_{AN}=\Omega+\delta$	$\mathrm{LWST}_{AN}=\Omega-\delta$
轨道倾角大于 90°	$\mathrm{LWST}_{AN}=\Omega-\delta$	$\mathrm{LWST}_{AN}=\Omega+\delta$

对于降交点机会，发射时刻见表 3-3。

表 3-3　降交点机会的发射窗口恒星时

	北　半　球	南　半　球
轨道倾角小于 90°	$\mathrm{LWST}_{DN}=\Omega+180°-\delta$	$\mathrm{LWST}_{DN}=\Omega+180°+\delta$
轨道倾角大于 90°	$\mathrm{LWST}_{DN}=\Omega+180°+\delta$	$\mathrm{LWST}_{DN}=\Omega+180°-\delta$

上面各 LWST 式中包含的 δ 称为发射窗口方位角，是求得 LWST 的关键参数。

2. 发射窗口方位角的计算

为了计算发射窗口方位角的值，需要采用球面三角形的有关公式，如图 3-10 所示。

图 3-10 中可看出：

(1) 发射方向辅助角 γ 为轨道地面轨迹线与经线的夹角。

(2) 辅助倾角 α 为升交点处赤道和轨道面轨迹之间的夹角，对于顺行轨道，α 等于轨道倾角 i，对于逆行轨道，$\alpha = 180° - i$，α 的对边为发射地点纬度 L_0。

(3) 发射方位角 β 是在发射点从正北方向顺时针转动到发射方向的角度，常称为射向。在北半球时，$\beta=\gamma$；在南半球时，$\beta = 180° - \gamma$。

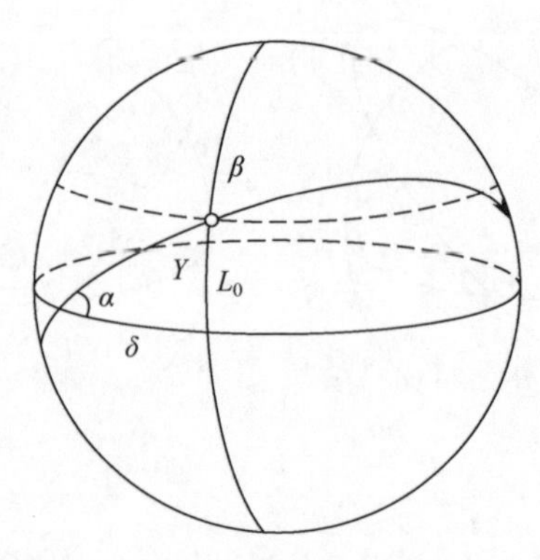

图 3-10 发射窗口计算相关角度

(4) 发射窗口方位角 δ，它沿着赤道，位于 γ 角的对边，是离发射机会最近的交点和穿越发射地点纬度的经线之间的弧长。

为了计算出发射窗口方位角 δ，可以先计算发射方向辅助角 γ。按照球面三角形的余弦定理，得到关于 γ 的表达式：

$$\cos\alpha = -\cos 90° + \sin 90° \sin\gamma \cos L_0 \tag{3-1}$$

$$\cos\alpha = \sin\gamma \cos L_0 \tag{3-2}$$

为了得 γ，变换方程的形式，得

$$\sin\gamma = \frac{\cos\alpha}{\cos L_0} \tag{3-3}$$

同样，通过球面三角形关系得到 δ 的计算公式：

$$\sin\alpha \cos\delta = \cos\gamma \sin 90° + \sin\gamma \cos 90° \cos L_0 \tag{3-4}$$

$$\cos\delta = \frac{\cos\gamma}{\sin\alpha} \tag{3-5}$$

由最后的公式可得知，发射窗口方位角的值只与发射方向辅助角 γ 和辅助倾角 α 有关，而 γ 与发射方位角相关，α 与轨道倾角相关，所以，由轨道倾角和发射方位角可以计算得到发射窗口方位角的值。

通过以上分析，我们知道在计算发射时刻时，需要区分发射点的位置和轨道倾角的大小，还需注意，得到的发射时刻是恒星时，需要进行转换才能够得到我们常用的地方时。

3. 公历日期与儒略日互换

公历日转换为儒略日：

$$\begin{cases} a = \left[\dfrac{14 - \text{month}}{12}\right] \\ y = [\text{year} - 4800 - a] \\ m = \text{month} + 12a - 3 \end{cases} \tag{3-6}$$

公历日期中午所对应的儒略日：

$$\mathrm{JDN} = \mathrm{day} + \left[\frac{153m + 2}{5}\right] + 365y + \left[\frac{y}{4}\right] - \left[\frac{y}{100}\right] + \left[\frac{y}{400}\right] - 32045 \tag{3-7}$$

儒略日转换为公历日期：

$$\begin{cases} a = [\mathrm{JD} + 0.5] \\ b = a + 1537 \\ c = \left[\dfrac{b - 121.1}{365.25}\right] \\ d = [365.25] \\ e = \left[\dfrac{b - d}{30.6001}\right] \\ \mathrm{day} = b - d - [30.6001e] + \mathrm{JD} + 0.5 - [\mathrm{JD} + 0.5] \\ \mathrm{month} = e - 1 - \left[\dfrac{e}{14}\right] \times 12 \\ \mathrm{year} = c - 4715 - \left[\dfrac{7 + \mathrm{month}}{10}\right] \end{cases} \tag{3-8}$$

式中：[ ] 表示将括号中的数向下取整数，即舍去小数部分。

儒略日换算平恒星时：

$$T = \frac{\mathrm{JD} - 2451545.0}{36525.0} \tag{3-9}$$

$$S = 280.46061837 + (360.98564736629 \times (\mathrm{JD} - 2451545.0)) + (0.000387933 \times T \times T) - (T \times T \times T/38710000.0) \tag{3-10}$$

$$格林尼治平恒星时 = \frac{\{s\}}{15} \tag{3-11}$$

式中：$\{s\}$ 表示将角度 s 归约到 360°的范围中。

地方恒星时：

$$S = m + S_o + M\mu \tag{3-12}$$

式中：m 为地方时；M 为与 m 对应的格林尼治时；S_o 为当日的世界时 0h 的恒星时；$\mu = 1/365.2422$。

4. 计算流程

在发射要素的计算中，首先应确定已知的需要用到的参数，有发射场的经纬度、轨道倾角、升交点赤经和选取的发射任务的时间范围，然后使用整理好的流程进行计算可得到运载火箭发射要素，计算流程如图 3-11 所示。

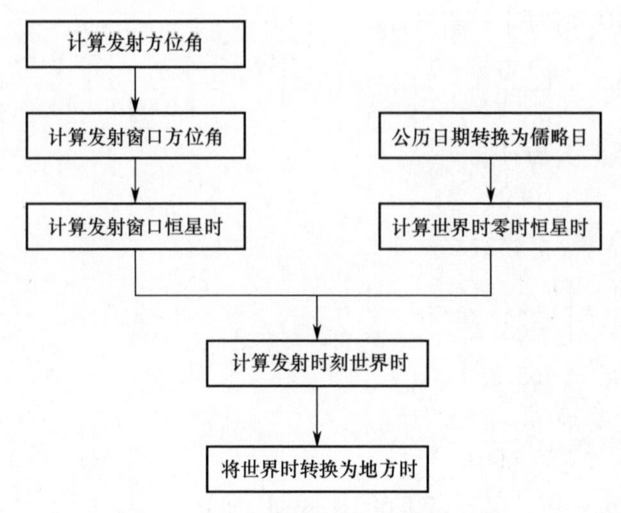

图 3-11　发射窗口地方时计算流程图

以下是计算的具体步骤。

1）计算发射窗口方位角

发射窗口方位角由推导出的公式 $\cos\delta=\dfrac{\cos\gamma}{\sin\alpha}$ 计算，其中 γ 和 α 分别与轨道倾角和发射方位角成相等或互补的关系，计算时应当注意轨道倾角和纬度的大小。

2）计算发射窗口恒星时

发射窗口恒星时在计算时首先应该判定轨道倾角和发射场纬度的大小关系，以判断是没有发射窗口还是一天中有一个或是两个发射窗口，也需要分轨道倾角和纬度的大小用不同的公式计算。

还需要注意，升交点赤经的定义是轨道的升交点到春分点之间的角度，而春分点在空间中的指向是不变的，所以由此可知，轨道是在空间中保持不动的，它是不随着地球的自转或是公转发生改变的，所以由升交点赤经和发射窗口方位角计算得到的发射窗口的时间是由恒星时表示的，而我们平时常用的时间是平太阳时，所以发射窗口恒星时在每天是相同的，但发射窗口的地方时在每一天是不同的。

3）将公历日期转换为儒略日

儒略日是在儒略周期内以连续的日数计算时间的计时法，将公历日期转换为儒略日，可以得到一个用数字表示的日期，不需要考虑月份或者年份的影响。

4）由儒略日计算当日世界时零时的恒星时

首先须注意由公式计算得到的儒略日是当日正午的儒略日，由数值区分的话，正午时候的儒略日的小数部分是 0.5，而午夜的儒略日则是整数结尾，所以要计算世界时零时的恒星时，应当在计算得到的儒略日的数值上减去 0.5。再由午夜的儒略日计算得到当日世界时零时的世界时。

5）计算发射时刻世界时

由地方恒星时的计算公式为：$S = m + S_o + M\mu$，其中 m 为地方时，M 为与 m 对应的格林尼治时，$M = m - \lambda$，λ 为当地的经度；S_o 为当日的世界时 0h 的恒星时；μ 为常数，其值为 1/365.2422。要想满足直接将航天器发射到预定轨道的几何关系，则需要当地的恒星时等于发射窗口的恒星时，所以可以令已经计算得到的发射窗口恒星时与当地地方恒星时相等，即可令 S 等于发射窗口恒星时，由此计算出此次发射时刻的世界时。

由于要计算的是世界时，所以经度为 0°，$M = m$。还需注意，如果计算的 $m + S_o + M\mu$ 的值大于 24h，或者用角度计算时其值大于 360°，需减去 24h 或 360° 来使其归到 24h 内的范围中。

由此得到发射时刻世界时的计算公式为

$$m = \frac{S - S_o}{1 + \mu}(S > S_o) \tag{3-13}$$

$$m = \frac{S - S_o + 360°}{1 + \mu}(S < S_o) \tag{3-14}$$

6）将世界时转换为地方时

由于日常发射任务中所用的时间并非格林尼治天文台所处的世界时，而是地方时，而我国所用的时间为东经 120°所对应的地方时（即东八区时间），所以需要将世界时加上八个小时，即得到发射时刻的地方时，即发射时刻的北京时间。

至此，运载火箭发射要素所包括的发射方位角和发射窗口计算已完成。

3.2.3　推进剂加注量

推进剂加注量包括基本加注量及随推进剂温度而变化的补加量，根据火箭发动机所确定的两种燃料混合比来确定氧化剂与燃烧剂两组分的质量比。

加注诸元主要取决于推进剂温度，当推进剂加注温度和发射温度偏离标准温度时，相应的加注量会有变化。加注诸元计算是以在确定推进剂加注量时，保证在该推进剂温度下推进剂剩余量最小为原则。

允许的加注偏差一般不超过加注量的 0.1%~0.5%，加注过量会增加火箭各级停火点的剩余量而导致射程损失，加注量不够则不能满足发动机正常工作的需要量，而达不到预计的速度和射程。

1. 总体计算步骤

（1）推进剂温度预估：加注温度预估、发射温度预估。

（2）计算发射温度下的发动机混合比。

（3）确定基准贮箱，计算基准贮箱的加注质量。

（4）根据混合比，计算另一组元贮箱的加注质量。

（5）将加注质量换算成加注温度下的体积，提供给加注系统进行加注。

2. 推进剂温度预估

由于定量装置按容积流量进行计量，而推进剂加注量是按质量混合比确定，在推进剂密度随其温度改变的情况下，必须对推进剂加注时的温度进行控制和监测，否则不能保证加注精度。

推进剂温度预估公式及其系数是根据以往火箭实测的推进剂温度进行结果分析，通过曲线拟合得出的。

1）加注温度预估

加注温度是指加注结束时推进剂贮箱中的推进剂温度，在长征火箭历史上加注温度的预估误差比较大，它主要取决于下列因素：

（1）库房中的推进剂温度；

（2）加注时的环境条件；

（3）加注泵的特性（不同泵的温升特性不同）；

（4）加注过程中操作流程的变更。

前两项基本是确定因素，后两种随机成分较大。

加注温度预估公式如下：

$$T_j = T_k + F_1 \cdot (t_{aj} - T_k) + \Delta T_j \tag{3-15}$$

式中：T_j 为推进剂加注温度（℃）；T_k 为推进剂库房温度（℃）；t_{aj} 为加注时环境气温（℃）；F_1 为加注温度预估公式系数；ΔT_j 为加注温度修正量（℃）。

2）发射温度预估

加注后，火箭在发射台停放期间的推进剂温度满足下列微分方程：

$$\frac{\mathrm{d}T}{\mathrm{d}t} = (A_f + B_f \cdot |t_a - T|)(t_a - T) + \Delta T_f \tag{3-16}$$

积分初值：$t = t_{jg}$，$T = T_j$。

积分终值：$t = t_f$，积分终点的 T 即为发射温度 T_f。

考虑地面风对推进剂温度的影响，则有：

$$A_f = A_0 \cdot (1 + F_3 \cdot W) \tag{3-17}$$

式中：T 为推进剂温度（℃）；t_a 为环境气温（℃）；t 为时间（变量）（h）；t_{jg} 为加注结束时间（h）；t_f 为发射时间（h）；A_f、A_0、B_f 为发射温度预估公式系数；W 为地面风速（m/s）；F_3 为风速修正系数；ΔT_f 为发射温度修正量（℃）。

3）关于推进剂加注诸元的说明

（1）各贮箱加注时间及加注后停放时间，在加注前根据发射窗口和气象预报确定。

（2）推进剂库房温度为加注前推进剂库房温度实测值。

（3）加注时平均环境温度及停放时平均环境温度由加注前气象预报确定。

（4）以上给出的有关助推器加注计算的原始数据、推进剂贮箱容积以及推进剂温度预估公式中有关参数均为单个助推器参数平均值，加注诸元计算时使用统一的一套数据。

为保证发动机性能及可靠工作，要求推进剂温度满足如下范围。

（1）氧化剂温度：5~20℃。

（2）燃烧剂温度：1~25℃。

（3）两种推进剂温度差≤5℃。

在加注前 72h 根据气象预报、推进剂温度、库房调温能力及预定的推迟发射时间，由发射场气象部门提供气象参数，计算调温数据，加注前 48h 提供最终调温指标，推进剂加注库房根据调温指标，提前采用降温或加温措施，保证推进剂使用温度。

3.2.4　$q\alpha$ 值

1. 高空风及其对火箭飞行的影响

1）中国高空风

由于大尺度全球环流的控制，在中纬度高空出现了速度很大的强风带，称为“急流”。急流自西向东运行，宽度可跨 5~10 个纬度。

我国急流的特点是，每当冬季，在青藏高原两侧，高空出现两支急流：“北支急流”和“南支急流”，两支急流以越来越快的速度向东流动，在上海上空汇集为一支。在两支急流中，南支急流的速度又比北支更大一些，这一特点对我国火箭设计具有重要意义。由于采用最危险条件设计，不必提供所有不同发射地区的风场分布，只需结合急流的特点确定一个地区的风场取样，进行分析处理，制作一个设计用风场即可。

用随高度变化的统计特性所描述的设计风场通常称为“综合矢量风剖面”。该剖面考虑风分量及切变风量的各种相关，把最大风矢量及相应的最大风切变随高度的变化综合起来作为设计的依据。利用它进行设计，并不意味着火箭在实际飞行中遇到这种风场分布的全体，仅仅表示在某一高度可能遇到这种风的干扰。所以，大气风场设计的意义就在于根据数理统计理论，利用实测风数据设计出一种适宜于火箭设计所需要的风场分布，它是实测数据的反映，不能在一次实测中完全复现，它能保证最危险条件设计，不是无限保守的约束条件。

2）影响

火箭飞行时，必须考虑高空风的干扰：在姿态控制系统设计中应考虑平稳风和最大风切变；在载荷计算中除了考虑这两项内容外，还应考虑阵风的影响；在精度分析中则需考虑最大风和平均风切变。

运载火箭在大气层飞行时，气动力影响可分解为轴向力和横向力。轴向力可通过发动机推力抵消，而横向力主要是气流在有攻角时对火箭产生载荷，在跨声速段产生气动抖振，严重时可使箭体结构破坏，造成飞行失败。因此，火箭轨道设计时应充分考虑气动力的影响，保证火箭在大气中飞行时的气流攻角产生的载荷在火箭结构性能承受的范围内。当高空气流速度较大时，要考虑推迟发射，或者进行攻角修正，被动减载和主动减载都是通过控制攻角、侧滑角，保证箭体的纵轴在风作用下迎着或顺着气流飞，减小作用在弹体上的气动载荷影响。

2. 高空风修正

通常火箭的设计均采用最危险条件设计，然而这种最危险条件并不是绝对的，而是以一定的出现概率为依据的。

高空风弹道修正有如下两种修正方法。

1）火箭自动控制

火箭自动控制修正目前仍处于研究阶段，它利用箭上传感器测风，经控制系统处理，对火箭进行调姿，以抵消风干扰，如我国 CZ-5、DF-15 横法向加表过载控制。

2）弹道修正

美国采用射前 5min 瞬时修正，即在临射前用测风和射前装订进行修正；我国采用统计预装法，即以历史资料为依据设计修正风，利用火箭进场后即开始的射前高空风测量数据订正设计修正风，分析效果，从而进行修正，具体流程如图 3-12 所示。

3. $q\alpha$ 值计算

$q\alpha$ 值的含义：q 是指动压头，代表气动强度；α 是指攻角，代表横向载荷。总体上代表了火箭按某弹道飞行时受到的横向气动力干扰有多大。

火箭在不同飞行高度遇到的最大风干扰的出现概率不同，它包含了风切变和最小风。在设计中，选取对火箭飞行影响最大的高度（称为参考高度 H_0），给出一定出现概率下的风速。在这一条件下，其他各高度上出现的风切变和由此切变造成的各高度风速，都是所谓的“条件切变”和“条件风速”，这些风速沿高度分布就构成了综合矢量风剖面。从理论上说，任何一个高度都可作为参考高度，但实际上往往只选取 5~15km 高度范围作为参考高度，因为只有这些高度的风才

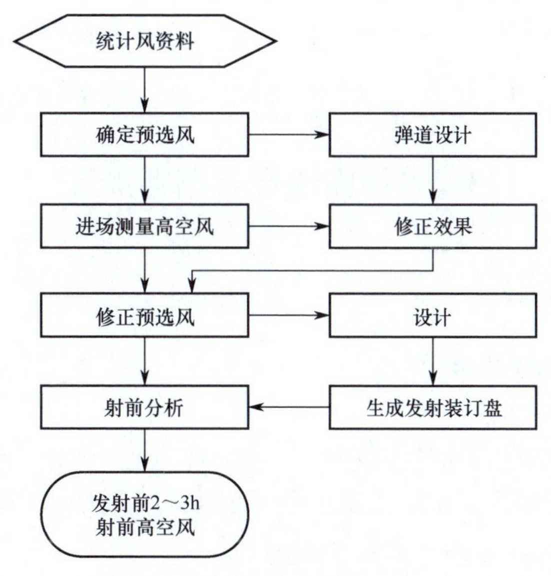

图 3-12　高空风弹道修正流程

是构成最危险条件设计的因素。

多次的高空风测量表明，风向具有大致确定的方向，尤其在经常出现大风的冬季更是如此。因此，考虑出现机会少的风向（在这种风向上风速也小）来确定风速，对设计来说是没有实际意义的。正确的方法是在每一参考高度上的最多风向下找出一定出现概率的最大风速，这就需要首先确定最多风向，然后在这一风向下确定最大风速。

当高空气流速度较大时，要考虑推迟发射，或者进行攻角修正，以减少气功载荷的影响。

为此，针对不同型号运载火箭的飞行任务，需要设定 $q\alpha$ 值，作为最低发射条件。发射前根据下式计算飞行弹道各点的 $q\alpha$ 值，将其与火箭设计所能承受的最大 $q\alpha$ 值比较，判断能否发射。

$$
\begin{gathered}
q\alpha = \sqrt{(q\alpha')^2 + (q\beta')^2} \\
\begin{cases} \alpha' = \alpha + \Delta\alpha_f \\ \beta' = \beta + \Delta\beta_i \end{cases} \\
\begin{cases} \Delta\alpha_{\mathrm{f}} = \arctan\left(\dfrac{-V_f\sin\theta}{V - V_{fx}\cos\theta}\right) \\ \Delta\beta_f = \arctan\left(-\dfrac{V_{fz}}{V}\right) \end{cases} \\
(\text{当 } t = 0 \text{ 时，} \Delta\alpha_f = \Delta\beta_f = 0)
\end{gathered}
\tag{3-18}
$$

式中：q 为动压头（Pa），$q=\frac{1}{2}\rho v^2$；α 为攻角；β 为侧滑角；θ 为当地轨道倾角；ρ 为大气密度；V_f、V_{fx}、V_{fz} 为风速及其在发射坐标系中的分量。

3.3 地面瞄准与燃料加注

3.3.1 地面瞄准

1. 地面瞄准的基本概念

1）目的与要求

发射前使发射对象对准目标的技术称为瞄准。也称初始对准或初始定位，包括水平对准和方位瞄准。在发射前使主对称平面与发射平面对准（平台主稳定平面与发射平面重合），这就是瞄准的根本目的。

航天器入轨精度主要是由运载火箭的制导精度决定的。发射前，火箭制导装置的测量轴必须相对目标定向，以建立制导计算的初始基准。高的制导精度不仅需要完善的制导系统，而且需要高精度的初始定位。瞄准精度对航天器的入轨精度和导弹的命中精度有较大影响。假设方位瞄准有 1′误差，导弹射程为 10000km，则弹头落点横向偏差可达 1.85km。

运载火箭（导弹武器系统）对地面瞄准系统的要求主要是根据战术技术指标、所用的制导系统、发射方式及使用环境提出的，具体要求如下。

（1）地面瞄准系统的总精度。根据方位瞄准系统总精度分配而得，主要反映弹（箭）上瞄准基面（方位敏感轴）与射向保持一定关系（垂直或成已知角值）的误差。一般分为高、中、低三档，高精度小于 20″，中精度为 20″~40″，低精度为 40″~60″。

（2）瞄准时间。主要指瞄准工作所占用的发射准备时间，它与发射方式、反应时间和生存能力密切有关。如地面机动发射，则要求瞄准时间短，一般小于 5min，而对地下井发射就可以相应放宽瞄准时间。

（3）射向变换范围。主要指射向可以根据临时需要任意变换，对地面机动发射来讲更为重要，一般为 0°~±180°。

（4）满足各种发射方式的特殊要求。诸如机动性（需瞄准车）和环境适应能力（温度、相对湿度、高海拔、雾、雨、风、雪等）。

（5）提供有关原始设计参数。诸如：弹（箭）上瞄准基面（地面瞄准的对象）所用形式、尺寸及其离地面高度；在发射风速下，弹（箭）上瞄准基面的摆动量和频率；弹（箭）体纵轴（竖立状态）允许对发射点的偏差；以及有关接口（机械和电气）参数等。

（6）使用方便，性能可靠，工作寿命长等。

根据方位基准信息的来源，航天领域瞄准系统可以分为两大类：

第一类是光学瞄准系统，其方位基准信息来自制导系统之外的地面大地测量及地面瞄准系统。

第二类是自主瞄准系统，其方位基准信息主要来自制导系统自身测量装置或附加在其上的自动定向装置，例如制导系统附加陀螺罗盘或附加星光跟踪器。

2）瞄准的基本原理

瞄准的原理一般是先使火箭的箭体坐标系与发射坐标系相应轴重合，实现粗对瞄，然后使惯性坐标系与发射坐标系相应轴重合（惯性制导系统），实现精确瞄准。其中，关键之处是发射前制导装置测量轴所确定的惯性坐标系相对于发射坐标系的重合精度。如果偏差过大，且未修正，那么实际射向偏差是火箭本身无法消除的。箭体坐标系相对于惯性坐标系的微小偏差可由火箭在起飞后自动消除。

发射坐标系 $O\text{-}X_cY_cZ_c$ 又称为发射点地面坐标系，如图 3-13 所示。其原点同火箭的质心相重合。OX_0 轴指向射向；OY_0 轴垂直向上，与当地重力方向重合；X_cOY_c 平面称为射击平面。OZ_c 轴垂直于 X_cOY_c 平面，构成右手系。

箭体坐标系 $O\text{-}X_1Y_1Z_1$ 如图 3-14 所示。其原点为火箭的质心。OX_1 轴同火箭的纵轴相重合，OY_1 轴指向Ⅲ象限，OZ_1 轴指向Ⅳ象限，三轴构成右手系。

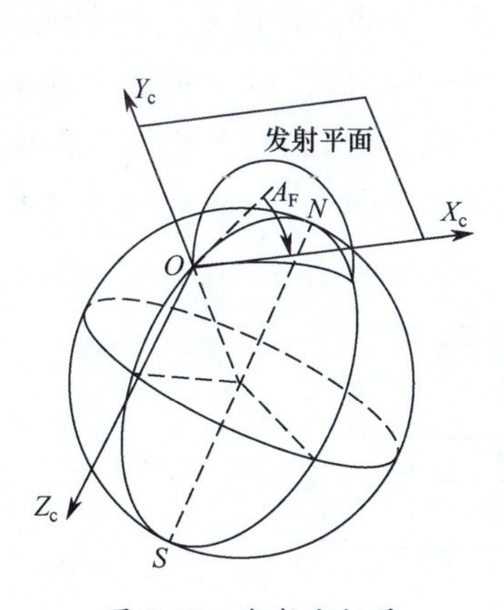

图 3-13　发射坐标系

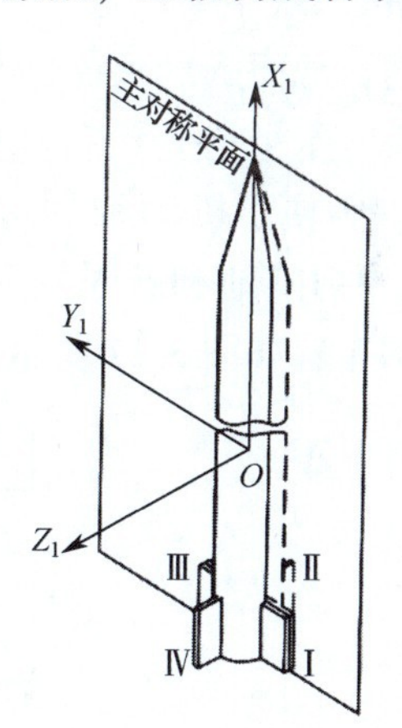

图 3-14　箭体坐标系

惯性坐标系 $O\text{-}XYZ$ 如图 3-15 所示。XOY 平面即称为主稳定平面（或称稳定基面）。其中，原点为陀螺稳定平台的台体中心，OY 轴垂直于台体平面，OX 轴为平台内环轴，OZ 轴为平台外环轴，三轴构成右手系。需要说明的是："陀螺稳定平台惯性坐标系"只是一个不太严格的习惯称谓，严格地说，火箭起飞离台前数秒，陀螺稳定平台断开“调平、瞄准回路”那一刻而“瞬时固化”于惯性空间的坐标系才称为“(发射点) 惯性坐标系”，而起飞后原点随火箭一起运动的陀螺稳定平台坐标系实际上是平移坐标系，但其三轴指向相对于惯性坐标系保持“不变”。陀螺稳定平台瞄准原理的实质，主要是利用了其“三轴指向不变”的特性。

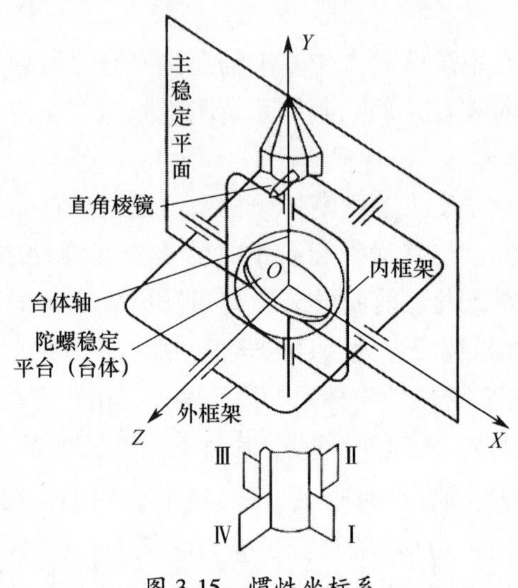

图 3-15 惯性坐标系

3）瞄准系统主要设备

按用途，地面瞄准系统由方位瞄准设备、基准标定设备、射向变换设备、寻北定向设备、水平检查设备和检测训练设备等组成，以上统称为地面瞄准设备(图 3-16)。为便于机动和创造良好工作环境，通常将上述设备装在瞄准车上(对于固定发射阵地和航天发射场则安置在瞄准间内)。地面瞄准系统在机动发射阵地上的布置如图 3-17 所示。

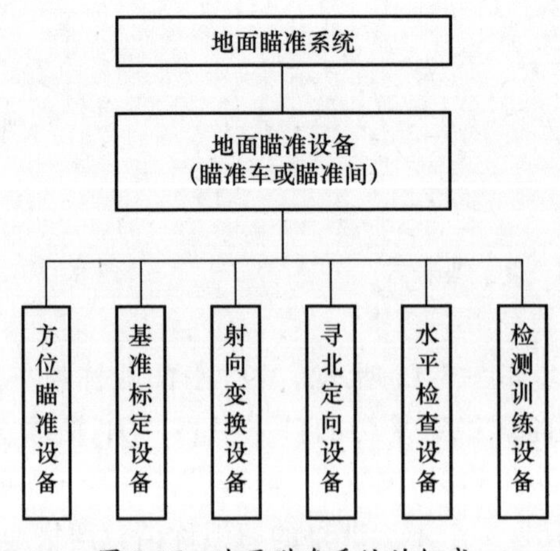

图 3-16 地面瞄准系统的组成

方位瞄准设备——方位瞄准设备是地面瞄准系统中最重要的仪器，其主要功能是将射向或与射向保持已知角值的方向赋予弹（箭）上瞄准基面。为满足不同发射方式和不同瞄准精度的要求，方位瞄准设备有：光电准直经纬仪、光学准直经纬仪、光电瞄准仪、激光瞄准仪等。它们工作时放在瞄准点 M 上（图 3-17）。

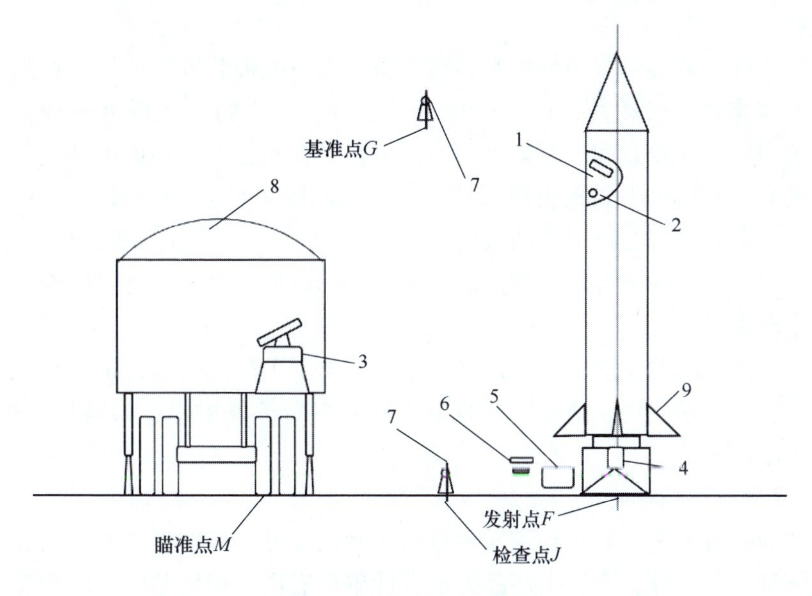

图 3-17　地面瞄准系统在机动发射阵地上的布置

1—弹（箭）上直角棱镜；2—弹（箭）上液压摆；3—光电瞄准仪；
4—角变换仪；5—水平检测仪；6—自准直仪；7—标杆仪；
8—瞄准车；9—磁性水准器。

基准标定设备——基准标定设备是用来标定基准方向的仪器，其类型有标杆仪、平面镜装置和基准直角棱镜装置。标杆仪用于地面发射阵地标定基准方向，使用时配置在基准点 G（或检查点 J）（图 3-17）上，用标杆仪的标杆代替基准点（或检查点）。平面镜装置的镜面法线（或基准直角棱镜装置的主截面）用来标定基准方向，在地下发射井中通常将平面镜装置（或基准直角棱镜装置）安装在井壁上，用于贮存基准方向。

射向变换设备——射向变换设备在一般情况下将其中一部分装在弹（箭）尾端面中心，如角变换仪，为射向变换提供传递基准；而另一部分置于地面，如自准直仪，用于监视角变换仪上的基准直角棱镜，它们相互配合完成火箭的射向变换。

寻北定向设备——寻北定向设备主要是陀螺定向经纬仪，其功能是自动寻找真北并测出待定边的天文方位角。陀螺定向经纬仪一般配置在光电瞄准仪附近，它将真北信息传递给光电瞄准仪；有时配置在瞄准点上，用来检查或赋予基准标定设备基准方向。常用的陀螺定向经纬仪有两种结构，一种是将陀螺部分安装在经纬仪的下面，另一种是将陀螺部分架在经纬仪上面。

水平检查设备——水平检查设备有磁性水准器和水平检测仪两种。磁性水准器工作时靠磁力吸附在火箭尾段的水平基面上，用水准器气泡位置概略显示火箭的垂直度。

检测训练设备——常用的检测训练设备由直角棱镜装置、测微平行光管和标准正多面体装置等组成。直角棱镜装置用来模拟弹（箭）上瞄准基面，配合光电瞄准仪完成功能检查和平时训练。测微平行光管和标准正多面体装置相配合测定光电瞄准仪一次水平测角极限误差。光栅式测微平行光管的测角误差为 0.5″。标准正多面体装置每个反射面法线的夹角误差为 1″（或者将误差值测出）。不同的发射方式，其地面瞄准系统的组成亦不尽相同，如地面固定发射阵地一般不配置寻北定向设备。

随着火箭技术的发展，对地面瞄准系统提出了更高的要求，诸如精度高、反应时间短、全天候使用、适应多种发射方式和多目标发射等。为满足这些要求，应不断采用高新技术。

4）发射方向的标定

瞄准的准备工作主要是确定发射点的初始基准方向和射击方向。前者由发射场大地测量勤务保障，后者由产品弹道设计单位提供。初始基准方向和射击方向的配置点如图 3-18 所示。其中，F 为发射点，M 为瞄准点，G 为基准点，J 为检查点，A_G 为基准方向的大地方位角，A_F 为射击方向的大地方位角。

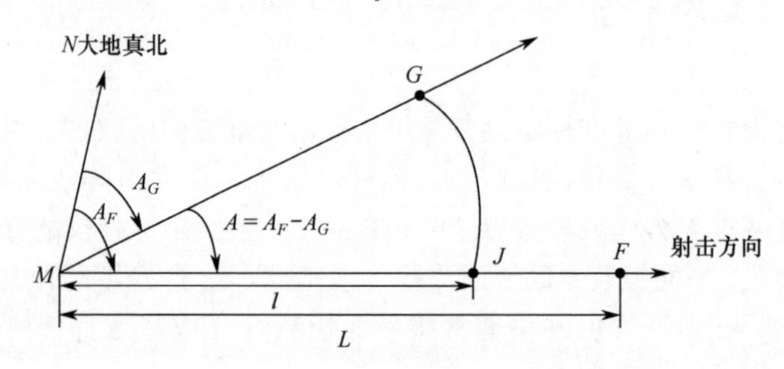

图 3-18　发射阵地瞄准所用配置点

确定基准方向的方法有大地测量标点法、天文测量法和陀螺寻北法。标定与贮存基准方向的常用方法有埋设十字标志、观测远方标杆、采用平面镜装置的法线和使用平行光管的视轴等。

5）射向的传递

瞄准的核心工作是方位传递，有直接传递和间接传递两种方法。直接传递方法是地面瞄准设备直接瞄准捷联惯组的直角棱镜，然后控制发射台转动，达到瞄准目的。间接传递方法是地面瞄准设备间接瞄准安装在火箭瞄准基准面上的方位仪，然后控制发射台转动，达到瞄准目的。

间接传递方法的原理是：根据两直线内错角相等则两线平行的几何原理，使代表火箭实际射向的瞄准基面法线和理论射向平行，如图 3-19 所示。

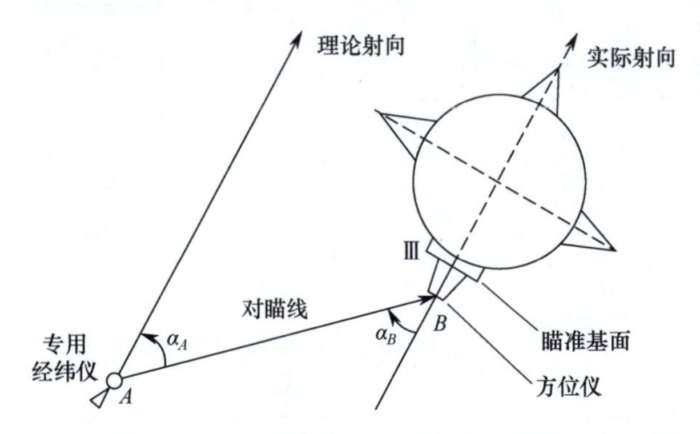

图 3-19 间接传递方位原理示意图

间接传递方法主要用于结构尺寸比较短小、刚度好的捷联制导的火箭或航天器。除了要预先进行瞄准基面转换之外，一般只要通过垂直度调整和方位瞄准两个步骤即可使惯性坐标系（箭体坐标系）与发射坐标系的关系达到要求。

6）瞄准基本方法

地面瞄准要完成两个任务。其一是将射击方向传递给光电经纬仪，从而确定射面。常用方法是通过光电瞄准仪的对心镜，使其垂直轴投影在瞄准点的十字标志上；然后将自准直望远镜对准基准点的标杆，此时自准直望远镜视轴即为基准方向；最后通过光电瞄准仪的方位测角装置，装订射击方位角差值 $A(A = A_F - A_G)$，调整自准直望远镜视轴位于射面内。其二是将光电瞄准仪确定的射面，传递给弹（箭）上的瞄准基面，使之垂直于射面。瞄准方法有似斜瞄准（斜瞄）和垂直瞄准两种（图 3-20、图 3-21），通常采用斜瞄法。

斜瞄法又分光学对瞄、光学准直和光电准直 3 种方法。

光学准直和光电准直法适用于瞄准基面是直角棱镜的情况。这两种方法准直精度高，抗干扰能力强，瞄准距离较远。尤其是光电准直瞄准，瞄准距离可达 150m 左右，目前多采用这种方法。

垂直瞄准法是指在垂直方向上传递方位信息的方法。可用于近距离瞄准，但系统复杂，传统火箭较少采用。

2. 陀螺稳定平台惯性制导系统的瞄准

陀螺稳定平台的主要测量元件都安装在平台的台体上。瞄准时，除了要进行垂直度调整和方位粗瞄之外，还要进行平台的调平和方位精瞄。

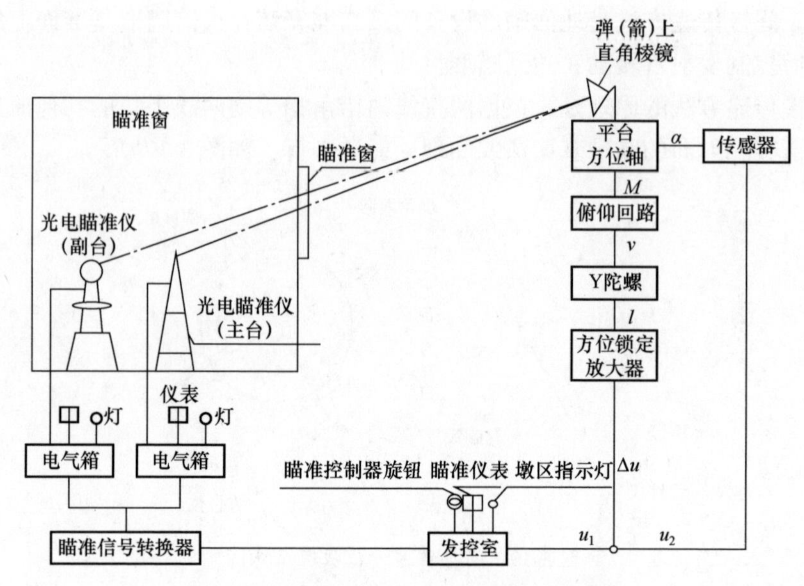

图 3-20 地面固定发射阵地倾斜瞄准方案

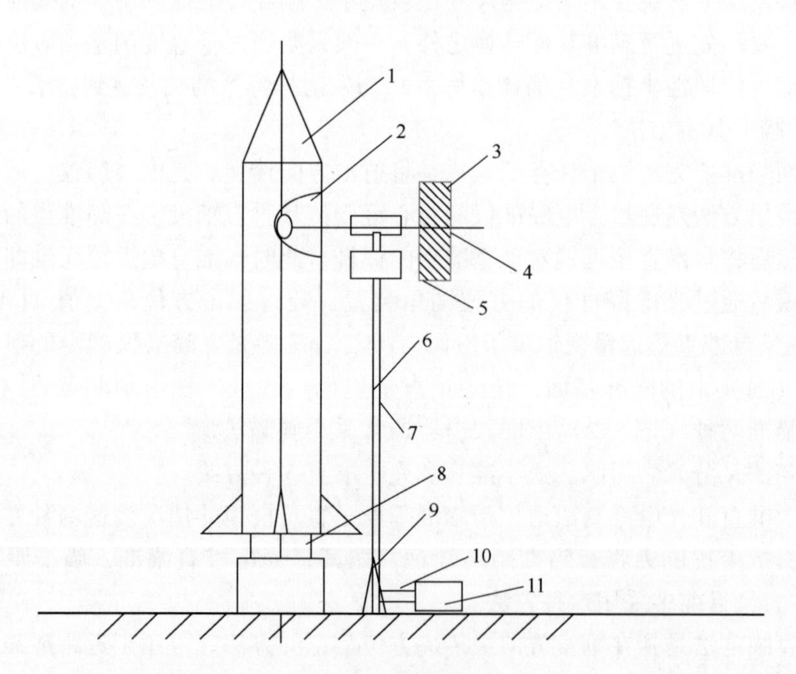

图 3-21 垂直瞄准法

1—火箭；2—弹（箭）上直角棱镜；3—光电准直管；4—自动常平架；
5—光电同步装置接收机；6—载有方位信息的光束；7—电缆；8—发射台；
9—光电同步装置发射机；10—陀螺罗盘；11—光电信号控制仪。

1）垂直度调整

垂直度调整是将竖立在发射台上的火箭纵轴调到地垂线方向，使箭体坐标系纵轴 OX_1 与发射坐标系 OY_c 轴重合。调整方法是借助液压千斤顶调整发射台对火箭支点的高低，使水准仪的指示合格为止。如果火箭较长，有两级或两级以上，通常采用逐级调整的方法。对于液体火箭，垂直度调整一般在火箭加注前、后各进行一次，以防加注引起的结构变形对水平对准带来影响。

2）方位粗瞄

方位粗瞄即转动发射台回转机构，使火箭的Ⅰ-Ⅲ主对称平面与射击平面平行，使箭体坐标系 OY_1 与发射坐标系 OX_c 轴（负向）重合。OX_c 轴的方位基准由地面瞄准系统确定。平台不加电，转动发射台，使地面光电经纬仪发出的定向光束打到平台的直角棱镜上，经反射后返回到光电经纬仪的视场敏区内，使火箭的主对称平面与射击平面基本重合。

3）水平对准

水平对准即利用惯性装置的调平系统调整自身的水平度（平台）或利用惯性装置提供的水平误差信息调整发射台支点的高低（捷联式），使火箭惯性坐标系建立水平基准，与当地水平面保持平行，从而使惯性坐标系的 XOZ 平面与发射坐标系的 X_cOZ_c 平面重合。平台的水平对准又称调平。控制系统对平台加电，接通调平系统，使平台建立的惯性坐标系 XOZ 平面与当地水平面平行并跟踪地速，台体轴 OY 与发射坐标系的 OY_c 轴重合。

4）方位瞄准及锁定

方位瞄准及锁定即利用地面瞄准系统提供方位角偏差，通过惯性装置的瞄准回路或控制发射台转动的地面装置，使火箭的惯性基准精确对准射向，从而使惯性坐标系的 OX 轴与发射坐标系的 OX_c 轴精确重合。

在完成平台调平后，再进行方位瞄准及方位锁定。

方位瞄准是利用地面瞄准设备发出的定向光束打到平台直角棱镜上，经反射返回瞄准设备，形成定向光束与返回光束的误差指示信号，经人工调整瞄准控制器的输出值送往平台对准回路，控制台体转动，直到光束误差指示为零，使平台直角棱镜法向平面与射击平面重合，即平台建立的惯性坐标系 XOY 平面与发射坐标系射击平面 X_cOY_c 重合。

方位锁定是指平台瞄准完成后，由于地球自转，其 XOY 平面将偏离射击平面，平台对准回路将自动消除这一误差，使平台方位轴跟着地球转，即“跟踪地速”，将平台的方位锁定在射击平面之内，至此，精瞄完成。

3. 捷联式惯性制导系统的瞄准

捷联式惯性制导系统测量装置的各陀螺仪和各加速度计一般以正交方式安装

在基座上，测量轴与惯性坐标系各轴分别平行。基座固定安装在火箭上，惯性坐标系与箭体坐标系的关系相对固定，两个坐标系的三轴平行度主要由安装精度保证，其水平对准可以与垂直度调整结合进行。方位瞄准可以通过转动实现。

1）水平对准

捷联式惯性制导系统的水平对准是将横向和法向加速度表的测量轴调整到水平面内，使此时的俯仰和偏航姿态角传感器处于零位。一般用调整弹（箭）体垂直度的方法实现水平对准。

对于大型运载火箭，通常直接用捷联惯性测量组合装置（简称捷联惯组）的加速度表和陀螺仪的输出值进行水平测量和对准。这种水平对准方法可分为“陀螺仪零位修正法”和“利用加速度表输出直接调平法”。前者精度高，后者操作直观，实际工作中通常将二者结合运用，即先通过横向和法向加速度表测量不平度，引导地面精细地调整垂直度，使两表输出趋于“零”，实现初步水平对准。然后在射前检测陀螺仪和加速度计的输出，计算水平对准的初始误差值，将其装订于弹（箭）上计算机内作为制导计算的初始姿态，实现精确的水平对准。

2）方位瞄准

捷联式惯性导航系统的方位瞄准通常是转动发射台，使火箭方位轴精确对准射向。

捷联式惯性导航系统的瞄准方法与陀螺稳定平台惯性制导系统的瞄准方法相比，存在两点差异：一是方位瞄准主要由转动发射台实现且方位粗瞄、精瞄可以一次完成；二是水平对准主要依赖于垂直度调整且对准误差需要在发射前检查并装订修正。

4. 新型瞄准方法

CZ-5、CZ-7 运载火箭均采用近距离光学平瞄方案，将瞄准间设在靠近火箭的固定勤务塔上，光学瞄准设备架设在塔上瞄准间内，以实现俯仰角度趋近于零度（平瞄），如图 3-22 所示。

CZ-5 瞄准系统仅对位于中间的主份惯组进行光学瞄准，左右两套备份惯组的初始方位依靠定位安装保证，通过方位一致性测量设备获得备份惯组与主份惯组之间的方位差。在进行瞄准时，采用光学瞄准方法测量主惯组棱镜的准直方位角地面瞄准系统通过对惯组棱镜法线的偏离区域内进行搜索捕捉，精确测量出惯组棱镜法线与基准方位角之间的偏差角，将偏差角以通信方式传输给控制系统箭载计算机。由箭载计算机解算因捷联惯组不水平造成的光学瞄准方位误差并进行修正，得到修正后的火箭滚动姿态角初始值，在火箭起飞后根据滚动姿态角偏差控制箭体旋转，使箭体按照Ⅲ-Ⅰ象限线指向理论射向飞行。CZ-5 火箭固定在发射台，没有滚转装置，无法将箭体坐标系的主对称平面转动至发射平面，起飞后

13s左右火箭自主滚转约45°，消除初始滚动角偏差。因此瞄准系统只需精确确定火箭箭体坐标系相对发射坐标系的初始方位即可。

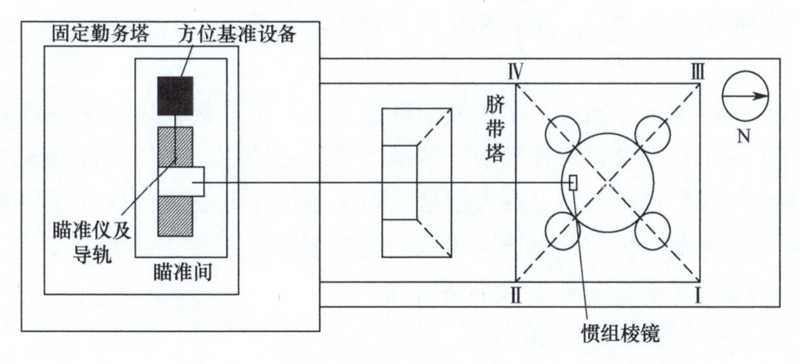

图3-22 CZ-5火箭平瞄方案

不仅CZ-5，新型火箭一般具备起飞后的大角度滚动控制功能，能够根据瞄准系统确定的初始方位偏差，自主修正。

CZ-6采用“近距离平瞄，方位信息垂直传递”技术，上仪器通过光电自准直光管完成惯组棱镜相对上仪器基准方位的失准角测量，通过偏振光磁光调制将上仪器基准方位进行垂直传递，将测量到的惯组棱镜失准角通过RS422通信传递给瞄准控制器。

下仪器接收上仪器发出的偏振激光，还原为上仪器基准方位，同时由一体的陀螺寻北仪给出北向基准，两者相减可得到上仪器基准相对北向的方位。下仪器将此方位也通过RS422通信送入瞄准控制器，瞄准控制器可解算出捷联棱镜相对北向的方位。再通过发控系统装订进入CZ-6火箭箭载计算机。一级飞行段采用滚动程序角控制实现空中定向。

目前，现役CZ-3A、CZ-2C等多型号也都具备了起飞滚转功能，射向变换更灵活。瞄准只需测定箭体系与发射系的初始偏差，无需地面转箭对准射面，简化操作，缩短瞄准时间。

3.3.2 推进剂加注

1. 基本概念

加注技术是指射前向运载器加注推进剂的技术，加注过程中所用设备构成的系统称为加注系统。

加注系统可按不同的方式进行分类：按推进剂性质的不同可分为常规推进剂加注系统和低温推进剂加注系统；按加注方式的不同可分为泵式加注、挤压式加注和自流式加注；按加注流程特点的不同可分为闭式加注系统和开式加注系统；

按设备机动性的不同可分为固定式、机动式和半机动式加注系统；按加注定量方式的不同可分为箭上定量、地面定量和箭上-地面联合定量加注系统；按自动化程度的不同可分为自动化、半自动化和手动加注系统。

1）加注方案

通常有两种加注方案：一是在发射区加注所有推进剂，采用这种方案，在技术区进行工作十分安全，但使发射区的准备工作复杂化；二是在技术区给航天器加注高沸点的可贮存推进剂，在发射区给航天器加注低温液体推进剂，给运载火箭加注全部推进剂，采用这种方案可以简化发射区的加注系统和减少“箭上-地面”之间的管路，缩短发射直接准备时间。

2）加注系统与供气系统的关系

液体火箭和航天器除了要加注液体推进剂外还要注入压缩气体。压缩气体主要用来对推进剂贮箱进行增压、驱动加注阀件和对管路、阀门进行吹除等。

压缩气体被充到导弹、火箭和航天器气路系统的贮气瓶中，加注后到起飞前，由地面对气瓶组不断供气，以保持推进剂贮箱获得一定的压力，直到起飞前转为由产品上的气源直接供气。

按产品气路系统的类型不同，气瓶组的充气可在技术区或发射区进行。对于用作低温介质和在有着火、爆炸危险场合使用的氦气和氮气，在充气之前应用相同的气体对气瓶及相关的气路系统进行气体置换，把空气置换到允许的浓度以下。

产品推进剂贮箱加注部分的气路系统和结构主要取决于推进剂的物理化学性质、加注量和定量的方法。

地面供气系统的组成和结构在很大程度上取决于产品的气路系统和结构。从加注角度来说，地面供气系统和产品上的气路系统是一个系统的两个部分，只有此两部分中各部件的工作密切配合和协调，整个系统才能正常工作。

3）推进剂对贮箱及加注的影响

不同种类的推进剂对贮箱及加注的影响是不同的。可贮存推进剂因温度与室温相当，且其物理、化学性质稳定，故对贮箱结构及加注方法影响较小，加注系统也相对简单。低温推进剂则要复杂得多。除了地面加注系统采取绝热措施外，还要求贮箱有绝热层，以防止加注液体在发射场和在飞行过程中蒸发。绝热层可采用发泡塑料、真空屏蔽等多种方式。为了防止低温对仪器和发动机部件的影响，在贮箱、管路的相关部位还要采取局部绝热措施。加注后低温液体的蒸发损耗靠补充加注来补偿，称为“补加”。若贮箱无绝热层，对其进行加注时，空气中的水汽会在贮箱的外壁结上一层白霜，此白霜在一定程度上降低了热传导，也起到自身绝热的作用，但是容易对电器绝缘性能产生不良影响，需要加强电器系统的绝缘措施等。

加注过冷低温液体推进剂有以下特点：一是在准备过程中要对贮箱做严格的气密性检查；二是用冷却的方法降低液体的饱和蒸汽压；三是需要采取相应的措施解决贮箱潜热使加注到贮箱中的液体形成温度分层问题，以及周围热量的传入使贮箱到发动机入口管路中的液体气化问题；四是加注过冷的液体可以延长产品从加注到起飞的无损耗停放时间；五是针对不同产品、不同容积和不同结构的贮箱，通常采取不同的加注系统、不同的加注方法及程序。

由于液体推进剂一般具有易燃、易爆、有毒等特点，因此加注推进剂具有一定的危险性，要采取严格的安全措施。在加注有毒、自燃的推进剂时，其蒸汽经由排出连接器引到专用的地面处理系统。在加注对空气有燃烧爆炸危险的液体（例如液氢）之前，应用惰性气体置换贮箱中的空气，加注时将排放出来的蒸汽烧掉或稀释到安全浓度以下。

4）推进剂加注量的计量方法

在加注推进剂时，加注量的准确度是很重要的。过少，不满足运载安全要求；过多，尤其是火箭最后一级的剩余量过多会使火箭的有效载荷减少。可以用地面加注系统中的设备测定加注量（称为外部定量法），也可以靠火箭贮箱中的装置进行定量（称为内部定量法），还可以同时采用上述两种方法进行定量。

外部定量法是用地面加注系统中的专用设备自动测定加注量。在加注量不大时（几十到几百千克），采用质量定量器，其精度比容积定量的精度高，而且不需要考虑温度修正和其他修正。

在加注量大时，一般采用内部定量法。此时，火箭贮箱起定量器的作用。贮箱是经过校准的，液位的测定是在贮箱上安装一个或几个不连续的液位传感器测定加注量。

通常情况下同时采用以上两种定量方法。此种方法是先用内部定量法把推进剂加到产品贮箱中的某一定量液位（如加注量的 90%～95%左右），然后用外部定量法精确地小流量补加到全量，或者精确地泄出多余的推进剂到质量定量器中计量。这种定量方法系统简单、可靠、定量精度高，因而得到广泛的应用。

2. 地面加注系统

1）分类

地面加注系统的分类如图 3-23 所示。

2）加注方法

加注系统中用得最多的加注方法是挤压法和泵送法。此外还有混合法、真空法等。

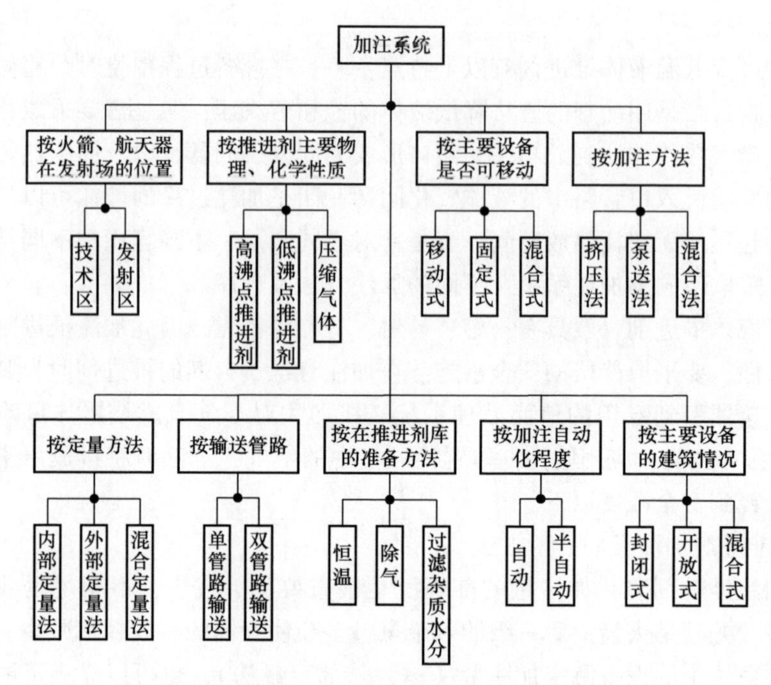

图 3-23　地面加注系统的分类

挤压法是用贮罐的增压压力保证要求的加注压头和流量，泵送法则是用泵来保证。挤压法受贮罐的承压能力限制，加注速度较慢，一般用在量小的推进剂加注中。泵送法加注可以达到任意大小的压头和流量，加注速度快，一般用在量大的推进剂加注中。为使泵工作稳定，泵送法要求液流是连续的，没有气泡，不产生气蚀。因此，有时也对贮罐增压以提高泵的入口压力，这样，将挤压法和泵送法结合起来，即形成所谓的混合法。

真空法加注的实质与挤压法类同，不过是将推进剂贮箱抽成真空，利用大气压与真空的压差实现挤压式加注。此法仅适用于有真空加注要求的少量推进剂加注。加注时间取决于加注的流量，现代运载火箭一般要求使用混合法进行大流量加注。

高沸点推进剂在贮存时基本不会损耗，可在发射前几天加注。此时加注按两种工序进行：基本量加注和小流量加注。低沸点推进剂则不同，为了缩短低温对火箭有关部件作用的时间并减少蒸发损失，一般在发射前数小时进行。为了满足产品结构的要求并保证有较高的加注精度，通常对低沸点推进剂采用多工序的加注方法。例如：先以小流量加注，预冷贮箱和发动机；接着以中小流量加注到总量的5%，防止产品结构突然承受太大的低温载荷；然后以大流量加注到总量的 95%；再以中小流量加到全量；最后以小流量进行补加以补偿蒸发损失，直至发射前。

3）地面加注系统数量及推进剂贮存量

加注系统的配套数量一般取决于产品要求的推进剂种数。即使加注同一种推进剂，由于加注不同的火箭系统和航天器系统，也要采用不同的加注方法和不同的地面加注系统。

一般采用活动运输设备从发射场的推进剂库或直接从生产工厂把推进剂送到加注库房。库房的推进剂贮存量通常按为完成加注推进剂的总需要量来确定，同时应当考虑在取消发射计划后在短期内又重新发射对推进剂的需要量。在计算推进剂贮存量时要考虑：可能的损耗（泄漏、蒸发等）、贮罐和火箭贮箱中的残存量、充满加注系统管路的用量以及产品改型而可能增加的用量。

4）地面加注系统的组成

发射场的加注系统组成因加注的推进剂、加注量、加注的贮箱数、输送方式、设备原理和结构的特点而异。虽然如此，但所有加注系统的基本组成是一样的，即带有推进剂输送设备的库房—管路阀件—产品加注贮箱、相应的供气系统和加注控制系统，以及推进剂升降温系统、废液废气处理系统等。其中，低温推进剂加注系统通常采取高效绝热措施，如采用蒸汽再凝回收设施，以做到基本无损耗贮存。

推进剂库房一般设有一个或数个贮罐，用于存贮推进剂。管路系统由液路、气路管道和阀件组成。管路阀件有活门、闸阀、调节器和节流装置等，它们用来调节流量或停止加注。为了远距离监视，这些装置可带有指示极限工作状态和中间位置的信号器。此外，还有各种各样的自动调节器和过滤器，等等。

连接库房和产品贮箱的管路系统结构主要取决于贮箱的气液系统结构和加注流量。一般分为单管路加注系统和双管路加注系统。单管路加注系统用一条管路进行加注、泄出和补加，按加注的贮箱数敷设分支管路，这种加注系统用得最多。双管路加注系统可以做到加注的液体在系统中循环，这种“加注-泄出”循环的方法可以保证推进剂恒温。该系统包括连接贮箱和地面库房的加注和泄出管路。如果在结构上用一条大口径管路不合适的话，加注管路可以有数条。比较先进的加注系统一般采用双管路加注系统。

5）发射过程中地面加注系统的主要工作

（1）准备工作。检查系统各设备的功能，准备好推进剂并调整好参数（数量、温度、压力），取样化学分析，把加注、泄回、排放管路连接到相应的活门和连接器上并检查气密性，把系统中所有操纵机件放到起始状态等。

（2）基本工作。火箭贮箱的准备工作（例如用惰性气体置换贮箱中的空气），把推进剂灌满加注管道，加注，补加，保持推进剂的恒温，在取消发射计划时则要泄回贮箱中的推进剂。

（3）结束工作。校正液面到规定值，排放火箭上和地面管路中的气体和液体，将火箭和加注、排放管路分离等。

（4）发射后的工作。放空加注管路中残存的推进剂，更换一次性使用的机件，使系统处于贮存状态。

（5）辅助工作。向库房转注推进剂，对设备进行技术保养等。

6）加注系统的控制与监视

对于庞大而复杂的加注系统，要采用自动或半自动的操作控制系统。自动化的操作控制系统能自动地操纵各部件并监视其工作；半自动操作控制系统只有部分工序是自动的。这两种系统在进行各工序过程中均能远距离操纵任何部件。

根据加注控制台上的信号和指示灯，监视加注系统及各部件的工作。还可以设置加注流程显示屏，直观显示工序的流程及部件的工作情况。此外，还应监视加注系统的各主要参数，根据这些参数确定加注系统的工作状况。可以用相应的常规仪表监视这些参数，也可以采用计算机网络系统自动采集、处理、传输和显示这些参数。

加注控制系统应考虑意外情况和事故的处理，为此应具有以下功能：在工作过程中，同时具有自动和手动操作的功能，如果自动操作出现故障，可以靠手动继续工作；可以按指令随时终止，或对某些阀件实施单点控制；具有自动诊断故障、模拟加注和自检的功能，以便于快速排除故障以及进行操作合练和设备检查。

7）加注系统的布局与安全防护

贮罐、输送设备和保证贮存、加注推进剂的其他设备大部分设在库房中，此外还有沿线路铺设的加注、泄回和排放管路，脐带塔上的电缆-加注摆杆，架设地面管路到连接器的工作台架等。

为了防护因火箭和航天器可能爆炸引起的冲击波对设备的破坏，加注库房及控制间设备通常都是有防护的，一般采用钢筋混凝土浇灌的拱形建筑物和防护沟，它们能经受一定的爆炸负荷。

3. 推进剂加注速度对发射准备的影响

采用不同的测试发射模式、不同的推进剂种类，加注速度对发射准备的影响程度是不同的。

当采用水平分段准备模式和固定准备模式时，由于产品在发射工位的占位时间本来就很长，因此加注速度的快慢对整个发射准备时间没有决定性的影响，即使加注速度再快也改变不了这些模式发射准备时间长的基本状况。

但是，当采用水平整体起竖模式和“三垂”模式时，由于这些先进模式的发射准备时间很短，加注速度的快慢对发射准备时间有显著的影响，有时加注时间甚至占到发射准备时间的一半左右。因此通常采用先进的多管路、大流量的自动化加注技术，以缩短加注工作在整个发射准备时间中所占的比例。

4. 低温推进剂加注

液氢液氧是当今比冲最高的一组液体火箭推进剂，其比冲比常温推进剂高30%~40%。该推进剂应用于运载火箭上面级可以显著提高火箭运送有效载荷的能力。此外，液氢液氧推进剂无毒，对环境无污染，因此在国内外航天技术中获得了广泛的应用。

低温推进剂的加注对发射准备的影响很大。由于低温推进剂是射前数小时才实施加注，加注后低温推进剂极易蒸发，因此小流量补加过程是列入发射程序的，补加过程一直持续到射前数分钟，补加过程是发射程序和发射安全可靠的关键环节之一。为了减少低温推进剂加注对发射准备的影响，通常要求在加强安全控制的前提下，采用大流量快速自动加注技术完成基本量加注，优化并缩短发射程序，从而减少低温推进剂对电气系统的不良影响并缩短小流量补加过程。这是低温推进剂加注与常规高沸点可贮存推进剂加注的显著差别之一。

1）液氢系统加注前的气体置换

液氢的沸点是-253℃，除 H_2 或 He 气外，其他气体在液氢中都会凝结为固体。这些固体在液氢中相当于机械杂质，会卡塞阀门、泵和液量计，堵塞火箭发动机喷嘴，引发加注系统或火箭发动机系统故障。此外，液氢中的固态氧或固态空气遇到摩擦或冲击极易引起爆炸。因此，液氢系统在加注前一定要用 H_2 或 He 气置换，使系统中的 O_2、H_2O、N_2 等杂质气的含量降低到技术要求规定的指标，可以用于液氢系统置换的气体只有 H_2 和 He。

2）预冷及其控制

低温推进剂加注预冷过程是一个十分复杂而且不稳定的过程，在预冷初始阶段，进入管路的推进剂会剧烈汽化并引起较大的压力波动，随后产生两相流，只有当管路被冷透后才逐步过渡到单相流状态。在预冷过程中火箭贮箱和加注管要承受相当大的冷缩应力，为此应对预冷过程加以控制，使压力波动冷缩应力不至于太小，预冷流量直接影响预冷过程和冷缩应力的大小，为此通常对预冷流量提出限制。预冷过程的研究表明，如果管路系统绝热不佳，外界传入的热量足以使进入管路的预冷推进剂完全汽化，则管路将永远达不到要求的预冷状态。因此，预冷流量不能太大，合理的预冷流量应当是在保证因预冷形成的压力升高和冷缩应力不超过允许值的前提下。采用较大的流量以缩短预冷时间。

3）射前补加及控制

加到火箭贮箱中的液氢液氧推进剂要大量汽化损耗，为了补偿汽化损耗需要不断地进行自动补加，使贮箱处于基本加满的状态。通常在火箭临射前要对箭上发动机系统进行预冷，在预冷后要进行射前补加以补充在发动机预冷过程中消耗的推进剂。在射前补加的同时，贮箱中的推进剂在重力作用下自流，对发动机继续进行预冷，以防止已预冷的发动机温度回升。射前补加结束后进行加注管路排空，加注、排气连接器脱落，最后点火发射。

为了保证火箭能按预定的时间点火发射，要求射前补加能按规定的速度（流量）及时精确地补加到规定的液位。为此，应合理确定射前补加速度，以保证在预定的射前补加时间内补加的推进剂能够补偿发动机增压预冷和自流预冷的消耗，以及由于外界热量传入引起的推进剂损耗。发动机增压预冷流量、自流预冷流量和加到贮箱中推进剂的蒸发损耗速率需要通过试验才能精确确定。此外，蒸发损耗速率还与当时环境温度、气象条件有关，因此，在设计上应保证射前补加流量能在一定范围内可调。为了保证补加流量不会因为贮箱反压或其他因素干扰而发生变动，射前补加宜采用较高的补加压力，采用节流法调节流量。

总而言之，低温推进剂加注系统通常具有以下特点：

（1）液氢液氧贮罐和加注管路应有良好的绝热，以减少蒸发损耗和防止在加注时产生两相流。

（2）对于液氢系统，在加注前要先用 N_2 气，最后用 H_2 或 He 气置换，以防止在系统中形成氢-空气可燃混合气，防止杂质气在液氢中冷凝固化而妨碍加注系统和发动机正常工作。

（3）在加注开始时应对系统预冷，防止设备产生超出允许的冷缩应力，防止由于液氢液氧大量沸腾汽化而形成超压和振动。

（4）由于加到火箭贮箱中的推进剂要不断吸热汽化，因此，加注只能按贮箱液位计定容积加注。为了补偿汽化损耗，在加满贮箱后要进行自动补加，使贮箱处于基本加满状态，以改善贮箱的冷热应力状态。

（5）要与箭上氢氧发动机系统配合对发动机系统进行增压预冷和自流预冷，以减少飞行时氢氧发动机起动前的预冷推进剂消耗，缩短预冷时间。

（6）在火箭点火起飞前要按发射准备程序进行射前补加，保证火箭贮箱在火箭起飞时处于加满状态，以充分利用贮箱的容积，为火箭提供足够的推进剂。

（7）射前补加一直要进行到火箭起飞前结束，为此要求液氢液氧加注、排气软管与火箭加注、排气口连接的加注和排气自动脱落连接器在临射前能按指令可靠脱落。

（8）如果运载火箭对推进剂的品质（温度）有一定要求，加注系统应能对推进剂进行降温过冷，以保证加到贮箱中推进剂的品质符合要求。

（9）在加注液氢过程中要排放出大量 H_2 气，为保证发射场和火箭起飞时的安全，要求安全排放或处理排放出的 H_2 气。

3.4　火箭的起飞与分离控制

3.4.1　弹射技术

1. 基本概念

弹射技术是导弹较多采用的一种发射技术。通常把利用导弹以外的弹射动力源将导弹发射出去的技术称为弹射技术，采用弹射技术发射导弹的装置称为弹射装置，弹射装置中产生弹射动力并将导弹发射出去的部分称为弹射器。

采用弹射技术的发射方式称为弹射发射方式。导弹在起飞时由弹射装置的弹射器给导弹一个推力，使它加速运动直至离开弹射装置，之后导弹主发动机点火，在其作用下继续加速飞行。弹射也称为冷发射，即不点燃导弹发动机的发射。

弹射力对导弹的作用时间很短，但推力很大，可使导弹获得很大的加速度，有的可达几千个“g”。这对减轻导弹质量和尺寸、提高发射精度来说是很重要的技术措施。弹射发射方式，在发射装置上要配置弹射器，显然，其发射装置比自力发射要复杂。但这种发射方式有许多独特的优点：

（1）提高滑离速度和发射精度；

（2）可缩短导弹飞行时间，提高导弹的生存能力，减少射手在阵地停留的时间；

（3）可简化发射阵地，改善导弹发射环境；

（4）可增大导弹的射程或节省发动机的燃料，减少起飞质量。

正是由于弹射发射技术具有上述优点，其应用越来越广，由小型战术导弹到大型战略导弹都可应用。

对小型战术导弹，如反坦克导弹、近程地空导弹等，采用弹射发射时，可提高滑离速度和发射精度。另外，由于飞行速度加快，可缩短导弹飞行时间，提高导弹的生存能力以及减少射手在阵地停留的时间。弹射发射战略导弹可简化发射阵地，改善导弹发射环境。如潜地、地地弹道导弹采用弹射方式，可解决发动机燃气流的排导问题，也可免去燃气防护设备，防止燃气流引起的巨大冲击振动、噪声和热效应的作用。弹射可增大导弹的射程或节省发动机的燃料，减少起飞质量。

弹射的动力源有压缩空气、燃气、燃气—蒸汽、液压和电磁等多种。

压缩空气弹射是将空气压缩在高压贮气瓶中，用管道与导弹发射管相连。发射时，将阀门迅速打开，使气体瞬时流入发射管将导弹推出去。其特点是，在技术上简单易行，但系统庞大。美国潜艇早期采用这种弹射方式。

燃气-蒸汽弹射的特点是，利用气体发生器的火药产生大量高温燃气，同时又将水喷入燃气之中使水汽化，形成具有一定压力和较低温度的混合气体。通过管道将它送入发射管将导弹迅速推出发射管。混合气体压力一般在 1MPa 左右。这种弹射方式的优点为体积小和质量轻。

燃气弹射是指直接利用火药气体弹射导弹，可使导弹获得较大的滑离速度。另外，也可将高压燃气降至低压后再推动导弹，以减小导弹的过载。

以火炮发射导弹是燃气弹射的一种，其火药气体压力很大。美国 155mm 口径榴弹炮的炮膛压力达 240MPa，其初速度较大，初始精度较高，可用来发射反坦克导弹。

电磁式弹射不是靠气压或液压来形成弹射力，而是用完全不同的一种力——电磁力作为弹射力，因而不存在工质问题。它是一种最新发展起来、尚处于实验室研究阶段的特殊弹射方式。

2. 弹射装置的基本工作原理

尽管弹射装置的形式各异，工作过程也不完全相同，但它们的基本工作原理是大致相同的。

弹射装置一般都有一个形成弹射力的外动力源（高压室）。除了电磁弹射等方式外，由于受到导弹纵向发射加速度的限制以及不允许高温气体直接接触导弹，从高压室产生出来的大量高压气体（如压缩空气等）或高温高压气体（如燃气等）不能直接用来推动导弹运动，必须经过降温降压环节，如喷管、冷却系统或阀门管路等，然后进入低压室形成弹射力，将导弹弹射出筒。一般情况下，导弹第一级发动机在出筒口或出地面、出水面之后才点火工作。

3. 弹射装置的基本组成

尽管弹射装置的种类很多，但仍可概括出它们的基本组成。当然并不是每一种弹射装置都具有每一基本组成部分。弹射器是弹射装置的关键组成部分。

1）发射筒

一般地说，弹射装置大多具有发射筒，即其定向器为筒式。这是因为发射筒易于密闭气体以形成所需要的弹射力；而且发射筒可兼作包装筒，给导弹提供所要求的温度、湿度环境，具有贮存、运输、发射导弹等多种功能，使导弹平时得到良好的保护，简化维修保障工作；战时减少战前检测，战术使用方便。

2）高压室与低压室

以燃气或压缩空气为工质的弹射器均有高压、低压两个工作室，其原因一方面是火药必须在高压下才能正常燃烧，而另一方面是为了保护箭上仪器，又不允许导弹发射加速度过大。为了解决导弹发射加速度不能过大与火药正常燃烧（或

压缩空气贮气设备不能过重、过大）的矛盾，弹射器分设高压室与低压室。这样，火药在高压室中得到正常燃烧所必需的压力环境，而导弹在低压室中的运动受低压推动。仅有高压室或低压室的弹射器可看作某些条件下的特例，前者如炮式弹射器，后者如液压式弹射器。

高压室是弹射动力源。对于以燃气为工质的情况，高压室即是半密闭的火药燃烧室，火药燃烧后通过其上不同形式的喷管或管道阀门系统将高压燃气排送到低压室中去。高压室可以固定在发射筒中，也可在导弹后随之一起运动。

低压室是形成弹射力的密闭或半密闭空间，一般就是发射筒内的导弹后部空间。通过高压室喷口或管道送来的工质在此建立起低压室压力，作用在导弹承压面上形成弹射力。低压室的压力远低于高压室压力，一般为几个兆帕，随着导弹的运动，低压室容积不断扩大。

3）反后坐装置

反后坐装置一般为尾喷管式或制动小火箭式。其作用是产生向前的推力以抵消发射筒的后坐力，这样可以改善发射支架的受力情况，保持瞄准精度。倾斜发射的小型战术导弹弹射器常具有反后坐装置，因为对于这类弹射器要求运动机动性好，无论便携使用或车载，都希望质量小；且其跟踪瞄准装置常与发射筒安装在一起，发射筒的后坐将影响瞄准精度。

水下垂直发射或地下井弹射战略导弹以及从飞机上横向弹射机载导弹，均可不设反后坐装置，因为后坐力对潜艇这样质量很大的载体及高速飞行的载体不会产生很大的影响。

4）隔热装置或冷却装置

为防止高温燃气损伤导弹，需要在弹后采用隔热装置或燃气冷却装置。隔热装置即在导弹后放置隔热活塞或用尾罩将导弹尾部笼罩起来，活塞或尾罩的作用除隔离高温燃气外，还可通过外圆上的密封措施密封燃气并承受、传递弹射力。弹射过程中，活塞或尾罩随导弹运动至发射筒口，而后止动于筒口，或随导弹飞出后与弹体分离，自行坠落。尾罩的质量比较大，需用侧向发动机使其在指定的地点坠落。

战略导弹的活动底座（相当于活塞）或尾罩无论止动于筒口或坠落地面，其动能均相当大，处理好这部分能量是一个复杂的问题。为了避免这个问题发生，出现了使燃气降温的办法，即采用冷却装置。当燃气温度降至足够低时就可以不使用活动底座或尾罩了。据报道，美国“三叉戟”潜地导弹及 MX 陆基机动发射导弹均无尾罩。后者的燃气温度可冷却至 204℃～260℃。常用的冷却剂是水，燃气通过水室后温度大大降低，并使水汽化，燃气与水蒸气混合后共同作为弹射工质，因而称为燃气–蒸气式弹射器。

除此之外，弹射装置的组成还包括筒口止动装置、密封装置等。

3.4.2 燃气导流技术

1. 基本概念

运载火箭和导弹点火发射时，尾部的发动机喷射出高温、高速的燃气流，产生强大的冲击波和反射波。为防止燃气流及其冲击波、反射波损伤火箭或导弹的尾部、发射装置、人员、发射工位及附近的设施设备，需要对燃气流采取防护措施。一般应设置导流器，将燃气流导引到无破坏作用方向，这一技术称为燃气导流技术。

从发动机喷口至导流器的距离，以及燃气流与导流器壁的冲击角度决定着导流器的结构、尺寸以及导流槽的深度（如果采用导流槽的话）。燃气流的温度和速度又决定了导流器的烧蚀或冲刷程度，一般据此来选择距离和角度，以减小反射波的能力。

根据不同的情况和需要，导流器既可以设计为发射台的一部分，也可以设计为导流槽的一部分。导流器的结构形式通常有锥形的、锲形的和斜槽形的。

锥形导流器通常有数个棱面，棱锥的面数一般与火箭发动机喷口的个数相等或者是其倍数；也有的锥形导流器直接设计为圆锥形，在这种情况下，燃气流或者沿发射场自由地扩散，或者沿若干气体排气管道排出。

锲形导流器（导流槽）可采用双面对称结构（图 3-24），也可采双面不对称结构。当采用这种双面锲形导流器（导流槽）时，燃气流分为两股气体向外排出，通常称为“双面导流技术”。在特殊情况下，还可以采用三面或四面导流技术。而采用斜槽形导流器（导流槽）时，燃气流则向一个方向排出，通常称为“单面导流技术”。“双面导流技术”“单面导流技术”是导弹、航天发射场采用最多的导流技术。

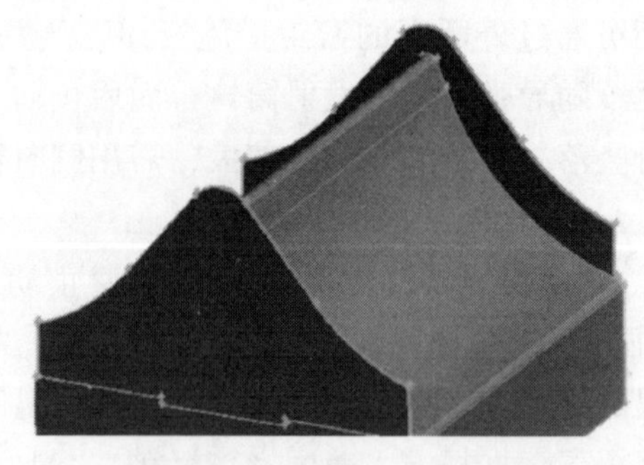

图 3-24　锲形导流器（双面）

尽管导流器的结构形式多种多样，但是对导流器的要求基本是相同的，即导流器能在规定的射角范围内，将燃气流按一定方向进行排导，避免发生破坏作用。当然，对于某些导弹而言，通常还要附加一些特殊要求，例如对倾斜变射向的发射装置来说，导流器应随托架一起转动；应防止燃气反射气流作用在导弹尾部，造成初始扰动或影响发动机正常工作；使用寿命长，结构紧凑，质量轻；行军、战斗状态转换方便等。

2. 单面和双面导流槽

1）单面导流槽

单面斜槽形导流槽，简称“单面导流槽”。采用这种形式的导流槽，发动机燃气流经单个的导流面后向一个方向排出。它的主要组成部分相当于双面导流槽一半的形式。由于只能向一个方向排焰，所以燃气流能量集中，这就要求在设计时保证有足够的导流槽深度和导流面面积，而且排焰道也需要适当加长。因此，单面导流槽的工程量和施工难度较大，实际排焰效果也不如双面导流槽好。

2）双面导流槽

双面不对称锲形导流槽，简称“双面导流槽”。采用这种形式的导流槽，发动机燃气流经双面锲形体后分为两股气流向两个方向排出。它主要由燃气流入口及发射台支撑段、耐冲击分流段、水平过渡段、折流扩散段这几个部分组成。燃气流入口及发射台支撑段主要保证燃气流充分进入导流槽，同时能安全可靠地支撑发射台。

图 3-25 为导流槽示意图。

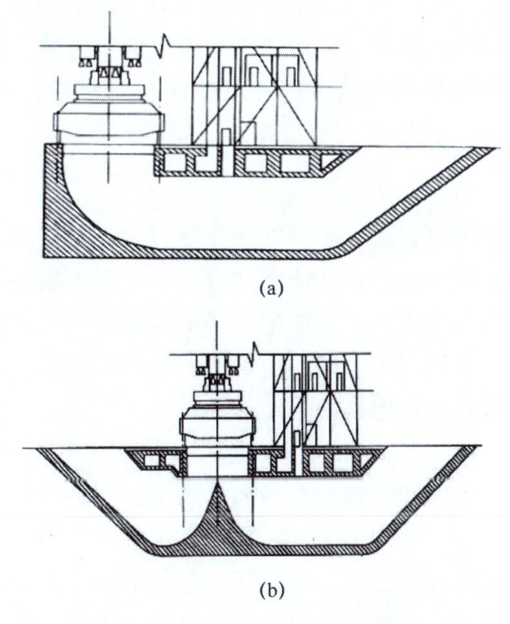

图 3-25　导流槽示意图

（a）单面导流槽；（b）双面导流槽。

耐冲击分流段是直接耐受燃气流冲击的双面锲形体的导流面部分，直到导流面转弯成水平段为止。这部分受力复杂，必须保证不发生反流现象。气动设计要求高，烧蚀也比较严重。其主要设计参数包括冲击角、冲击距离、曲率半径、导流面的宽度和导流槽深度。为了耐烧蚀和冲击，通常，锲形体顶脊采用特种钢材，导流面采用耐火混凝土材料。

水平过渡段是从导流面转成水平段以后，引导燃气流向地面转折之前的一段。该段长度可长可短，取决于导流槽贮存污水量，以及导流槽上是否设有脐带塔和吊装工作场坪。

折流扩散段是把燃气流由水平折向地面并向大气扩散的一段。

此外，导流槽一般还设有消防及污水处理设备。燃气入口下方设置的高压喷水管在点火前几秒喷水，一方面可以减小点火后高温、高压、高速燃气流对导流面的冲刷，另一方面水的汽化也可吸收一部分声能，降低反射噪声。在发射后，要进行导流槽内的污水处理和排放。

与单面导流槽相比较，双面导流可以增大排焰截面比（水平过渡段末端截面积与火焰入口面积之比），减少因排焰不对称而对火箭形成的侧向合力，而且燃气流能量得到分流，可以适当减小冲击距离和导流槽深度，有利于减少工程量和施工难度。

导流槽承受高温高压燃气冲击，一般采用无冷烧蚀或注水方式进行冷却。对于排量小的导流槽，可考虑仅采用耐烧蚀材料建设导流槽的方式，采用具有低烧蚀率、高热震稳定性的耐火混凝土。对于排量较大的导流槽，采用注水方式辅助冷却。西昌发射场的导流槽射前要进行注水工作，对水量有明确要求。CZ-5 和 CZ-7 火箭的导流槽，由于设置了大流量喷水降噪系统，因此不需要另行注水。

3. 井下垂直发射的导流形式

从井下发射弹道导弹时，必须妥善处理在导弹起飞时喷射出来的高温、高速燃气流。发射井排焰系统保证导弹和地下井设备免受燃气流的不良影响。

发射井排焰系统是由导流器、排焰道和排焰隔板等组成。发射井的排焰系统一般有以下几种类型：单排焰道、同心排焰道、偏心排焰道、燃气对导弹有部分影响的排焰道、局部吸收排焰池、蓄焰池等。

导流器固定在井筒底部的钢板上。导流器引导燃气流经过排焰道排入大气。当导弹从井下起飞时，为了使导弹与由井内排出飞散的燃气流隔开，在发射井的上部设有排焰隔板。

一般导弹从地下发射井起飞时，没有任何保持运动方向的导向装置。在导弹沿发射筒向上飞行过程中，导弹的稳定是靠箭上制导系统来实现的。排焰道可与井筒分开，也可合在一起。排焰道与井筒分开的地下发射井可设两个排焰道或一个排焰道。单排焰道的地下发射井排焰性能好，而且土建工程量较小。排焰道（同心或偏心）与井筒合在一起的地下发射井最为经济。在有同心排焰道的地下发射井里，燃气通过井筒的内表面和发射筒外表面之间的环形间隙排入大气。

同心排焰道的主要优点是可以采用直径小的井筒，以减小混凝土的厚度，同时提高地下设施对核爆炸产生的地震载荷影响的稳定性，还可以简化井盖系统和降低造价。其缺点是在建造地下设施时，由于采用直径和高度较大的金属发射筒，就要增加金属材料的消耗量。同时，在导弹发射后，进行消防和中和处理的工作条件较差。

偏心排焰道的地下发射井与同心排焰道不同，发射筒偏靠在井筒内壁的一边，在井筒与发射筒之间形成一个排焰的单面间隙。

排焰对导弹有影响的地下发射井，是钢筋混凝土圆筒结构。导弹弹体与井筒壁之间的环形间隙约为 1m。燃气流经由导流器排入环形间隙，燃气对导弹有影响。

排焰对导弹有影响的地下发射井，设有局部吸收排焰装置，在导弹发动机启动阶段能够限制燃气对发动机工作的影响。当导弹离开发射平台时，可以减少燃气对导弹的影响。

排焰对导弹无影响的地下发射井设有蓄焰池，其容积比局部吸收排焰装置的容积大得多，结构也特殊。蓄焰池用于在井内导弹起飞时吸纳燃气，消除燃气压力和温度对导弹的影响。

3.4.3 “地面-箭上”联系的分离技术

1. 基本概念

为了完成发射直接准备过程中的各项操作，如各种测试检查、吹除、加注推进剂和压缩气体、起飞前贮箱增压、调温等，竖在发射台上的运载器通过电动、气动和液压机械连接器与地面发射装置连接，从而构成所谓“地面-箭上”联系。

由于完成了发射前的操作，一般连接器在点火前就进行了分离，地面管线撤至安全地区，箭上与地面系统的联系便减少了。因为某些起飞前的地面操作与第一级发动机启动的时间重合或接近，所以有些连接器是在导弹或火箭起飞时才分离的。在设计阶段就已确定的这些联系在很大程度上决定着运载器的适用性、安全性、可靠性和有效性。

为了简化维护和减少通往运载器的管线数量，通常把管线并成若干组（束）。无论是同类型的管线（即液体、气体或电力管线），还是不同类型的管线，都通过连接器与产品连接。为了安全起见，不许连接那种损坏时可能产生事故的管线。通往运载器连接器的管线沿着勤务塔（架）、脐带塔（杆）等专门装置敷设。

连接器本身都具有相似的结构，一般由两个分离面（板）组成。地面部分与来自地面系统的管线连接，箭上部分与产品的管线连接。这两部分由专门装置（锁扣）保持紧密接合状态，必要时解开锁扣使这两部分分离，这时就切断了地面与箭上的联系。

连接器的结构取决于下列因素：连接器的接合（分离）方法（手动或远距离操纵）、通过管线的数量和横截面尺寸、用途和类型。

连接器应当满足如下要求：使用简便，气、液管线气密性良好和电气线路接触无误，尽可能把大部分结构留给地面（脱落部分）；同时，保证连接器能可靠地进行远距离控制，锁扣动作迅速，能重复使用，分离时地面与箭上管线不受外界环境的影响。

对于那些便于插接的连接器和工作到加注前撤除的连接器，一般采用手动连接（分离）。在这种情况下，连接器的地面部分是地面管线的终端。

对于具有较大横截面和气密性要求严格的连接器（如气管连接器等），其结构更为复杂。为了便于维护，一般采用全部机械化或大部分机械化，有时还采用远距离控制。在这种情况下，要有复杂的辅助装置安置在连接器维护区内。为了提高连接器的接合质量，一般先在技术区（阵地）进行接合，随后在发射工位把地面管线接至撤收部分的转接头上。

由于某些连接器在运载火箭发射前必须处于接合状态，而根据安全要求又不允许工作人员接近，并尽可能减少发射区（阵地）的工作量，因而要采取远距离电控分离方式。

地面管线，特别是直径大的液压和气动管道，必须有足够的柔性和强度，并保证（特别是刮大风时）产品和敷设管道的勤务设备之间有相当大的活动距离。为补偿它们彼此间的间隙，在振幅和频率较小时采用软管，在振幅和频率相当大时采用软管、铰链接头和其他接头组合的办法，以保证管道在所在的平面内可以转动。当然也可以采用支臂或摆杆的方式。

大多数的管线，在接合（分离）过程中都要求有引出和撤收管线的专门机构。这些机构承受大部分的管线重量，因而减轻了连接器的负荷，这就简化了连接器的结构。

从可靠性观点来看，最好采用这样的方案，在第一级发动机启动前，“地面-箭上”联系先分离，因为在地面管线分离和撤收至安全部位（避免与起飞的产品相碰）时发生故障或卡住会导致事故的发生。但是采用这种方案势必降低运载器的效能，因为提前停止对贮箱和气瓶供给推进剂和压缩气体以及对箭上所需的电力供给，会导致在起飞前其中一部分被消耗掉；另外，运载火箭紧急关机时，必须进行远距离自动控制，使连接器重新与产品连接，供给惰性气体等，因而使“地面-箭上”联系的箭上和地面的结构都变得相当复杂了。因此，运载火箭的许多联系均是在第一级发动机启动后才分离，实际启动时间与开始起飞时间很接近。这些联系包括低温燃料的补加管路、发射前贮箱增压管路、保护腔送风管路、消防系统管路、发射控制电路，以及发动机达到额定推力时的释放装置等。

在产品开始飞行时，分离连接器和撤收管线，从技术上来说，是一项艰难的任务。为了实现这一任务，需要有周密的和最佳的结构方案，把主要注意力放在连接器锁扣和撤收机构的快速动作上，保证其动作独立重复，防止分离管线与产品发生碰撞。

导弹或火箭第一级的连接器通常在它们侧面下部或其下端面引出，这时连接器的维护可在发射台或小型工作台上进行。

为了保证运载火箭末级和航天器的联系，可采用两种方案。

第一种方案是把全部或大部分管线引至第一级，这就使运载火箭的结构比较复杂并增加了起飞质量，但这种方案的优越性是使维护工作和射前准备工作大大简化，发射时的安全性得到很大的提高。这是目前最先进的方案，也是今后的发展趋势。

第二种方案是把连接器布置在每一级的侧面，并通过勤务塔或脐带塔与地面系统连接，这样就缩短了产品上管线的长度，而且免去了各级之间复杂的连接器。我国的大型运载火箭目前都采用这种方案。其优点是产品结构简单。同时弊端也非常突出，即维护工作和射前准备工作很复杂，耗费时间也很长，并且由于脐带塔、电缆摆杆的存在，对发射的安全性也很不利。

采用第二种方案时，勤务塔通常在起飞前较长一段时间内就已离开火箭，因此预先分离的管线可设在勤务塔上。脐带塔的支臂或摆杆在起飞前或起飞时才与火箭分离，因此，实际上，凡在发动机启动时才分离的管线均可设在脐带塔的支臂或摆杆上。

现代火箭系统通常采用各种方案组合的方法来保障“地面-箭上”联系。从第一级下部引出在火箭起飞时才分离的电、气、液管线连接器；从末级引出可预先分离的调温系统、高沸点推进剂加注管道、规定的连接插头等，以及部分在起飞前或起飞时才分离的管线，如电脱落插头、低沸点推进剂补加管道等。

上述多种方案的出现，是力求建立比较合理的“地面-箭上”联系，以提高发射工作的安全性和可靠性。

2. “地面-箭上”联系的典型分离技术方案

在“地面-箭上”联系方案中，箭上气体和液体管线的连接器通常称为气路连接器和液路连接器。箭上与地面的电连接器则有各种较大的脱落插头座、脱拔插头座和用于大量电路连接的分离板等。

1）空调系统“地面–箭上”联系的分离技术方案

空气调温系统管路的“地面–箭上”联系方案，按如下原理工作：风管通过转接器用框架和导向装置固定在活动式支撑架上，该支撑架可以引出风管，调节运载火箭和勤务塔之间的距离。分离时，由分离信号器进行控制。气路连接器的气动锁扣在供给压缩气体时打开，并把连接器的地面部分推开，与连接风管的撤收机构一起移至所需的距离，用卡锁固定在最终位置上。这时分离物体的动能由缓冲器吸收。

2）液体调温系统“地面–箭上”联系的分离技术方案

液体调温系统的“地面–箭上”联系方案中，液路连接器分离时可以自由摆动。在分离前，为了避免载热液体溢到箭上，连接器的管路用气体吹除，直至残余载热液体完全吹净。撤收机构在分离后靠气动装置来转动，其最终位置由限位信号器确定。转动结束后，装有地面管路的液体连接器分离部分提升到最上面的位置。

3）电系统“地面–箭上”联系的分离技术方案

电系统“地面–箭上”联系方案可用一般的脱拔分离插头、自动脱落分离插头以及分离板等实现。

（1）脱拔分离插头。简称脱拔插头或“拔插”，用于保证火箭在发射准备过程直至起飞（包括起飞瞬间）时与地面测试发控系统的最后电联系，其分离是靠火箭起飞时的力来实现的。这些插头的动作原理大致相同：其中一种是靠箭上和地面部分简易分离装置来分离，另一种是靠脱拔插头上的专用锁扣与固定在发射台上的钢索协同动作来分离。通常，脱拔插头安装在运载火箭的尾端面。

（2）自动脱落分离插头。简称脱落插头或“脱插”，用来保证火箭起飞前与地面测试发控系统的电联系。如果联系要预先断开，电缆可沿脐带塔敷设，其插头的地面部分固定在塔上相应架子上。如果联系在起飞前几秒或几十秒才断开，电缆往往沿脐带塔上的支臂或电缆摆杆敷设。各种结构的脱落插头均有专用的手拉式或电磁式锁扣。在火箭加注推进剂开始之前，需要预先分离的脱落插头一般用手工分离；在加注后，则从控制台远距离传送信号给电磁锁扣来断开。插头地面部分在弹簧作用下与箭上插座部分分离，并由支臂或电缆摆杆上的吊篮、抓斗回收，或者在所有脱插脱落后，联动控制摆杆摆开。

（3）分离板。是国外采用的一种电连接器，用于大量电路的连接。它是具有箭上和地面两部分组成连接插头的块状金属板，用爆炸螺栓保持连接状态。板的连接要用专门的工装设备，通常在技术区（阵地）完成。为了与地面电缆网相连接，板的分离部分有电缆插头。在发射区（阵地），对爆炸螺栓发出指令后，分离板分为两部分，解脱的地面部分和电缆插头在弹簧作用下与运载火箭分离，由专门机构撤收到维护架上。

3. 摆杆

一般地说，运载火箭在发射区进行测试检查时，地面设备的电缆要由脱落插头穿过脐带塔上的电缆摆杆与火箭相连。当火箭测试完毕进入发射状态时，脱落插头与火箭分离，并随同电缆摆杆摆开，以防止地面电缆通过测试插头拉住火箭或摆杆阻挡火箭，影响起飞安全。通常可以通过发控台的远距离控制来实现脱插脱落和摆杆摆开的联动。当出现故障，这种控制方式不能实现时，可以通过相应的应急控制箱直接实施脱落插头的强制脱落，以及摆杆的强制摆开。

广义地说，摆杆是为“地面-箭上”联系提供气、液、电管线的一个支撑，能在发射前或发射时摆动，将置于其上的各种连接器及与之相连的管线带到安全位置的设备。

不同国家采用的摆杆差异较大，用途上也各不相同。有的国家，摆杆仅用于电缆；也有的国家，摆杆是多用途的，既用于电缆，也用于加注管路、通风管路、液体调温管路等。它们具有不同的外形尺寸，并且有向后倾倒的或水平摆动的、单排的或双排的等不同方式。

可倾倒的电缆-加注摆杆或电缆摆杆通常铰接在发射台上，在发射时借助于平衡装置或气动（弹簧）装置倾斜必要的角度，倾斜的动能被液压缓冲器吸收。

水平摆动的电缆摆杆是一个金属结构，一般安装在脐带塔前端面接近产品的地方，通过它把电缆引到产品较上面的部位。发射前，脱落插头脱落，由地面电缆本身重量的作用离开火箭，同时电缆摆杆水平摆动，离开产品至安全区域。

如果在垂直总装测试厂房内将管线与火箭、航天器连接，则要把摆杆同火箭、航天器一起运输到发射场。此时，活动发射台上一般安装有脐带塔或简化形式的脐带杆等辅助装置。

最理想的情况是不采用摆杆，尽量将“地面-箭上”联系集中到火箭的尾端。

3.5　快速发射技术

3.5.1　空中发射技术

3.5.1.1　空中发射运载火箭概述

1. 空中发射运载火箭概念

空中发射技术源于美、苏在20世纪70年代争霸背景下提出的反卫导弹、战略导弹空基发射设想。20 世纪 80 年代后以相关技术成果为基础，美国开展了空射运载火箭的研制。

空中发射是利用空中发射平台将携带卫星等任务载荷的运载火箭、巡航导弹或者无人机带到一定的高度，以一定的速度分离出去，达到机动发射、提高运载能力和射程或者使用范围的目的。

空中发射运载火箭是利用载机将运载火箭空运到某一指定发射空域，在较高的高度和速度的情况下与运载火箭分离，运载火箭自由飞行几秒后，第一级发动机点火，最终将有效载荷送入指定轨道。

2. 空中发射优点

2010 年以后，航天领域对快速响应应急发射需求日趋强烈，空中发射技术由于发射费用低（将载机作为第一级并可重复使用，无需建设专用发射场等）、发射准备时间短（发射频率可达 3h 一次）、机动性和隐蔽性好（较少受地理、天气、地域条件限制）等优点，成为各国重点研究的航天发射技术之一。几乎所有的空中发射研究都将 24h 内实现小型有效载荷快速入轨作为其发展的最终目标。在诸多优点中，机动性高、发射快速和成本低是空射火箭与陆基和海基火箭相比所具有的最为突出的特点。

1）大范围机动

空射火箭具有机动发射的特点，主要表现为由第一级将作为第二级的火箭携带到不同地区后进行投放发射。由载机将火箭携带到不同地区，较少受国土范围、地理条件和天气条件的限制；可以获得更多的发射窗口，缩短发射周期，按需发射。

（1）“飞马座”火箭机动发射区域分布。

“飞马座”火箭在范登堡空军基地装配后可在多个不同区域进行发射。图 3-26 为“飞马座”火箭的 7 个主要发射区域，其中美国本土有 3 个，即位于西海岸的西方试验区、位于东海岸的东方试验区及沃罗普斯飞行研究中心。海上有两个，即夸加林岛和加那利群岛，另外两个分别为欧洲的托雷红空军基地和南美洲的阿尔坎塔拉发射中心。这 7 个发射区域横跨北美、南美及欧洲三大洲以及太平洋和大西洋，范围极其广泛。

（2）“空中起点”火箭的机动发射区域分布。

如图 3-27 所示，“空中起点”火箭以莫斯科为基地，同时拥有阿拉伯半岛、霍罗尔镇两个飞行中转站以及印度洋、鄂霍茨克、圣诞岛、好望角四个发射区。与“飞马座”不同的是，其有两个发射区位于南半球，进一步扩大了发射范围。

（3）快速发射。

①主要使用固体燃料，无需加注；②不需要进行专门的发射场建设，所需的

发射装置和辅助设备也较少，对地面基础设施依赖程度低；③无需精心规划整个发射流程，空中发射测试流程相对简单，测试步骤少。

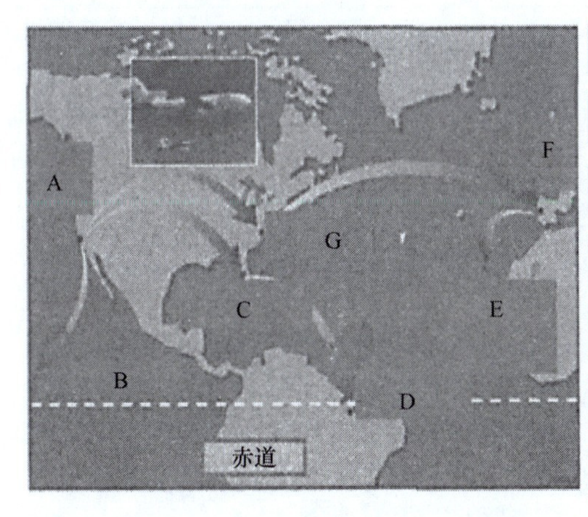

A：西方试验区倾角为70°～130°

B：夸加林岛，倾角为0°～10°

C：东方试验区，倾角为28°～50°

D：阿尔坎塔拉发射中心，倾角为0°～90°

E：加那利群岛，倾角为25°

F：托雷红空军基地

G：沃罗普斯飞行研究中心，倾角为30°～65°

图 3-26 “飞马座”火箭机动发射区域

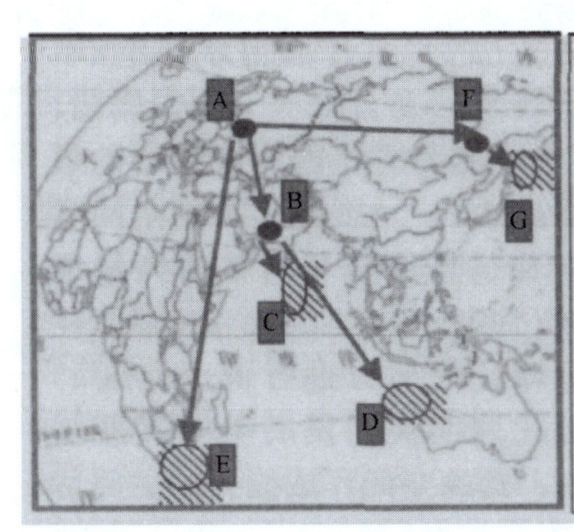

A：莫斯科飞行基地

B：阿拉伯半岛飞行中转站

C：印度洋发射区，北纬0°至20°，东经60°至65°

D：圣诞岛发射区，北纬-10°至-22°，东经92°至105°

E：好望角发射区

F：霍罗尔镇飞行中转站

G：鄂霍茨克发射区，北纬35°至45°，东经135°至145°

图 3-27 “空中起点”火箭机动发射区域

从表 3-4 可以看出：空中发射在 24h 内就可以达到预警状态，在达到预警状态 24h 内可以完成卫星发射，同时满足 24h 内进行 16 次发射的高发射效率。而陆基发射在快速发射能力方面要更多地考虑第一级的溅落问题，同时需要建设更多的发射台。海基发射需要进一步提高船只的性能，同时达到预警状态的时间可能会更长。

2）低成本

① 飞机可重复使用，飞机相当于第一级，实现了可重复使用，火箭 99%成本在箭体上。② 无需专门的发射场，发射装置和辅助设备少。③ 热防护系统强度和结构要求低，热防护强度和结构要求相当于陆基、海基发射下限数据。

表 3-4　三种航天发射方式特点对比

FALCON 计划需求	空中发射	陆基发射	海基发射
24h 内达到预警状态	可以满足需求。“快速到达”可以在 24h 内做好准备并完成在 C-17A 载机上的装配	可以满足需求，已经在侏儒、雷神、宇宙神和大力神导弹上得到演示验证	不一定能满足需求。但开动一艘船到预定位置并使其完成任何方位角的发射任务所需时间很可能会多于 24h
在达到预警状态 24h 内完成卫星发射	可以满足需求。C-17A 载机可以被定位于没有海洋船只干扰的地点进行发射	不能满足要求。如果有海洋船只位于运载器第一级的溅落区域就会阻碍相应的发射	可以满足需求。发射船可以定位于没有海洋船只干扰的地点进行发射
一旦接到发射命令，从预警状态到发射的时间少于 2h	可以满足需求	不能满足需求。如果有海洋船只位于运载器第一级的溅落区域就会阻碍相应的发射	可以满足需求
满足 24h 内进行 16 次发射的高发射效率	可以满足需求。2 架 C-17A 飞机每 6h 各发射两枚小型运载火箭可以满足 24h 进行 16 次发射的需求	可以满足需求。但需要较大的投资以提供 16 座发射台	不能满足需求。发射船设计满足 16 次发射的需求十分困难

3. 空中发射模式

根据载机与运载火箭的组合方式，空中发射可分为 6 类：外挂式、背驮式、内装式、空中加注式、拖曳式和气球释放式，不同方式技术特点各异（表 3-5）。

表 3-5　不同空中发射方式对比

空中发射方式		优　点	不　足
外挂式		箭机分离方法简单 操作人员不需特殊训练 已有成功先例	运载火箭尺寸受限 载机改造费用高 需经历大攻角飞行
背驮式		可进行更大尺寸火箭的空中发射，约 25t	火箭需安装机翼 载机改造费用高 分离方式需防止箭机相撞 载机气动外形受破坏，点火高度受限

续表

空中发射方式		优　　点	不　　足
内装式		快速性好 隐蔽性强 可靠性高 燃料蒸发损失少 点火高度高 载机改造小	分离装置较复杂 分离后箭体控制困难
空中加注式		可增加火箭尺寸 火箭运载能力增强 载机结构要求降低	对飞行员和飞行控制系统要求极高 低温学燃料可导致输液管道冻结
拖曳式		改装需求最少 箭机安全距离大 分离简单 可增加火箭尺寸	需改进箭体设计 拖绳动力学分析复杂 存在较大安全问题
气球释放式		结构简单、可靠 费用低 控制技术相对简单	气球的尺寸巨大 发射环境要求高 气球安全性差 气球无法重复使用

3.5.1.2　国内外发展情况

1. 美国

(1) Pegasus（飞马座）XL 号空中发射火箭。

Pegasus XL 号空中运载火箭由美国轨道科学公司开发，是世界迄今为止开发的第一种、也是唯一现役的空中发射运载火箭，该火箭 1990 年首次发射，截至 2013 年 6 月 28 日，已完成 42 次发射。

Pegasus XL 为三级固体火箭，LEO 能力约为 440kg，使用改装的 L-1011 运输机作为发射载机，外挂式发射。箭机分离高度约为 11.88km，分离时飞行速度为 0.82Ma，火箭释放后经过 5s 自由下落后点火，飞行时序如图 3-28 所示。通过全球范围搜寻最优发射点，Pegasus XL 理论上可以在数小时内完成各种轨道要求的发射任务。发射时，载机于射前 3～4d 抵达箭机组装点，完成箭机对接与检查。载机起飞到运载火箭点火的时间间隔约为 1h。

轨道科学公司 2011 年年底宣布，将开发 Pegasus Ⅱ火箭以满足中型有效载荷对快速性、灵活性、高频率、低价格发射系统的需求。Pegasus Ⅱ火箭为三级固

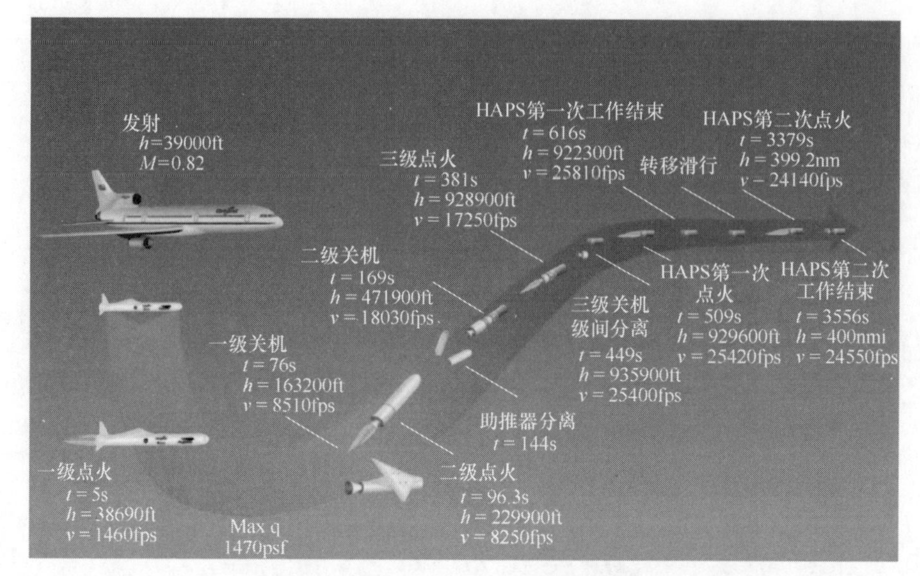

图 3-28 “飞行号”运载火箭发射示意图

液混合火箭，一、二级为固体发动机，三级为低温液体燃料发动机，发射准备时间约为 48h，具备 6000kg 的 LEO 能力和约 2000kg 的 GTO 能力。

（2）QuickReach 运载火箭。

QuickReach 是美国空射 LLC 公司研制的两级挤压式液体空中发射运载火箭，于 2005 年 9 月 29 日进行了第一次飞行试验，2006 年 7 月、9 月进行了第二、三次试验，创造了高空投放质量为 3260kg 的单个物品的世界纪录，并成功进行了点火试验。

QuickReach 为内装式发射，发射时箭机对接仅需 20min。QuickReach 的载机为 C-17A 运输机，同时兼容 An-124、C-5A 等机型，投放高度为 9. 8km，分离速度约为 0. 324*Ma*。不同于 2004 年的吊索分离（Trapeze-lanyard Air Drop，t/LAD）空中发射试验，QuickReach 采用“重力辅助分离（Gravity Air Launch，GAL）”方式进行箭机分离。点火前 6. 3s，重力和稳定伞共同完成箭机分离，并使火箭以减角加速度俯仰实现箭首向上翻转，当俯仰角速度为 0°、俯仰角大于 80°时，火箭点火，稳定伞缆绳烧断，箭伞分离，火箭升空。2007 年 LLC 公司完成 2C 阶段合同后，美国飞行航空安全机构由于担心机载液体运载火箭的安全性问题，终止了该项目。

LLC 公司在总结 QuickReach 不足的基础上，于 2012 年提出了垂直空射橇（Vertical Air Launch Sled，VALS）空中发射方法。VALS 方法是拖曳式与空中加注式空中发射方法的综合发展，VALS 作为无控的火箭载具由载机拖行，火箭释放前 30min 为火箭补加燃料。发射时，VALS 可重配的尾翼设置为发射状态，使

VALS与载机间产生相对速度和约1g的加速度，尾翼重配后5s，火箭点火并进行状态检查，此后VALS释放火箭，载机拖拽VALS逃逸。VALS方法保证了载机的安全，载机改造少，箭机对接方便快捷，发射过程无抛弃物，点火状态与地面发射基本一致，并减少了火箭的高度和速度损失，是一种安全、低价、近期可发展的方法。

(3) ALASA计划。

ALASA计划由美国DARPA（Defense Advanced Research Projects Agency，DARPA）于2011年11月发布，目标是发展能够快速响应发射命令，24h内将质量约为45kg的小卫星部署到低地球轨道，并可在12h内完成下一次发射准备的空中发射系统。系统要求每次包括发射场支持费用在内的发射成本不超过100万美元，执行空射任务的载机可由任何机场起飞，并在约7.5km的高空完成火箭发射。该新型空中发射系统具有响应速度快、成本低、发射灵活三个明显的特征，是未来美国空中发射技术发展的重点之一。

该计划于2012年启动，分两个阶段执行：第一阶段为期18个月，主要进行概念设计；第二阶段为期24个月，主要进行验证机发展和大约12次飞行演示验证，预计2015年开始执行发射任务。DARPA目前正在考虑使用三级固体火箭作为空射运载火箭，并计划用F-15战斗机或波音747作为发射平台。

2. 日本

1) ALSET计划

日本的ALSET（Air Launch System Enabling Technology，ALSET）旨在研究空中发射及其相关技术，最终目的是实现快速空中发射的商业化，并通过空中发射方式将100~200kg级别的有效载荷在24h内送入低地球轨道。

ALSET计划中的运载火箭为三级固体，载机拟选用C-130运输机，发射方式为内装式，采用带发射橇的稳定伞控制方法，以尽量减小载机的改造费用，发射过程全程保证火箭与GPS的通信。

2) NanoLauncher项目

2010年，日本提出了名为NanoLauncher的空中发射运载火箭项目，该项目基于日本已有的S-520、SS-520固体燃料探空火箭技术，研发名为SpaceSpike、发射响应时间预计24h的空中发射火箭，该火箭包含两种型号：SpaceSpike-1以F-15D为载机，进行亚轨道发射服务，可将数十千克量级的有效载荷运送到100km以上的亚轨道；SpaceSpike-2以Su-27为载机，用于提供轨道发射服务，LEO能力为20kg。两种型号的发射方式均为外挂式发射，目前已进行了发动机试车试验和电气设备试验。

此外，日本IHI宇航公司2012年提出μLambda运载火箭的概念，希望借助

ALSET计划和NanoLauncher项目的技术成果，通过空中发射的方式将100kg级别的小卫星在24h内发送到低地球轨道。μLambda火箭为三级固体火箭、外挂式发射，具有超声速发射和亚声速发射两种配置，LEO能力分别为100kg和120kg，该火箭目前尚处于理论研究阶段。

3. 俄罗斯

该方案以改进的安-124运输机为载机，拟采用“飞行号”运载火箭作为空中发射火箭。“飞行号”为两级液体火箭。在发射过程中，安-124先将质量为100t的空中火箭携带到10~11km的高空，到达预定点后载机尾部舱门打开，载机机身逐渐竖起。当机身与水平线呈76°夹角时，依靠大功率活塞将运输发射箱以相对载机48km/h的速度推出。发射箱利用降落伞离开载机，随后运载发射箱与火箭分离，6s后火箭的一级点火。2001年，俄空中发射公司改装4架安-124用于航天发射的申请得到俄政府的批准。俄“空中发射”项目原计划于2006年初进行首次空中卫星发射，目前状态不祥。

马可耶夫设计局提出了基于“静海”3A或“里夫”MA运载火箭的空中发射空间运输系统，使用伊尔-76MD、安-124或安-225货运飞机作为发射平台。火箭放在机身内部，空中投放，降落伞减速，然后点火。“静海”3A具有600kg以上的低地轨道有效载荷能力，而“里夫”MA的有效载荷能力可以接近1000kg。

莫斯科航空研究所下属的“阿斯特拉”中心开发出了可由“米格-31”战斗机在空中发射的“微米”号运载火箭。据俄通社-塔斯社报道，“微米”号火箭以丁基生橡胶和液氧为燃料，能够将50~150kg的卫星送入距地面300km的太空轨道。发射前，工作人员把火箭固定在“米格-31”战斗机的机身下部。待飞机飞至距地面21km的高空后，火箭将与飞机分离。随后，火箭发动机点火启动，把火箭推向太空。

4. 欧洲

1）Aldebaran项目

法国与德国、西班牙在2008年提出名为Aldebaran的航天运载器发展工程，着重强调从已有技术组建一个系统的展示，并发展相应新技术。该工程包括一揽子发展计划：新型经济可负担运载器、部分可重复使用运载器、空中发射运载器、轨道转移飞行器、大气层外火箭技术等。

Aldebaran工程提出的空中发射系统能够在24h内将300kg的有效载荷部署于低地球轨道。空中发射系统的载机拟选用现役的舰载“阵风”战斗机，外挂式方式发射，发射高度为12km，速度为0.7Ma。为了使运载火箭的体积不受载机尺寸限制，Aldebaran的空射运载火箭为三体结构、三级固液混合燃料火箭，一级为两个侧向组合推进器EP1，与二级通过横臂连接；二级为中心推进器EP2，

一、二级均使用新型固体推进剂；三级采用四氧化二氮/偏二甲肼作为燃料，与有效载荷一起安装于整流罩中，如图3-29所示。

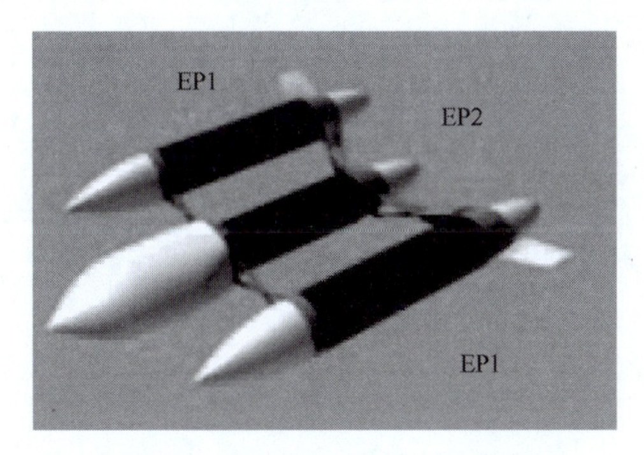

图3-29　Aldebaran空射火箭结构图

2）Bloostar火箭

新西兰的Zero 2 Infinity公司从2013年开始研发从气球上发射的火箭——Bloostar火箭。该火箭为三级并联构型，一、二子级都采用环形贮箱，一子级包围着二子级，二子级在中心位置，发动机和其他子系统都固定在环形贮箱上，如图3-30所示。由于采用环形结构和并联布置的形式，使得Bloostar的构型非常紧凑，便于装配，火箭的总质量仅为4.9t。

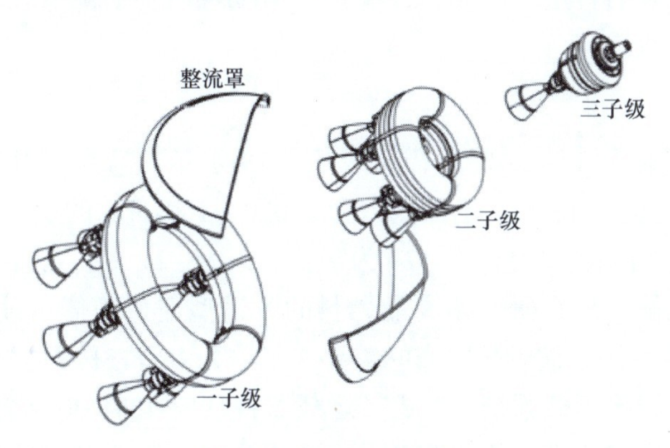

图3-30　Bloostar构型图

Bloostar为三级火箭，是配备以液氧和甲烷为燃料的火箭发动机，设计用于将小卫星送至低地球轨道。在其标准的发射任务中（图3-31），气球把Bloostar提升至大气层高度约95%以上，随后火箭推进级点火，将75kg卫星运送至高度为600km的太阳同步轨道。

2017年3月1日，Zero 2 Infinity公司进行了Bloostar火箭的首次飞行试验，试验在距离西班牙海岸数千米的一艘舰船上进行，气球将Bloostar火箭缩比模型

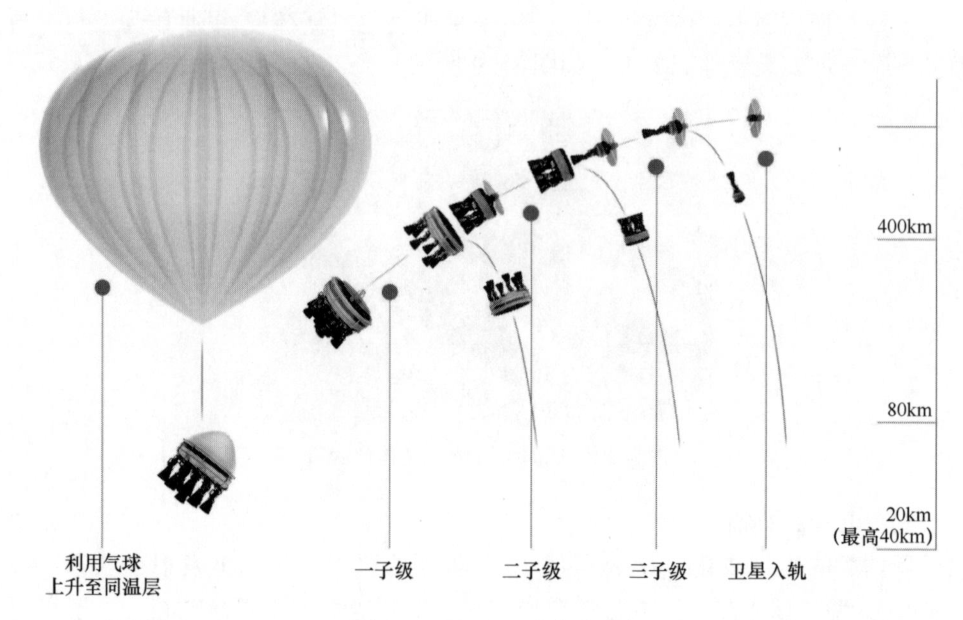

图 3-31 Bloostar 飞行方案

升高至 25km 高空，然后发动机点火。此次试验检验了该公司在太空点火、维持火箭稳定和监测发射程序上的能力，验证了 Bloostar 的遥测系统，并实现了借助降落伞的海上回收。

5. 其他国家

乌克兰一直是空中发射的积极倡导者。1994 年，乌克兰开始研究以伊尔-76TD 发射起飞质量为 18. 5t、运载能力为 200kg（300km）的空射固体运载火箭。1996—1997 年，乌克兰研究以安-124 为载机、以 SS-24 二、三级为基础的“鹰”空射固体运载火箭，还在研究用高能燃料的改进型空射固体运载火箭。2001 年 4 月 11 日，乌克兰国家航天局宣布它需要 3 亿美元由南方科研生产联合体在 2 年内完成两种空射卫星运载系统。“鹰”运载器将从安-124-100 运输机上投放，完成运输机的研制和改进费用为 1 亿美元。“天顶 2”的空射型号“黎明”更大。它由安-225 投放，需要 2 亿美元完成运载器和飞机的研制和更新。“黎明”的低地轨道运载能力可以高达 8000t，而“鹰”将具有 1000kg 类似轨道的有效载荷能力。自 1991—2010 年，乌克兰共提出了 Space Clipper、Grach、Svityaz、Oril、Oril-L、Microspce 6 项空中发射计划，LEO 能力覆盖 50 ~ 2000kg，火箭类型也包含了固体火箭、液体火箭和固液混合燃料火箭，但这些项目均未见进一步实施的报道。

以色列也在开展机载发射运载火箭技术的研究，其目标是以 F-15 重型战斗

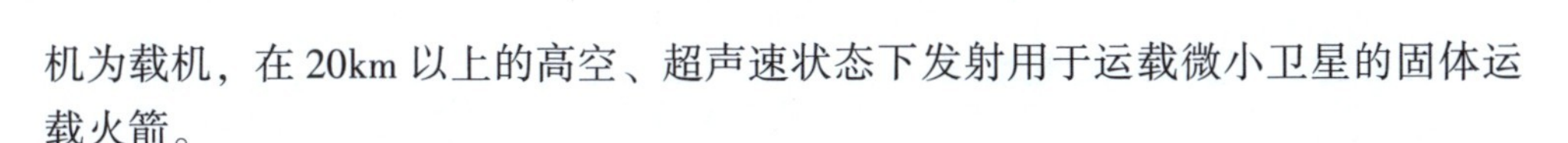
机为载机，在 20km 以上的高空、超声速状态下发射用于运载微小卫星的固体运载火箭。

此外，印度、韩国、意大利等国也在空中发射领域进行了部分技术研究。

6. 中国

国内对空中发射技术的研究始于 20 世纪 90 年代，但迄今为止尚无相关空中发射项目的公开报道，研究较多的单位主要是北京宇航系统工程研究所、西北工业大学和空军工程大学等。

北京宇航系统工程研究所的研究方向以空中发射系统方案、火箭系统方案等整体技术为主，对空射火箭的系统机构、气动外形、点火姿态与运载能力关系等技术进行了深入研究。西北工业大学对内装式空中发射进行了多方面研究，包括分离方式、姿态控制方法等，并对分离过程进行了模拟仿真，设计了火箭飞行程序，从理论上深入研究了内装式空射火箭初始弹道稳定方法。空军工程大学通过建模，分析并建立了箭机分离过程的动力学方程，对箭机分离后箭体气动特性、载机飞行品质进行了数值仿真等工作。整体上，我国对空中发射技术的研究尚处于起步阶段。

3.5.2 海上发射技术

3.5.2.1 海上发射运载火箭概述

建一个现代化的航天发射中心，一般需要占用大量的土地，而且发射方向也受到限制。因为万一发生事故或者靶场安全官员不得不毁掉火箭时，不允许火箭发射弹道通过居民区上空。由于这个原因，世界上一些主要发射场或航天发射中心都设在沿海。

发射中心即使设在沿海，也会受到社会和产业方面的限制。如日本的种子岛发射场，由于捕鱼工会的抗议，该发射场发射作业被限制在两个 49d 的周期内，平均每年只许发射 4 次。这样就很难安排因技术问题而推迟的发射。

苏联没有沿海发射场，它的航天设施位于低人口密度地区，尽管这样，脱落的火箭各级含有一些毒性和腐蚀性很高的推进剂，必然会引起污染。如果将发射场设在广阔的海洋上，上述问题就会得到很好的解决。

海上发射的优点是：

（1）航天器可充分利用赤道上地球自转的附加速度，从而节省运载火箭的燃料；

（2）对地静止轨道卫星可直接入轨，无需耗用卫星所携带的燃料进行变轨；

（3）方便选择发射区和入轨航区；

（4）增加发射卫星的灵活，可根据卫星运行轨道的要求选择最适宜的发射位置。

3.5.2.2 国内外发展情况

1. 国外情况

20世纪60年代中期，意大利在印度洋中建立了第一个民用移动式赤道发射场——圣马科发射平台，如图3-32所示。它包括两个不同类型的平台。一个起发射台作用，另一个是控制发射的指挥所。

图3-32 “圣马科”海上发射平台

1995年，美国波音公司、乌克兰南方公司、俄罗斯能源科研生产公司和挪威克韦尔纳公司组成一个海上发射公司，它们在地球赤道附近的海洋上建立一个与圣马科相类似的海上发射平台，也是由两部分组成，一部分用于发射，另一部分用作控制中心。不同之处是这个平台是安装在一艘船上。

这个发射平台长为133m、宽为60m、高为42.5m、质量为3万多吨、支撑平台的4根大圆柱，直径就有10m以上。平台上设有环境控制的机库，火箭就放置在其中向发射场转移，另外还有将火箭竖起到发射位置的设备，定名为“海洋奥德赛”（图3-33），质量达3.1万吨。平台上装有足够的供发射用的煤油和液氧，并可提供20人的食宿，人员在发射前将撤离到平台以外5000m。

海上平台发射系统另一个主要部分是装配指挥船，在港口内它将作为装配与组装设施，在海上就成为发射指挥控制中心。船上还配有直升机起落场和机库。

1996年8月，海上发射平台开始施工，1997年6月主体平台竣工，移交后即开往俄罗斯的维堡，在那里将安装俄罗斯制造的发射设备。由于海上发射比陆地发射要经济，所以现在海上发射公司已接到十几次发射的订单。

海上发射公司所运用的运载火箭是“天顶号”，海射型运载火箭海上发射使用的运载火箭为“天顶”-3SL型。“天顶”系列运载火箭是一种全液体运载火箭，是苏联/俄罗斯运载火箭家族中一种较新的型号，1985年首次用于卫星发射。“天顶”系列分为两级的“天顶”-2型、三级的“天顶”-3型和“天

图 3-33　“奥德赛”海上发射平台及总装与指挥控制船

顶”-3SL 型。“天顶”-3SL 为海上发射型，长为 61m，直径为 39m，以液氧和煤油为推进剂。为了满足海上发射的性能要求和提高可靠性，海射公司对火箭的一级结构进行了加强，更换了二子级和上面级的制导计算机，增加了二子级和上面级的液氧贮量，它由设在乌克兰的南方联合体制造，但第三级和整流罩分别由能源中心和波音公司制造。该火箭能把质量 5t 左右的负载送入地球同步转移轨道。“天顶”型火箭具有水平组装、自动起竖和自动加注的特点，这对于海上发射来说是非常合适的。

2. 我国情况

2019 年 6 月 5 日 12 时 06 分，中国在黄海海域用长征十一号海射运载火箭我国在黄海海域成功发射长征十一号运载火箭（图 3-34），将捕风一号 A、B 卫星，中电网通一号 A、B 卫星，吉林一号高分 03A 卫星，天启三号卫星和潇湘一号 04 星等 7 颗卫星送入预定轨道，宣告我国运载火箭首次海上发射技术试验圆满成功。这是中国首次在海上实施运载火箭发射技术试验，有利于更好地满足不同倾角卫星发射需求，促进中国商业航天发展。本次试验采用长征十一号海射型固体运载火箭，以民用船舶为发射平台，探索了中国海上发射管理模式，验证了海上发射能力。捕风一号 A、B 卫星将实现小卫星编队探测海面风场零的突破，可提高全天候海面风场探测能力，提升中国台风监测和气象精准预报能力。

运载火箭海上发射具有灵活性强、任务适应性好、发射经济性优等特点，可通过灵活选择发射点和航落区，满足各种轨道有效载荷发射需求，为“一带一路”沿线国家提供更好的航天商业发射服务。

国家航天局负责固体运载火箭海上发射技术试验项目的组织管理和总体协调，中国航天科技集团有限公司所属的中国运载火箭技术研究院和中国空间技术研究院分别负责火箭和卫星研制，中国国际海运集装箱（集团）股份有限公司

图 3-34　我国首次在黄海海域成功实施运载火箭发射技术的海射平台

负责船舶发射平台，中国卫星发射测控系统部负责发射、测控任务组织实施。本次发射是长征系列运载火箭第 306 次发射。

本次飞行试验首次采用“航天+海工”技术融合，突破海上发射稳定性、安全性、可靠性等关键技术，全面验证了海上发射试验流程，初步构建了多方融合的海上发射模式。海上发射不仅能有效解决火箭航区和残骸落区安全性问题，大幅降低陆地发射人员疏散成本，还可以灵活选择发射点和航落区、进一步节省推进剂消耗量，提高火箭运载能力，降低发射成本。同时，海上发射可充分利用我国丰富的民用船舶、港口、测控等社会资源深度参与，实现航天技术与海洋工程的有效融合，不仅可以形成更加经济、高效的新型发射模式，而且能够带动社会经济的高质量发展。

思考题：

1. 目前测试发射工艺流程有哪几种模式？每种模式的优点是什么？
2. “三垂模式”的主要特点有哪些？
3. 导弹武器系统/运载火箭全系统对地面瞄准系统的具体要求有哪些？
4. 地面瞄准的具体方法是什么？
5. 确定基准方向的方法有哪几种？各自的特点是什么？
6. 加注过冷低温液体推进剂有什么特点？
7. 推进剂加注量的计量方法有哪些？分别有什么特点？
8. 发射诸元的内容和数量主要取决于什么？一般包括哪些内容？
9. 空中发射运载火箭的优点有哪些？有哪几种方式？
10. 运载火箭射前瞄准时采用直角棱镜而不采用平面镜的原因是什么？
11. 论述液体火箭地面加注的方法。

第4章　飞行试验测量与控制

飞行试验测量与控制系统是飞行试验工程的重要组成部分。本章主要介绍测控系统的总体技术，包括测控系统任务与组成、测控频段与体制和箭（器）载测控设备等内容，以及光学外弹道测量、无线电外弹道测量、遥测跟踪测量、地面逃逸与安全控制等分系统的功能、组成、基本原理和工作程序。后续章节将对测控系统的各子系统的工作原理和相关技术进行详细介绍。

4.1　测量控制总体技术

航天测量与控制系统是指对运载火箭和航天器（卫星、飞船、探测器等）及其有效载荷进行跟踪、测量、监视、控制的专用技术设施，是构成对测量与控制信息获取、传输、处理、应用的技术支持系统，简称测控系统。按其测控的航天器类型不同，测控系统大体上分为卫星测控系统、载人航天测控系统和深空探测测控系统。

航天测量与控制系统是航天工程重要组成部分，随着航天工程需求牵引和科学技术发展的推动，它又综合了大量的通信内容，无论是对运载火箭还是对航天器，都必须借助航天测控系统的支持，才能使地面人员随时掌握运载火箭、航天器工作状态和航天员身体状况，做出判断、决策，发挥控制干预作用，达到运营使用的目的。因此该系统规模大、布设地域广、技术复杂、工程要求高，在航天器发射、运行、返回等阶段起着十分关键的作用。测控系统以基础科学和技术科学为基础，应用众多工程技术新成就，是高度综合的现代科学技术和工程实践的结晶。

本章重点叙述航天发射试验工程中，运载火箭与航天器在待发段、上升段的测量与控制。

4.1.1　测控系统任务与组成

4.1.1.1　测控系统任务

测控系统在航天器发射、运行、返回阶段中的任务与技术要求，因航天器的设计、用途及对测控系统的约束条件不同而存在差异，归纳起来主要有以下几方面。

(1) 对运载火箭及航天器进行测量监视，当需要进行控制时，发出相关指令。

(2) 对航天器进行轨道和姿态控制，确保航天器按预定轨道和正确姿态运行与返回。

(3) 对航天器上仪器、设备进行控制，使其完成规定的操作。

(4) 为各级指挥系统提供监视、显示信息。

(5) 为评价和分析运载火箭与航天器的技术性能和改进设计提供数据。

(6) 为地面应用系统提供有关数据。

具体到航天测控系统的各个组成部分，则分别承担以下不同的任务。

(1) 跟踪测量系统用于获取运载火箭、航天器的轨道参数和物理特性参数，拍摄和记录运载火箭的飞行状态（含姿态）图像。

(2) 遥测系统用于获取飞行器上的工作状态和环境数据，航天器上仪器的测控数据也通过遥测链路下传。

(3) 遥控系统用于运载火箭的安全控制和航天器的轨道控制、姿态控制及航天器上仪器、设备的工作状态控制，或向航天器上计算机注入数据。

(4) 实时计算处理系统用于实时计算测量系统所获取的信息，为指控中心提供显示数据，为测控设备提供引导信息。

(5) 监控显示系统用于指挥人员观察航天器的发射过程及飞行实况，以便实施指挥控制。

(6) 事后数据处理系统用于精确处理运载火箭或航天器轨道数据和遥测数据，提供处理结果报告。

(7) 航天测控系统还需要通信系统和时间统一系统支撑。通信系统把各级指挥中心、发射场区、返回场区、测控站联系起来，完成各种数据、话音、图像等信息的传输。时间统一系统为各种测控设备提供统一的时间基准和频率基准。

4.1.1.2 测控系统组成

为了完成运载火箭和航天器的发射测控任务，测控系统由跟踪测量、遥测、遥控、数据处理、监控显示、时间统一、通信、事后数据处理等分系统组成，如图 4-1 所示。

1) 跟踪测量系统

跟踪测量系统包括光学测量系统和无线电外测系统。光学测量系统利用光学信号对运载火箭进行飞行轨迹参数测量、飞行状态（含姿态）景象拍摄记录和物理特性测量。测量设备主要有高速摄像（影）仪、光电经纬仪、光电望远镜、红外辐射仪、光电一体测量仪等。光学测量系统具有直观性强、交会定位精度高、不受地面杂波干扰等优点，但易受气象条件制约，在航天发射场主要用于初始段交会测轨、实时图像监视。无线电外测系统包括无线电外测与无线电遥测、遥控系统。无线电外测系统利用无线电信号对运载火箭、航天器进行跟踪测量，确定其轨迹和弹道、目标特性等参数。无线电外测系统具有全天候工作、测量精度高、作用距离远、测量数据实时性强等优点，已成为航天测控系统主干设备。无线电外测设备根据测量体制分为脉冲测量设备和连续波测量设备（连续波雷达、微波统一系统等）。

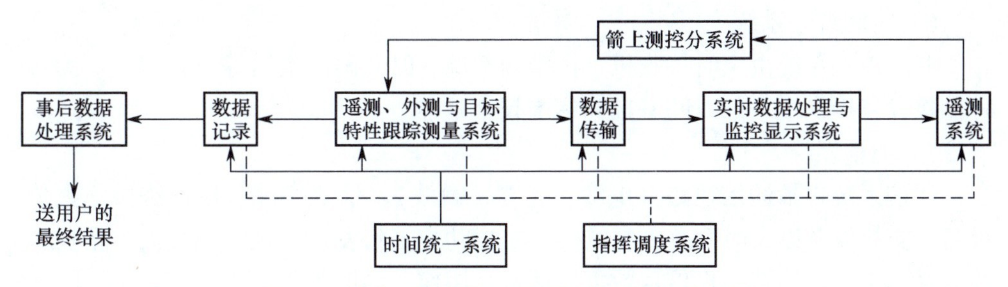

图 4-1　航天发射试验工程测控系统组成示意图

2）遥测系统

遥测系统是完成飞行目标遥测功能的设备组合，一般由输入、传输、终端 3 部分设备组成，用于获取运载火箭、航天器及航天员的工作状态参数、环境数据和生理参数。遥测设备主要有 S 波段遥测设备、微波统一系统、超短波设备等。

3）遥控系统

遥控系统是指安全遥控系统和航天器遥控系统，是利用编码信号对运载火箭、航天器进行远距离控制的设备组合，完成对运载火箭发射时的安全控制和航天器的轨道控制、姿态控制与工作状态控制。遥控指令由计算机生成传输至遥控台，经调制后发向目标，目标接收、解调、译码后，送执行机构完成控制任务。遥控设备主要有超短波安控设备、微波统一系统等。

4）数据处理系统

数据处理系统由计算机硬件和通用、专用外部设备以及相应的软件组成，实时对测量数据进行加工、计算。数据处理系统按功能与规模可分为测控站计算机与指控中心计算机处理系统，测控站计算机承担站内设备操控运行、信息汇集处理、站内设备引导。指控中心计算机处理系统的主要功能是实时将各种外测、遥测信息按预定的方案进行快速检测和计算分析，加工成可用的信息，为指控中心各级指挥员与总体技术人员对运载火箭、航天器的飞行监控提供支持，同时为测控设备提供实时引导信息。

5）监控显示系统

监控显示系统由计算机、指挥调度台、指令控制台（安控台、逃逸台、飞控台）、投影大屏幕、计算机显示工作台、图形工作站、电视显示器和各种记录设备及其相应软件组成，主要功能是对指挥控制人员关注的信息进行汇集、加工、处理和显示，为指挥控制人员决策、指挥、控制提供依据。监控显示系统实时接收数据处理系统数据与实况监视信息，将有关指挥决策信息以文本、曲线、图表、图像等形式显示给指挥控制人员，让其对运载火箭飞行实况和航天器工作状态作实时分析和判断，以便实施指挥控制。

6）时间统一系统

时间统一系统由定时接收机、标准频率源、时间码产生器等设备组成，为各种测控设备提供统一的时间基准和标准频率基准。

7）通信系统

通信系统包括通信线路（电缆、光缆、微波）、信源终端、用户终端、数传设备、交换设备以及时间统一系统等，主要功能是将发射场区、测控站、指控中心联系起来，为终端用户传送数据、话音、图像、调度等信息。

8）事后数据处理系统

事后数据处理系统由处理计算机、判读仪、磁带（盘）记录重放设备、频谱分析设备、数据储存设备、打印显示设备及相应软件组成。飞行试验任务结束后，对外测、遥测、目标特性测量及实况记录等信息进行精确处理，为飞行试验的分析、评定提供依据，并向航天产品研制与试验相关单位提供数据处理结果报告。

除上述主要分系统外，测控系统还包括完成任务不可缺少的支持分系统，例如大气探测、大地测量、供配电等系统。随着技术的发展，数据中继卫星等也成为航天测控系统的重要组成部分。

4.1.2　测控频段与体制

4.1.2.1　测控频段选择

航天测控频段选用主要考虑电磁波传播特性、器件生产能力、测量精度、信息传输承载能力、电磁兼容以及国际和国内相关规定等方面因素。频段越高，受大气、气候影响越大，器件加工生产难度越大，但其测量精度高、信息承载能力强、电磁兼容性好。

1）电磁波传播特性

频率为300~300GHz的无线电波称为微波频段。不同频率的无线电波通过各种不同的介质（如地面、水、电离层等）传播时将发生各种不同的物理现象。微波的波长短，空间传播时的方向性强，向天空发射时，易于穿过电离层，直达星际空间，受电离层影响极小，但受对流层及地面的影响却极为突出（主要有折射、反射、散射和吸收等效应)。

当电波传播空间没有折射、反射、散射和吸收等物质时，则认为电波在自由空间传播，其能量的扩散损耗（L_r）与传播即离的平方成正比，与波长的平力成反比，即

$$L_r = (4\pi R/\lambda)^2 \tag{4-1}$$

式中：λ 为电波的波长；R 为传播距离。

工程计算电磁波空间损耗公式为

$$L_r(\text{dB}) = 20\lg(R) + 20\lg(f) + 32.44 \tag{4-2}$$

式中：R 为传播距离（km）；f 为无线电波频率（MHz）。

当然，实际中测控系统的电磁波不完全在自由空间传播，它要受到电离层中自由电子和离子的吸收，受到对流层中氧分子、水蒸气分子和石雾雨雪的吸收和散射，从而造成损耗。这种损耗与电磁波的频率、波束的仰角及气象因素有密切关系。在微波频段，频率越高，云雾雨雪造成的衰减越大，频率在 300MHz～10GHz 之间的电磁波，大气损耗较少，比较适合穿越大气层的传播，因此无线电测控频段一般选在此范围。

大气折射误差也是频段选择需要考虑的一个因素。对流层内折射指数的变化使电磁波传播速度不高于光速，并引起射线弯曲，造成测速、测距误差。当频率低于 100GHz 时，对流层可以认为是非色散介质，折射指数不随频率变化而变化；而电离层是色散介质，折射引起的测速、测距误差的大小和电波频率的平方成反比，所以频率高可减小电磁波传播误差。

2）火焰衰减

运载火箭发动机喷焰是一种电子浓度和碰撞频率远比电离层内高的不均匀等离子体。

在高空中，会形成比箭体大几倍的等离子区。当无线电信号通过它时，信号受到严重衰减，且信号相位也会产生起伏。无线电信号受喷焰的影响程度与推进剂种类、穿越火焰区的长度和部位有关系，并且和无线电信号的工作频率有关，频率越高，受到的影响越小。喷焰对 C 频段无线电信号的衰减一般为 2～10dB，对 Y 频段无线电信号的衰减可达 20dB 左右。

3）高频器件和设备制作水平

为提高跟踪距离，希望增大天线尺寸，以提高天线增益，但天线尺寸的增大，会使造价迅猛增加，还受到工艺水平的限制。此外，发射机的高频大功率器件和接收机高频低噪声放大接收器件的性能水平也是频率选择的限制因素之一。

综合分析上述各种因素，测控频段选为 P、L、S、C、X 频段为宜，具体测控频段的选择实际上还受空间目标设备的小型化水平以及地面设备的跟踪性能、

载频带宽等因素制约，同时还受国家无线电频率管理委员会和国际无线电频段管理联合会有关规定的限制。

运载火箭外测系统的测量精度要求高，作用距离远，可以使用较高的频率，全天候工作的测量设备的频率选择 2~6GHz，高精度测量带的频率选择 5~6GHz，上、下行频率间隔大于 200MHz。运载火箭安控设备传递的码率不高，要求箭上天线全向覆盖，选用超短波。运载火箭遥测参数较多，速变参数增加，码速率达数十兆比特每秒，选用 S 频段较高载波。对航天器进行综合测控通信，宜选 S、C 频段较高载波。我国航天测控频段范围及工程应用见表 4-1。

表 4-1 航天测控频段范围及工程应用

频段代号	频率范围	波长范围	航天工程应用
HF	3~30MHz	100~10m	航天器天地通信
VHF	30~300MHz	10~1m	航天器天地通信
UHF	300~1000MHz	100~30cm	火箭安全控制、早期 P 频段遥测
L	1~2GHz	30~15cm	目标特性测量雷达
S	2~4GHz	15~7.5cm	火箭遥测、航天器统一 S 频段测控，天基测控、目标特性测量、引导仪
C	4~8GHz	7.5~3.75cm	脉冲雷达、干涉仪、多站测速、航天器统一 C 频段测控、目标特性测量
X	8~12GHz	3.75~2.5cm	目标特性测量、航天器 X 频段数传
Ku	12~18GHz	2.5~1.67cm	航天器星地测控通信
K	18~27GHz	1.67~1.1cm	航天器星地测控通信
Ka	27~40GHz	11.1~7.5mm	航天器星地测控通信
红外线	2.5×10^4~1×10^6GHz	12~8μm 5~3μm 3~1μm	火箭、航天器长/中/短波红外跟踪测量、辐射特性测量、激光测距
可见光		0.8~0.3μm	火箭、航天器电视测量

新一代运载火箭、小型液体运载火箭等未来运载火箭型号对测控通信的需求变化主要为遥测码速率由目前的 2Mbit/s 提高至 5~10Mbit/s，而测量精度、覆盖范围等方面的需求基本没有变化，未来一段时期运载火箭的测控使用频段主要包括：

（1）地基遥测仍采用 S 频段，并采用多符号检测（Multi-Symbol Detection，MSD）技术和 Turbo 乘积码（Turbo Product Code，TPC）技术提高信息传输能力，适应高速率信息传输需求。将来利用中继卫星系统传输运载火箭遥测数据，频段为 S 或 Ka。

（2）地基外测仍采用“可见光/中波红外光学测量+C 频段连续波雷达+C 频段脉冲雷达”的方式。

（3）安全控制仍采用特高频（Ultra High Frequency，UHF）频段安控设备，但为提高安控的可靠性，将采用多音编码（主字母）技术体制。

（4）考虑到数字引导技术已经比较成熟、可靠，而且可以通过 S 频段遥测信号、理论弹道等引导方式实现对目标的捕获跟踪，独立的地面引导仪将逐步退役。

4.1.2.2　测控体制

测控体制的选择要满足航天测控的特点和应用技术的发展。光学测量系统具有较高的测角、测距精度和直观图像，但受日照和气象等条件的限制，主要用于初始段测量和实况图像记录。无线电测控系统既可用于跟踪测轨，又可用于遥测遥控，而且还可用于上下行电报、电话、电视和数据传输等通信。无线电测控系统体制具有如下特点：

（1）轨道测量一般采用单站测轨体制，对于精度要求较高段落，也采用多站测轨体制。

（2）测距大多采用连续波体制，依据选用的测距信号不同，可分为纯侧音测距、伪码测距和音码混合测距。由于受功率等因素的限制，脉冲雷达一般作为补充手段，用于运载火箭、航天器入轨段和返回段测轨。

（3）测速（测量多普勒频移）分为单向测速系统和双向测速系统。双向测速系统精度较高，因为地面频标源的频率稳定度比空间航天器上的好，收发端又可共用一个频标源。

（4）测角以单脉冲体制为主，尤其以振幅比较式 3 通道接收系统应用更为普遍。

（5）微波统一测控体制，一套统一载波连续波多功能综合测控系统即可组成一个独立测控站，单功能测控设备主要弥补微波统一测控设备某一功能在指定范围覆盖的不足。

（6）扩频技术的无线电测控系统，可提高测控系统的抗干扰能力。

对运载火箭遥测采用 S 频段全数字编码调频（PCM-FM）体制，外测采用“光学多台交会+C 频段干涉仪测速定位+C 频段脉冲雷达相参应答式+GNSS 自主定位”测量体制，火箭安全控制系统采用“火箭姿态自毁+地面遥控炸毁”安控模式和 UHF 频段调相遥控体制。

对空间航天器测控体制以“S 频段统一测控体制”为主，同时辅以 GNSS 自主定位测量。

4.1.3　箭（器）载测控设备

测控系统通常采用箭（器）载测控设备与地面测控设备合作的方式工作。

箭（器）载测控设备包括信标发射机、脉冲应答机、干涉仪应答机、微波系统应答机、遥测设备、遥控设备、激光合作目标以及相关馈电网络等。天地测控设备合作的工作目的，一是提高外测测量精度，二是提高测量、控制和数传的距离。

1）信标发射机

信标发射机简称信标机，没有接收部分，它自行产生一个无线电信号并发射供地面设备接收，主要用于航天测控系统的引导设备中，个别情形下也用于对精度要求不高的测速系统中（如双频测速仪）。两者分别称为引导信标机和测速信标机。

2）脉冲应答机

脉冲应答机配合地面脉冲雷达工作，接收地面脉冲雷达的询问信号，放大后重新转发到地面雷达站，可提高脉冲雷达作用距离。用于航天测量的脉冲应答机，一般由接收机、发射机、视频处理器、电源、天线组成，允许地面多站脉冲雷达触发。根据其转发脉冲载频特性，可分为相参脉冲应答机和非相参脉冲应答机。“相参”是指应答机下行回答脉冲与上行询问脉冲之间载波相位是相关的。

3）干涉仪应答机

干涉仪应答机接收地面连续波干涉仪发射的上行信号，变频转发回地面，配合地面完成测量任务。干涉仪应答机通常由收/发天线、接收机、发射机、电源及辅助部件组成。从干涉仪测量原理可知，其收发信号必须相干，才能保证系统具有较高测速精度，因此干涉仪应答机是一种相参连续波应答机。随着多 $\dot{S}$ 测速系统在航天测控中的应用，干涉仪应答机更换为兼顾连续波干涉仪和多 $\dot{S}$ 测速系统两种频率的双频连续波应答机。

4）微波统一系统应答机

微波统一系统应答机是一种多功能连续波应答机，与微波统一系统地面设备相配合，完成航天器的跟踪测量、遥测、遥控及通信信号传输任务。微波统一系统应答机由接收机、发射机、测距测速终端、遥测终端、遥控终端、通信终端以及电视、数传与多载波终端等组成。微波统一系统应答机也分为相参应答机和非相参应答机，相参应答机转发的相参载波用于速度测量。

5）箭（器）载遥测设备

箭（器）载遥测设备是遥测系统的重要组成部分，主要完成运载火箭、航天器内部各种参数的测量、信息采集、变换和调制发射，与地面遥测设备共同完成运载火箭、航天器的遥测任务。箭（器）载遥测设备包括信息采集、调制发射、电源、电缆、天线等组成部分，有的还包括记忆重发模块。

6）箭（器）载遥控设备

箭（器）载遥控设备主要功能是接收地面发送的遥控指令或数据，实施对运载火箭、航天器的控制和数据注入。遥控设备一般由接收天线、指令接收机、视频放大器、解调器、译码器和执行机构组成。

7）激光合作目标

激光合作目标是一种精密光学四面体棱镜阵，称为角反射器阵，配合地面带激光测距功能的光电经纬仪、激光雷达完成对运载火箭姿态、弹道的单站定位测量。它具有测距精度高、方向性好、亮度高和单色性好等优点，但遇云、雾、雨、雪天气以及运载火箭喷焰，激光测距能力下降。

4.2　光学外弹道测量

4.2.1　分类与组成

航天发射中的光学测量系统主要指以光学成像原理采集飞行目标信息，经处理得到所需弹道参数与目标特性参数，并获取飞行实况图像资料的专用测量系统。光学测量系统是航天测控系统的重要组成部分。现代光学测量系统是集几何光学、电子学、天文学、自动控制技术、精密机械技术、计算机技术与红外、电视、激光等现代光电子技术于一体的综合性设备。

光学测量具有精度高、直观性强（可看到目标影像，并可事后复现）、不受“黑障”和地面杂波干扰等优点。因此，光学测量系统在航天发射和返回段的轨迹测量、实况记录、事故分析及无线电测量设备的精度鉴定中，发挥了重要作用，成为航天发射任务中重要的测量手段。但与无线电外测系统相比，光学测量系统作用距离较近，易受气象条件的限制。

4.2.1.1　光学测量系统分类

根据光学测量系统在航天发射场的功能和作用，其设备一般可分为4大类。

1）目标飞行轨迹测量设备

包括电影（光电）经纬仪、弹道照相机、宽角相机、激光测量仪器、人工跟踪仪器等。这类设备采用多站交会或单站定位均可获得高精度的目标飞行轨迹参数，国内发射场目前应用最广泛的是光电经纬仪。

2）实况记录设备

包括电影（光电）望远镜、高速摄影机、高速电视摄（录）像机等。这类设备把运载火箭点火、起飞、离架、程序转弯、级间分离、抛整流罩等上升段实况以及航天器返回实况以摄录图像的方式记录下来，可供实时监测与事后复现。

实况记录设备以光电望远镜和高速电视应用最为广泛。前者的侧重点是远距离目标的飞行实况记录，一般口径大、作用距离远，采用彩色摄像机作为图像传感器；而后者的侧重点是高速图像获取，一般口径小、作用距离近，为满足高速条件下高灵敏度的要求，图像传感器一般选用黑白摄像机。

3）物理特性参数测量设备

包括红外辐射测量仪器、光谱测量仪器等。这类设备可测得飞行目标的光度和红外辐射特性等物理特性参数，用于对飞行目标进行有效识别。

4）事后信息处理设备

包括胶片洗片机、胶片判读仪、干板坐标测量仪、视频判读仪等，是光学测量设备中的重要配套设备。

随着图像传感器技术、图像存储与处理技术和其他相关技术的发展，许多跟踪光学测量系统同时具备了以上 2 类甚至 3 类设备的功能。如固定站光电望远镜，它既可用于轨迹测量，又可用于实况记录，如果同时加装红外测量系统，还可用于目标特性测量。

4.2.1.2 光学测量系统组成与功能

不同种类的光学跟踪测量系统，其组成有所不同，即使相同种类的光学测量设备，由于技术要求和用途不同，其组成也存在一定差异。航天发射场使用的跟踪类光学测量设备，如光电经纬仪、光电望远镜、高速电视等，一般由跟踪机架、测角系统、伺服跟踪系统、电视跟踪测量系统、激光测距机、时统接收终端、计算机控制与处理系统等全部或部分分系统组成。典型的光电望远镜组成框图如图 4-2 所示。

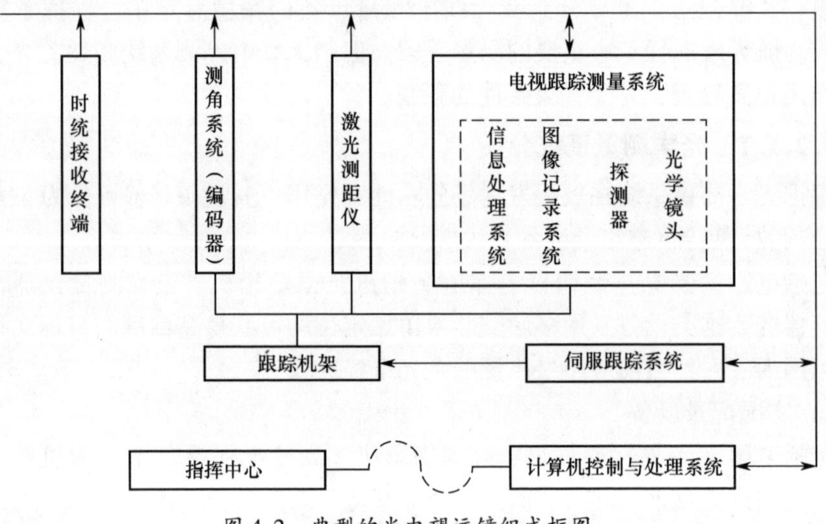

图 4-2 典型的光电望远镜组成框图

1）跟踪机架

跟踪机架是一个在方位和俯仰二维转动的二轴精密跟踪平台，用于承载主望远镜、瞄准分系统、测角分系统、记录分系统、伺服分系统等。其特点是刚度好，轴系精度高，为伺服分系统快速、准确跟踪目标提供机械支持。

2）测角系统

测角系统由分别安装于垂直轴和水平轴上的 2 套编码器组成。每套编码器都包括光机和电控 2 部分，其功能是将安装于跟踪机架上的主镜相对于垂直轴或水平轴的旋转角度转换成数字量的形式，作为视轴在测量坐标系方位和俯仰 2 个方向的坐标分量。

3）伺服跟踪系统

伺服跟踪系统主要由力矩电机、测速机、跟踪器、控制计算机和功率放大器组成。其功能是根据目标位置信息和设备视轴的当前位置，控制跟踪机架，完成对目标的自动或半自动跟踪。

4）电视跟踪测量系统

电视跟踪测量系统分为可见光电视测量系统和红外电视测量系统，主要由光学镜头、探测器、图像记录系统、信息处理系统等部分组成，主要功能是将目标成像于探测器（即可见光或红外相机）靶面上，转换成电信号后，通过处理，提取出目标相对于视轴的方位脱靶量和俯仰脱靶量（即角偏离量），实现对目标的定位，并作为伺服跟踪系统的反馈信号。随着电视测量技术的发展，近几年新研制的中大型光测设备中，电视跟踪测量系统一般采用了多传感器并行工作的模式，包括可见光电视、高灵敏度电视、短波红外、中波红外、长波红外等的部分或全部分系统，能够实现对目标的多波段测量，同时部分设备还具有目标红外辐射特性测量能力。

5）激光测距机

激光测距机由激光器、激光发射装置、冷却系统、激光接收装置和处理电路组成。处理电路的核心是一个脉冲计数器，通过计数能够得到一束激光从发射装置发出到被测目标返回、接收装置接收的时间间隔，从而计算得到目标相对于测量站的斜距。

6）时统接收终端

时统接收终端用于接收时统或 GPS 时间信号，产生标准时间和各类同步控制信号，为测量数据提供标准时间，并控制设备实现与其他测控设备及测发系统的同步工作。

7）计算机控制与处理系统

计算机控制与处理系统是光学测量设备的大脑，用于完成设备的信息处理、数据交换、控制检测等任务。对外与发射场指挥控制中心实现数据互传，对内与各分系统通信。能够实时收集、记录设备各分系统的状态和测量数据，并按约定的格式向指挥控制中心实时发送。同时能够根据指挥控制中心的引导信息，实现对设备的引导跟踪。

4.2.2 工作原理与主要技术指标

本小节以光电望远镜为例，介绍光学跟踪测量系统的工作原理与主要技术指标。光电望远镜是航天发射任务中应用最广泛、最典型的光学测量设备。它既可用于空间目标轨道测量，又可用于飞船、卫星发射过程中的实况记录，多台交会还可用于姿态测量，如果加装红外测量系统，还可用于红外辐射特性测量，可以同时具有1~3类光学测量设备的功能，是较为典型、全面的光学跟踪测量系统。

新一代光电望远镜与前期光电望远镜和早期电影经纬仪见证了我国航天发射场光学测量技术发展的历程。电影经纬仪使用胶片作为图像和数据的记录介质，任务后通过对胶片的判读得到高精度的目标飞行轨迹信息。前期光电望远镜对早期电影经纬仪进行了改造，由力矩电机代替了原来的齿轮传动，由原来的方位和俯仰双操作手变为单操作乎跟踪，增加了电视测量和跟踪功能，在完成实时和事后弹道测量的同时，能够实时送出高质量的电视图像，用于实况监视和转播。随着图像传感器和图像处理技术的成熟，新一代光电望远镜去掉了摄影系统，高精度弹道测量功能完全由电视系统完成。同时，该设备还安装了中波红外测量系统，实现了真正意义上的自动跟踪。

4.2.2.1 光电望远镜工作原理

1) 测角原理

光电望远镜机架为三轴（垂直轴、水平轴、视准轴）地平装置，如图4-3所示。

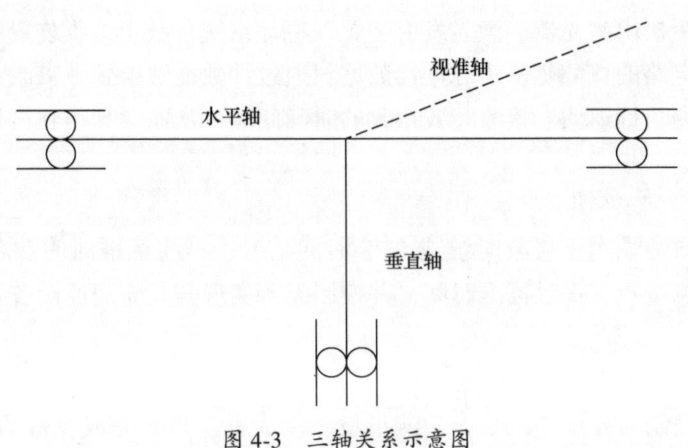

图4-3 三轴关系示意图

机架二轴相互垂直，视准轴是望远镜主光学系统的中心轴，固定在水平轴上，水平轴和视准轴可以绕垂直轴在水平面内旋转，装在水平轴上的望远镜可以绕水平轴在垂直平面内旋转。在垂直轴和水平轴上分别装有方位和俯仰编码器。望远镜绕垂直轴旋转的角度由装在垂直轴上的方位编码器给出（相对某一基准方位），称为方位角，用 A_e 表示；绕水平轴旋转的角度由装在水平轴上的俯仰编码器给出（水平面为零基准），称为俯仰角或高低角，用 E_e 表示。这样，只要望远镜瞄准目标，其光轴指向目标的方向由方位角和俯仰角给出。

编码器给出的方位角 A_e 和俯仰角 E_e 只是光轴指向方向的坐标分量，目标在视场中偏离视轴的角度，称为目标的脱靶量。方位方向和俯仰方向的脱靶量分别为方位脱靶量（用 ΔA 表示）和俯仰脱靶量（用 ΔE 表示）。在望远镜跟踪目标的过程中，电视跟踪测量系统通过对来自摄像机的数字图像（或模拟图像）的处理，能够得到实时的方位角脱靶量和俯仰角脱靶量。编码器给出的角度与脱靶量的和，即为目标在测量坐标系中的方位角和俯仰角。

计算式为

$$\begin{cases} A = A_e + \Delta A \\ E = E_e + \Delta E \end{cases} \tag{4-3}$$

式中：A、E 分别为目标在测量坐标系中的方位角和俯仰角。

在对目标的跟踪过程中，各采样时刻光轴指向的方位角、俯仰角与相应的绝对时间、电视图像可以共同被图像记录系统按规定的格式记录下来，通过事后判读得到高精度测角数据。

2）测距原理

一台仅具有测量方位角和俯仰角功能的光电望远镜，只能测得目标在测量坐标系中的方位角和俯仰角。为确定空间运动目标在瞬间的位置，至少要用 2 台布在一条基线 2 端的仪器同时进行测量，用 2 站或多站交会的方法得到目标的弹道数据。加有激光测距机或测距雷达的光电望远镜，除得到角度测量值外，还可得到仪器到目标的斜距，因而可单站定位。

光测设备上安装的测距雷达一般为连续波雷达，兼有测距和测速的功能。这里只介绍激光测距机的测距原理。

激光是 20 世纪 60 年代初期才出现的新型光源，由于它具有单色性好、方向性强和亮度高等特点，因此，在光学测量设备中，激光测距是应用最早且最成熟的测距技术。

脉冲激光测距的原理与脉冲雷达测距原理相似，它是通过精确测量激光信号在测量设备与被测目标之间往返一次所需的时间 t 来测定距离的，即 $R = ct/2$，c 为光速。其系统由激光发射、激光接收和计数显示 3 大部分组成，如图 4-4 所示。

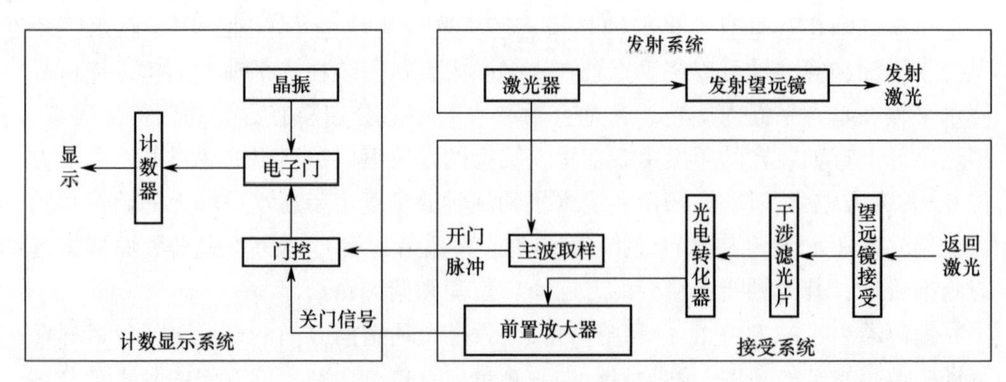

图 4-4　脉冲激光测距系统原理框图

激光测距系统的作用距离与激光发射功率、光束角、发射望远镜的透过率、接收望远镜口径及透过率、目标特性、大气对激光的透过率以及光电探测器的性能等因素有关。

4.2.2.2　光电望远镜主要技术指标

光电望远镜的主要技术指标包括测角精度、测距精度、作用距离、工作范围、跟踪角速度、跟踪角加速度、跟踪精度、可靠性和拍摄频率等。下面对光电望远镜的主要技术指标进行简要叙述。

(1) 测角精度

测角精度是能够实现目标飞行轨迹测量的光学测量设备最关键的技术指标。是指设备获得的目标方位角、俯仰角测量值与真值的偏离程度，一般用均方根误差来表示，单位是角秒。

测角精度可分为静态测角精度和动态测角精度，或者事后测角精度和实时测角精度。静态测角精度是光学测量设备在静止状态时角度测量值与真值的偏离程度；动态测角精度则是在跟踪运动目标状态下的角度测量值与真值的偏离程度。光学测量设备在运动过程中会受到机械变形和随机因素的影响，故动态测角精度一般低于静态测角精度。事后测角精度是指光学测量设备在完成跟踪测量记录之后，通过对记录图像的判读处理，修正系统误差后得到的角度测量值与真值的偏离程度；实时测角精度是指光学测量设备在跟踪测量过程中实时输出的方位角、俯仰角的测量值与真值的偏离程度。具有电视、红外或激光测量脱靶量能力的光学测量设备才有实时测角精度。

光学测量设备测角误差来源包括以下几方面：

1) 垂直轴误差

光电望远镜的垂直轴偏离铅垂线的角量称为垂直轴误差，源自调平误差和垂直轴系晃动误差。

2）水平轴误差

水平轴误差是指光电望远镜的水平轴与垂直轴不正交的角量，源自水平轴不垂直度误差和水平轴晃动误差。

在非天顶测量的情况下（一般保精度测量，俯仰角要求不超过 65°），水平轴误差对俯仰角的影响为二阶小量，可忽略不计。

3）视准轴误差

视准轴误差（简称视轴误差或照准差）是指设备视轴线与水平轴线不正交的角量，源自视轴不垂直度误差和视轴在水平面与铅垂面的晃动误差。

4）轴角编码器测角误差

轴角编码器测角误差由轴角编码器的系统误差和随机误差产生，直接影响到测角误差。由于编码器分辨率的提高，使得编码器测角误差相对于其他误差要小很多，通常可忽略不计。

5）零位差和定向差

零位差是指视准轴位于水平位置时，俯仰轴角编码器的值偏离零值的量值；定向差是指视准轴对准大地北（或天文北）时，方位轴角编码器的角度值。零位差、定向差是可检测和可调整的，一般在数据处理时都要依据方位标拍摄情况进行修正，修正后的残差一般很小，可忽略不计。

6）脱靶量测量（判读）误差

脱靶量测量误差通常指在实时测量中，电视测量系统、红外测量系统或激光跟踪系统提取目标脱靶量时产生的误差，脱靶量测量误差为实时误差测量误差，包括目标位置提取误差、原点不重合误差、像元量化误差等，其中目标位置提取误差为主要误差源。

脱靶量判读误差是指专用判读仪判读记录的图像中目标像点相对视场中心的脱靶量时产生的误差，脱靶量判读误差为事后误差。判读误差包括焦距误差、目标瞄准误差、原点不重合误差、像元量化误差等。

由于在脱靶量判读中加入了人工干预的因素，使得判读部位的选取较实时提取可靠，且精度要高很多，所以脱靶量判读误差较脱靶量测量误差要小，高精度弹道测量中往往采用事后判读数据作为弹道分析和评价的依据。

7）动态测角误差增量

动态测角误差增量是指设备动态测角误差与静态测角误差的差值，包括数据采样不同步误差、由加速度引起的视准轴晃动误差、由负载引起的垂直轴晃动误差等。这些误差可由试验确定或依靠实验来估计。

静态测角总误差为垂直轴误差、水平轴误差、视准轴误差、编码器误差、脱靶量测量（判读）误差的总和值。

（2）测距（测速）精度

航天发射场跟踪光测设备对目标的斜距测量一般由激光测距机或测距雷达实现。激光测距机的优点是体积小、功率小、测距精度高，但需在被测目标上安装合作目标。随着光测设备的增加，光测设备单站定位测量的模式逐渐被交会测量和其他手段测量所取代。测距雷达可以反射式测量，与激光测距机相比，优点是不需要合作目标，且可实现高精度的速度测量，近年来开始代替激光测距机应用于航天发射中运载火箭初始段高精度轨迹测量。

激光测距机的测距精度取决于所选用的调制信号频率和相位的测量精度，一般测距精度可达厘米级或分米级。影响激光测距精度的因素有大气折射修正残差、计数器计时误差、计数器晶振频率稳定度、激光主回波触发点变化、激光脉冲宽度变化以及测距零值修正残差等。

（3）作用距离

光电望远镜的作用距离包括图像探测作用距离（红外作用距离、可见光作用距离等）和距离测量作用距离。

图像探测作用距离是指在一定条件下光学系统能够跟踪测量目标的最远距离。影响光学图像探测作用距离的因素来自三个方面：一是目标的因素，包括目标的大小、亮度、温度等；二是天空和大气的因素，包括天空背景亮度、大气的透过率与宁静度等；三是设备自身的因素，包括光学系统的分辨率、探测器的分辨率与灵敏度、光学系统调光调焦能力等因素。

激光测距机的作用距离与合作目标（即角反射器）面积、大气透过率、激光器功率、激光束发散角等因素有关。在光测设备上安装的激光测距机的作用距离一般能够达到200km以上。

（4）光学系统的焦距和有效口径

焦距和口径是光学跟踪测量设备的重要性能参数，不但决定设备的结构尺寸和先进程度，而且还直接影响其测角精度和拍摄能力。一般来说，焦距越长，测角精度越高，但观测视场角越小，跟踪难度越大。有效口径越大，探测能力越高，但设备规模越庞大，造价也越高。因此，要综合权衡选取合适的光学系统焦距和口径。

（5）伺服跟踪性能指标

光学跟踪测量系统的伺服跟踪性能指标与雷达等其他跟踪测量设备类似，主要有工作范围、工作角速度、工作角加速度、最大角速度、最大角加速度、过渡时间、超调量、跟踪精度等。对光电望远镜等光学测量设备来说，工作范围一般为方位360°无限制，俯仰角$-5°\sim185°$，工作角速度$0°/s\sim0°/s$，工作角加速度$0°/s^2\sim10°/s^2$，最大角速度在$20°/s$以上，最大角加速度在$20°/s^2$以上，过渡时

间在 1s 以内，超调量在 30%以内，跟踪精度一般要求在几角分到几十角秒以内。当然，不同的设备，因其使用需求不同，各项伺服跟踪性能指标会有一定的差异。

4.3　无线电外弹道测量

如前所述，光学外弹道测量可以得到很高的测量精度，而且不要求飞行器上设置信标。但是，光学测量受天气条件的影响甚大，使测量距离和整个测量结果受到很大限制。特别在云雾天气，光学外弹道测量简直无法进行。可见，尽管光学外弹道测量历史悠久，方法成熟，但不能包揽整个飞行测量。

无线电测量就有可能做到极远距离以及不分昼夜和全天候地进行观测和通信联络。

因此，飞行测量既要采用光学手段，还要运用无线电测量手段，使它们互相补充完成任务。特别是在外弹道测量中，无线电测量的发展显得更加重要。

对运载火箭、航天器进行跟踪并测量其运行轨迹的无线电设备称为航天无线电跟踪测量设备，也称雷达跟踪测量设备，主要有脉冲雷达和连续波雷达两大类型。采用射频脉冲信号工作的无线电跟踪测量设备称为脉冲测量雷达。它的主要优点是测距简单，能进行多目标跟踪、目标特性测量和反射式及应答式跟踪测量。所采用的角跟踪技术有圆锥扫描跟踪、单脉冲跟踪和相控阵脉冲跟踪等。可以单站、单站链式接力和多站同时交会联测工作。利用发射的连续波射频信号进行目标测量的无线电跟踪测量设备称为连续波跟踪测量雷达，其特点是易于实现测速和载波信道的综合利用，测量精度较高。

随着电子技术和信号处理技术的发展，相控阵测量雷达、目标特性测量雷达也逐渐应用到火箭、航天器的测量中。各种新技术、新体制广泛应用于航天测控，是航天发射场测控系统发展的必然趋势。

4.3.1　系统组成及基本工作过程

无线电跟踪测量系统一般由运载火箭、航天器上设备和地面设备两大部分构成。运载火箭、航天器上有应答机或信标机，以及相应的天线馈线；地面设备主要有发射机、天线馈线、接收机、测速终端、测距机、角度伺服系统、监控显示器、计算机、频率综合器等，其系统原理如图 4-5 所示。

无线电跟踪测量系统的基本工作过程包括调制发射、接收解调、信息处理三大环节。测距信号诸如伪随机码、正弦波侧音、低重频脉冲信号等调制到高频振荡信号上，转变成电磁波经天线发射出去。航天无线电跟踪测量系统采用 3 种调制方式；脉冲雷达采用低频脉冲对载波进行幅度调制，使载波的幅度按低频脉冲重复变化；微波统一系统中采用调频体制或调频调相体制；大部分连续波雷达则采用调相体制。

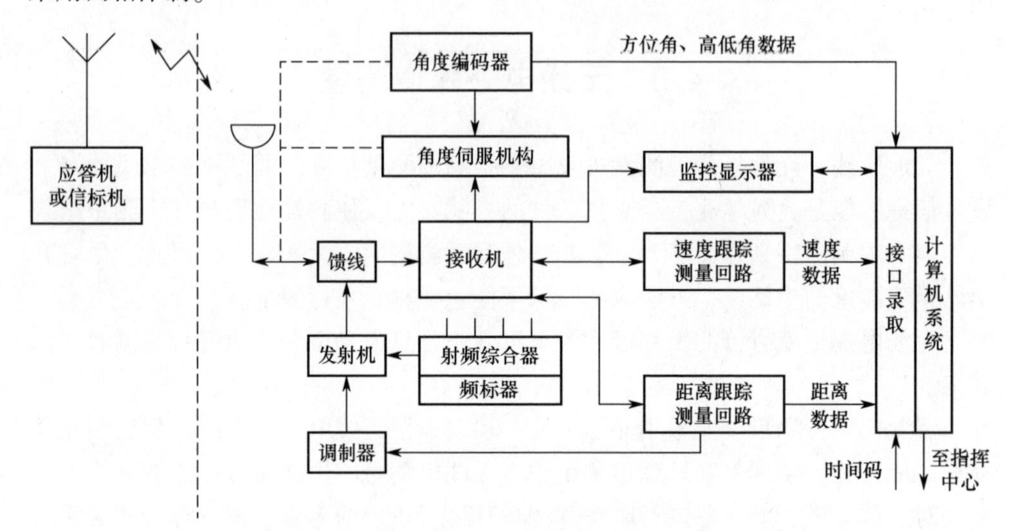

图 4-5　无线电跟踪测量系统原理图

发向空间的无线电波被运载火箭、航天器上的应答机接收并转发，或被目标自接反射返回地面，也可由飞行器上的信标机直接发送无线电信号到地面。无线电信号的接收过程正好和发射过程相反。接收天线将收到的信号送入接收机，经检测、变换、放大，把原始的测距信号、多普勒频率、角度误差等解调出来，再把解调出来的角误差信号以及角度编码器测得的目标方位角、俯仰角数据送到角度伺服回路，在角度上对目标跟踪；把带有多普勒频移的信号送往速度跟踪测量回路，跟踪并提取接收载波信号的多普勒频移，测量目标的径向速度；把解调出来的距离信号送到距离跟踪测量回路，跟踪目标的回波信号，并测出接收信号相对于发射信号的时间延迟或相位差，以获得目标的距离。所有上述测量数据，经过接口录取，送到计算机进行数据处理，记录显示所测参数，同时把测量结果送往指挥控制中心。

4.3.2　角度跟踪与测量

航天器对地面的观察者来说，除地球静止轨道（GEO）上的航天器外，绝大多数航天器与地球都存在着相对运动，而测角、测速、测距三者是测定航天器运动轨道的主要元素，三者合起来，统称为跟踪。其中，借助于测角数据令测量站天线波束随时指向运动着的航天器，称为角跟踪。角跟踪是建立地空链路，进行上下行信息传输的先决条件。

现代采用的测量站对航天器测角和角跟踪的方法可分成2种，即单站单脉冲测角和基线干涉仪测角。

4.3.2.1　单脉冲测角原理

测角目的是不断测量测站接收天线波束电抽指向和航天器发来平面波电矢量间的指向差，将此角误差送入伺服系统，利用负反馈伺服系统使接收天线波束朝向不断减少角误差乃至消除误差的方向运动，从而使天线主波束始终对准运动着的航天器。同时提供指向角，即方位角和俯仰角数据。方位角和俯仰角数据也是用于指示运动目标轨道坐标的2个主要元素。

比幅单脉冲天线副反射面对收到的平面电磁波经二次反射后在聚焦平面上形成 sinX/X 形状的斑点，在聚焦平面上放置有 A、B、C、D 四个喇叭馈源，如果收到电磁波的取向和天线电轴方向一致时，则4个喇叭收到的电磁能量相等。令 A_e、B_e、C_e、D_e 代表4个喇叭收到的电磁能量，当 $A_e = B_e = C_e = D_e$ 时，方位差通道信号 $\Delta A = (A_e + B_e) - (C_e + D_e) = 0$，俯仰差通道信号 $\Delta E = (A_e + C_e) - (B_e + D_e) = 0$，即方位差通道信号 ΔA 和俯仰差通道信号 ΔE 都为0，天线方位角和俯仰角保持不变，天线波束指向也不变。如果电磁波来波取向偏离地面接收天线波束电轴时，聚焦平面上斑点 $\sin X/X$ 将产生上下或左右的偏离，则4个喇叭中激励起来的信号强度不相等，经过和、差网络和跟踪接收机处理出来的 ΔA、ΔE 也不为0，将此误差信号 ΔA、ΔE 分别送给伺服分系统的方位角支路和俯仰角支路，经功率放大后，用伺服电机驱动天线方位轴和俯仰轴，使之向减小误差的方向旋转；同时，方位轴、俯仰轴上的方位及俯仰码盘可给出方位角、俯仰角的瞬时值。

比相单脉冲测角原理与比幅单脉冲测角原理基本相同，只不过是利用4个喇叭中信号经过和、差网络后得到相位差 ΔA、ΔE，相位检波后作为驱动天线进行跟踪的信号源。

4.3.2.2　干涉仪测角原理

用单脉冲比较收到的信号幅度来测角，测角精度有限，最多只能达到0.001°(3.6″)，若观测目标的视夹角小于天线-3dB 波束宽时，单脉冲方式测角用作目标的自动角跟踪尚属可行。若用作目标的定位元素，则不能满足要求。因而对于远距离目标测量和测角精度高于0.001°的场合，都采用长基线干涉仪或甚长基线干涉仪（VLBI）以比较相位来测角，提供测角数据。干涉仪测角能提高测角精度，是因为它依靠测距来换算出目标角度，而测距更容易达到高的精度，且测距误差和被测量距离的长短无关。干涉仪的基线越长，测角精度越高，因而可用增加基线长度的方法换取测角精度。

1）单基线于涉仪测角原理

单基线干涉仪的几何关系如图4-6所示，两个测站 A、B 和空间目标 T 组成一个三角形，设 A、B 之间的距离 d 为基线长，AB 中点为 O，在 O 点设置相位差计。a、b 各为端站（A、B）到目标 T 的距离，R 为中点基线到目标的距离，由任意三角形可得

$$\begin{cases} a^2 = \left(\dfrac{d}{2}\right)^2 + R^2 - dR\cos\theta \\ b^2 = \left(\dfrac{d}{2}\right)^2 + R^2 - dR\cos\theta \\ b - a = \dfrac{2r}{b + a}dR\cos\theta \end{cases} \tag{4-4}$$

式中：$b - a$ 为距离差。

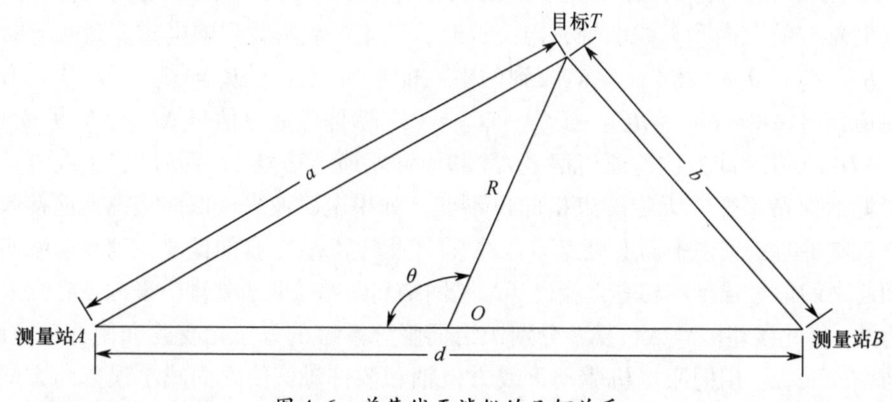

图 4-6　单基线干涉仪的几何关系

当目标与测站的距离很远时，有

$$a + b \approx 2Rb - a = d\cos\theta \tag{4-5}$$

2）两条正交基线测角

在单基线测角原理的基础上，如果按南北方向再布设另一条相同的正交基线 CD，也测出另一个角度 a，相当于俯仰角 E，并得出另一个以 O 为锥点的圆锥面，2 个圆锥面相交出一条目标位置线，即可取代单脉冲测角的位置线。如果在 O 点再布设一台有收、发功能的测距机，测出距离后即可定出目标位置。

3）干涉仪测角的优缺点

干涉仪测角虽然能得到较高的测角精度，而且只需接收，不用发送，操作简便，但也有一定的局限性。首先系统复杂，它是一种多站制测量设备，至少需要 3~4 套天线和接收设备，才能实现角度测量。其次，采用这种测角方法时，需精确测知基线长度。再次，基线过长时，如采用甚长基线干涉仪，基线长可由数千米到上万千米，因信号传输的困难，测角数据实时性差。另外，如果端站位置分布在地球的不同板块上，板块有漂移，会给准确定位带来困难。但从测角精度考

虑，甚长基线干涉仪测角可以获得很高的精度，如美国的NASA用深空站组成甚长基线干涉仪，测角精度可达20nr（纳弧度），相当于$4.12\times10^{-3}''$。天文上用射电望远镜组成甚长基线干涉仪，测角精度已超过$1\times10^{-3}''$。这是干涉仪测角的最大优点。

4.3.3　速度测量

运载火箭和航天器是运动目标，获取它们的速度十分重要。主动段时，运载火箭把航天器推入预定轨道的速度如果低于轨道高度所要求的第一宇宙速度，则不能进入预定的圆轨道；速度过大，又会进入椭圆轨道。另外，速度是一个矢量，除速度的幅值大小外，方向也很重要，方向决定着航天器入轨后相对于赤道的倾角。因速度是一个两维或三维矢量，一个测速站只能得出其径向分量，而得不出航天器自身的高精度运动速度矢量，必须有2~3个测速站联合起来同时进行观测才能得出航天器的高精度运动速度矢量。

测量运载火箭和航天器的径向运动速度，一般可采用2种方法。第一种方法是先测出距离，再对距离进行时间微分，得出速度。早期反射式雷达即用这种方法得出速度，因测距数据是不连续的，微分后的测速精度较差，而且得出的速度是不连续的。第二种方法是测量航天器与测量站相对运动的径向速度所引起载波上的多普勒频移f_d，再由多普勒频移f_d换算出速度。现在常用的多普勒频移测量方法可分为3种，即单程多普勒频移测速、双程多普勒频移测速和GPS测速。

用多普勒频移测速得到的数据在所有的轨道/轨迹测量参数中是精度较高的，可达毫米每秒的数量级。

4.3.3.1　单程多普勒频移测速

单程多普勒频移测速是指运载火箭或航天器上装有高频率准确度和高频率稳定度的信标机，测量站不用发出上行信号，只负责接收运载火箭或航天器发来的信标机频率，因而只需下行信号即可测出f_d，故称之为单程。箭（器）载信标机频率是事先已知且恒定的，设为f_T，当运载火箭或航天器和测量站存在相对运动时，测量站收到的实际信标频率为f_R，两者之差即为多普勒频移f_d，由f_d再换算出目标径向速度v_r，即

$$f_R=\frac{1}{2\pi}\cdot\frac{d\varphi_R}{dt}=\frac{d\left[2\pi fT\left(t-\frac{R}{c}\right)\right]}{2\pi dt}=f_T\left(1-\frac{v_r}{c}\right) \tag{4-6}$$

$$v_r=-\frac{c\cdot f_d}{f_T}=-\lambda_0\cdot f_d$$

式中：φ_R为信号相位；R为目标与测量站距离；c为光速；λ_0为信标机波长。

当航天器趋近测量站时，多普勒频移 f_d 为正，径向速度 v_r 为负；当航天器远离测量站时，f_d 为负，v_r 为正。

用单程多普勒频移测量径向速度的优点是设备相对简单，不需要上行信号即能工作，但对星上信标机的频率稳定度和准确度要求较高。要提高频率稳定度，只有在空间目标上对频率源设置恒温控制，但潜力受限。用原子频标做频率源，其体积、质量、功耗相对较大，使得应用受到限制。如果使用 GPS 授时方法则可获得很高的频率准确度和稳定性，这样单程多普勒频移测量则非常有潜力。

4.3.3.2 双程相干多普勒频移测速

双程相干多普勒频移测速和单程非相干多普勒频移测速相比较，它的优点是参考频率源放在地面，因而可采用频率稳定度和准确度都很高的原子钟和更好的恒温措施来降低参考频率的不稳定度。航天器上的相参应答机锁定地面发射频率后向地面转发实现上、下频率相干。另外，发上行频率时引入一次多普勒频移，应答机相干转发地面时又引入一次多普勒频移，因此，地面接收时，可取得 2 倍的多普勒频率，这将更有助于提高测速精度。

设 f_c 为地面发出的上行载波频率，N 为相干转发比，测出双程多普勒频率 f_d 后即可根据下式算出相对运动的目标径向速度 v_r：

$$v_r = -\frac{c \cdot f_d}{2Nf_C} = -\frac{\lambda_0}{2N} \cdot f_d \tag{4-7}$$

4.3.4 距离跟踪与测量

测距是指雷达测站至航天器之间的径向距离。常用的测距方法有 3 种：一是侧音测距，二是伪随机码序列测距，三是脉冲测距。这 3 种方法的测距原理都是测量站发出带有特殊标记的测距信号，航天器收到测距信号后转发，测量站接收航天器转发测距信号，测量 2 个信号之间的时间差，得到航天器距离值。其特点是测距误差都和被测量距离的长短无关，测距系统的精度可用单个测距值的精度来表示。

4.3.4.1 侧音测距

连续波系统广泛采用侧音测距法。侧音测距要求地面站具备一组纯音信号，依次对上行载波调相。因调制后的纯音形成上、下边带，分布在残余载波的两边，故这组测距采用的纯音称为测距侧音，简称为侧音或测距音。测距时，航天器上应具备一台相位相参有源应答机，用于将上行侧音转发回测量站，测量站经调相解调恢复出侧音后，通过比较上行侧音和恢复出来的侧音之间的相位差，即可得出距离信息。

为了提高测距精度，侧音频率要高，但随之而来的问题是测距出现模糊，需

要配上频率低的侧音才能解模糊，于是成为多侧音测距系统最高侧音满足测距精度要求，最低侧音保证最大无模糊距离，中间的侧音起测距匹配作用。

4.3.4.2　伪随机码测距

侧音测距虽具有测距精度高、捕获时间短和设备简单的优点，但主要缺点是需要多次解模糊，导致解模糊复杂、锁定时间较长，而且若判模糊的次侧音低于8Hz时，在器件上很难实现，而次侧音又决定着测量距离的远近，因而对地球静止轨道距离以内的航天器多采用侧音测距。比地球静止轨道更远距离的测距，如深空测距，则多采用伪随机码测距。

采用伪随机码测距容易获得长的周期，可以避免多次解距离模糊的复杂问题，保密性和抗干扰性都得以增强，并且调制载波后还可以和多种信号同时占用一个射频带宽。

伪随机二进制编码序列的自相关函数具有很好的单峰特性，便于产生和复制，因而应用广泛。伪随机码测距可分为单码测距、复合码测距和音码混合测距3种。单码测距现在已很少采用，因被测距离增加时码长M也要增加，导致捕获时间太长。目前伪随机码测距常采用后2种。复合码测距是用一定的逻辑组合方法将几个短单码组合成长的M序列，每个单码称为子码。音码混合测距则是综合了侧音测距和伪随机码测距的优点，而避开它们的缺点，用侧音来保证测距的精度，用伪随机码来避免解距离模糊问题。

侧音测距的优点是捕获时间短、测量精度高、操作维护简单；而缺点是抗干扰能力差、解模糊过程复杂、次侧音太低时难以实现、不能测量太远的距离。PN码测距的优缺点正好和侧音测距相反，两者相结合能取得高精度测距和解模糊容易实现的效果。

4.3.4.3　脉冲法测距

在脉冲雷达中，回波信号是滞后于发射脉冲t_R的回波脉冲。这是由于发射脉冲经雷达天线辐射到空间，电磁波经空间传播遇到目标后被反射回来，再次经空间传播返回到天线接收，测出电波信号的双程传播时间t_R，即可得到雷达至目标间的距离。

目前在用的脉冲雷达都采用数字式测距机进行距离自动跟踪测量。数字式测距机的核心是距离自动跟踪回路。距离自动跟踪回路采用二阶无静差系统，它由距离比较器（又称时间鉴别器）、波门产生器、距离计数器、α和β滤波器等组成。距离计数器在雷达发射高频脉冲的同时开始对计数脉冲计数，一直到回波脉冲到来后停止计数。只要记录了在此期间计数脉冲的数目n，根据计数脉冲的重复周期N，就可以计算回波脉冲相对于发射脉冲的延迟时间$t_R(t_R=nT)$。距离比较器鉴别出回波信号与跟踪波门之间的延迟时间Δt。跟踪波门产生器产生雷达工作所需的主波门和前后波门，而距离脉冲产生器对距离比较器输出的距离误差进行加工，用它的输出控制跟踪波门移动。此时距离比较器输出的误差数码正比于目标加速度，此误差一路经 β 滤波器对速度寄存器中的目标速度数码进行校正，另一路经 α 滤波器对距离寄存器中的目标距离数码进行校正，同时距离寄存器还接收速度寄存器送来的数码。α 和 β 滤波器实际上对误差数码做倍频相乘，其作用是分别改变距离和速度回路的增益，使系统闭环带宽和速度响应满足要求，以实现二阶误差系统的距离闭环跟踪和测量。

4.3.5 目标特性测量

美国最早进行雷达目标特性测量和目标识别技术的研究，我国也逐步开展雷达目标特性测量设备研制及其在导弹武器试验和航天发射中的应用。雷达目标特性测量的一个重要目标就是实现基于目标特性测量数据的目标正确识别。

雷达目标识别需要从目标的雷达回波中提取目标的有关信息和稳定特征并判明其属性，它根据目标的电磁散射鉴别目标，利用目标在雷达远区所产生的散射场特征，获取用于目标识别的信息，回波信号的幅度、相位、频率和极化等都可以被利用。从回波中获取的测量信息越多，则对目标识别越有利。随着目标特性雷达测量技术、特征信息提取技术、目标识别分析计算技术的不断发展和有效融合，产生了多种目标识别方法，并不断涌现新的研究成果。雷达目标识别技术主要包括以下几个方面：

（1）基于目标轨迹测量信息的目标识别。不同目标的运动特性不同，利用目标轨迹测量数据，分析其运动特性，往往可以获得很高的目标正确识别率。

（2）基于雷达散射截面（Radar Cross Section，RCS）起伏特征的目标识别。复杂目标的雷达接收回波是多个散射中心相互作用的信号合成目标的雷达散射有效截面将随着目标对雷达的相对姿态的不同而变化，因此目标回波幅度随时间变化出现强弱起伏，起伏特性与目标形状、尺寸、表面材料有密切关系。提取目标雷达散射有效截面特征信息可以实现粗略的目标识别功能。

（3）基于目标回波起伏和调制谱特性的目标识别。目标快速运动、旋转等运动特性都影响到雷达回波波形，如旋转目标、直升机螺旋桨等对雷达电磁波的调制具有明显的特征，可以充分利用目标对电磁波的调制特征实现对目标的识别。

（4）基于极点分布的目标识别。目标的自然谐振频率又称为目标极点，“极点”和“散射中心”分别是在谐振区和光学区建立起来的基本概念。目标极点分布只决定于目标形状和固有特性，与雷达的观测方向和雷达极化方式无关，因而基于极点分布的目标识别方法得到成功应用。

（5）基于高分辨率雷达成像的目标识别。利用高分辨率雷达对目标进行一维或二维距离成像，或采用逆合成孔径雷达（ISAR）对目标进行二维雷达像，可获取目标的形状结构信息。对于基于二维雷达图像的目标识别，可以利用图像识别技术进行，这是目标识别领域中最为直观的识别方法。

（6）基于极化特征的目标识别。极化是描述电磁波的重要参量之一，它描述了电磁波的矢量特征。极化特征与目标形状有着十分紧密的联系，任何目标对照射的电磁波都有特定的极化变换作用，其变换关系由目标的形状、尺寸、结构和空间位置所决定。测量出不同目标对各种极化波的变极化响应能够形成一个稳定的特征空间，就可以利用测得的极化特征进行目标识别。研究表明，基于极化特征的目标识别有多种途径，如根据极化散射矩阵识别目标、利用目标形状的极化重构识别目标、利用瞬态极化响应识别目标、与极化成像技术相结合的目标识别方法等。

上述主要阐述了目标识别所利用的特征测量结果，要完成目标识别，还需要解决特征信息的提取、特征维数的确定。目标特征分类技术（模式识别技术）等模式识别技术的发展为雷达目标识别的研究提供了有利的条件，统计模式识别方法、模糊模式识别方法、基于模型和基于知识的模式识别方法以及神经网络模式识别方法等在雷达目标识别中均有成功应用。

高分辨、极化雷达与智能信号处理和自动分类技术相结合将为雷达目标识别提供一条很好的途径。随着雷达技术、信号处理技术和目标识别算法的不断发展，雷达目标识别技术必将在航天器探测与识别领域取得较大发展。

目前对航天器探测与识别中有窄带和宽带目标特性测量雷达，而相对带宽大于 25%的超宽带（UWB）雷达作为新的探测技术，已引起国内外专家的广泛重视，利用其超带宽特性和高分辨率特性，可获得复杂目标的精细回波响应。

4.4　遥测跟踪测量

4.4.1　遥测系统作用

遥测技术是一种现代信息技术，它包括信息采集、传送与处理三大环节。作为信息技术三大支柱的传感技术、通信技术及计算机技术也就成为遥测技术的基础。遥测系统是一种工程应用型的信息系统。信息系统工程理论与实践的进展直接推动着遥测技术的进步。导弹、航天器遥测系统的作用主要有以下几点。

1）获得测量数据为飞行器设计评定提供依据

设计包括飞行器的总体设计、控制、动力、能源、结构等分系统，以及诸如箭（弹）上控制计算机、惯性器件、发动机、无线电设备等关键部件的设计。遥测数据包括实时及事后两种数据，重要的涉及飞行成败的数据必须立即处理出来，供设计师们和分析工程师们参考。为遥测控调姿提供原始参考数据。大量数据在试验后，经分析、处理后进行结果分析。特别是在载人飞行时，可监视航天员的生理参数、生活环境参数等。

2）为故障分析提供数据

飞行器的试验不可避免地有某些故障，特别是飞行试验初期，对故障必须迅速查清其部位及起因，以便采取补偿措施。为完成这一任务，必须依靠遥测系统提供数据。

3）为战斗弹提供落点信息，回答弹头是否命中了目标

对于实战，需要知道弹头是否命中目标，以决定下一步的作战方针。战斗弹上一般无外测系统，通过遥测系统对制导系统输出进行遥测，在地面实时计算弹头的落点，为作战指挥提供信息。

4）测定飞行器环境参数

在导弹发射到最后落地的整个过程中，弹上各部件、仪器经受复杂多变的环境，例如振动、冲击、加速度、高温、低温、真空、辐射、热流等。遥测系统测定这些参数来验证弹上部件、仪器对环境的适应能力，并检查各种防护措施的有效性。

5）为飞行器系统的遥控提供反馈信息

在飞行器飞行中，为了调整飞行状态（或自毁），均需要遥控系统发出控制命令。遥控系统是反馈控制系统，它必须按飞行器现行状态及变化趋势，再根据指挥者的意图，确定遥控命令。提供有关飞行器现状及变化趋势的信息要靠遥测系统。

4.4.2 系统组成和工作原理

遥测是将一定距离外被测对象的参数，经过感受、采集，通过传输媒介送到接收地点并进行解调、记录、处理的测量过程。在航天发射任务中，遥测系统获取运载火箭、航天器内部各系统的工作状态参数和环境参数，为评定运载火箭、航天器的性能和进行故障分析提供依据。航天器上仪器的测控数据、航天员的生理信息等也通过遥测链路下传。

运载火箭、航天器遥测系统是以现代信息技术为基础的应用系统，其功能为信息采集、传输与处理，组成包括箭（器）载发端遥测系统和地面接收遥测系统。

在发送端，待测参数（如温度、压力、加速度等物理量）通过传感器（如

热电偶、电阻温度计、电桥和电位计等）转换成电信号（对于本身是电信号的参数，不需要再转换），再通过信号调节器变换成适合采集的规范化信号，如电压或电流多路复用装置将多路规范化遥测信号按一定体制集合在一起。形成适合于单一信道传送的群信号，再调制到发射机的载波，经功率放大后通过天线发向接收端。无线电遥测系统发射机原理如图 4-7 所示。

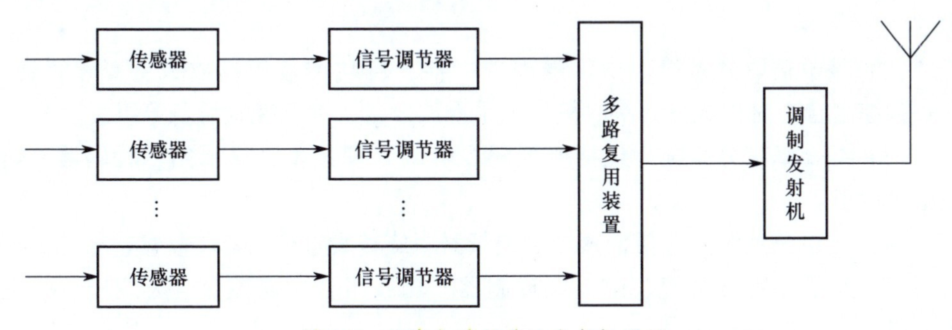

图 4-7　无线电遥测系统发射机原理

在接收端，天线收到信号后送到接收机，进行载波解调，再经过多路复用解调器恢复出各路遥测信号，送到数据处理分系统进行数据处理。按要求选出部分参数加以显示，并对接收和解调后的检前、检后全部遥测信号进行记录，以便事后处理。无线电遥测系统接收机原理如图 4-8 所示。

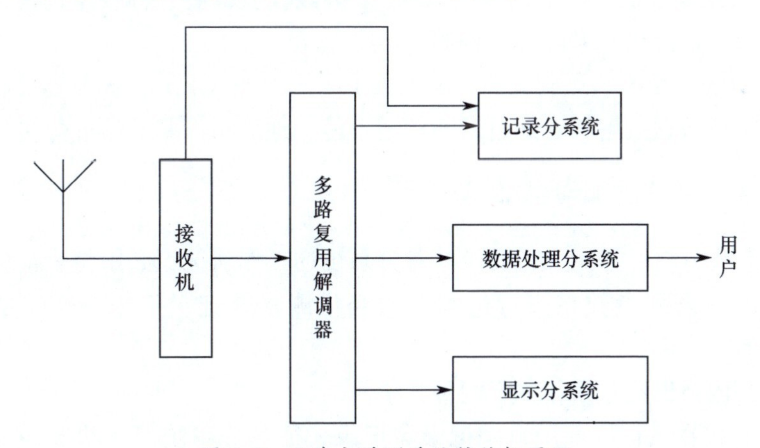

图 4-8　无线电遥测系统接收机原理

随着电子技术的飞速发展，自动化水平的提高，为降低成本，节省开支，提高效率，国内外都将航天测控站设计成综合利用的测控站，形成一站多用、一机多用。如统一测控系统将遥测、遥控与测轨等功能集合在一起，大口径脉冲雷达利用天伺馈资源，增加 S 频段遥测功能。

地面遥测站按任务划分为遥测检测站及遥测测量站；按性能划分为宽波束等

待遥测站、程控跟踪遥测站、自动跟踪遥测站；按站型划分为遥测活动站（可搬移的遥测站、车载站、船载站、飞机站）、遥测固定站。典型的S频段车载遥测全态站由电子车、拖车和天线半挂车组成，具有接收解调调频、调相和扩频信号功能。地面遥测站主要分系统包括：

（1）天馈分系统。包括可拆装式抛物面、照射器及馈源、引导天线阵及馈源等。

（2）接收信道分系统。由低噪声放大器、自动增益控制放大、变频组合、中频频综组合、对称式分集接收机、记录重放设备、上下变频设备等组成。

（3）综合基带分系统。包括遥测同步解调处理设备、显示站、时码器、热敏记录设备等。

（4）记录分系统。包括倍密度磁记录器、旋转头磁记录器、硬盘记录等。

（5）伺服跟踪分系统。由天线控制器、功放组合、操控台、天线座、电机扩大机、电控箱等组成。

（6）跟踪（标校）电视分系统。包括摄像机、变焦镜头、TV跟踪器（控制器）、监视器、录像机等。

（7）中心管理分系统。包括中心管理机、显示器、打印机、数传专用网络等。

（8）校验分系统。包括视频模拟源、S频段校验设备、标校望远镜、标校电视、标校板、信标机、升降标校杆等。

（9）GPS分系统。运载火箭、航天器上采用GPS/GLONASS兼容接收机，完成时间和定位数据的解算，通过遥测信道下传、地面布设基准站进行差分修正。

4.4.3 内弹道测量基本方法

为了充分分析、评定飞行器及其各分系统的工作状况，必须将表征各分系统工作状况的一系列参数在飞行过程中的变化测量并记录下来。这就是内弹道测量。

通常，内弹道测量采用如下两种方法。

（1）直接在飞行器上用自动记录器记录表征各分系统工作状况一系列参数的测量结果。例如飞机上的“黑匣子”。

此种方法在应用上受到一些限制。这是因为：

① 飞行器必须回收，而回收是一个比较困难的问题，往往不太容易获得成功，特别是在下降速度过大、回收阻力器工作不正常时，就会把记录数据毁坏。

② 自动记录器体积大、质量大。

③ 自动记录器在大过载工作条件下，容易出现工作异常。有的仪器能承受

的最大过载不超过 20g，而飞行器的加速度往往超过这个数值。

④ 数据不及时，既不能满足发射场安全勤务的需要，也延长了试验工作时间。

此外，飞行器飞行试验一旦发生故障坠毁或炸毁，记录的数据也就一起炸毁而得不到结果。

（2）无线电遥测。

遥测是对相隔一定距离对象的参量进行检测并把测得结果传送到接收地点的技术，完成遥测任务的整套设备称为遥测系统。导弹、航天器遥测使用的传送载体是无线电波，所以也称为无线电遥测。通过遥测可实时监视飞行器及其内部主要设备的工作状态和性能，并在载人航天时及时了解航天员的生理状况等。通过遥测数据的分析可以对试验结果进行分析，从而为改进设计提供依据，缩短研制周期。该方法的基本优点是：测量参数多；一旦发生故障，飞行器毁坏而参数已经获得，不受影响；能在地面上直接观测到测量参数在飞行中的变化情况，易于获得数据。因而它是飞行器飞行试验获取性能参数的一种不可缺少的方法。

下面以过载的测量为例，说明飞行器内弹道参数测量的基本原理。

按照动力学的基本定律，在运动的每一瞬间，惯性力、引力和作用在飞行器上的外力平衡，即

$$-m\boldsymbol{W}_{A}+\boldsymbol{F}+m\boldsymbol{W}_{G}=0 \tag{4-8}$$

式中：$\boldsymbol{F}$ 为除去引力和惯性力后所有作用在飞行器上的力的和；$\boldsymbol{W}_G$ 为引力加速度；$\boldsymbol{W}_A$ 为惯性加速度。

我们把向量 $m\boldsymbol{W}_G$ 和 $-m\boldsymbol{W}_A$ 之和除以飞行器的质量 mg_M 后所得出的向量，称为过载向量，并用 $\boldsymbol{n}$ 来表示：

$$\boldsymbol{n}=\frac{\boldsymbol{W}_G-\boldsymbol{W}_A}{g_M}=\frac{\boldsymbol{W}_G}{g_M}-\frac{\boldsymbol{W}_A}{g_M} \tag{4-9}$$

由式（4-9）可得

$$\boldsymbol{n}=\frac{-\boldsymbol{F}}{mg_M} \tag{4-10}$$

由此说明，过载向量 $\boldsymbol{n}$ 的方向与所有作用力在飞行器上的外力的合力的向量方向相反，而 $\boldsymbol{n}$ 的数值则表明这个合力向量是飞行器质量的几倍。同时也说明，过载能直接确定出作用于飞行器上的力。所以我们在研究飞行器飞行和有关分析飞行器的强度问题时，需要知道过载。因而将其列为飞行试验的遥测参数。

惯性加速度等于相对加速度、牵连加速度和科氏加速度之和：

$$\boldsymbol{W}_A=\boldsymbol{W}+\boldsymbol{W}_e+\boldsymbol{W}_K \tag{4-11}$$

且重力加速度 $g=\boldsymbol{W}_G-\boldsymbol{W}_e$，于是式（4-10）变为

$$\boldsymbol{n}=\frac{\boldsymbol{g}-\boldsymbol{W}-\boldsymbol{W}_{\mathrm{K}}}{g_{\mathrm{M}}} \tag{4-12}$$

由于科氏加速度 $\boldsymbol{W}_{\mathrm{K}}$ 的数值通常小于过载的测量误差，所以在过载表示式中可将其忽略，则

$$\boldsymbol{n}=\frac{\boldsymbol{g}-\boldsymbol{W}}{g_{\mathrm{M}}} \tag{4-13}$$

过载向量在任意方向 $\boldsymbol{S}$ 上的分向量（投影）：

$$n_{\mathrm{S}}=\frac{g_{\mathrm{S}}}{g_{\mathrm{M}}}-\frac{W_{\mathrm{S}}}{g_{\mathrm{M}}} \tag{4-14}$$

式中：g_{S} 为重力加速度向量在 $\boldsymbol{S}$ 方向上的投影；W_{S} 为相对加速度向量在 $\boldsymbol{S}$ 方向上的投影。

过载向量的投影可以用过载传感器来测量。图 4-9 表示最简单的过载传感器原理图。质量为 m 的重物可以沿平行于 S 方向的导板移动，这个重物的移动受到弹簧的阻碍，在重物上作用的沿着方向 S 的力包括：质量 mg_{S}、弹簧的弹力 N 和惯性力 $-mW_{\mathrm{S}}$，由图 4-9 可得平衡方程：

$$N=mg_{\mathrm{S}}-mW_{\mathrm{S}} \tag{4-15}$$

由此得

$$\frac{N}{mg_{\mathrm{M}}}=\frac{g_{\mathrm{S}}}{g_{\mathrm{M}}}-\frac{W_{\mathrm{S}}}{g_{\mathrm{M}}}=n_{\mathrm{S}} \tag{4-16}$$

因此对力 N 的测量就是沿既定方向 S 上的过载值。因为 N 与重物的位移是单值对应关系，所以重物的位移就单值地测量既定方向上的过载值。重物的位移可通过电位计转换成电量，由遥测系统传输到地面接收站，并摄影记录在胶卷上，这样就可获得过载测量值。

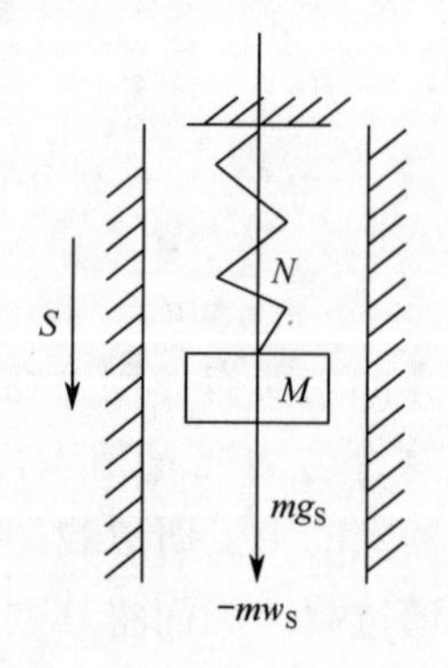

图 4-9　过载传感器原理图

4.5　地面逃逸与安全控制

试验安全是航天发射试验下程的根本要求，一旦出现各类故障，首先要保证航天员的生命安全（对于载人航天飞行任务），同时要确保对地面设施的破坏及危害降到最低程度。在航天发射试验工程中，测控通信系统需要在故障情况下完成航天员的逃逸救生及运载火箭的地面安全控制。

4.5.1　地面逃逸系统

航天员安全逃逸任务由火箭与飞船上的故障检测、逃逸、应急救生系统及上升段的地面逃逸控制系统共同完成。这里的地面逃逸系统和待发段逃逸系统有别，是指航天员搭乘运载火箭从火箭起飞触点接通至船箭分离的动力飞行段，由测控通信系统实时收集运载火箭的各类遥外测飞行参数及飞行实况图像，按照事前制定的各类判决准则实时判断运载火箭飞行情况，当出现危及航天员安全的各类故障模式后，由逃逸指挥员在逃逸专家组的支持下判决确认故障并适时下达“逃逸”命令，逃逸控制台形成逃逸指令链，传到地面 S 频段统一系统遥控设备向航天器发送无线逃逸指令，完成航天员逃逸的整个系统。

4.5.1.1　地面逃逸系统组成

地面逃逸系统组成如图 4-10 所示。相对独立的地面逃逸系统由中心机实时处理与逃逸判决分系统、指挥显示分系统、逃逸控制台、遥控设备以及逃逸专家组等组成。逃逸判决分系统、逃逸控制台位于指挥控制中心，遥控设备根据上升段飞行轨迹布设于作用距离和覆盖范围满足要求的首区与航区测控站。

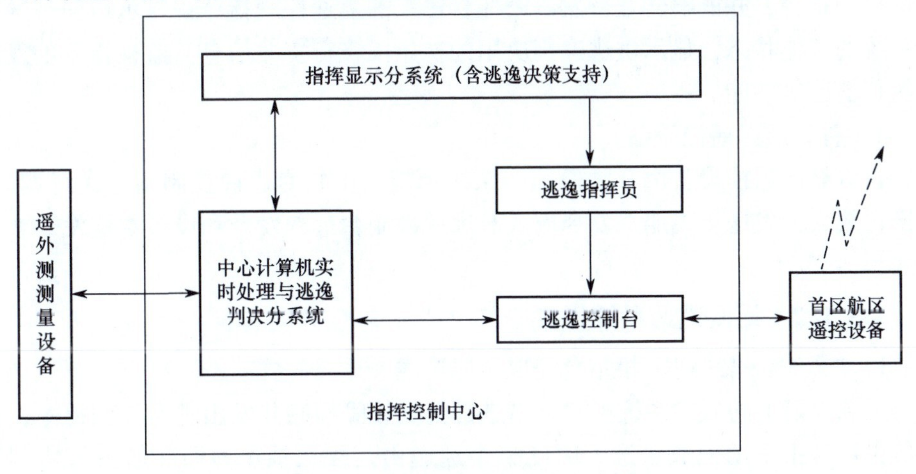

图 4-10　地面逃逸系统组成示意图

1）遥外测测量设备

遥外测测量设备由测控系统测量设备兼顾，共享所获取的遥外测测量信息，包括实况景象、火箭遥测图像、飞行轨迹测量信息、火箭遥测信息等。

2）逃逸判决分系统

逃逸判决分系统主要由互为双工热备份的处理机及逃逸决策指挥显示分系统构成，逃逸处理计算机通过指控中心网络接收实时信息处理系统对遥外测测量信息的加工结果，完成逃逸故障判决并将判决结果送指挥显示系统。由于故障模式较多，且不同故障情况下逃逸专家组和逃逸指挥员应采取不同措施，因此可基于指挥显示系统设计逃逸决策分系统。

逃逸判决分系统的核心是运行在逃逸处理计算机上的逃逸判决软件，该软件主要功能有：实时接收运载火箭飞行过程中的遥外测数据处理结果；按照火箭飞行时序，根据事前制定的地面故障模式及判别准则，对优选处理的火箭实时遥测、外测参数进行综合分析和判断；在火箭发生故障时，给出火箭故障模式并向中心指挥显示系统发送，作为地面系统逃逸决策的依据；必要时完成有关指令信息的转发；记录、显示和发送有关故障判决及逃逸时刻等各类信息。

3）逃逸控制台

为提高地面逃逸指挥的独立性，在指挥控制中心设置逃逸控制台作为专用的逃逸发令设备，便于逃逸控制的可靠实施。逃逸控制台由工作台加装计算机和实况电视改造而成，增加 B 码时统信号的接收，增加逃逸控制专用键盘，具备逃逸锁开关功能。

逃逸控制台具有能够人工产生逃逸告警信号，且支持对中心计算机启动产生的逃逸告警信号和待发段逃逸台送来的逃逸告警信号的转发功能；能够人工产生逃逸控制指令，并能够转发待发段逃逸台送来的逃逸控制指令；显示地面逃逸控制系统的工作状态，显示供逃逸判决用的初始段飞行实况信息，监视指令的发送和执行情况等功能。

4）首区航区遥控设备

首区航区遥控设备由 S 频段统一系统承担，由它对逃逸控制指令进行调制、变换、放大，发送至飞船。发令方式有逃逸控制台远程发令和设备本地发令 2 种方式。

4.5.1.2 地面逃逸系统特点

1）“人-船-箭-地”相结合完成飞船逃逸

运载火箭上的故检系统可对火箭进行自动故障检测并发出逃逸控制指令，航天员也可自主手动完成逃逸。因此整个逃逸由运载火箭、地面和航天员协调完成，其中箭上和地面各有一套独立的逃逸判决系统，地面由于受参数采集传输的

实时性、可靠性限制。主要完成慢速变化的缓变火箭参数的诊断与处理。对快速变化的速变参数，地面系统也进行处理，以便在箭上系统失效情况下，仍然能对飞船进行逃逸控制。

2）地面逃逸系统相对独立

地面逃逸系统和传统的测控系统之间保持相对独立性，地面逃逸系统综合利用测控系统的测量信息对运载火箭进行故障诊断，并综合利用 5 频段统一系统统一测控设备的遥控功能，但整个地面逃逸系统从网络连接、判决计算机软硬件部署、指令生成及发令控制等环节保持相对一独立性，使得逃逸判决充分利用传统的测控系统信息测量及处理功能，同时又不影响原有测控系统的测量能力。

3）多途径提高地面逃逸系统的可靠性

（1）双工双网体系架构。

相对独立的地面逃逸判决分系统采用了双工双网热备份的体系架构，提高了硬件工作的可靠性和信息获取、传输的可靠性。

（2）多路信息处理技术。

发射阶段通常采用多台遥测设备共同配合、分别测量一定飞行区域的方法来覆盖整个上升段测量空间，在不同的区域，分别有一台或多台设备锁定目标，因此要求中心实时遥测处理软件具备自动适应多个信源的能力，依靠设备状态、数据质量等条件来选择信源，保证在不同设备测量区域交界处的平滑切换，保持设备测量和数据处理的连续性。为提高处理可靠性，为指挥员指挥、决策提供可靠的信息依据，要求对所有路由的遥测原始数据进行处理，形成多重数据冗余，软件自动（结合人工干预）判别并推荐优先选用质量更好的处理结果。

（3）关键参数融合技术。

对几个关键节点的分离指令等关键参数采取融合处理。例如，与某特征点时刻相关的参数有 n 个：P_1，P_2，…，P_n，首先对这 n 个参数用单个指令参数的处理方法进行实时处理；然后，对这 n 个指令参数的实时处理结果进行信息融合。融合原则是：在若干秒（例如 3s）内如果 n 个参数中的 m 个参数跳变，就把最后到的第 m 个参数的结果作为该特征点时刻事件的结果值。例如，共有 20 个参数与“级间分离”事件相关。在 3s 内，如果这 20 个相关参数中有 10 个以上都发生跳变，就认为该时刻有“级间分离”事件发生。为了简单起见，可取第 10 个发生跳变的参数的结果值作为“级间分离”事件的值。

（4）指令发送的可靠性。

逃逸控制台设计了开关锁、按键防误按设计；指令传输采用 3 判 2 等手段确保传输的准确性；指令发送过程中，对遥控设备首航区全程覆盖布站；在指令传输中断情况下，可通过直通语音调度指挥 S 频段统一系统统一测控设备完成本控逃逸指令的发送。这一系列措施有力地保证了指令发送的可靠性。

4.5.1.3 逃逸控制指令链的形成及发送

1）逃逸控制指令分类

逃逸控制指令分类如表4-2所示。

表4-2 逃逸控制指令

指令代号及名称	指令解释
K0：逃逸告警指令	告警指令提醒地面逃逸发令通道上的各设备操作人员注意，此信号发出后可通过“取消告警”取消，任务重必须先发K0指令，K1~K3指令才能发送出去
K1，K2：逃逸指令	K1和K2是飞船逃逸控制指令，两者互为备份，指令编码与使用准则均相同，指令按键彼此独立，无制约关系，但均受制于K0指令；该指令发出后通常要自动复发若干次
K3：试验指令	用于检查指令传输通道是否工作正常；该指令随时可发，但在逃逸指令发出后，不允许再发该指令

2）逃逸指令链的产生

地面逃逸指令链产生过程包括2种情况：一是指挥控制中心逃逸控制台产生；二是逃逸控制台转发待发段逃逸指令。2种情况下产生的逃逸指令链类似。当“逃逸”按钮被按下后，由硬件产生一个中断（类似键盘中断码）并形成规定的扫描码，逃逸控制台软件接收到该扫描码就产生一条相应指令，该指令再按事前约定的格式加工成逃逸指令链。

3）逃逸指令链的发送

指挥控制中心生成逃逸指令链后，向首航区S频段统一系统设备连续发送3组该指令链，首航区S频段统一系统设备的远程监控计算机系统对收到的指令链进行3判2确认，正确后作为一个指令链送S频段统一系统遥控终端。遥控终端按指令链中设置的执行次数以一定时间间隔执行。

应急情况下，若发现通道不通，S频段统一系统遥控终端以本控方式应急发令。

4.5.2 地面逃逸模式与实施工作程序

4.5.2.1 逃逸故障模式

通常上升段启动逃逸的故障模式侧重考虑运载火箭各类故障情况下的逃逸，对飞船系统可不做考虑。以CZ-2F运载火箭为例，其上升段确定了11种逃逸故障模式，如表4-3所示。

表 4-3　上升段逃逸故障模式

模式序列	故障名称	故障模式含义
M1	起飞时助推器或一级发动机未启动	由于点火系统故障、启动活门故障或副系统故障导致的发动机没有点火或不能建立足够的推力
M2	着火	由于推进剂泄露在火箭舱段内导致燃烧的现象
M3	逃逸塔未分离	逃逸塔在允许的时间范围内未完成分离的情况，逃逸塔未分离则整流罩无法分离
M4	一、二级分离时二级主机未启动	若一、二级分离时二级主机未建立推力，则二级相对分离速度减小，发动机主机和游机喷管可能与级间壳体发生碰撞
M5	一、二级分离时二级游机未启动	4 台游机在级间分离后一段时间内均未建立推力，这种情况下二级将失稳
M6	飞行过程中推力下降或丧失	一、二级飞行段发动机推力下降或丧失，导致火箭飞偏或攻角增加，可能造成飞行速度不能满足入轨要求
M7	级间未分离	分离面未解锁或者其他因素导致级间未分离，会导致火箭失稳，最终导致爆炸
M8	整流罩未分离	后果是火箭不能入轨和船箭不能分离
M9	飞行过程中一个伺服机构卡死	由于伺服机构本身故障，伺服机构卡死在某一位置，或者由于控制系统问题伺服机构漂向满偏位置，会导致火箭失稳
M10	控制系统开环	由于电源故障或者控制系统某个中间环节无输出，造成火箭失稳
M11	船箭未分离	二级游机制导关机推迟和船箭未分离，都会影响入轨和航天员安全

4.5.2.2　地面逃逸工作程序

1）逃逸决策组人员组成

为保证逃逸决策的正确性，需要建立逃逸决策机构，逃逸决策组成员由测控系统和航天产品研制部门的有关专家共同组成，其中逃逸指挥员由发射场有关领导担任。每名专家分工负责相关参数的监视，为指挥员提供技术支持。

2）指挥显示画面配置

在指挥显示画面的配置上，要充分考虑逃逸指挥员和逃逸专家组方便观察和决策实施。通常要在发射指挥控制中心的某一特定区域，为指挥员配置逃逸指挥决策支持画面，为专家组配置各种故障模式判决结果及判决参数画面、遥外测弹道曲线画面、落点预示画面等，所有曲线画面配以故障上下限范围，方便逃逸专家观察。

3）逃逸的决策及实施

逃逸专家组成员在各自负责的参数、曲线及判决结果出现异常时迅速报告逃逸指挥员，逃逸指挥员结合计算机判决结果和专家组意见，并征求航天产品部门负责人的意见，当意见一致时立即决策实施逃逸，意见不一致时，以逃逸指挥员的意见为主实施逃逸。

下达逃逸指令后，逃逸指挥员应监视指令执行情况，确认飞船收到指令逃逸（或者箭上已经发生自动逃逸）后不再发送逃逸指令。飞船正常入轨后结束逃逸执勤任务。

发射场指挥控制中心应配置专用录音、录像设备，记录全部决策指挥过程。

4.5.3 地面安全控制系统

地面安全控制系统是测控系统的重要组成部分，又称地面安全遥控系统，简称安控。地面安控任务是测量与控制技术的高度结合。通过监视运载火箭飞行状态，以判断其轨迹是否满足射前设计的飞行方向、速度、入轨高度等。当火箭不按发射前设计值飞行，超出允许的范围，并可能威胁到地面保护目标安全时，则由地而安全遥控设备向运载火箭发送无线电安控指令，完成对故障火箭的安控。本部分内容和地面逃逸系统在流程、原理等方面有类似之处，在此主要对地面安控有特色的内容做简单介绍。

4.5.3.1 地面安控系统组成

地面安控系统组成与图 4-10 所示系统组成类似，由中心机实时处理与安控判决分系统、指挥显示分系统、安控台、地面安控设备以及安控专家组等组成。在载人航天发射任务中，安控专家组与逃逸专家组合并为逃逸安控专家组。

1）安控台

在指挥控制中心设置安控台作为专用的安控发令设备，与其他设备相对隔离。安控台的主体是一台计算机，加装在工作台上，增加 B 码时统信号的接收，和地而安全遥控设备互联，配有安控发令专用键盘，具备炸毁锁开关保护功能。

安控台主要功能是：能够人工产生安控告警和取消告警信号，且支持对中心计算机自动产生的安控告警信号的转发功能；能够人工产生安控解保指令；显示地面安控系统的工作状态；显示供安控判决用的初始段飞行实况信息；监视告警信号、解保、炸毁等指令的发送和执行情况；记录和事后打印收发指令及相应时间。

2）安控电视

安控电视包括前端摄像机和后端安控电视工作站。前端摄像机布设在发射点周围，通常在射向正前方和侧向各布设一台，用于拍摄火箭起飞过程中是否下坠或者反向、侧向飞行。安控电视工作站布设在发射场指挥控制中心，每台工作站对应一台前端摄像机，接收前端摄像机传来的图像信息。通过图像和指挥显示系统的集成，将实况图像和实时测量数据叠加到安控电视工作站的显示器上。

3）地面安全遥控设备

地面安全遥控设备由监控台、终端机、发射机（包括高功放、小信号和检测接收机）、天线伺馈和天线座等组成，关键部分采取 A/B 双机热备份，其组成框图如图 4-11 所示。

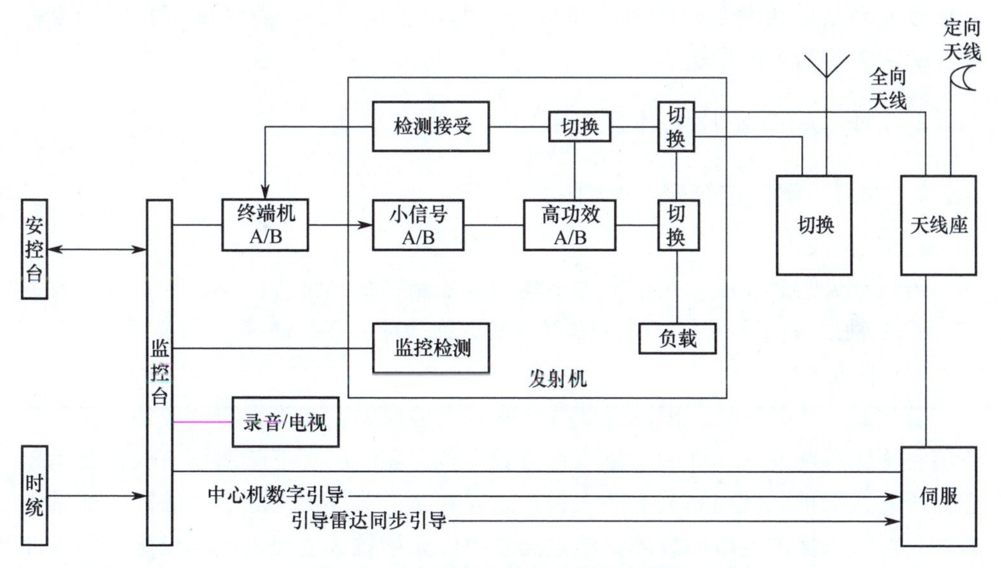

图 4-11　地面安全遥控设备组成框图

监控台接收到安控台安控指令代码后送终端机完成指令编码、副载波调制和载波调制，然后馈送给发射机，小信号进行上变频并进入高功放进行功率放大，经天线开关和馈线送至天线，向空间辐射。

4.5.3.2　地面安控系统工作流程

发射场指挥控制中心计算机系统实时汇集遥外测测量数据，经过实时信息加工和处理，同时按事前装订的安控管道和地面安控实施方案规定的故障类别及判决准则完成故障判决，指挥员结合判决结果和指显画面，在安控专家组的支持下完成综合判断。需要安控时由安控台经超短波遥控设备发出安控指令，箭载安控指令接收机收到指令并执行。

4.5.3.3　遥控指令的形成及发送

安控指挥员下达告警、解保、炸毁等安控指令后，操作人员按下安控台面板专用键盘，形成遥控指令通过专线发送到遥控设备的监控台，当监控台接收到告警信号后，除灯光、声响指示外，同时向发射机发送激励接通命令，使发射机激励接通，发射机输出大功率未调载波信号。当监控台接收到控制指令后，向终端机发送相应的命令。终端机完成指令编码和副载波调制后输出已调副载波信号，送往发射机进行载波调制。发射机输出大功率已调载波信号，经天馈线发送至火箭。

检测接收机从天线开关后边的个向天线或定向天线的定向耦合器采集已调载波信号，进行载波解调后输出副载波调制信号，在终端机完成副载波解调并和指令码比对，将比对结果数据送到监控台。监控台向安控台回送发送指令序号、指令收发比对结果和发令时间等信息内容。监控台也可在应急情况下接收调度命令，完成安控指令的发送。

4.5.4 地面安控工作实施程序

4.5.4.1 需安控情形

1）反向飞行

若运载火箭起飞后，由于推力不均匀或控制系统异常等因素，导致其在发射坐标系 X 轴反方向飞行，这类故障飞行状态称为反向飞行故障。

2）下坠飞行

若运载火箭起飞后，因动力装置异常或其他原因造成飞行速度或位置偏离理论值且连续单调下降，即为下坠飞行故障。若在航区出现下坠飞行，根据预示落点是否坠入保护区域而划分为坠入保护区域和坠入非保护区域 2 种故障。通常的做法是对坠入保护区域的故障实施地面安控以保护航区地面人员和设施，坠入非保护区域则不实施地面安控。

3）侧向飞行

若运载火箭因动力装置或控制系统异常导致飞行弹道偏离理论弹道，从侧向飞向国界线或者超过安全边界线，则把这类飞行状态划为侧向飞行故障类型。

4）异常垂直飞行

若运载火箭起飞后，在超过规定的转弯时刻后仍不进入程序转弯，并保持原来的上升姿态飞行时，则把这类飞行划为异常垂直飞行故障。

4.5.4.2 地面安控工作实施程序

根据目前航天发射试验过程实际情况，地面安控实施中多采用“人机结合，以人为主”的模式，即计算机系统和安控专家工作组人员分别进行故障判决，在具体实施安控发令时由安控指挥员综合人机判决结果，下达安控指令，完成地面安控任务。

1）测量信息的使用

地面安控实时判断决策中应综合利用遥外测数据，以便及时、准确地判断火箭的飞行状况。安判信息的选择使用一般应注意以下几项原则：

（1）遥测数据和外测数据在实时处理时应保持相互独立，遥外测弹道比对要一致，如果 2 个信源的弹道参数互相比对不一致，则以外测弹道为主，遥测参数作参考。

遥外测数据各有特色，遥测参数处理相对简单，众多的参数能够反映出箭上系统的工作状态，通过遥测参数可以进行故障定位和分析故障原因，但遥测参数与火箭的工作状态联系密切，如箭上惯性平台出现漂移，则视速度、视位置信息不可信；箭上遥测系统发生故障，则遥测信息源将会丧失；各种原因的遥测链路中断也可能导致关键遥测参数的丢失。而外测参数相对比较客观，光学测量设备和反射式雷达测量是完全不依赖于箭上设备的工作状态，应答式外弹道测量对运载火箭整体性能的依赖程度也要比遥测系统低。为此，实时处理时，遥外测数据应保持相互独立，充分发扬各自优点，真正起到遥测、外测参数综合利用，防止或减少由于种种原因引起的判断差错（误判或漏判），提高实时判断的可靠性与准确性。

（2）外测数据由计算机自动择优选用，精度高的数据优先录用。为了提高测控系统的可靠性，任务中通常要求参试设备有一定的冗余，外测设备往往包含具备实况景象测量能力的光学测量设备和无线电外弹道测量设备。前者如大型光电望远镜、光电经纬仪等，后者如单脉冲雷达、连续波干涉仪以及统一测控设备等。这些设备可以单站定位、多站交会提供定位信息，平滑可得测速信息，也可以直接由连续波干涉仪获得更精确的测速信息。为了提高地面安控判决的准确性，通常对进入计算机的各种外测数据按设备精度和性能进行排队，确保实时判断的准确性。近几年，外测设备测元融合技术在外弹道处理中开始应用，地面安控判决的实时性、准确性进一步得到提高。

（3）根据实时计算机的计算速度、内存容量、对外接口，以及在实时处理时的具体情况，尽可能多处理一些除数字量以外的其他遥测参数，尤其是能反映火箭飞行状态的参数，如热流、温度、发动机参数、箭体轴向过载、姿态角偏差、速率陀螺输出、控制参数、分离信号等，从而可以提供更多的参考信息。

2）安控信息显示

安控信息的显示应根据试验任务的不同要求及弹道的不同特点决定。通常显示参数由安控指挥员与专家提出要求，结合现有显示设备的工作情况来确定。一般来讲，应选择一些对安控指挥员进行故障判断帮助比较大的弹道参数进行显示。主动段显示的主要参数曲线有 T-V、L_x-L_z、T-θ、X-Y、X-Z、T-V_y、Z-Y 等曲线，另外有必要显示遥测的 3 个姿态角及发动机喷前压力等遥测参数，与外测参数互为补充。

T-V 曲线为相对速度随时间变化曲线。此曲线反映发动机推力故障，特别对一、二级未分离故障，反映很迅速。

L_x-L_z 曲线为落点预示曲线。此曲线能综合反映火箭的飞行情况，能直观判断落点的偏离程度，实施过程中也有用落点经纬度预示的情况。

T-θ 曲线为弹道倾角随时间变化曲线。此曲线间接反映程序角变化故障，在低（高）弹道试验时，很有参考价值。

X-Y 曲线为弹道特征面曲线。反映弹道的偏离程度

X-Z 曲线为弹道水平偏离曲线。反映弹道的水平（侧向）偏离程度。

T-V_y 曲线为纵向速度随时间变化曲线。高弹道或者卫星发射初始段反映是否下坠飞行。

Z-Y 曲线为弹道特征面曲线。常用来反映初始段的偏离程度。

3）地面安控实施程序

（1）各种遥外测数据经过遥外测计算机加工处理，安控处理机对外测处理结果进行安控判决，送指显系统显示。若出现火箭故障情况，提示告警及炸毁信息，同时给出故障类型和得出结论的信息源。电视监视信息直接送指显系统显示。

（2）安控专家结合计算机判决结果，根据安控电视、安控指显工作站显示的遥外测信息，判断火箭是否发生故障，发现异常应及时向安控指挥员报告。

（3）安控指挥员得到故障报告并确认后，向安控台的操作人员依次下达告警、解保、炸毁等指令。

（4）安控台操作人员听到安控指挥员下达的指令后，及时、准确、有序完成发令操作。

（5）安全遥控设备在收到安控台发出安控指令后，向安控台发送回令，同时通过天线向运载火箭发出无线安控指令。若遥控设备未收到指令，设备操作人员根据安控指挥员的调度指令采用本控方式完成相应的发令操作。

思考题：

1. 什么是测控系统？可分为哪几类？
2. 测控系统的总体任务是什么？包含哪些分系统？
3. 箭（器）载测控设备主要包括哪些？
4. 光学测量和无线电外弹道测量各有什么优缺点？
5. 光学测量设备测角误差来源主要包括哪些？
6. 干涉仪测角的优缺点？
7. 常用的无线电测距方法有哪些？各有什么优缺点？
8. 遥测系统有哪些作用？
9. 地面逃逸系统由哪些主要设备组成？各设备的主要作用是什么？
10. 地面安全控制系统的作用是什么？

第5章　光学测量数据处理

光学测量系统是测控系统的重要组成子系统，本章对光学测量数据处理进行较为全面的介绍，内容既涉及光学测量数据处理的基本原理，又包括光学测量数据处理方法的典型应用。首先介绍光测数据处理的基本流程，然后深入阐述光学测角和测距数据的系统误差修正，并着重介绍光学测量坐标初值计算的方法，最后介绍光学测量弹道参数计算的原理。

5.1　光测数据处理流程

光电经纬仪曾是导弹和运载火箭飞行试验外弹道测量的主要手段，具有测量精度高、直观性强、性能稳定可靠、不受固体发动机火焰干扰影响等优点。其主要缺点是无法直接测得目标的速度和易受天气影响。随着导弹飞行试验的射程越来越远，测量精度的要求越来越高，无线电外测系统逐渐成为主要的测量手段。但是，由于光电经纬仪所具有的优点，加上新技术的应用，在导弹、运载火箭飞行试验的初始段和再入段测量中，光测设备现在仍然是最重要的测量手段。它与无线电测量设备相辅相成，共同完成整个飞行试验的外弹道测量任务。

光电经纬仪数据处理通常分为实时数据处理与事后数据处理两种。实时数据处理主要用于试验任务实时监视与指挥控制，对测量数据处理的速度要求较高，因此通常环节不宜过多，方法和计算公式较简单，只要满足安控和引导精度即可，因此误差相对较大。通常实时数据处理仅含信息复原、合理性检验和所需参数解算等流程，必要时加上简化的大气折射修正处理环节。实时数据处理工作流程如图5-1所示。

事后数据处理的主要任务是在飞行试验结束后立即处理部分重要数据，提供快速处理结果，供型号和指挥部门了解导弹或运载火箭飞行，如图5-2所示。

试验的基本数据经各种误差修正，完整解算出精确的弹道参数和其他参数，供用户评定导弹或运载火箭性能和精度，以及对型号设计的改进和定型。对处理时间没有严格限制（通常前者为一周以内，后者约一个月左右），但由于观测数据含有各种误差（随机误差和系统误差），必须应用完善的数学方法和精确的计算公式，对它们进行修正和压缩，并综合利用众多的测量信息，解算出导弹或运

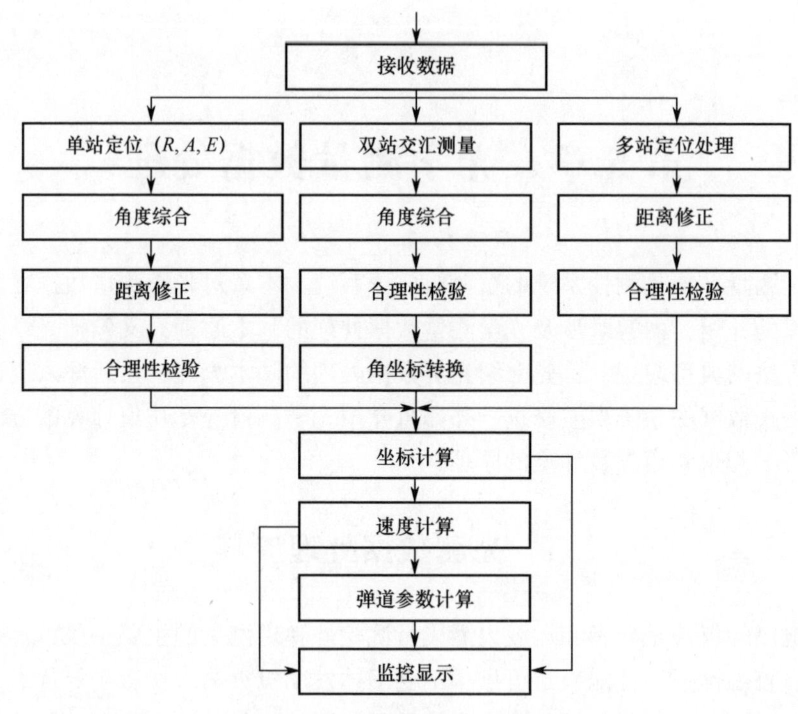

图 5-1　实时数据处理工作流程

载火箭在发射坐标系下的位置、速度分量等弹道参数。因此事后数据处理流程多，方法精细、复杂，并充分利用数理统计理论来提高数据处理结果的精度和质量，以满足用户为评定制导精度所提出的测量精度要求。

站址坐标计算： 计算测站在发射坐标系中的站址坐标。

方位过零跳点处理： 光电经纬仪在跟踪目标时，当飞行目标从第Ⅰ象限进入到第Ⅳ象限或者向相反方向运动时（以该测站水平面内的天文北作为零度，顺时针方向旋转为正），在零点附近，受经纬仪测量误差的影响，方位角 A 的读数会在接近 2π 的大值和接近于 0 的小值之间跳变。为消除此跳点需做过零处理，按下述步骤消除。

（1）将消除跳点后的方位角记为 A'_j，其中 $A'_1 = A_1$，判断 $|A_{j+1} - A'_j| > \delta_0$ 和 $|A_{j+2} - A_{j+1}| \leqslant \delta_0$（$\delta_0$ 为门限，A'_j为消除跳点的方位角）是否成立，若成立，则认为 A_{j+1} 为跳点。

（2）当 $A_{j+1} - A'_j > \delta_0$ 时，令 $A'_{j+1} = A_{j+1} - 2\pi$。

（3）当 $A_{j+1} - A'_j < -\delta_0$ 时，令 $A'_{j+1} = A_{j+1} + 2\pi$；

否则，认为 A_{j+1} 不是跳点，并令 $A'_{j+1} = A_{j+1}$。

（4）令 $j = j + 1$，重复上述各步骤，直至 $j = N - 1$ 为止。

上述步骤中，δ_0 为门限值，取值 340°。

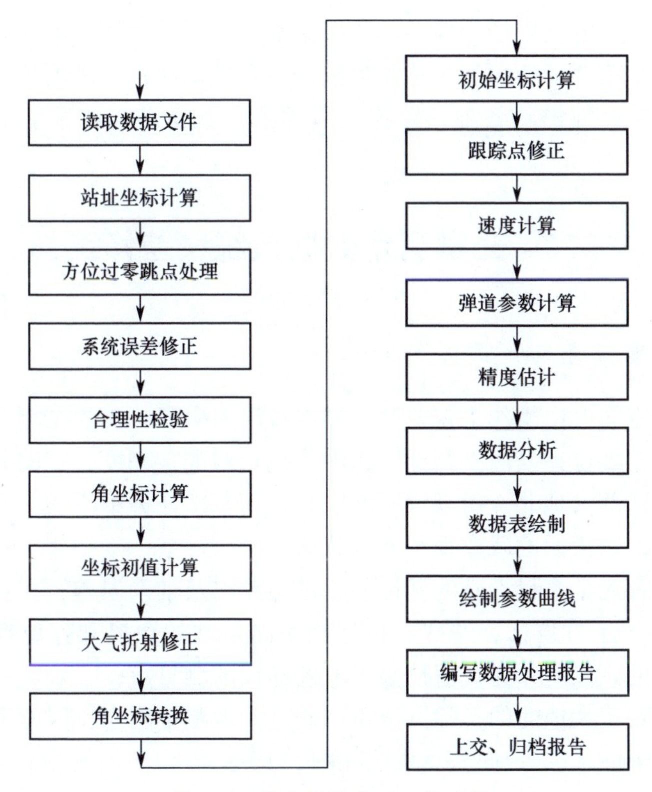

图 5-2　事后数据处理工作流程

系统误差修正：对于测角系统，主要包括码盘（水平码盘、垂直码盘）定向误差、垂直轴倾斜误差、水平轴倾斜误差、方位照准误差等轴系误差。对于测距系统，主要考虑脉冲计数频率误差修正、激光测距零值修正、时间误差修正（测距测角采样时间对齐）和测距部位修正。

随机误差特性统计：通常认为光电经纬仪测角数据的随机误差为白噪声序列（等方差不相关），目前大多采用变量差分法统计随机误差的方差，再分析观测数据的随机误差是否与设备指标相符合。

合理性检验：对观测数据的异常值（野值）进行判别，剔除并替代它们。一般分两步进行，先利用差分拟合法或者外推拟合法判断是否是野值，然后利用最小二乘多项式拟合方法来替代野值（雷达测量数据处理流程与方法中详细介绍）。

角坐标计算：将各观测量计算成测站坐标系下的方向余弦。

大气折射误差修正：可见光、激光、无线电信号等电磁波在目标与测站间传播时，大气折射效应会使电磁波的传播路径发生弯曲和非匀速传播，引起测角和测距误差，需予以修正。

角坐标转换：各光电经纬仪的测角数据都是在测站垂线坐标系中的数据，当多台光测设备交汇或与连续波雷达测量数据综合处理时，要求给出发射坐标系中的目标弹道参数，故需将各种误差修正后的测角数据转换成发射坐标系中的观测量。

5.2 光学测角数据系统误差修正

5.2.1 零位差与定向差的修正

零位差与定向差由操作手视差及仪器本身误差引起，包含在测量数据中的角度零值误差中。零位差是由于高低度盘零位线未对准零刻度，定向差是由于水平度盘零刻线未对准大地北。由零位不准引起，在每次任务中不随时间而变化，是一个固定误差，修正后的残差很小，可忽略。

为了计算各光学测量设备的零位差、定向差以及轴系误差，在每个测量站附近都安置了1~6个方位标，这些方位标相对测量站的距离和方位都是通过大地测量精确确定的，以此作为真值校验光电经纬仪的测量数据。

方位标相对于大地北的实际方位角可通过大地测量测定，因此定向差的修正公式为：$\Delta A_{op}=A-A_{测}$，定向差示意图如图5-3所示。

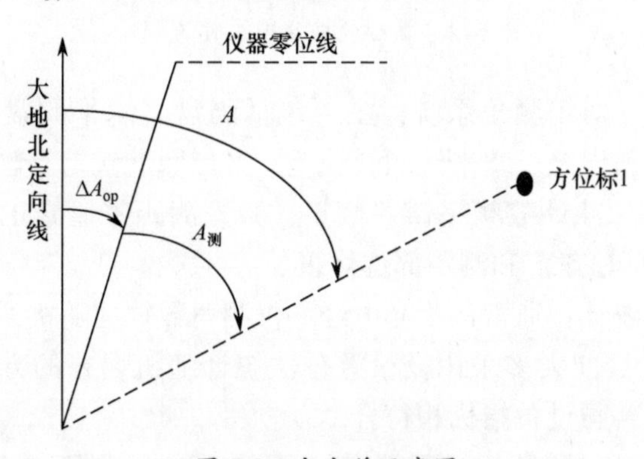

图5-3 定向差示意图

零位差的检测方法如图5-4所示。光电经纬仪从水平状态抬起，对准方位标，以正镜测量方位标，得到高低角 $E_{正}$，然后将正镜归于水平，逆时针转动180°，然后抬起镜头对准方位标，以倒镜测量方位标，得到高低角 $E_{倒}$，由于正镜和倒镜测量均含有零位差 ΔE_{op}，故 $(E_{正}+\Delta E_{op})+(E_{倒}+\Delta E_{op})=180°$，即

$$\Delta E_{op}=\frac{180°-(E_{正}+E_{倒})}{2} \tag{5-1}$$

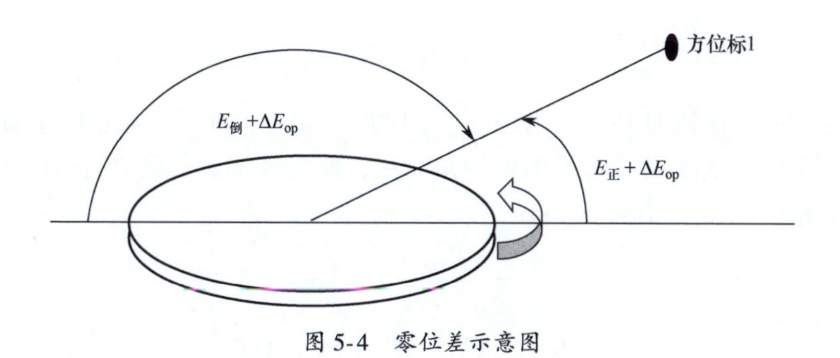

图 5-4　零位差示意图

5.2.2　经纬仪轴系误差的修正

经纬仪三轴：垂直轴、照准轴和水平轴，相互垂直，测站坐标原点即为三轴交点。照准轴是当仪器水平时方位零刻线对准大地北的 X_c 轴，垂直轴与铅垂线重合，即 Y_c 轴，水平轴是 Z_c 轴，如图 5-5 所示。

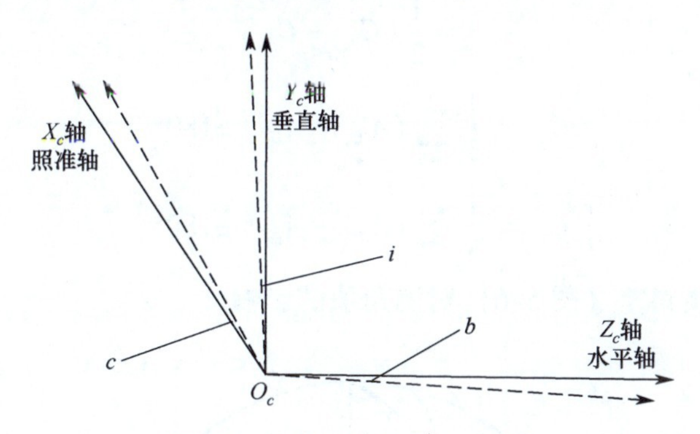

图 5-5　经纬仪轴系误差示意图

三轴互不垂直带来的误差称为轴系误差，含有垂直轴倾斜差 i、水平轴倾斜差 b 和照准轴偏差 c。

其中，水平轴倾斜差 b 在设备初次安装固定后，即被测定为一个常值，其值范围仅几角秒，不必计算。

电影经纬仪上安装有一个水准器，内有一个气泡，气泡左右两端各有一条长刻线。当垂直轴不倾斜时，水准气泡位于水准器正中央。水准气泡在中心线左端的格数记为 $C_{左}$，右端的格数记为 $C_{右}$，且规定 $C_{左}$ 在左长刻线之左为正，右为负；$C_{右}$ 在右长刻线之左为正，右为负，则当垂直轴无倾斜时，$C_{左}=-C_{右}$。

i、c 通过战前、战后对方位标进行测量来测定。

设垂直轴倾斜角为 i，则当 $\alpha=\alpha_{\mathrm{H}}$ 时，气泡相对水平面的倾角也为 i，此时观测到气泡在左端的格数为 $C_{左1}$，右端为 $C_{右1}$，即有：

$$i-\frac{(C_{左1}+C_{右1})}{2}\alpha''$$ （α'' 为气泡 格对应的角度值）

当电影经纬仪转动 180°后，$\alpha=\alpha_{\mathrm{H}}+180°$，此时，垂直轴在空间位置不变，再观测气泡时，气泡相对水平面的倾角为$-i$，此时观测到气泡在左端的格数为$C_{左2}$，右端为 $C_{右2}$，即有：

$$-i=\frac{(C_{左2}+C_{右2})}{2}\alpha''$$

$$i=\left(\frac{C_{左1}+C_{右1}}{2}-\frac{C_{左2}+C_{右2}}{2}\right)\frac{\alpha''}{2}$$

垂直轴倾斜方向 α_{H} 的确定也是通过对气泡测量而获得。气泡偏向左端，则垂直轴向右倾斜；气泡偏向右端，则垂直轴向左倾斜。从 X_c 轴起，将电影经纬仪按照 20°间隔顺时针或逆时针转动，使方位角变化一整周，记录每组气泡格数并得到对应的 i 值。i 值最小绝对值所对应的 α_{H} 即为垂直轴倾斜方向。

$$c=\frac{1}{2}(C_{前}+C_{后})$$

$$C_{前}=\frac{1}{3}\sum_{i=1}^{3}(A_{i倒}-A_{i正})\pm180°$$

$$C_{后}=\frac{1}{3}\sum_{i=4}^{6}(A_{i倒}-A_{i正})\pm180°$$

1）照准轴倾斜差（图 5-6）对测角值的影响

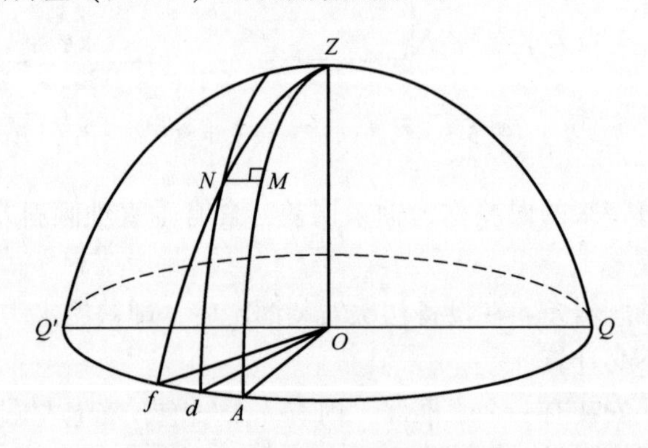

图 5-6 照准轴倾斜差示意图

球面直角三角形 NZM 中，$\angle NZM=\Delta A_c$，$NM=dA=c$，$ZM=90°-E$，根据耐皮尔规则：

$$\sin(90°-E)=\tan c\cdot\tan(90°-\Delta A_c) \tag{5-2}$$

故照准差造成的测量误差为

$$\begin{cases}\cos E = \tan c \cdot \cot\Delta A_c \\ \Delta E_c = 0\end{cases} \tag{5-3}$$

$$\begin{cases}\Delta A_c = c \cdot \sec E \\ \Delta E_c = 0\end{cases} \tag{5-4}$$

2）水平轴倾斜差（图 5-7）对测角值的影响

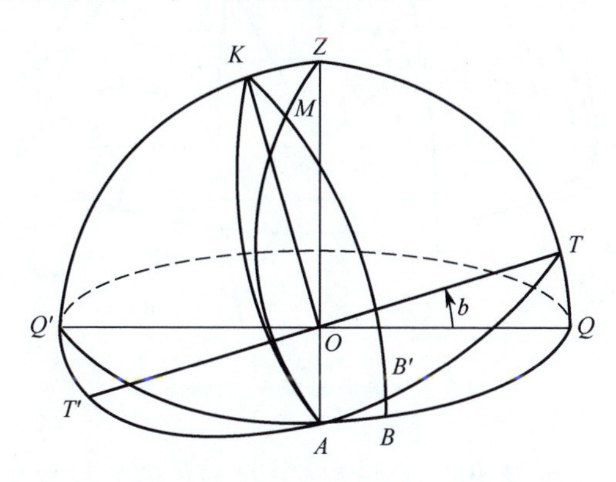

图 5-7　水平轴倾斜差示意图

球面直角三角形 KZM 中，$\angle ZKM = 90° - \angle AKB' = 90° - \Delta A_b$，$ZK = b$，$ZM = 90° - E$，根据耐皮尔规则：

$$\sin b = \tan(90° - E) \cdot \cot(90° - \Delta A_b)$$

$$\Rightarrow \tan\Delta A_b = \sin b \tan E \tag{5-5}$$

球面直角三角形 MAB 中：

$$\frac{\sin M\Lambda}{\sin\angle MBA} = \frac{\sin MB}{\sin\angle MAB}$$

$$\Rightarrow \left|\frac{\sin MA}{\sin MB}\right| = \left|\frac{\sin\angle MBA}{\sin\angle MAB}\right| = |\sin\angle MBA| \leqslant 1$$

$$\Rightarrow MA \leqslant MB \tag{5-6}$$

球面直角三角形 $MB'A$ 中：

$$\frac{\sin MA}{\sin\angle MB'A} = \frac{\sin MB'}{\sin\angle MAB'}$$

$$\rightarrow \left|\frac{\sin MB'}{\sin MA}\right| - \left|\frac{\sin\angle MAB'}{\sin\angle MB'A}\right| - |\sin\angle MA'| \leqslant 1 \tag{5-7}$$

$$\Rightarrow MB' \leqslant MA$$

$$\Delta E_b = MA - MB' \leqslant MB - MB' = BB' \tag{5-8}$$

$$\begin{cases}\Delta A_b = b \cdot \tan E \\ \Delta E_b = 0\end{cases} \tag{5-9}$$

3）垂直轴倾斜差（图 5-8）对测角值的影响

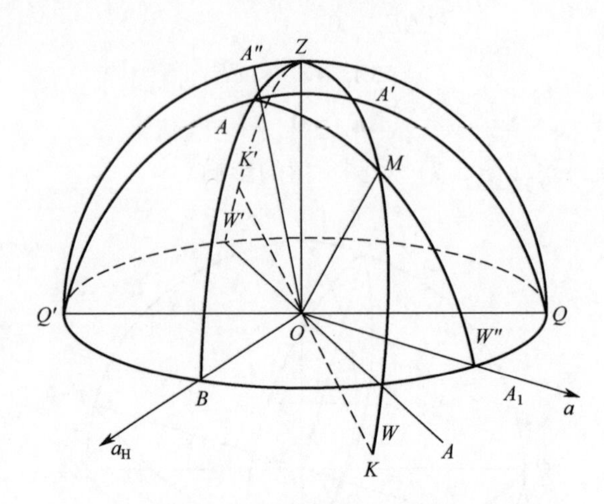

图 5-8 垂直轴倾斜差示意图

类似上述过程，可推导出垂直轴倾斜差对测角值的影响为

$$\begin{cases}\Delta A_i = i \cdot \sin(A_{\mathrm{H}} - A_1) \cdot \tan E \\ \Delta E_i = - i \cdot \cos(A_{\mathrm{H}} - A_1)\end{cases} \tag{5-10}$$

5.2.3 跟踪误差的修正

通常把胶片坐标系中的坐标 x 和 y 称为脱靶量，跟踪误差记为：ΔA_{g2}，ΔE_{g2}，它们之间的关系为：

由图 5-9 可以得出：

$$\tan\Delta A_{g2} = \frac{x}{f\cos E_k - y\sin E_k} \tag{5-11}$$

$$\begin{aligned}\sin(E_k + \Delta E_{g2}) &= \sin E_k \cos\Delta E_{g2} + \cos E_k \sin\Delta E_{g2} \\ &= \frac{f\sin E_k + y\cos E_k}{\sqrt{x^2 + y^2 + f^2}}\end{aligned} \tag{5-12}$$

$$\begin{cases}\Delta A_{g2} = \dfrac{x}{f\cos E_k} + \dfrac{xy\sin E_k}{f^2\cos^2 E_k} \\ \Delta E_{g2} = \dfrac{y}{f} - \dfrac{x^2}{2f^2}\tan E_k\end{cases} \tag{5-13}$$

式中，f 为摄影焦距；x，y 分别为像平面坐标系中的两个跟踪不准误差量；E_k 为量纲复原后主光轴的高低角。

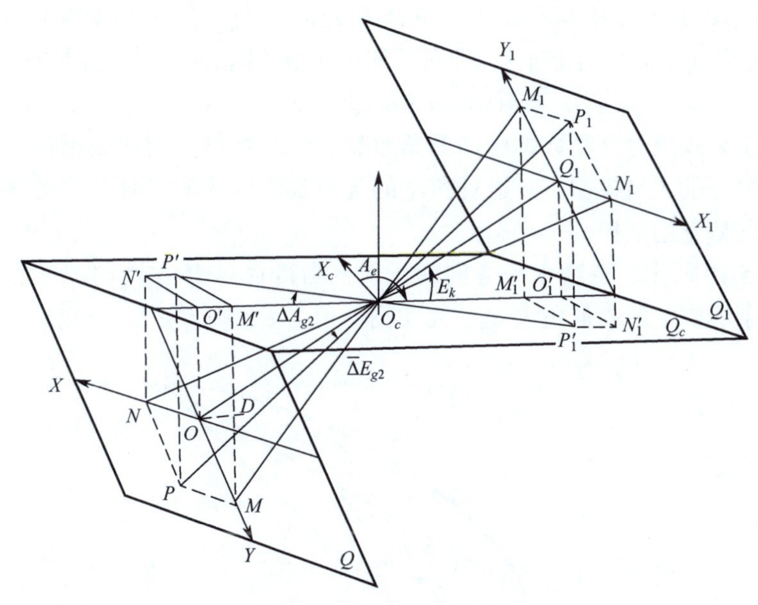

图 5-9　跟踪误差示意图

5.2.4　大气折射误差修正

地球为大气所包围，大气的成分、气温、密度、电离程度都不相同，再加上地球形状的不规则、地磁场和地球引力等因素，使电波在传播路径上有所差异，必然引起传播路径的弯曲，波线成了相当复杂的空间曲线，只能通过近似公式尽可能消解误差。

测角系统误差中，大气折射是一项较大的系统误差，尤其是目标距观测站距离较远、观测线高低角较小时，大气折射给高低角带来的测量误差更大，最大时可达 3′~4′。这样一个误差量传递到目标的坐标参数上将是一个无法忽视的系统误差。

为了进行大气折射误差修正，需要利用大气分层假设。

大气球面分层假设：

(1) 地球为圆形，半径为 r_0；

(2) 大气剖面水平均匀。

由此得出结论：

(1) 与地球同心的任一大气薄层内大气物理参数（气压、气温、湿度、电离程度等）相同，电波波速、折射指数仅是高度的函数；

(2) 水平方向均匀、波速相同，水平方向无折射。

此外，还假设大气参数在短时间内稳定不变。

在大气球面分层基本假设下，电波和光波在空间的传播规律满足斯涅耳(Snell) 定律（平面折射定律)，即对于任一与地球同心的大气薄层皆有：

$$n(r)\cdot r\cdot\cos\theta=\mathrm{const}$$

大气折射现象对外测数据中的测角数据、测距数据、测速数据都具有影响。因此，选择好的大气模型，并进行科学的气象观测以获取实时准确的气象数据，是进行折射修正的前提。

如图 5-10 所示，忽略水平方向的折射，测得目标 M 在当前测站坐标系中，受大气折射影响下的高低角为 E_0，真实高低角为 $\overline{E}$，则 $\overline{E}=E_0-\Delta E$。

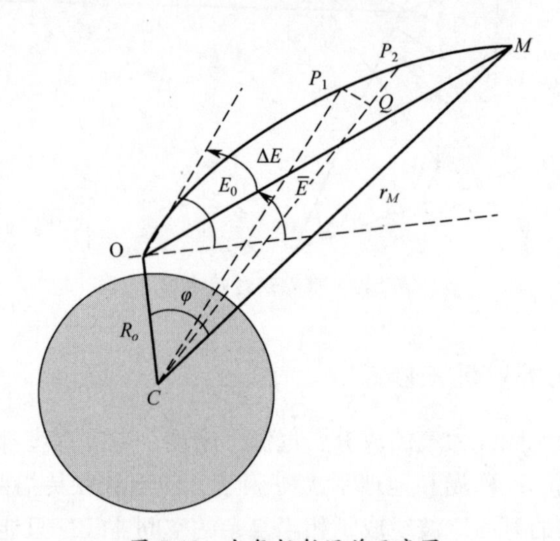

图 5-10 大气折射误差示意图

在$\triangle COM$ 中，假设目标 M 到地心的距离为 r_M，$CO=r_0=R_0+h$，$CM=r_M$，如果可求得地心夹角 φ，即可求得 $\overline{E}$。

φ 与 OM 相关，为了推导方便，将 φ 微分为 n 个小角 $\mathrm{d}\varphi$，此时，曲线 OM 部分可视为若干个直边。

在$\triangle P_1P_2Q$ 中：

$$P_1Q=P_2Q\cdot\cot E \tag{5-14}$$

即 $\mathrm{d}\varphi=\dfrac{\mathrm{d}r\cdot\cot E}{r_0}$

由 Snell 定律知：$nr\cos E=n_0r_0\cos E_0$。

$$\cos E=\frac{n_0r_0\cos E_0}{nr} \tag{5-15}$$

根据三角函数关系，有

$$\cot E = \frac{\cos E}{\sin E} = \frac{n_0 r_0 \cos E_0}{nr} \Bigg/ \sqrt{1 - \frac{n_0^2 r_0^2 \cos^2 E_0}{n^2 r^2}}$$

$$= \frac{n_0 r_0 \cos E_0}{\sqrt{n^2 r^2 - n_0^2 r_0^2 \cos^2 E_0}} \tag{5-16}$$

对 φ 积分，得

$$\varphi = \int_{r_0}^{r_M} \frac{n_0 r_0 \cos E_0 \mathrm{d}r}{r\sqrt{n^2 r^2 - n_0^2 r_0^2 \cos^2 E_0}} \tag{5-17}$$

求得 φ 后，在 $\triangle COM$ 中应用正弦定律有：

$$\frac{\sin\angle COM}{r_M} = \frac{\sin\angle OMC}{r_0} \tag{5-18}$$

$$\angle COM = \frac{\pi}{2} + \bar{E} \tag{5-19}$$

$$\angle OMC = \pi - \left(\frac{\pi}{2} + \bar{E}\right) - \varphi = \frac{\pi}{2} - \bar{E} - \varphi \tag{5-20}$$

故

$$\frac{\cos\bar{E}}{r_M} = \frac{\cos(\bar{E} + \varphi)}{r_0} \tag{5-21}$$

$$\cos\bar{E} = \frac{r_M}{r_0}(\cos\bar{E}\cos\varphi - \sin\bar{E}\sin\varphi) \tag{5-22}$$

$$\tan\bar{E} = \frac{r_M \cos\varphi - r_0}{r_M \sin\varphi} \tag{5-23}$$

$$\bar{E} = \arctan\frac{r_M \cos\varphi - r_0}{r_M \sin\varphi} \tag{5-24}$$

$$\Delta E = E_0 - \bar{E} \tag{5-25}$$

在实际计算中，ΔE 无法一次性计算得到结果，需经多次迭代过程，因为 r_M 不是精确的。

其迭代大致步骤为

1）计算目标 M 的积分高度初值 $\bar{r}_M$

$$\bar{r}_M = (R^2 + r_0^2 + 2Rr_0 \sin E_0)^{1/2} \tag{5-26}$$

2）根据大气分层计算大气折射率 n

为了实现对 φ 积分，必须先将大气层分为 L 层，分层的原则是随着海拔高的增加而越来越大，每层的计算公式为

$$50L(L-1) \leqslant h_g (h_g \text{ 为电离层起始高度}) \tag{5-27}$$

分层节点的计算公式为

$$r_j = r_0 + 50j(j+1) \quad j = 0,1,\cdots,L \tag{5-28}$$

每层高度为

$$\Delta r_j = 100j \quad j = 0,1,\cdots,L-1 \tag{5-29}$$

$$\Delta r_L = h_g - 50L(L-1) \tag{5-30}$$

再将每层 Δr_j 分为四层：

$$r_{kj} = r_j + \Delta r_j \cdot \mu_k, \ k = 1,2,3,4 \tag{5-31}$$

其中：

$$\mu_1 = 0.0694318442$$
$$\mu_2 = 0.3300094782$$
$$\mu_3 = 0.6699905218$$
$$\mu_4 = 0.9305681558$$

$$n(r_{kj}) = 1 + N(r_{kj}) \cdot 10^{-6} \tag{5-32}$$

$$N(r) = \frac{A^*}{T + 273.15}\left(P + \frac{4810P_e}{T + 273.15}\right) \tag{5-33}$$

$$P_e = \begin{cases} 6.11 \times 10^{\frac{7.5T}{237.5+T}} \times \mu, \ T \geqslant 0 \\ 6.11 \times 10^{\frac{7.5T}{266.5+T}} \times \mu, \ T < 0 \end{cases} \tag{5-34}$$

式（5-33）、式（5-34）中：$N(r)$ 为海拔高度为 r 上的大气折射率；T、μ、P、P_e 分别为对应海拔高度上的相对温度、相对湿度（%）、大气压强、水气压强。这些气象参数由探空气球上安装的探空仪测量，探空仪测量值是离散采样数据。

光电经纬仪进行光波折射修正时，取 $P_e = 0$，$A^* = 78.445$。

3）计算视在距离 $\bar{R}_e$

$$dl = \frac{dr}{\sin E} = \frac{dr}{\sqrt{1 - \left(\frac{n_0 r_0 \cos E_0}{nr}\right)^2}} = \frac{nr dr}{\sqrt{n^2 r^2 - n_0^2 r_0^2 \cos^2 E_0}} \tag{5-35}$$

故 $\bar{R}_e = \int_{r_0}^{\bar{r}_M} n dl = \int_{r_0}^{\bar{r}_M} \frac{n^2 r dr}{\sqrt{n^2 r^2 - n_0^2 r_0^2 \cos^2 E_0}}$

利用球面分层数值积分迭代计算 $\bar{R}_e$，将其与实测的视在距离相比较，若 $|R_e - \bar{R}_e| < \delta$（通常取 0.05m），则取 $r_M = \bar{r}_M$，否则再判断：

当 $\bar{R}_e - R_e > 0$ 时，令 $\bar{r}_M \triangleq \bar{r}_M - \frac{\varepsilon^{(l)}}{2}$；

当 $\bar{R}_e - R_e < 0$ 时，令 $\bar{r}_M \triangleq \bar{r}_M + \frac{\varepsilon^{(l)}}{2}$。

将更新的 $\bar{r}_M$ 代入 $\bar{R}_e = \int_{r_0}^{\bar{r}_M} n\mathrm{d}r = \int_{r_0}^{\bar{r}_M} \frac{n^2 r\mathrm{d}r}{\sqrt{n^2 r^2 - n_0^2 r_0^2 \cos^2 E_0}}$，得到新的视在距离，直到 $|R_e - \bar{R}_e| < \delta$ 为止。

在做第 l 次判断时，取 $\varepsilon^{(l)} = \frac{\varepsilon^{(l-1)}}{2}$，其中 $\varepsilon^{(1)}$ 为第一次分层积分计算 $\bar{r}_M$ 所在层的层高。

4）计算地心角 φ

确定了目标 M 的地心距 r_M 后，对地心角 φ 进行球面分层数值积分计算，得

$$\varphi = \int_{r_0}^{r_M} \frac{n_0 r_0 \cos E_0 \mathrm{d}r}{r\sqrt{n^2 r^2 - n_0^2 r_0^2 \cos^2 E_0}} \tag{5-36}$$

5）计算真实高低角 E 和真实距离 R

$$E = \operatorname{atan} \frac{r_M \cos\varphi - r_0}{r_M \sin\varphi} \tag{5-37}$$

$$R = \frac{r_M \sin\varphi}{\cos E} \tag{5-38}$$

6）折射修正量计算

$$\Delta E = E_0 - E \tag{5-39}$$

$$\Delta R = R_0 - R \tag{5-40}$$

5.3　光学测距数据的系统误差修正

5.3.1　频率误差修正

脉冲激光测距的工作原理是通过测定脉冲光在测线上往返传输所花费的时间计算而得。

$$R = \frac{1}{2} Ct \tag{5-41}$$

脉冲激光测距机由激光器、探测器、时钟脉冲振荡器、计数器等组成。准备进行测量时，工作开关接通，激光器产生激光脉冲，该激光脉冲大部分射向被测目标，小部分经参考信号取样器采集作为测距计时的参考信号，参考信号经过光阑，干涉滤光片处理后，送往探测器。探测器将光脉冲转换为电信号，并加以放大、整形，整形后的电信号使触发器置位，产生开门触发信号，计时器开始计数。当发射出去的激光脉冲的部分能量由目标反射回测距仪时，回波信号与参考信号经过相同的采集、转换、放大、整形过程，使得触发器再次置位，产生关门

触发信号，计时器停止计数。此时，计数器计算激光波束往返测线上所用时间 t 内所统计的脉冲个数。

脉冲个数 = 时钟振荡频率 × t。

测线距离 = 脉冲个数 × 计数器分辨率。

将时钟振荡频率记为 F，计数器分辨率记为 d_0，表示每个计数脉冲所代表的距离长度，则

$$2R = F \cdot t \cdot d_0 \tag{5-42}$$

设 $F_0 = \frac{C_0}{2}$ 为时钟振荡频率的理论值，F 为时钟振荡频率的实测值，被测距离的真值为 R，测量值为 R'，则

$$2R = F_0 \cdot t \cdot d_0 \tag{5-43}$$

$$2R' = F \cdot t \cdot d_0 \tag{5-44}$$

往返测程上由于频率误差造成的距离误差为

$$\Delta R_{sc} = 2R' - 2R = 2R'\left(1 - \frac{F_0}{F}\right) \tag{5-45}$$

由于频率测不准引起：

$$\Delta R_f = \Delta R_{sc}/2 = R'\left(1 - \frac{C_0}{2F}\right) \tag{5-46}$$

5.3.2 测距固定偏差修正

测距固定偏差对于一次任务来说，是个常数，记为 ΔR_0。固定偏差反映的是设备的系统延时所造成的测距误差。

固定偏差 ΔR_0 是通过对某一固定目标（通常采用方位标）进行多次静态重复测量而获得。该固定目标称为校“零”标，至测站距离为 500m 左右。计算公式如下：

$$\Delta R_0 = \overline{R}_{N0} - (\Delta R_{f0} + \Delta R_{a0} + R_{d0}) \tag{5-47}$$

式中：$\overline{R}_{N0}$ 为对固定目标测量 N 次的平均值（$N \geqslant 20$）；ΔR_{f0} 为固定目标至测距仪距离对应的频率误差修正量；ΔR_{a0} 为固定目标至测距仪距离对应的地面大气折射误差修正量；R_{d0} 为测距仪与目标的真实距离，通过大地测量获得，标定精度优于 2cm。

水平测距（包括±5°仰角以内）的大气折射修正量为

$$\Delta R_{a0} = R\left[80.343 f(\lambda) \cdot \frac{P}{T + 273.15} - 11.27 \frac{P_e}{T + 273.15}\right] \tag{5-48}$$

式中：$f(\lambda) = 0.9650 + \frac{0.0164}{\lambda^2} + \frac{0.000228}{\lambda^4}$；$\lambda$ 为激光波长（μm）。

5.3.3　时间误差修正

对激光测距而言，时间误差修正主要包括两个方面。

1）发光延时修正

由于激光测距仪与电影经纬仪是配套使用，所以要求其每组测量值所对应的时间是同一时刻。然而，实际测量工作过程中，激光测距仪接收到发光测量信号后，要固定等待 200μs 才开始发光捕获目标。因此，光电经纬仪的测距数据与测角数据的采样时间不同步。如果在 t_0 时刻有测量值 R、A、E，则 R 实际上是 $t_0 + 2\times10^{-4}$ 时刻的测量值。为了使 3 个测元配合使用，需要进行修正。修正的方法是根据目标在 200μs 内在 R 方向的速度 $\dot{R}$，确定修正量 $\Delta R_{s1} = \dot{R}\times 2\times10^{-4} = \dfrac{R_{i+1} - R_i}{h}\times 2\times10^{-4}$，$h$ 为采样时间间隔。

2）测量非同步修正

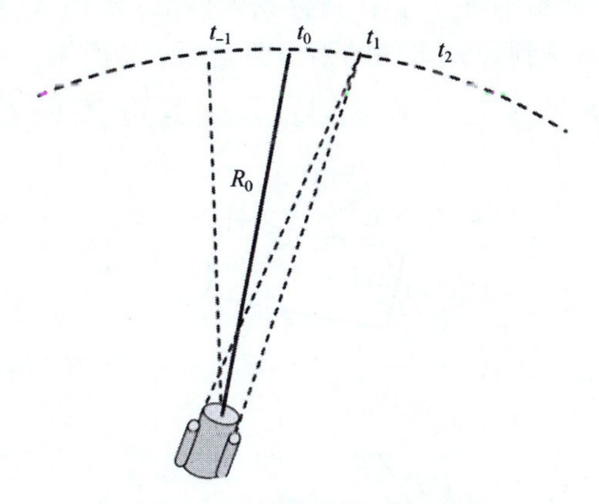

图 5-11　照准轴倾斜差示意图

当电影经纬仪和激光测距机同时接到发光测量的触发脉冲信号时，电影经纬仪立即打开快门成像，其在 t_0 时刻记录的是 t_{-1} 时刻目标的位置。而激光测距机是在 t_0 时刻开始发射激光束，目标向前运动，当其运动约 $\dfrac{R_0}{C_0}$ 时间后到达 t_1 时刻位置时，激光束到达目标开始返回，再经过约 $\dfrac{R_0}{C_0}$ 时间后，目标到达 t_2 时刻位置。因此，激光测距机测量的是目标在 t_1 时刻的位置，激光测距机与电影经纬仪采集的数据在时间上相差 $\Delta R_{s2} = \dot{R}\cdot\Delta t = \dot{R}\cdot\dfrac{2R_0}{C_0}$，将激光测距机的测量数据修正到 t_{-1} 时刻，修正量 ΔR_{s2} 为

$$\Delta R_{s2} = \dot{R} \cdot \frac{2R_0}{C_0} \tag{5-49}$$

对于任一时刻，时间误差导致的测距修正量为

$$\Delta R_s = \dot{R}\left(\frac{2R_i}{C_0} + 2 \times 10^{-4}\right) \tag{5-50}$$

5.3.4 跟踪部位修正

由于激光合作目标与弹体尾部的距离可达几十米，当激光测距数据与光电经纬仪的测角数据联用时，必须将前者修正成对应弹体尾部的测距数据。

导弹和运载火箭在正常飞行时，激光测距数据跟踪部位的修正，仅需考虑目标的俯仰角 φ 和偏航角 ψ 对它的影响，而滚动角 γ 的变化很小，可忽略其影响。

假设观测站在发射坐标系中的坐标为 $M_0(X_0,Y_0,Z_0)$，弹上合作目标的坐标为 $M_1(X_1,Y_1,Z_1)$，弹体尾部的坐标为 $M(X,Y,Z)$（图 5-12）。已知激光测距机到弹上合作目标的距离向量为 R_1，合作目标到弹体尾部的距离为 L，弹体俯仰角为 φ，偏航角为 ψ。观测站到弹体尾部的距离向量为 R，而 M_1 点到 R 的投影点记为 $M_1'(X_1',Y_1',Z_1{}')$，并且在 R 上取 $M_1''(X_1'',Y_1'',Z_1'')$，使得 $M_0M_1''=M_0M_1$。

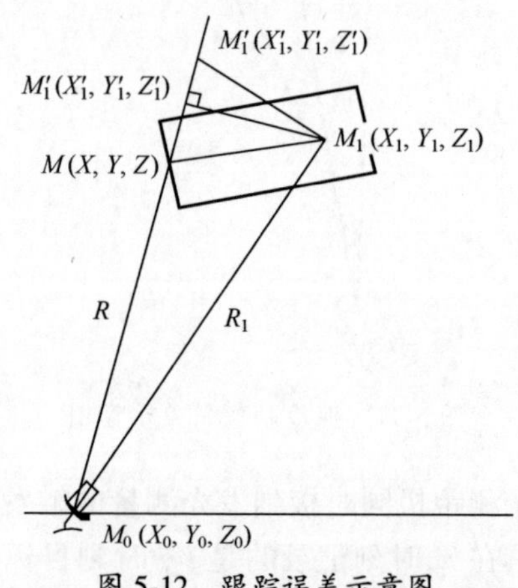

图 5-12　跟踪误差示意图

（1）根据图 5-12 中的关系，首先计算观测站到弹体尾部向量 R 在测量坐标系中的方向余弦，则有

$$\begin{cases} l_1 = \cos E_1 \cos A_1 \\ m_1 = \sin E_1 \\ n_1 = \cos E_1 \sin A_1 \end{cases} \tag{5-51}$$

（2）利用由测量坐标系到发射坐标系的转换关系式，可得 R 在发射坐标系下的方向余弦为

$$\begin{pmatrix} l \\ m \\ n \end{pmatrix} = [\Omega]\begin{pmatrix} l_1 \\ m_1 \\ n_1 \end{pmatrix} = [\Omega]\begin{pmatrix} \cos E_1 \cos A_1 \\ \sin E_1 \\ \cos E_1 \sin A_1 \end{pmatrix} \tag{5-52}$$

（3）计算弹上合作目标到弹体尾部的距离 L 在发射坐标系下的方向余弦为

$$\boldsymbol{L}^0 = \begin{pmatrix} \cos\varphi\cos(-\psi) \\ \sin\varphi \\ \cos\varphi\sin(-\psi) \end{pmatrix} = \begin{pmatrix} \cos\varphi\cos\psi \\ \sin\varphi \\ -\cos\varphi\sin\psi \end{pmatrix} \tag{5-53}$$

$$\begin{aligned} \Delta R_1 &= L \cdot \cos\angle M'_1 M M_1 = L \cdot L^0 \cdot R^0 \\ &= L(l\cos\psi\cos\varphi + m\sin\varphi - n\sin\psi) \end{aligned} \tag{5-54}$$

计算 L 在发射坐标系中的方向余弦，需要用到俯仰角与偏航角，这两个参数是遥测参数，无法在实时数据处理中应用。

$$\varphi(t) = \varphi_{cx}(t) + \Delta\varphi(t) - \omega_z t \tag{5-55}$$

ω_z 为地球自旋角速度在 Z 轴上的分量，对单次发射而言为常数。

$$\omega_z = -\omega\cos B_0 \sin A_{ox} \tag{5-56}$$

式（5-55）、式（5-56）中：$\omega = 7.29211 \times 10^{-5}$；$t$ 为主动段飞行时间，100s 量级；B_0 为发射点大地纬度；$\sin A_{ox}$ 为射击大地方位角

因为 $\Delta\varphi(t)$ 很小，可忽略，故

$$\varphi(t) = \varphi_{cx}(t) + \omega\cos B_0 \sin A_{ox} \tag{5-57}$$

又因正常飞行过程中，偏航角 ψ 很小，故

$$\begin{aligned} \Delta R_1 &= L(l\cos\varphi + m\sin\varphi) \\ &= L[l\cos(\varphi_{cx} + \omega\cos B_0\sin A_{ox}) + m\sin(\varphi_{cx} + \omega\cos B_0\sin A_{ox})] \end{aligned} \tag{5-58}$$

（4）计算测距数据部位修正的估计值。

由于 $M_0M_1M''_1$ 是一个等腰三角形，则有

$$2\angle M''_1 M_1 M'_1 = \angle M_1 M_0 M''_1 \tag{5-59}$$

故 $\overline{M''_1 M'_1} = \overline{M'_1 M_1}\tan\left(\frac{1}{2}\angle M_1 M_0 M''\right)$。

由于 $\angle M_1 M_0 M''$ 很小，故有

$$\overline{M''_1 M'_1} \approx 0 \tag{5-60}$$

因此，部位修正后的测距值 R' 为

$$\begin{aligned} R' &= \overline{M_0 M''_1} - \overline{M'_1 M''_1} - \overline{M'_1 M} \\ &= R_1 - \overline{M'_1 M''_1} - \overline{M'_1 M} \\ &= R_1 - \overline{M'_1 M''_1} - \Delta R_1 \\ &\approx R_1 - \Delta R_1 \end{aligned} \tag{5-61}$$

5.3.5 大气折射误差修正

与角度测量一样，大气折射对于斜距测量也带来误差。有两部分组成：一是大气阻碍了光波传输，使光波速度延缓；二是光波传输路径弯曲，计算表明，误差主要由前者造成。二者综合误差是3~15m，因此必须进行修正。

1）球面折射定律

$$\theta_i = \arccos \frac{n_0 r_0 \cos\theta_0}{n_i r_i} \tag{5-62}$$

2）大气折射误差修正原理

$$\because \qquad t = \int_{AB} \frac{\mathrm{d}L}{\frac{C_0}{n}}$$

$$\therefore \qquad R_c = t \cdot C_0 = \int_{AB} n \mathrm{d}L$$

式中：R_c 为视在距离。

若大气折射率为1，则传输距离：$R = \int_{\overline{AB}} \mathrm{d}L$

$$\Delta R_a = R_c - R = \int_{AB} n \mathrm{d}L - \int_{\overline{AB}} \mathrm{d}L \tag{5-63}$$

3）大气分层

$$\begin{aligned} R_c &= \int_{AB} n \mathrm{d}L = \bar{n}_1 \overline{AA_1} + \bar{n}_2 \overline{A_1A_2} + \cdots + \bar{n}_m \overline{A_{m-1}A_m} \\ &= \sum_{L=1}^{m} \bar{n}_L \Delta L = \sum_{L=1}^{m} \frac{1}{2}(n_L + n_{L-1}) \Delta L \end{aligned} \tag{5-64}$$

4）ΔL 的计算

$$\Delta L = |A_{L-1}A_L| = \sqrt{r_j^2 - r_{j-1}^2 \cos^2\theta_{j-1}} - r_{j-1}\sin\theta_{j-1} \tag{5-65}$$

5）测量值的大气折射修正

$$\begin{aligned} \Delta R_a &= \int_{AB} n \mathrm{d}L - \int_{\overline{AB}} \mathrm{d}L \\ &\approx \sum_{L=1}^{m} \frac{1}{2}(n_L + n_{L-1}) \left[\sqrt{r_L^2 - r_{L-1}^2 \cos^2 E_{L-1}} - r_{L-1}\sin E_{L-1} \right] \\ &\quad - \sum_{L=1}^{m} \left[\sqrt{r_L^2 - r_{L-1}^2 \cos^2 E_{L-1}} - r_{L-1}\sin E_{L-1} \right] \end{aligned} \tag{5-66}$$

5.4　坐标初值计算

光电经纬仪的观测数据经过各类系统误差修正后，成为统一到发射坐标系的观测数据，即可进行飞行目标弹道参数的解算。

所谓坐标初值，是指目标在发射坐标系的粗略位置。为什么要计算坐标初值呢？因为运用最小二乘方法计算目标准确位置时，必须有粗略位置作为初值进行迭代逼近。

5.4.1　无斜距信息的坐标初值计算

如果参加测量的各光学测站设备没有斜距测量信息，可通过两个测站的方位角和俯仰角信息进行坐标初值的计算，双站交汇测量的原理如图 5-13 所示。

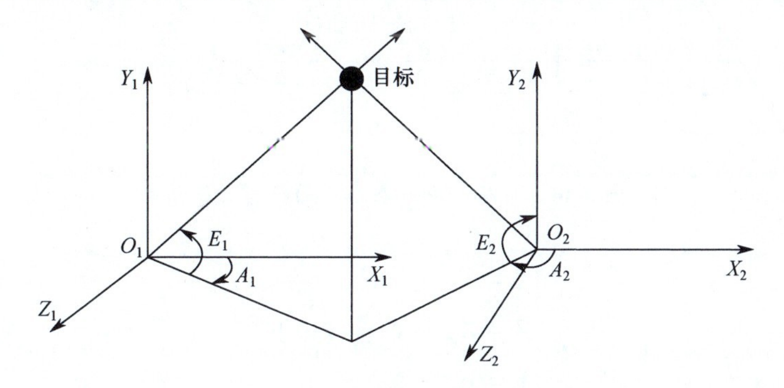

图 5-13　双站交汇测量原理

早期，经纬仪外测系统采用“*L*”公式或“*K*”公式解算弹道参数，其原理是将观测数据方位角和高低角投影到水平面上或者垂直平面上，利用几何关系解算出目标投影点在发射坐标系水平面或垂直平面上的坐标。

1）水平投影法——“*L*”公式

假设发射坐标系为 $O\text{-}XYZ$，空间目标 M 点在发射坐标系中的位置参数为 $M(X,Y,Z)$，其在发射坐标系水平面 OXZ 上的投影为 $M'(X,O,Z)$；两个观测站原点 $O_i(i=1,2)$ 在发射坐标系中的站址坐标分别为 (X_{0i},Y_{0i},Z_{0i}) $(i=1,2)$，光学测量站测得目标 M 点的方位角和高低角分别记为 A_i 和 $E_i(i=1,2)$，其与目标位置间的关系如图 5-14 所示。此处测量坐标系是 X_c 轴与发射坐标系 X 轴平行，A_i 从射向按顺时针起算，E_i 由测量坐标系的水平面向上起算。适用条件：$15°\leqslant\Delta A\leqslant165°$。

利用几何关系求解 M' 在发射坐标系水平面上的坐标 X、Z，再求 M 点的 Y。

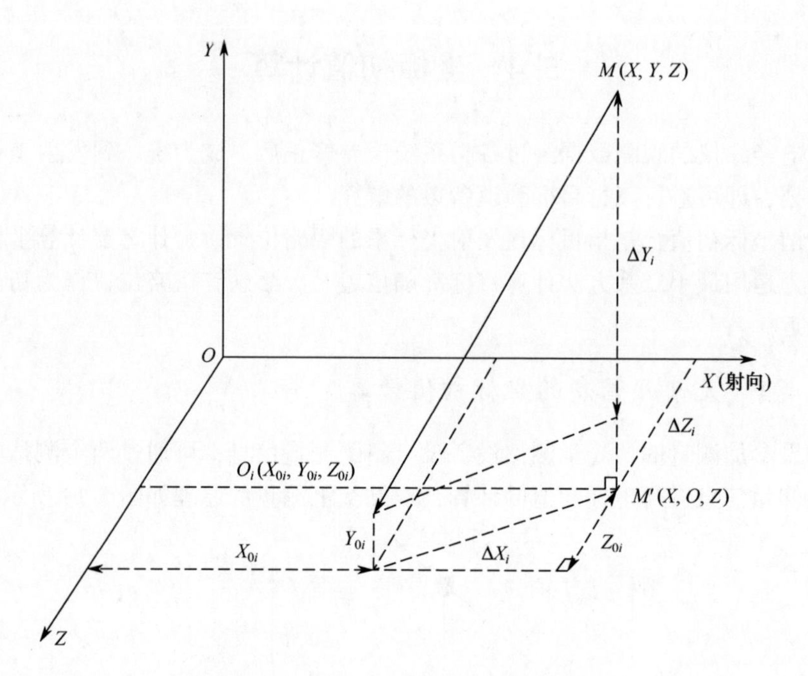

图 5-14　目标和测站在水平面投影上关系

$$\begin{cases} X = X_{0i} + \Delta x_i \\ Z = Z_{0i} + \Delta z_i, \quad i = 1,2 \\ Y = Y_{0i} + \Delta y_i \end{cases} \tag{5-67}$$

其中：

$$\Delta z_i = \Delta x_i \tan A_i, \quad i = 1,2$$

$$\begin{cases} X_{01} - X_{02} = \Delta x_2 - \Delta x_1 \\ Z_{01} - Z_{02} = \Delta z_2 - \Delta z_1 = \Delta x_2 \tan A_2 - \Delta x_1 \tan A_1 \end{cases}$$

$$\begin{cases} \Delta x_1 = \dfrac{(X_{01} - X_{02})\tan A_2 - (Z_{01} - Z_{02})}{\tan A_1 - \tan A_2} \\ \Delta x_2 = \dfrac{(X_{01} - X_{02})\tan A_1 - (Z_{01} - Z_{02})}{\tan A_1 - \tan A_2} \end{cases}$$

可得

$$\begin{cases} X = X_{01} + \Delta x_1 \\ Z = Z_{01} + \Delta x_1 \tan A_1 \\ Y = Y_{01} + \Delta y_1 = Y_{01} + \dfrac{\Delta x_1}{\cos A_1} \tan E_1 \end{cases} \tag{5-68}$$

或

$$\begin{cases} X = X_{02} + \Delta x_2 \\ Z = Z_{02} + \Delta x_2 \tan A_2 \\ Y = Y_{02} + \Delta y_2 = Y_{02} + \dfrac{\Delta x_2}{\cos A_2}\tan E_2 \end{cases} \tag{5-69}$$

式中：X_{0i}、Y_{0i}、Z_{0i} 为测站原点在发射坐标系中的坐标；Δx_i、Δy_i、Δz_i 为目标 M 在测量发射坐标系中的坐标；A_i、E_i 为目标 M 在测量发射坐标系中的方位角和高低角。

两个公式得到的 Y 值会有所不同，因为测量误差和计算权系数不同。

2）垂直投影法——"K"公式

"K"公式是将目标点 M 先投影到发射坐标系中垂直平面 YOZ 上，并且计算出 Y 和 Z 坐标，最后确定 X 坐标，故又称垂直投影法。适用条件：$\Delta A \leqslant 15°$ 或 $\Delta A \geqslant 165°$。

$$\begin{cases} Y = Y_{0i} + \Delta y_i \\ Z = Z_{0i} + \Delta z_i \end{cases} \tag{5-70}$$

$$\begin{cases} L_i = \dfrac{\Delta z_i}{\sin A_i} \\ \Delta y_i = L_i \tan E_i = \dfrac{\Delta z_i}{\sin A_i}\tan E_i \triangleq K_i \Delta z_i \end{cases} \tag{5-71}$$

$$\begin{cases} Y_{01} - Y_{02} = \Delta y_2 - \Delta y_1 = K_2 \Delta z_2 - K_1 \Delta z_1 \\ Z_{01} - Z_{02} = \Delta z_2 - \Delta z_1 \end{cases} \tag{5-72}$$

$$\begin{cases} \Delta z_1 = \dfrac{(Z_{01} - Z_{02})K_2 - (Y_{01} - Y_{02})}{K_1 - K_2} \\ \Delta z_2 = \dfrac{(Z_{01} - Z_{02})K_1 - (Y_{01} - Y_{02})}{K_1 - K_2} \end{cases} \tag{5-73}$$

$$\begin{cases} \Delta x_1 = \Delta z_1 \cot A_1 \\ \Delta x_2 = \Delta z_2 \cot A_2 \end{cases} \tag{5-74}$$

$$\begin{cases} X = X_{01} + \Delta z_1 \cot A_1 \\ Y = Y_{01} + \Delta y_1 = Y_{01} + K_1 \Delta z_1 \\ Z = Z_{01} + \Delta z_1 \\ \Delta z_1 = \dfrac{(Z_{01} - Z_{02})K_2 - (Y_{01} - Y_{02})}{K_1 - K_2} \end{cases} \tag{5-75}$$

或

$$\begin{cases}X = X_{02} + \Delta z_2 \cot A_2 \\ Y = Y_{02} + \Delta y_2 = Y_{02} + K_2 \Delta z_2 \\ Z = Z_{02} + \Delta z_2 \\ \Delta z_2 = \dfrac{(Z_{01} - Z_{02})K_1 - (Y_{01} - Y_{02})}{K_1 - K_2}\end{cases} \tag{5-76}$$

其中，$k_i = \dfrac{\tan E_i}{\sin A_i}$　$i=1,2$。

5.4.2　有斜距信息的坐标初值计算——单站定位法

设在 t 时刻某测站测得目标在本站测量坐标系的方位角、高低角、斜距分别为 R、A、E，则目标 M 在测站坐标系的坐标为

$$\begin{cases}x = R\cos A\cos E \\ y = R\sin E \\ z = R\sin A\cos E\end{cases} \tag{5-77}$$

经过坐标的平移与旋转后，目标 M 在发射坐标系的坐标 X、Y、Z 为

$$\begin{bmatrix}X \\ Y \\ Z\end{bmatrix} = \boldsymbol{\Phi}_{c \to f} \cdot \begin{bmatrix}x \\ y \\ z\end{bmatrix} + \begin{bmatrix}X_{0i} \\ Y_{0i} \\ Z_{0i}\end{bmatrix} \tag{5-78}$$

式中：$\boldsymbol{\Phi}_{c \to f}$ 为第 i 个测站到发射坐标系的转换矩阵；X_{0i}、Y_{0i}、Z_{0i} 为第 i 个测站坐标原点在发射坐标系的坐标。

5.4.3　纯斜距信息的坐标计算——三斜距（3R）定位法

设在 t 时刻 3 台激光测距机测得目标 M 到测站原点的距离分别为 R_i；3 个测站原点在发射系的坐标为 $O_i(X_{0i}$、Y_{0i}、$Z_{0i})$，则 M 点在发射系 O_f-XYZ 中的坐标为 X、Y、Z。

由解析几何知识可知：

$$\begin{cases}(X - X_{01})^2 + (Y - Y_{01})^2 + (Z - Z_{01})^2 = R_1^2 \\ (X - X_{02})^2 + (Y - Y_{02})^2 + (Z - Z_{02})^2 = R_2^2 \\ (X - X_{03})^2 + (Y - Y_{03})^2 + (Z - Z_{03})^2 = R_3^2\end{cases} \tag{5-79}$$

$$\begin{cases}(X_{03} - X_{01})X + (Y_{03} - Y_{01})Y + (Z_{03} - Z_{01})Z = \dfrac{1}{2}(R_1^2 - R_3^2 - R_{01}^2 + R_{03}^2) \\ (X_{03} - X_{02})X + (Y_{03} - Y_{02})Y + (Z_{03} - Z_{02})Z = \dfrac{1}{2}(R_2^2 - R_3^2 - R_{02}^2 + R_{03}^2)\end{cases} \tag{5-80}$$

$$R_{0i}^2 = X_{0i}^2 + Y_{0i}^2 + Z_{0i}^2,\ i = 1,2,3$$

令

$$\boldsymbol{P}_{2\times2} = \begin{bmatrix} X_{03} - X_{01} & Z_{03} - Z_{01} \\ X_{03} - X_{02} & Z_{03} - Z_{02} \end{bmatrix} \tag{5-81}$$

$$\boldsymbol{Q}_{2\times1} = \begin{bmatrix} Y_{03} - Y_{01} \\ Y_{03} - Y_{02} \end{bmatrix} \tag{5-82}$$

$$\boldsymbol{L}_{2\times1} = \begin{bmatrix} \frac{1}{2}(R_1^2 - R_3^2 - R_{01}^2 + R_{03}^2) \\ \frac{1}{2}(R_2^2 - R_3^2 - R_{02}^2 + R_{03}^2) \end{bmatrix} \tag{5-83}$$

则

$$\boldsymbol{P}\begin{bmatrix} X \\ Z \end{bmatrix} = \boldsymbol{L} - \boldsymbol{Q} \cdot \boldsymbol{Y} \tag{5-84}$$

$$\begin{bmatrix} X \\ Z \end{bmatrix} = \boldsymbol{P}^{-1} \cdot \boldsymbol{L} - \boldsymbol{P}^{-1} \cdot \boldsymbol{Q} \cdot \boldsymbol{Y} \tag{5-85}$$

令

$$\boldsymbol{P}^{-1} \cdot \boldsymbol{L} = \boldsymbol{U}_{2\times1} = \begin{bmatrix} u_1 \\ u_2 \end{bmatrix} \tag{5-86}$$

$$\boldsymbol{P}^{-1} \cdot \boldsymbol{Q} = \boldsymbol{V}_{2\times1} = \begin{bmatrix} v_1 \\ v_2 \end{bmatrix} \tag{5-87}$$

则

$$\begin{cases} X = u_1 - v_1 Y \\ Z = u_2 - v_2 Y \end{cases} \tag{5-88}$$

代入 $(X-X_{03})^2+(Y-Y_{03})^2+(Z-Z_{03})^2=R_3^2$

整理后，得

$$AY^2 - 2BY + C = 0 \tag{5-89}$$

其中，

$$A = 1 + v_1^2 + v_2^2$$

$$B = u_1 v_1 + u_2 v_2 - (v_1 X_{03} + v_2 Z_{03}) + Y_{03}$$

$$C = u_1^2 + u_2^2 + R_{03}^2 - 2(u_1 X_{03} + u_2 Z_{03}) - R_3^2$$

求解得

$$Y = \frac{B \pm \sqrt{B^2 - AC}}{A} \tag{5-90}$$

两个解分别为以过 $O_1O_2O_3$ 的平面为对称面的两个点。通常情况下，目标的真实位置应使 Y 值大于 Y'，故取大值。

$$Y = \frac{B + \sqrt{B^2 - AC}}{A} \tag{5-91}$$

斜距定位方法不用进行坐标转换和测量方位角、高低角等繁杂过程，只需测站原点的发射系坐标。作为初值计算手段是比较方便的。

5.4.4 坐标值的最佳估算——最小二乘法定位

随着我国导弹和航天试验的发展，导弹的射程变远，制导系统和落点精度要求也变高，对外测系统测量精度要求也越来越高。因此，要求提高外测事后数据处理精细度，于是采用多台交汇的最小二乘估计法来解算弹道参数。

假设：

（1）有多个测站同时测量同一目标 M，分别得到观测值 A_i、E_i（无斜距）或 A_i、E_i、R_i（有斜距）或 R_i（纯斜距）；

（2）各测站原点 O_i 在发射坐标系的坐标分别为 X_{0i}、Y_{0i}、Z_{0i}；

（3）已知 M 的坐标初值为 X^0、Y^0、Z^0。

观测数据都是发射坐标系中位置参数的非线性函数，其关系式如下：

$$\begin{cases} A_i = \arctan\dfrac{Z - Z_{0i}}{X - X_{0i}} = f_{1i}(X,Y,Z) \\ E_i = \arctan\dfrac{Y - Y_{0i}}{\sqrt{(X - X_{0i})^2 + (Z - Z_{0i})^2}} = f_{2i}(X,Y,Z) \\ R_i = \sqrt{(X - X_{0i})^2 + (Y - Y_{0i})^2 + (Z - Z_{0i})^2} = f_{3i}(X,Y,Z) \end{cases} \tag{5-92}$$

最小二乘方法要求其为线性方程，故在 (X^0,Y^0,Z^0) 处泰勒展开，取一次项（泰勒展开式 $f(Z) = \sum\limits_{n=0}^{\infty}\dfrac{f^{(n)}(z_0)}{n!}(z - z_0)^n$）：

$$\begin{cases} A_i \approx A_i^0 + \dfrac{\partial f_{1i}}{\partial X}\bigg|_{x^0y^0z^0}(X - X^0) + \dfrac{\partial f_{1i}}{\partial Y}\bigg|_{x^0y^0z^0}(Y - Y^0) + \dfrac{\partial f_{1i}}{\partial Z}\bigg|_{x^0y^0z^0}(Z - Z^0) \\ E_i \approx E_i^0 + \dfrac{\partial f_{2i}}{\partial X}\bigg|_{x^0y^0z^0}(X - X^0) + \dfrac{\partial f_{2i}}{\partial Y}\bigg|_{x^0y^0z^0}(Y - Y^0) + \dfrac{\partial f_{2i}}{\partial Z}\bigg|_{x^0y^0z^0}(Z - Z^0) \\ R_i \approx R_i^0 + \dfrac{\partial f_{3i}}{\partial X}\bigg|_{x^0y^0z^0}(X - X^0) + \dfrac{\partial f_{3i}}{\partial Y}\bigg|_{x^0y^0z^0}(Y - Y^0) + \dfrac{\partial f_{3i}}{\partial Z}\bigg|_{x^0y^0z^0}(Z - Z^0) \end{cases} \tag{5-93}$$

其中，

$$\begin{cases} A_i^0 = \arctan \dfrac{Z^0 - Z_{0i}}{X^0 - X_{0i}} \\ E_i^0 = \arctan \dfrac{Y^0 - Y_{0i}}{\sqrt{(X^0 - X_{0i})^2 + (Z^0 - Z_{0i})^2}} \\ R_i^0 = \sqrt{(X^0 - X_{0i})^2 + (Y^0 - Y_{0i})^2 + (Z^0 - Z_{0i})^2} \end{cases} \tag{5-94}$$

令

$$\hat{\boldsymbol{X}} = \begin{bmatrix} \hat{X} \\ \hat{Y} \\ \hat{Z} \end{bmatrix}, \quad \boldsymbol{X}^0 = \begin{bmatrix} X^0 \\ Y^0 \\ Z^0 \end{bmatrix}$$

$$\Delta \boldsymbol{L} = \begin{bmatrix} A_1 - A_1^0 \\ E_1 - E_1^0 \\ R_1 - R_1^0 \\ \vdots \\ A_i - A_i^0 \\ E_i - E_i^0 \\ R_i - R_i^0 \end{bmatrix}_{3i \times 1}, \quad \Delta \boldsymbol{X} = \begin{bmatrix} X - X^0 \\ Y - Y^0 \\ Z - Z^0 \end{bmatrix}_{3 \times 1}$$

$$\boldsymbol{A} = \begin{bmatrix} a_{i1} = \dfrac{\partial f_{1i}}{\partial X}\bigg|_{x^0y^0z^0} & a_{i2} = \dfrac{\partial f_{1i}}{\partial Y}\bigg|_{x^0y^0z^0} & a_{i3} = \dfrac{\partial f_{1i}}{\partial Z}\bigg|_{x^0y^0z^0} \\ b_{i1} = \dfrac{\partial f_{2i}}{\partial X}\bigg|_{x^0y^0z^0} & b_{i2} = \dfrac{\partial f_{2i}}{\partial Y}\bigg|_{x^0y^0z^0} & b_{i3} = \dfrac{\partial f_{2i}}{\partial Z}\bigg|_{x^0y^0z^0} \\ c_{i1} = \dfrac{\partial f_{3i}}{\partial X}\bigg|_{x^0y^0z^0} & c_{i2} = \dfrac{\partial f_{3i}}{\partial Y}\bigg|_{x^0y^0z^0} & c_{i3} = \dfrac{\partial f_{3i}}{\partial Z}\bigg|_{x^0y^0z^0} \end{bmatrix}_{3i \times 3}$$

则

$$\Delta \boldsymbol{L} \approx \boldsymbol{A} \cdot \Delta \boldsymbol{X} \tag{5-95}$$

$$\boldsymbol{V} = \boldsymbol{A} \cdot \Delta \boldsymbol{X} - \Delta \boldsymbol{L} \tag{5-96}$$

式中：$\boldsymbol{V}$ 为残差向量，即观测随机误差向量。假设各观测数据的随机误差不相关，其协方差矩阵为

$$
\boldsymbol{P}=\begin{bmatrix}
\frac{1}{\sigma_{R1}^{2}} & & & & & & \\
& \frac{1}{\sigma_{A1}^{2}} & & & & & \\
& & \frac{1}{\sigma_{E1}^{2}} & & & & \\
& & & \ddots & & & \\
& & & & \frac{1}{\sigma_{Ri}^{2}} & & \\
& & & & & \frac{1}{\sigma_{Ai}^{2}} & \\
& & & & & & \frac{1}{\sigma_{Ei}^{2}}
\end{bmatrix}_{3i\times 3i} \tag{5-97}
$$

残差的加权平方和

$$
\boldsymbol{V}^{2}=\boldsymbol{W}=(\boldsymbol{A}\Delta\boldsymbol{X}-\Delta\boldsymbol{L})^{\mathrm{T}}\boldsymbol{P}(\boldsymbol{A}\Delta\boldsymbol{X}-\Delta\boldsymbol{L}) \tag{5-98}
$$

令

$$
\frac{\partial\boldsymbol{W}}{\partial\Delta\boldsymbol{X}}=0
$$

则

$$
2\boldsymbol{A}^{\mathrm{T}}\boldsymbol{P}\boldsymbol{A}\Delta\boldsymbol{X}-2\boldsymbol{A}^{\mathrm{T}}\boldsymbol{P}\Delta\boldsymbol{L}=0 \tag{5-99}
$$

$$
\Delta\boldsymbol{X}=(\boldsymbol{A}^{\mathrm{T}}\boldsymbol{P}\boldsymbol{A})^{-1}\boldsymbol{A}^{\mathrm{T}}\boldsymbol{P}\Delta\boldsymbol{L} \tag{5-100}
$$

取 ε 为一个小正值，当 $|\Delta\boldsymbol{X}|\leqslant\varepsilon$ 时

$$
\hat{\boldsymbol{X}}=\boldsymbol{X}^{0}+\Delta\boldsymbol{X} \tag{5-101}
$$

否则，$\hat{\boldsymbol{X}}$ 作为新的坐标初值，迭代计算，直至满足 $|\Delta\boldsymbol{X}|\leqslant\varepsilon$。

随着统计估计理论的发展，又采用一种节省计算时间和减少计算量的递推最小二乘估计法（要求多台光电经纬仪交汇测量数据都具有 R、A、E）和方向余弦解算法。

5.5 弹道参数计算

常用弹道参数包括：瞬时位置（x,y,z）、速度分量（$\dot{x},\dot{y},\dot{z}$）、加速度分量（$\ddot{x},\ddot{y},\ddot{z}$）、切向速度 V、弹道倾角 θ、弹道偏角 σ、切向加速度 $\dot{V}$、侧向加速度 $V\dot{\theta}$、法向加速度 $V\dot{\sigma}$ 等 15 个参数。

5.5.1　位置、速度分量、加速度分量的计算

由于坐标数据还可能存在误差，为了使数据更加合理、平稳，需对它们进行平滑，目前常用正交多项式拟合的方法。

对于一组等间隔的数据序列 $(u,y(u))(u=1,2,\cdots,M)$，可以用 P 阶多项式以最小二乘方法逼近这些观测数据。

$$Y(u)=\sum_{L=0}^{P}a_L\xi_L(u) \tag{5-102}$$

式中：a_L 为系数，$\xi_L(u)$ 为正交多项式，满足：

$$\begin{aligned}&\sum_{u=1}^{M}\xi_h(u)\xi_L(u)=0\;,\;h\neq L\\&\sum_{u=1}^{M}\xi_L^2(u)=S(L,M)\end{aligned} \tag{5-103}$$

$$\begin{aligned}\sum_{u=1}^{M}\xi_L^2(u)&=\frac{(L!\;)^2M(M^2-1)(M^2-4)\cdots(M^2-L^2)}{(1\times3\times5\times\cdots\times(2L-1))^2\times2^{2L}(2L+1)}h^{2L}\\&=\frac{(L!\;)^4\prod\limits_{l=-L}^{+L}(M-L)}{(2L)!(2L+1)!}h^{2L}\end{aligned} \tag{5-104}$$

$\xi_L(u)$ 及其导数 $\xi_L^{(k)}(u)$ 的计算公式如下：

$$\begin{cases}\xi_0(u)=1,\;\xi_1(u)=u-\bar{u},\;\bar{u}=\dfrac{M+1}{2}h\\\xi_2(u)=(u-\bar{u})^2-\dfrac{M^2-1}{12}h^2\\\xi_3(u)=(u-\bar{u})^3-(u-\bar{u})\left(\dfrac{3M^2-7}{20}\right)h^2\\\xi_4(u)=(u-\bar{u})^4-(u-\bar{u})^2\left(\dfrac{3M^2-13}{14}\right)h^2+\dfrac{3(M^2-1)(M^2-9)}{560}h^4\end{cases} \tag{5-105}$$

$$\xi_{j+1}(u)=\xi_1(u)\xi_j(u)-\frac{j^2(M^2-j^2)}{4(4j^2-1)}h^2\xi_{j-1}(u) \tag{5-106}$$

$$\begin{cases}\xi_1^{(1)}(u)=1\\\xi_2^{(1)}(u)=2(u-\bar{u})\\\xi_3^{(1)}(u)=3(u-\bar{u})^2-\left(\dfrac{3M^2-7}{20}\right)h^2\\\xi_4^{(1)}(u)=4(u-\bar{u})^3-(u-\bar{u})\left(\dfrac{3M^2-13}{7}\right)h^2\end{cases} \tag{5-107}$$

$$\begin{cases}\xi_2^{(2)}(u)=2\\ \xi_3^{(2)}(u)=6(u-\bar{u})\\ \xi_4^{(2)}(u)=12(u-\bar{u})2-\left(\dfrac{3M^2-13}{7}\right)h^2\end{cases}\tag{5-108}$$

现设观测数列：$y_u=Y(u)+N(u)$。$N(u)$ 为误差向量，假设它随机、平稳、不相关，则误差向量的平方和为

$$I=\sum_{u=1}^{M}N^2(u)=\sum_{u=1}^{M}(y_u-Y(u))^2=\sum_{u=1}^{M}(Y(u)-y_u)^2\tag{5-109}$$

使误差向量的平方和最小，则系数 a_L 的估值 $\hat{a}_L$ 满足下式：

$$\frac{\partial I}{\partial \hat{a}_L}=\frac{\partial\sum\limits_{u=1}^{M}N^2(u)}{\partial \hat{a}_L}=\frac{\partial\left(\sum\limits_{u=1}^{M}\left(\sum\limits_{L=0}^{p}\hat{a}_L\xi_L(u)-y_u\right)^2\right)}{\partial \hat{a}_L}=0\tag{5-110}$$

即

$$\frac{\partial I}{\partial \hat{a}_L}=\sum_{u=1}^{M}2\left(\sum_{L=0}^{p}\hat{a}_L\xi_L(u)-y_u\right)\xi_L(u)=0\tag{5-111}$$

$$\sum_{u=1}^{M}\left(\sum_{L=0}^{p}\hat{a}_L\xi_L(u)\right)\xi_L(u)=\sum_{u=1}^{M}\xi_L(u)y_u\tag{5-112}$$

$$\begin{cases}\left(\sum\limits_{u=1}^{M}\xi_0^2(u)\right)\hat{a}_0+\left(\sum\limits_{u=1}^{M}\xi_0(u)\xi_1(u)\right)\hat{a}_1+\cdots+\left(\sum\limits_{u=1}^{M}\xi_0(u)\xi_p(u)\right)\hat{a}_p=\sum\limits_{u=1}^{M}\xi_0(u)y_u\\ \left(\sum\limits_{u=1}^{M}\xi_1(u)\xi_0(u)\right)\hat{a}_0+\left(\sum\limits_{u=1}^{M}\xi_1^2(u)\right)\hat{a}_1+\cdots+\left(\sum\limits_{u=1}^{M}\xi_1(u)\xi_p(u)\right)\hat{a}_p=\sum\limits_{u=1}^{M}\xi_1(u)y_u\cdots\\ \left(\sum\limits_{u=1}^{M}\xi_1(u)\xi_0(u)\right)\hat{a}_0+\left(\sum\limits_{u=1}^{M}\xi_0(u)\xi_1(u)\right)\hat{a}_1+\cdots+\left(\sum\limits_{u=1}^{M}\xi_p^2(u)\right)\hat{a}_p=\sum\limits_{u=1}^{M}\xi_p(u)y_u\end{cases}\tag{5-113}$$

由于 $\sum\limits_{u=1}^{M}\xi_h(u)\xi_L(u)=0$，$h\neq L$，所以：

$$\sum_{u=1}^{M}\xi_L^2(u)=S(L,M)\tag{5-114}$$

故：$\hat{a}_L=\sum\limits_{u=1}^{M}\dfrac{y_u\xi_L(u)}{S(L,M)}$，代入 $Y(u)=\sum\limits_{L=0}^{p}a_L\xi_L(u)$，可得

$$Y(u)=\sum_{L=0}^{p}\left(\sum_{u=1}^{M}\frac{y_u\xi_L(u)}{S(L,M)}\right)\xi_L(u) \tag{5-115}$$

如果令 y_u 分别为坐标序列 X、Y、Z，则 $Y(u)$ 就分别是平滑后的坐标序列。求得坐标参数后，对其求一阶导和二阶导，即得速度 $\dot{X}$、$\dot{Y}$、$\dot{Z}$ 和加速度 $\ddot{X}$、$\ddot{Y}$、$\ddot{Z}$。

对 $Y(u)=\sum_{L=0}^{p}a_L\xi_L(u)$ 求 K 阶导，并将 u 当作连续变量，得

$$\left.\frac{\mathrm{d}^kY(u)}{\mathrm{d}u^k}\right|_{u=M+\alpha}\equiv Y^k(M+\alpha)=\sum_{L=k}^{p}\hat{a}_L\left.\frac{\mathrm{d}^k\xi_L(u)}{\mathrm{d}u^k}\right|_{u=M+\alpha} \tag{5-116}$$

令 $\left.\frac{\mathrm{d}^k\xi_L(u)}{\mathrm{d}u^k}\right|_{u=M+\alpha}=\xi_L^{(k)}(M+\alpha)$。

并将 $\hat{a}_L=\sum_{u=1}^{M}\frac{y_u\xi_L(u)}{S(L,M)}$ 代入 $Y^k(M+\alpha)$，得

$$Y^k(M+\alpha)=\sum_{L=k}^{p}\sum_{u=1}^{M}\frac{\xi_L(u)y_u\xi_L^{(k)}(M+\alpha)}{S(L,M)} \tag{5-117}$$

令 $W_{M-u}=\sum_{L=k}^{p}\frac{\xi_L(u)\xi_L^{(k)}(M+\alpha)}{S(L,M)}$，则 $Y_{M+j}^{(k)}(M+\alpha+j)=\sum_{u=1}^{M}W_{M-u}^{(k)}Y_{u+j}$，$j=0$，$\pm1$，$\pm2\cdots$。

α 的选取与 j 对应：

（1）当 $\frac{M+1}{2}\leqslant j\leqslant N_2-\frac{M+1}{2}$ 时，$\alpha=-\frac{M-1}{2}$ 表示中心平滑；

（2）当 $j=1,2,\cdots,\frac{M+1}{2}-1$ 时，对应取 $\alpha=-(M-1),(M-1)-1,\cdots,-\frac{M-1}{2}+1$ 表示前偏心平滑；

（3）当 $j=N_2-\frac{M+1}{2}+1$，$\cdots,N_2-1,N_2$ 时，对应取 $\alpha=-\frac{M-1}{2}-1,\cdots,-1,0$ 表示后偏心平滑。

其中：N_2 为序列中所含数据的总个数；M 为平滑拟合点，由于是中心平滑，因此 M 总为奇数；h 为测量时间间隔；$j=1,2,\cdots,N_2$ 为滑动微分记录值，即当前进行平滑微分的序列。

当 $k=1$ 时，并令 y_{u+j} 分别为被测目标的坐标分量 X、Y、Z，则 $Y_{M+j}^{(1)}(M+\alpha+j)$ 就是目标的速度分量 $\dot{X}$、$\dot{Y}$、$\dot{Z}$；当 $k=2$ 时，并令 y_{u+j} 分别为被测目标的坐标分

量 $\dot{X}$、$\dot{Y}$、$\dot{Z}$，则 $Y_{M+j}^{(2)}(M+\alpha+j)$ 就是目标的加速度分量 $\ddot{X}$、$\ddot{Y}$、$\ddot{Z}$。

对于非关机点附近的主动段弹道、自由段弹道和再入段弹道，常使用速度二阶中心平滑和加速度三阶中心平滑公式处理光电经纬仪数据。处理主动段弹道数据时，平滑区间常取为1s或2s，处理自由段弹道数据时，平滑区间一般不超过20s，再入段弹道的平滑区间为1～2s。对于关机点附近的主动段弹道，由于弹道变化剧烈，由位置参数平滑求速度时，采用四阶中心平滑公式，平滑区间同二阶中心平滑。

5.5.2 切向速度 V、弹道倾角 θ、弹道偏角 σ 的计算

切向速度一般记为 V，设导弹飞行弹道函数为 $f(X,Y,Z)$，则弹道切向速度 $V=f'(X,Y,Z)$（图5-15）。已知导弹在发射坐标系中的速度分量为 $\dot{X}$、Y、Z，则

$$V=\sqrt{\dot{X}^2+\dot{Y}^2+\dot{Z}^2} \tag{5-118}$$

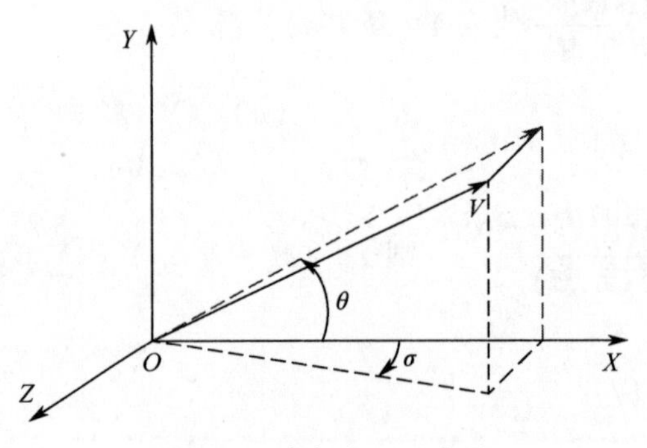

图5-15 参数定义示意图

弹道倾角一般记为 θ，它是速度向量 $\boldsymbol{V}$ 在发射坐标系 XOY 平面上的投影与 OX 轴的夹角，向上为正，向下为负。通常，对于一级火箭来讲，在关机之前，θ 总应该为正。

$$\sin\theta=\frac{\dot{Y}}{V_{XOY}} \tag{5-119}$$

$$\theta=\arcsin\frac{\dot{Y}}{\sqrt{\dot{X}^2+\dot{Y}^2}} \tag{5-120}$$

弹道偏角一般记为 σ，它是速度向量 $\boldsymbol{V}$ 在发射坐标系 XOZ 平面上的投影与 OX 轴的夹角，向左为正，向右为负。弹道偏角的符号总是与 $\dot{Z}$ 相反。

$$\sigma=\arcsin\frac{-\dot{Z}}{V_{XOZ}} \tag{5-121}$$

因为 σ 实际很小，故近似用 V 代替其在 XOZ 平面上的投影。

$$\sigma = \arcsin \frac{-\dot{Z}}{V} \tag{5-122}$$

5.5.3　切向加速度、法向加速度、侧向加速度的计算

切向速度的导数即切向加速度

$$\dot{V} = (\sqrt{\dot{X}^2 + \dot{Y}^2 + \dot{Z}^2})' = \frac{1}{V}(\ddot{X}\dot{X} + \ddot{Y}\dot{Y} + \ddot{Z}\dot{Z}) \tag{5-123}$$

切向加速度是一个特征较强的参数（有主动力的情况下），任务中通常将其变化情况点图显示，以供数据分析。

切向速度与弹道倾角角速度 $\dot{\theta}$ 的乘积称为法向加速度，通常记为 $V\dot{\theta}$

$$V\dot{\theta} = V\left(\frac{\ddot{Y}\cos\theta - \ddot{X}\sin\theta}{\sqrt{\dot{X}^2 + \dot{Y}^2}}\right) \tag{5-124}$$

$$V \approx \sqrt{\dot{X}^2 + \dot{Y}^2} \tag{5-125}$$

$$V\dot{\theta} = \ddot{Y}\cos\theta - \ddot{X}\sin\theta \tag{5-126}$$

切向速度与弹道偏角角速度 $\dot{\sigma}$ 的乘积称为侧向加速度，通常记为 $V\dot{\sigma}$

$$\begin{aligned} V\dot{\sigma} &= V\left(\frac{-\ddot{Z}}{\sqrt{\dot{X}^2 + \dot{Y}^2}} + \frac{\dot{V}\dot{Z}}{V\sqrt{\dot{X}^2 + \dot{Y}^2}}\right) \\ &= \frac{-V\ddot{Z}}{\sqrt{\dot{X}^2 + \dot{Y}^2}} + \frac{\dot{V}\dot{Z}}{\sqrt{\dot{X}^2 + \dot{Y}^2}} \end{aligned} \tag{5-127}$$

$$\frac{\dot{Z}}{\sqrt{\dot{X}^2 + \dot{Y}^2}} = \tan(-\sigma) = -\tan\sigma \tag{5-128}$$

$$\frac{\sqrt{\dot{X}^2 + \dot{Y}^2}}{V} = \cos\sigma \tag{5-129}$$

$$V\dot{\sigma} = \frac{-\ddot{Z}}{\cos\sigma} - \dot{V}\tan\sigma \tag{5-130}$$

σ 很小，故取

$$V\dot{\sigma} = -\ddot{Z} - \dot{V}\sigma \tag{5-131}$$

（1）已知切向加速度为

$$\dot{V} = (\sqrt{\dot{X}^2 + \dot{Y}^2 + \dot{Z}^2})' = \frac{1}{V}(\ddot{X}\dot{X} + \ddot{Y}\dot{Y} + \ddot{Z}\dot{Z}) \tag{5-132}$$

由于 $\dot{Z}$、$\ddot{Z}$ 都是较小的量，故可以忽略不计，于是

$$\dot{V}=\frac{1}{V}(\ddot{X}\dot{X}+\ddot{Y}\dot{Y}) \tag{5-133}$$

又由于速度分量 $\dot{X}$、$\dot{Y}$、$\dot{Z}$ 和切向速度 V 的误差对切向加速度的影响，相对于加速度分量 $\ddot{X}$、$\ddot{Y}$ 误差对其影响较小，因此只考虑加速度分量 $\ddot{X}$、$\ddot{Y}$ 误差的影响。此时，对 $\dot{V}=\frac{1}{V}(\ddot{X}\dot{X}+\ddot{Y}\dot{Y})$ 求导，得

$$\Delta\dot{V}=\frac{1}{V}(\dot{X}\Delta\ddot{X}+\dot{Y}\Delta\ddot{Y}) \tag{5-134}$$

$$\sigma_{\dot{V}}^2=E[(\Delta\dot{V})^2]=E\left[\frac{\dot{X}^2}{V^2}\Delta\ddot{X}^2+\frac{2\dot{X}\dot{Y}}{V^2}\Delta\ddot{X}\Delta\ddot{Y}+\frac{\dot{Y}^2}{V^2}\Delta\ddot{Y}^2\right]=\frac{\dot{X}^2}{V^2}\sigma_{\ddot{X}}^2+\frac{\dot{Y}^2}{V^2}\sigma_{\ddot{Y}}^2 \tag{5-135}$$

式（5-135）是在假设 $\ddot{X}$、$\ddot{Y}$ 相互独立的情况下得到。

（2）已知法向加速度为

$$V\dot{\theta}=\ddot{Y}\cos\theta-\ddot{X}\sin\theta \tag{5-136}$$

求导，得

$$\Delta(V\dot{\theta})=\Delta\ddot{Y}\cos\theta-\Delta\ddot{X}\sin\theta-(\ddot{Y}\sin\theta+\ddot{X}\cos\theta)\Delta\theta \tag{5-137}$$

$$\begin{aligned}\sigma_{V\dot{\theta}}^2=E[(\Delta(V\dot{\theta}))^2]=&E[\Delta\ddot{Y}^2\cos^2\theta-2\Delta\ddot{X}\Delta\ddot{Y}\sin\theta\cos\theta+\Delta\ddot{X}^2\sin^2\theta\\&-2\Delta\ddot{Y}\cos\theta(\ddot{Y}\sin\theta+\ddot{X}\cos\theta)\Delta\theta\\&+2\Delta\ddot{X}\sin\theta(\ddot{Y}\sin\theta+\ddot{X}\cos\theta)\Delta\theta+(\ddot{Y}\sin\theta+\ddot{X}\cos\theta)^2\Delta\theta^2]\\=&\cos^2\theta\sigma_{\ddot{Y}}^2+\sin^2\theta\sigma_{\ddot{X}}^2+(\ddot{Y}\sin\theta+\ddot{X}\cos\theta)2\sigma_{\theta}^2\end{aligned} \tag{5-138}$$

式（5-138）是在假设 $\ddot{X}$、$\ddot{Y}$、θ 相互独立的情况下得到。

（3）已知侧向加速度为

$$V\dot{\sigma}=-\ddot{Z}-\dot{V}\sigma \tag{5-139}$$

求导，得

$$\Delta(V\dot{\sigma})=-\Delta\ddot{Z}-\Delta\dot{V}\sigma \tag{5-140}$$

$$\begin{aligned}\sigma_{V\dot{\sigma}}^2=E[(\Delta(V\dot{\sigma}))^2]&=E[\Delta\ddot{Z}^2+2\Delta\ddot{Z}\Delta\dot{V}\sigma+\Delta\dot{V}^2\sigma^2]\\&=\sigma_{\ddot{Z}}^2+\sigma^2\sigma_{\dot{V}}^2+2\sigma\sigma_{\ddot{Z}\dot{V}}\end{aligned} \tag{5-141}$$

$$\begin{aligned}\sigma_{\ddot{Z}\dot{V}}=E[(\Delta\ddot{Z}\Delta\dot{V})]&=E\left[\frac{\Delta\ddot{Z}}{V}(\dot{X}\Delta\ddot{X}+\dot{Y}\Delta\ddot{Y}+\dot{Z}\Delta\ddot{Z})\right]\\&\approx\frac{1}{V}(\dot{X}\sigma_{\ddot{X}\ddot{Z}}+\dot{Y}\sigma_{\ddot{Y}\ddot{Z}})\end{aligned} \tag{5-142}$$

式（5-142）是在假设 $\ddot{X}$、$\ddot{Y}$、σ 相互独立的情况下得到。

思考题：

1. 光电经纬仪实时数据处理包括哪几个过程？
2. 光学测角数据的系统误差源主要有哪些？
3. 光学测距数据的系统误差源主要有哪些？
4. 光电经纬仪的零位差如何进行检测？
5. 基于光电经纬仪的坐标初值双站交汇测量原理是什么？
6. 引起射程偏差的基本原因有哪些？
7. 大气是如何影响光学测量数据的？
8. 根据照准轴和水平轴倾斜误差修正推导思想，查阅相关资料，详细推导垂直轴倾斜误差引起的测量误差修正公式，并与照准轴和水平轴结果进行对比分析。

第 6 章　雷达测量数据处理

雷达测量数据处理的基本原理与工作流程和光学测量数据处理有相似之处，因此本章重点阐述雷达测角系统误差校正原理、时间误差修正、电波折射误差修正等与光学测量数据处理存在较大差异的内容，并介绍弹道误差模型最佳估计方法，最后介绍基于雷达测量数据的卫星轨道根数计算的原理。

6.1　雷测数据处理流程

雷达测量数据处理的工作流程与光学测量数据处理的工作流程类似。

1）脉冲雷达测量数据实时处理

对于实时数据处理而言，主要是利用脉冲雷达跟踪目标较为容易、跟踪后目标不容易丢失的特点，实现对目标飞行阶段的实时计算、实时显示，以及对高精度测量设备的实时引导。脉冲雷达测量数据实时处理流程图如图 6-1 所示。

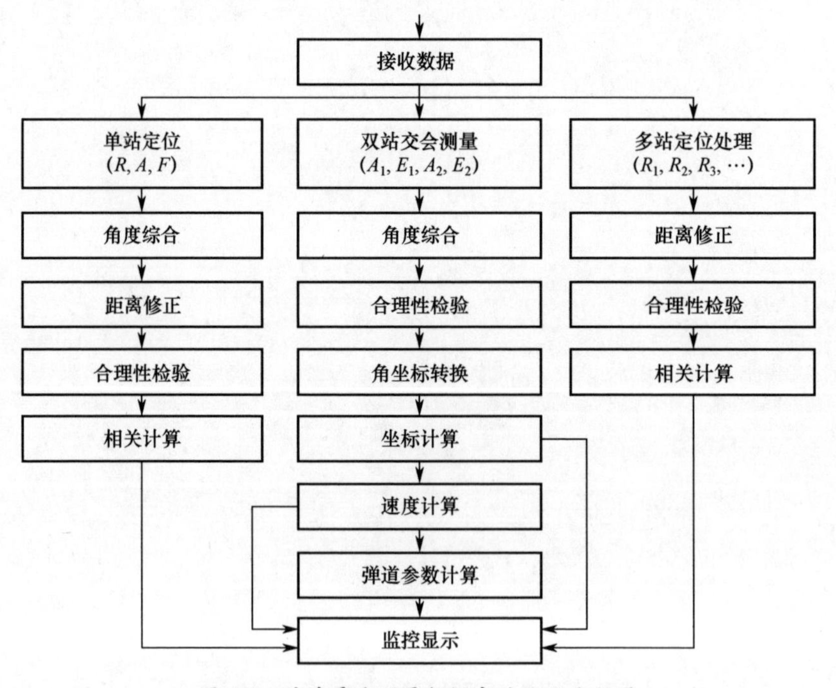

图 6-1　脉冲雷达测量数据实时处理流程图

2）脉冲雷达测量数据事后处理

脉冲雷达测量数据事后数据处理的工作流程如图 6-2 所示。

图 6-2　脉冲雷达测量数据事后数据处理工作流程图

确定数据段落：判断是否丢帧；判断是否跟踪丢失；判断判断跟踪方式，了解跟踪情况。据此选择待处理数据段落。

方位过零跳点处理：当飞行目标从第Ⅰ象限进入第Ⅳ象限或者向相反方向运动时（以该测站水平面内的天文北作为零度，顺时针方向旋转为正），在零点附近，受测量误差的影响，方位角 A 的读数会在接近 2π 的大值和接近于 0 的小值之间跳变。为消除此跳点需做过零处理，按下述步骤消除。

（1）将消除跳点后的方位角记为 A'_j，其中 $A'_1=A_1$，判断 $|A_{j+1}-A'_j|>\delta_0$ 是否成立，若成立，则认为 A_{j+1} 为跳点。

（2）当 $A_{j+1}-A'_j>\delta_0$ 时，令 $A'_{j+1}=A_{j+1}-2\pi$ 。

（3）当 $A_{j+1}-A'_j<-\delta_0$ 时，令 $A'_{j+1}=A_{j+1}+2\pi$；

否则，认为 A_{j+1} 不是跳点，并令 $A'_{j+1}=A_{j+1}$。

(4) 令 $j=j+1$，重复上述各步，直至 $j=N-1$ 为止。

上述步骤中，δ_0 为门限值。

合理性检验：对观测数据的异常值（野值）进行判别，剔除并替代它们。一般分两步进行，先利用差分拟合法或者外推拟合法，然后利用最小二乘的多项式拟合方法替代野值。

(1) 外推预报：

$$\hat{x}_{i+n+\alpha}=\frac{1}{n}\cdot\sum_{j=1}^{n}\left[\frac{12\cdot\left(j-\dfrac{n+1}{2}\right)\cdot\left(\alpha+\dfrac{n-1}{2}\right)}{n^2-1}+1\right]\cdot x_{i+j} \tag{6-1}$$

(2) 判断野值：

若 $|\hat{x}_{i+n+\alpha}-x_{i+n+\alpha}|<k\cdot\sigma$（$k$=3 或 5），则 $x_{i+n+\alpha}=x_{i+n+\alpha}$，否则 $x_{i+n+\alpha}=\hat{x}_{i+n+\alpha}$。

系统误差修正：主要包括天线座水平误差、方位轴和俯仰轴垂直误差、光机轴平行误差、动态滞后误差、天线重力变形误差等。

随机误差特性统计：采用最小二乘法，能较准确地反映出设备随机误差的白噪声部分和色噪声部分。引入时间序列分析理论中的自回归模型，即 AR(p) 模型对最小二乘的拟合残差进行分析，可分离出白噪声部分和色噪声部分。

电波折射误差修正：电磁波在目标与测站间传播时，电波折射效应会使电磁波的传播路径发生弯曲和非匀速传播，引起测角和测距误差，需予以修正。

角坐标转换：将测站垂线坐标系中的测角数据转换成发射坐标系中的观测量。

实现方法如下。

(1) 计算测站与目标间矢量在发射坐标系中的方向余弦：

$$\begin{bmatrix} l \\ m \\ n \end{bmatrix}=\boldsymbol{\Omega}\begin{bmatrix}\cos E\cos A \\ \sin E \\ \cos E\sin A\end{bmatrix} \tag{6-2}$$

(2) 计算目标在测站发射坐标中的角坐标：

$$A'=\arctan\frac{n}{l}+\begin{cases}0,\ l>0,\ n>0 \\ \pi,\ l<0 \\ 2\pi,\ l>0,\ n<0\end{cases},\quad A'=\begin{cases}0,\ l>0,\ n=0 \\ \pi/2,\ l=0,\ n>0 \\ \pi,\ l<0,\ n=0 \\ 3\pi/2,\ l=0,\ n<0\end{cases} \tag{6-3}$$

$$E'=\arcsin m$$

跟踪点修正：雷达测量设备跟踪点是弹上的应答机，将其修正到制导平台中心。

3）干涉仪测量数据事后处理

干涉仪测量数据事后处理的工作流程与脉冲雷达测量数据事后处理的工作流

程类似，在合理性检验前，首先要进行数据复原处理。

（1）数据复原处理。

干涉仪定位系统采用伪码、侧音混合测距体制。6位Y码和7位X码（码钟625kHz）分别对第二、三发射载波调相，这两个载波与第一载波做差分别得到5MHz、80MHz侧音信号。其中，80MHz信号作为最高侧音，用于精密测距；伪码相当于最低侧音，用于解距离模糊。

$$
\begin{aligned}
T_{\mathrm{PN}} &= (2^7 - 1)(2^6 - 1)\Delta = 127 \times 63\Delta \\
&= 8001 \times 1.6\mu s = 12.8016\mathrm{ms}
\end{aligned}
\tag{6-4}
$$

对应的距离为

$$
CT_{\mathrm{PN}} = 299792458\mathrm{m/s} \times 12.8016\mathrm{ms} = 3837823\mathrm{m} \tag{6-5}
$$

测距终端采用全分别计数、软件匹配测距方案（图6-3），即三个独立的相位计各自测量自己的收、发信号相位差，最后由软件匹配公式计算出精确的距离值。由发全“1”（由625kHz、40Hz相与得到）开启粗测计数器，同时发出伪码；由接收码全“1”（收X码“1”与收Y码“1”相与）关闭粗测计数器，其80MHz计数值除以16得5MHz粗测测量值N_5。精测包含5MHz和80MHz两种，原理相同。由收“1”打开收支路和发支路两计数器，用收5MHz与发5MHz（具体实施时经混频降低工作频率而保持相位差）过零脉冲分别关闭计数器，两计数器值做差，得5MHz精测数据M_5。不同精粗测距信号关系如图6-4所示。

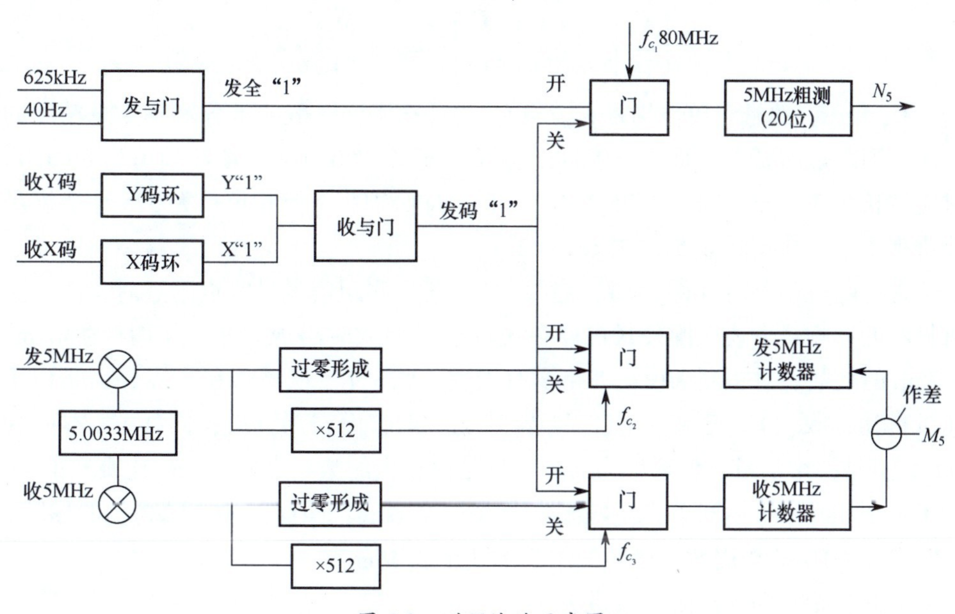

图6-3　测距终端示意图

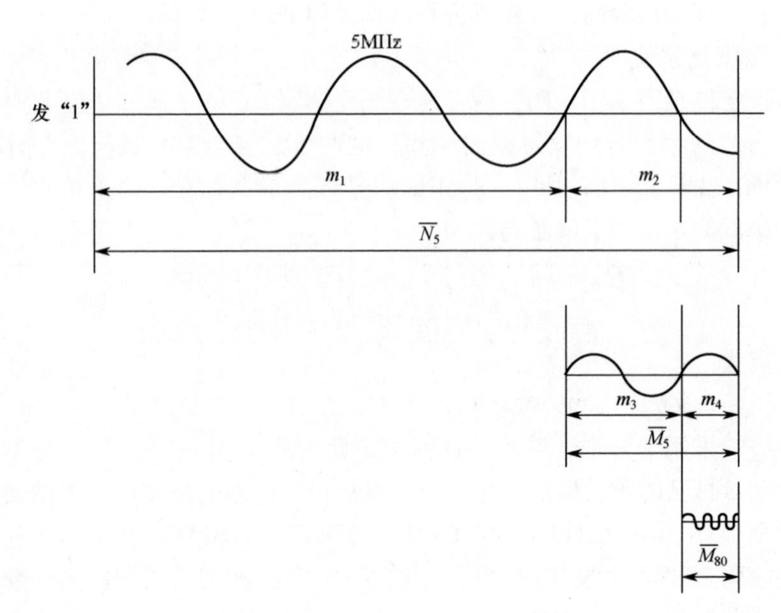

图 6-4　不同精、粗测距信号关系图

进行零值修正后，测量值计数分别为 $\overline{N}_5$、$\overline{M}_5$、$\overline{M}_{80}$。

无随机误差时，距离和匹配公式为

$$S=\left[\frac{\overline{N}_5}{16}\right]\cdot\lambda_5+\left[\frac{\overline{M}_5}{512}\right]\cdot\lambda_{80}+\frac{\overline{M}_{80}}{512}\cdot\lambda_{80} \tag{6-6}$$

M_5 和 M_{80} 的量化单位均是 $\lambda_{80}/512$。为什么呢？一般要求分辨率为总精度的 1/10，测距最高要求的是 $\Delta r=0.1\text{m}$，那么分辨率是 0.01m。填充频率为 80MHz，对应波长为 3.75m，则有 3.75/0.01=375，即必须将被测相位扩大 375 才能满足分辨率要求，故实际取 512（$2^8<375<2^9$）。

含有随机误差时（图 6-5），当收“1”落在测距信号过零点附近时，由于随机抖动的影响，上述匹配公式可能在统计信号周数时出现偏差，从而产生 60m、3.75m 的跳数。对粗测来说，如果没有误差，收“1”应该落在 A 点，但是由于随机抖动，收“1”落在 B 点，m_1 本应为 mA_1，而误为 mB_1；同样 m_2 本应为 mA_2，且是一个小量，但现误为 mB_2，且是比较大的数。这样，mB_1 比真实的 m_1 少了一个 5MHz 的整周数，使匹配结果少一个 60m；同样，mB_2 比真实的 m_2 多了几个 80MHz 的整周数，使匹配结果少几个 3.75m。

因此，距离和匹配公式改进为

$$S=\left[\frac{\overline{N}_5}{16}-\frac{\overline{M}_5-\overline{M}_{80}}{512\times16}\right]\cdot\lambda_5+\left[\frac{\overline{M}_5-\overline{M}_{80}}{512}\right]\cdot\lambda_{80}+\frac{\overline{M}_{80}}{512}\cdot\lambda_{80} \tag{6-7}$$

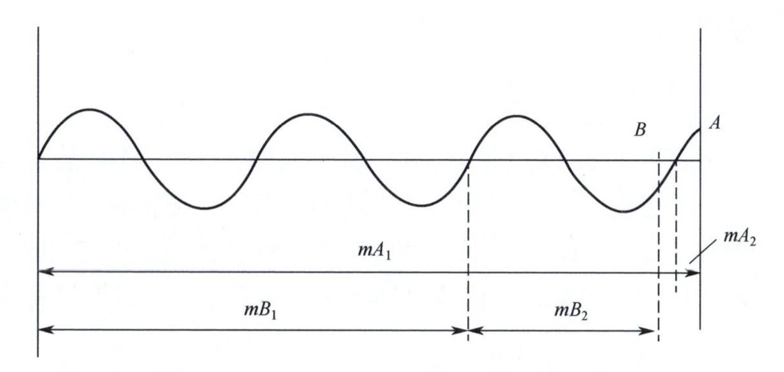

图 6-5　随机误差对精、粗测距信号关系的影响

（2）测速数据复原。

工程测量中，要真正获取瞬时多普勒频移极其困难，通常采用在固定采样时间间隔内测量多普勒频率周数的方法。

连续波干涉仪雷达采取直接求速法测速。

原理：把多普勒变化理解成测量相位增量。

复原公式：

$$\Delta S = N_{d_\alpha} \cdot \lambda \tag{6-8}$$

式中：λ 为应答机转发波长；N_{d_α} 为 1/80s 内的整周数。

（3）突跳现象处理（台阶跳消除）。

由于测量元素不含测角数据，故没有“方位过零跳点处理”环节，取而代之的是“突跳现象处理”。

由干涉仪的测量原理可知，对不同频率测量值进行匹配计算时，有可能产生 3.75m（对应 80MHz 侧音信号）和 60m（对应 5MHz 侧音信号）的突跳。为了消除这些突跳，利用数据合理性检验后的测速增量数据作为标准，检验突跳点。

定位数据采集间隔 h_1 等于测速增量数据采样间隔 h_2 的两倍，假设第 i、$i-1$ 时刻测得定位数据分别为 S_i、S_{i-1}，而在相应时间段内测速系统测得的两个小增量为 ΔS_{i1}、ΔS_{i2}。若不考虑观测数据在空中传播时延等误差，则满足

$$\Delta S_i = S_i - S_{i-1} = \Delta S_{i1} + \Delta S_{i2} \approx \delta_i \tag{6-9}$$

判别 $|\Delta S_i - \delta_i| < \varepsilon$ 是否成立。如果成立，则认为 S_i 不是突跳点，否则认为其为突跳点，并判断 $\Delta S_i - \delta$ 是 3.75m 还是 60m 的整数倍 k_1、k_2，相应地，取 $S_i = S_{i-1} + 3.75k_1$ 或 $S_i = S_{i-1} + 60k_2$ 来修正定位数据。

6.2　雷达测角系统误差校正原理

雷达需要校正的系统误差源很多，而且不同雷达的主要误差源也不完全相

同，因此系统误差校正的原理也有所不同。

6.2.1 角度零值的修正

单脉冲体制的雷达设备是通过与雷达天线转角同步的角度数码转换装置来测量目标的角度。雷达自动跟踪目标时，电轴指向目标，机械轴输出测角值，即传感器输出的是机械轴的位置。当雷达的机械轴在水平位置对准正北方向时，传感器由于安装时构成的固定偏差，使传感器输出不为零，这一起始角度就是角度零值。

用ΔA_0、ΔE_0分别表示方位与俯仰零值，$A_{测}$、$E_{测}$表示传感器输出的测量值，则目标的真实角度为

$$\begin{cases}A = A_{测} - \Delta A_0 \\ E = E_{测} - \Delta E_0\end{cases} \tag{6-10}$$

方位零值与俯仰零值可在试验前通过对方位标的多次测量确定。

6.2.2 轴系误差的修正

雷达的三轴：垂直轴、机电轴和水平轴，相互垂直，测站坐标原点即为三轴交点。

机电轴即是当设备水平时方位零刻线对准大地北的X_c轴，垂直轴与铅垂线重合，即是Y_c轴，水平轴即是Z_c轴。

轴系误差分为大盘不水平误差、水平轴与垂直轴不正交、机电轴偏差（分别对应光测设备的垂直轴、水平轴、照准轴偏差）以及电轴重力下垂误差四种。

1）大盘不水平误差

大盘不水平误差即方位轴（垂直轴）不垂直误差。雷达的俯仰角测量从大盘平面（天线基座平面）起算，而目标的真实仰角从水平面起算。当垂直轴不垂直于地面时，即天线基座不水平时，倾斜了一个角度。

大盘不水平的原因包括：基础平面不水平；基础不均匀下沉；水平调整不当；日晒引起的天线基座变形等。

设天线基座最大不水平角为θ_M，对应方位为A_M，则该误差引起的方位角、俯仰角偏差为

$$\begin{cases}\Delta A_1 = \theta_M \sin(A - A_M) \cdot \tan E \\ \Delta E_1 = \theta_M \cos(A - A_M)\end{cases} \tag{6-11}$$

式中：θ_M和A_M的测量可采用高精度水平仪在天线转台上测定，或用雷达望远镜测量多个方位标的仰角来测定。

2）水平轴与垂直轴不正交

由于机械上的原因或动态变形，导致水平轴与垂直轴不正交，即二者夹角不为 90°。假定方位轴铅垂，则二轴不正交实际上就是水平轴不水平。不正交角记为 δ_M，即为二轴夹角与 90°之偏差。此时，方位轴转动不会引起测角误差，俯仰轴转动产生的测角误差为

$$\begin{cases}\Delta A_2 = \delta_M \cdot \tan E \\ \Delta E_2 = 0\end{cases} \tag{6-12}$$

式中：δ_M 的测量可采用高精度水平仪测定，或采取“反向法”两次观测北极星来测定。

3）机电轴偏差

雷达自动跟踪目标时，电轴指向目标，机械轴输出测角值。当两轴存在偏差时，必然引起测角误差。记机电轴偏差为 K，当仰角改变时，K 值保持不变，但方位角是在水平面上度量的。K 角水平面上的投影，即为方位角偏差，其随仰角变化：

$$\Delta A_3 = K \cdot \sec E \tag{6-13}$$

俯仰角偏差为

$$\Delta E_3 \approx 0 \tag{6-14}$$

数据处理时，对机电轴误差的实际修正公式为

$$\begin{cases}A = A_{测} - \Delta A_0 - \Delta A_3 \\ E = E_{测} - \Delta E_0 - \Delta E_3\end{cases} \tag{6-15}$$

机电偏差 K 包含光机轴偏差和光电轴偏差。光机轴偏差采取三点一线法校准；光电轴偏差包括地面反射影响所造成的电轴偏移和单脉冲网络误差所引起的电轴偏移。

4）电轴重力下垂误差

电轴重力下垂是光学测量设备所没有的误差，由雷达天线结构重力变形引起。对于大型精密测控雷达，此项误差必须修正。重力下垂实质上是电轴上翘带来的仰角误差。

设仰角为零时重力下垂误差为 ΔE_{OG}，则在任意仰角时此项误差为

$$\Delta E_G = \Delta E_{OG} \cdot \cos E \tag{6-16}$$

天线重力下垂系数的标定可通过对校准塔喇叭天线信号进行自动跟踪的方法进行标定。

6.2.3 码盘偏心的修正

码盘装订时，由于刻度中心 O 与旋转中心 O' 不同心，此项误差可分为方位

码盘偏心和俯仰码盘偏心。如图 6-6 所示，$OO' = r_A$ 为偏心度，R_A 为码盘半径。

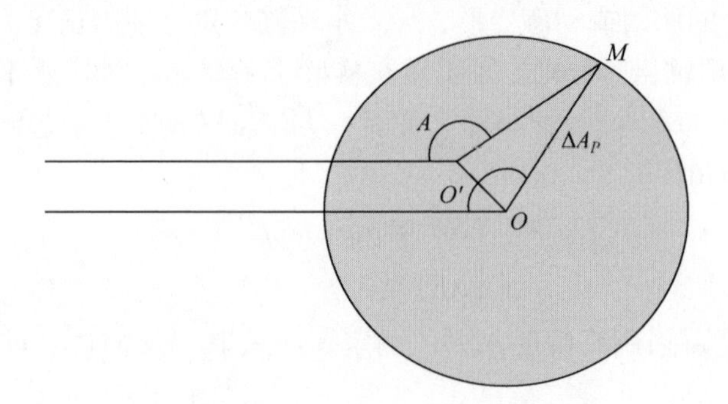

图 6-6　码盘偏心示意图

由正弦定理可知方位度盘偏心误差：$\Delta A_P = r_A \cdot \sin(A_0 + A)$。

同理，俯仰度盘偏心误差：$\Delta E_P = r_E \cdot \sin(E_0 + E)$。

6.2.4　动态滞后误差的修正

目标以高角速度相对测站运动时，由于天线角角速度有限，致使电轴不能及时准确跟踪目标，目标总是偏离电轴一个角度，产生所谓动态滞后误差。

伺服系统的动态滞后误差为

$$\begin{cases} \Delta A(t) = \dfrac{\dot{A}}{K_{vA}} + \dfrac{\ddot{A}}{K_{aA}} + \dfrac{\dddot{A}}{K_{aA}} + \cdots \\ \Delta E(t) = \dfrac{\dot{E}}{K_{vE}} + \dfrac{\ddot{E}}{K_{aE}} + \dfrac{\dddot{E}}{K_{aA}} + \cdots \end{cases} \tag{6-17}$$

动态滞后误差对测角的影响：

$$\begin{cases} \Delta A_d = \left(\dfrac{\dot{A}}{K_{vA}} + \dfrac{\ddot{A}}{K_{aA}} \right) \cdot \sec E \\ \Delta E_d = \dfrac{\dot{E}}{K_{vE}} + \dfrac{\ddot{E}}{K_{aE}} \end{cases} \tag{6-18}$$

式中：$\dot{A}$、$\ddot{A}$、$\dot{E}$、$\ddot{E}$ 分别为目标的角速度、角加速度；K_{vA}、K_{aA}、K_{vE}、K_{aE} 分别为方位、俯仰跟踪回路的速度常数和加速度常数。

只有当目标高速在雷达近距离通过时，考虑动态滞后误差对测角的影响，在目标为远距离时可忽略不计。

动态滞后误差对测距、测速的影响一般可忽略不计。

6.3　时间误差修正

6.3.1　时间误差来源

1）外测与遥测采样时间不对齐

地面外测系统采样时间与弹上遥测数据采样时间关系如图 6-7 所示，以遥测零点作为外测数据的零点，并记遥测数据采样点时间为 t_i 和外测数据采样点时间为 t'_i，若遥测的第 t_i 时刻与外测系统的第一个采样时刻 t'_1满足 $|t_i-t'_1|<\frac{h}{2}$，则将外测数据修正到时刻 t_i 上，并且将随后采样时刻 $t'_{1+j}(j=1,2,\cdots)$ 的观测数据都相应地修正到采样时刻 t_{i+j}上，并记 $t'_{1+j}=t_{i+j}$，而 $T_0=t_i-t'_1$即外测数据采样时刻与遥测数据采样时刻的修正量。

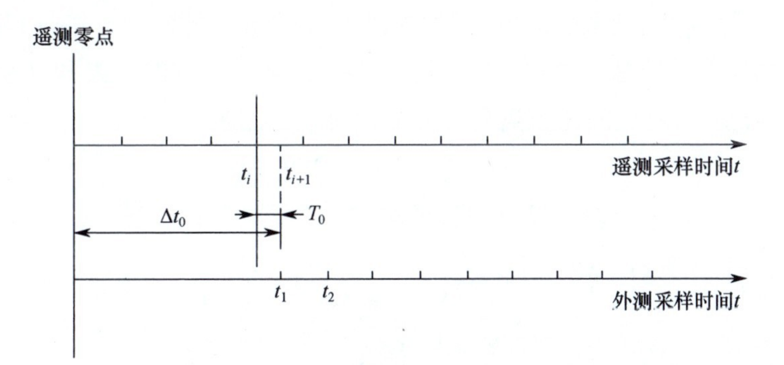

图 6-7　时间关系示意图

根据上述原理，外测数据原采样时刻的时间为

$$t'_j=t'_1+(j-1)h,\ j=1,2,\cdots \tag{6-19}$$

修正到遥测数据采样时刻的时间为

$$t_j=t'_1+T_0+(j-1)h \tag{6-20}$$

2）电波信号空间时延

假设干涉仪的等间隔采样时间为 $\{t_i,i=1,2,\cdots\}$，采样时刻 t_i 所记录的定位数据和测速数据所反映实际目标状态的时间分别为 t_{mi} 和 $\bar{t}_{mi}$。

由图 6-8 可知，每个采样时刻 t_i 的定位数据的发“1”信号要延迟 a_t（一般为 1.6×10^{-6}s 或 3.2×10^{-6}s），也就是在 t_i+a_t 时刻雷达发射天线才发射过零相位，在 $t_i+a_t+R_T(t_{mi})/C$（其中 $R_T(t_{mi})$ 为 t_{mi} 时刻发射天线到目标的距离）弹上天线才接收到电波信号，并经应答机转发到地面接收站。可见 t_i 时记录的定位数据实际上是目标在 $t_i+a_t+R_T(t_{mi})/C$ 时刻的距离和（差）。因此，必须将定位数据由

t_{mi} 时刻的状态修正到 t_i 时刻的状态。则目标状态的实际时间为

$$t_{mi} = t'_1 + (i - 1)h + a_t + R_T(t_{mi})/C \tag{6-21}$$

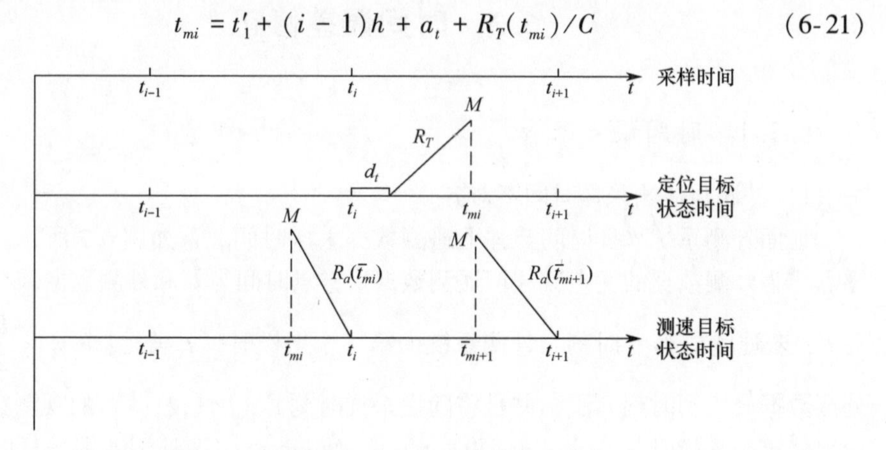

图 6-8　目标实际状态时间与采样时间关系

另外，干涉仪测速系统的主、副站接收天线是在采样时刻 t_i 接收到由弹上天线转发的相应增量信息。因此，各测速站测得 $t_i \sim t_{i+1}$ 时刻的距离和（差）增量，实际为 $t_{mi} \sim \bar{t}_{mi+1}$ 时刻之间的距离和（差）增量，并且有

$$t_i - \bar{t}_{mi} = R_a(\bar{t}_{mi})/C \tag{6-22}$$

式中：$R_a(\bar{t}_{mi})$ 为 t_{mi} 时刻 a 站到目标的距离。

这样 $\bar{t}_{mi}$ 时刻具有下述关系式：

$$\bar{t}_{mi} = t'_1 + (i - 1)h - R_a(\bar{t}_{mi})/C \tag{6-23}$$

3）各测站接收信号时间不一致

连续波雷达测量或多站联合测量时，主站与副站或者各测站之间的采样时间不可能同步，彼此间存在时间偏差 Δt，需要修正：

$$\Delta t = (n - m) \cdot \Delta\tau \tag{6-24}$$

式中：m 为主站 A 码在伪码中的位序；n 为副站 A′码在伪码中的位序；$\Delta\tau$ 为伪码码元宽度。

6.3.2　拉格朗日三点插值修正方法

$$f(t) = \sum_{i=k}^{k+m} f(t_i) \cdot \prod_{j=k\, j\neq 1}^{k+m} [(t - t_j)/(t_i - t_j)] \tag{6-25}$$

$$f(t) = \frac{(t - t_1)(t - t_2)}{(t_0 - t_1)(t_0 - t_2)} \cdot f(t_0) + \frac{(t - t_0)(t - t_2)}{(t_1 - t_0)(t_1 - t_2)} \cdot f(t_1) + \frac{(t - t_0)(t - t_1)}{(t_2 - t_0)(t_2 - t_1)} \cdot f(t_2) \tag{6-26}$$

求解因测量时间不一致而在时间轴上产生的 Δt 即可。

通常，采样间隔较短，目标在采样间隔内移动的距离不大，可以将采样时刻看成等间隔，即认为 $t_2 - t_1 = h$，假设插值点时间为

$$t = t_1 + \tau h \tag{6-27}$$

则 $t - t_0 = (1 + \tau)h$，$t - t_2 = (\tau - 1)h$。

代入 $f(t)$，得

$$f(t) = \frac{1}{2}\tau(\tau - 1) \cdot f(t_0) + (1 - \tau^2) \cdot f(t_1) + \frac{1}{2}\tau(\tau + 1) \cdot f(t_2) \tag{6-28}$$

6.4 电波折射误差修正

地球为大气所包围，大气的成分、气温、密度、电离程度都不相同，再加上地球形状的不规则、地磁场和地球引力等因素，使电波在传播途径上各点速度均不相同，且必然引起传播路径的弯曲，波线成了相当复杂的空间曲线，而前面讨论的各类系统误差修正都是在直线传播的假设下进行的近似。当需要高精度测量时，应对折射误差进行修正。

6.4.1 定位元素的修正步骤

如图 6-9 所示，忽略水平方向的折射，测得目标 M 在当前测站坐标系中受大气折射影响下的高低角为 E_0，真实高低角为 $\overline{E}$，则 $\overline{E} = E_0 - \Delta E$。

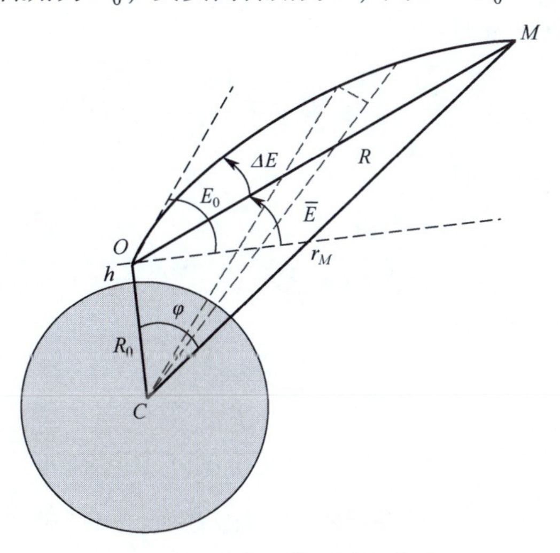

图 6-9　大气折射误差示意图

在 ΔCOM 中，假设目标 M 到地心的距离为 r_M，$CO = r_0 = R_0 + h$，$CM = r_M$，如果可求得地心夹角 φ，即可求得 $\overline{E}$。

φ 与 OM 相关，为了推导方便，将 φ 微分为 n 个小角 $\mathrm{d}\varphi$，此时，曲线 OM 部分可视为若干个直边。

1）计算目标到地心的距离初值 $\bar{r}_M$

$$\bar{r}_M = (R^2 + r_0^2 + 2Rr_0\sin E_0)^{1/2} \tag{6-29}$$

2）计算视在距离 R_e

$$\Delta t = \int_0^{R_e^0(t)} \frac{\mathrm{d}l}{v(l)} = \int_0^{R_e^0(t)} \frac{\mathrm{d}l}{C/n(l)} = \frac{1}{C}\int_0^{R_e^0(t)} n(l)\,\mathrm{d}l \tag{6-30}$$

$R_e(t) = \Delta t \cdot C = \int_0^{R_e^0(t)} n(l)\,\mathrm{d}l$ 为视在距离，有时也称为等时距离，就是电波在大气中沿波迹传播所需时间段内在真空中传播的距离。

称 $\Delta R_e = R_e - R$ 为电波折射斜距误差。

由斯耐尔定理推导可得

$$\cos E = \frac{n_0 r_0 \cos E_0}{nr} \tag{6-31}$$

$$\mathrm{d}l = \frac{\mathrm{d}r}{\sin E} = \frac{\mathrm{d}r}{\sqrt{1 - \left(\frac{n_0 r_0 \cos E_0}{nr}\right)^2}} = \frac{nr\mathrm{d}r}{\sqrt{n^2 r^2 - n_0^2 r_0^2 \cos^2 E_0}} \tag{6-32}$$

故 $\overline{R}_e = \int_{r_0}^{\bar{r}_M} n(l)\,\mathrm{d}l = \int_{r_0}^{\bar{r}_M} \frac{n^2 r\mathrm{d}r}{\sqrt{n^2 r^2 - n_0^2 r_0^2 \cos^2 E_0}}$

利用球面分层数值积分迭代计算 R_e。

当 $\bar{r}_M \leqslant a + 82000\mathrm{m}$ 时：

$$\overline{R}_e = \int_{r_0}^{\bar{r}_M} \frac{n^2 r\mathrm{d}r}{\sqrt{n^2 r^2 - n_0^2 r_0^2 \cos^2 E_0}} \tag{6-33}$$

当 $\bar{r}_M > a + 82000\mathrm{m}$ 时：

$$\overline{R}_e = \int_{r_0}^{a+82000} \frac{n^2 r\mathrm{d}r}{\sqrt{n^2 r^2 - n_0^2 r_0^2 \cos^2 E_0}} + \int_{a+82000}^{\bar{r}_M} \frac{n^2 r\mathrm{d}r}{\sqrt{n^2 r^2 - n_0^2 r_0^2 \cos^2 E_0}} \tag{6-34}$$

电离层折射率计算公式为

$$n = 1 - \frac{40.3 N_\mathrm{e}}{f^2} \tag{6-35}$$

式中：f 为发射信号频率（Hz）；N_e 为电子浓度（个电子/m^3）。

将 $\overline{R}_e$ 与实测的视在距离相比较，若 $|R_e - \overline{R}_e| < \delta$（通常取 0.01m），则取 $r_M = \bar{r}_M$，否则再判断：

当 $\overline{R}_e - R_e > 0$ 时，令 $\bar{r}_M \triangleq \bar{r}_M - \dfrac{\varepsilon^{(l)}}{2}$；

当 $\overline{R}_e - R_e < 0$ 时，令 $\bar{r}_M \triangleq \bar{r}_M + \dfrac{\varepsilon^{(l)}}{2}$。

将更新的 $\bar{r}_M$ 代入 $\overline{R}_e = \int_{r_0}^{\bar{r}_M} \dfrac{n^2 r \mathrm{d}r}{\sqrt{n^2 r^2 - n_0^2 r_0^2 \cos^2 E_0}}$，得到新的视在距离，直到 $|R_e - \overline{R}_e| < \delta$ 为止。

在做第 l 次判断时，取 $\varepsilon^{(l)} = \dfrac{\varepsilon^{(l-1)}}{2}$，其中 $\varepsilon^{(1)}$ 为第一次分层积分计算 $\bar{r}_M$ 所在层的高度。

强调：视在仰角 E_0 不必加入迭代过程。

3）计算地心夹角

$$\mathrm{d}\varphi = \frac{\mathrm{d}u}{r}, \ \mathrm{d}u = \frac{\mathrm{d}r}{\tan E}$$

故 $\mathrm{d}\varphi = \dfrac{\mathrm{d}r}{r\tan E}$。

当 $\bar{r}_M \leqslant a + 82000\mathrm{m}$ 时，利用球面分层数值积分法得

$$\varphi = \int_{r_0}^{r_M} \frac{n_0 r_0 \cos E_0 \mathrm{d}r}{r\sqrt{n^2 r^2 - n_0^2 r_0^2 \cos^2 E_0}} \tag{6-36}$$

当 $\bar{r}_M > a + 82000\mathrm{m}$ 时，利用球面分层数值积分法得

$$\varphi = \int_{r_0}^{a+82000} \frac{n_0 r_0 \cos E_0 \mathrm{d}r}{r\sqrt{n^2 r^2 - n_0^2 r_0^2 \cos^2 E_0}} + \int_{a+82000}^{\bar{r}_M} \frac{n_0 r_0 \cos E_0 \mathrm{d}r}{r\sqrt{n^2 r^2 - n_0^2 r_0^2 \cos^2 E_0}} \tag{6-37}$$

4）计算真实高低角 E 和真实距离 R

$$E = \arctan \frac{r_M \cos\varphi - r_0}{r_M \sin\varphi} \tag{6-38}$$

$$R = \frac{r_M \sin\varphi}{\cos E} \tag{6-39}$$

5）计算折射修正量

$$\Delta E = E_0 - E \tag{6-40}$$

$$\Delta R = R_0 - R \tag{6-41}$$

6.4.2　测速元素的修正步骤

1）计算目标 M 处的视在仰角

$$E' = \arccos \frac{n_0 r_0 \cos E_0}{n(r_M) r_M} \tag{6-42}$$

2）计算目标处波迹切矢的方向余弦

真实路径 $R_e^0(t)$ 对时间的导数称为视在径向速度，记为 $\dot{R}_e^0(t)$ ，它并不是视在距离 $R_e(t)$ 对时间的导数，二者关系为

$$\dot{R}_e(t)=\frac{\mathrm{d}}{\mathrm{d}t}\int_0^{R_e^0(t)} n(l)\,\mathrm{d}l = n(r_M)\frac{\mathrm{d}R_e^0(t)}{\mathrm{d}t}=n(r_M)\dot{R}_e^0(t) \tag{6-43}$$

因此，视在径向速度与视在距离的导数之间差一个系数 $n(r_M)$，其物理意义是目标飞行速度 $\boldsymbol{V}$ 在电波真实路径 $R_e^0(t)$ 的目标点 M 处切线上的投影。

当 $\dot{R}_e^0$ 在某直角坐标系中的方向余弦为 $(\tilde{l},\tilde{m},\tilde{n})$ 时，令 $\boldsymbol{V}=(\dot{x},\dot{y},\dot{z})$ ，则

$$\dot{R}_e^0=\dot{x}\tilde{l}+\dot{y}\tilde{m}+\dot{z}\tilde{n} \tag{6-44}$$

确定 $(\tilde{l},\tilde{m},\tilde{n})$ 的方法如下。

由图 6-10 可知，由于真实路径在 dAM 平面内，因此，$\dot{\boldsymbol{R}}_e^0$ 也在平面内，故由 $(\boldsymbol{r}_d\cdot\boldsymbol{r}_M)\cdot\dot{\boldsymbol{R}}_e^0=0$，$\boldsymbol{r}_d=(l_d,m_d,n_d)$ 为目标地心距方向余弦，$\boldsymbol{r}_M=(l_M,m_M,n_M)$ 为测站原点地心距方向余弦，可推导出：

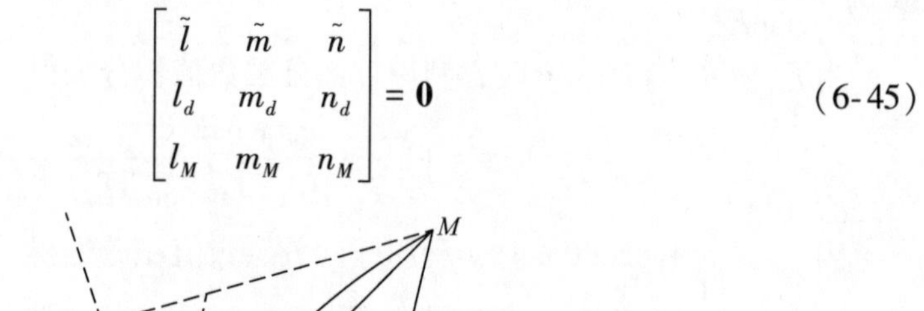

$$\begin{bmatrix}\tilde{l} & \tilde{m} & \tilde{n}\\ l_d & m_d & n_d\\ l_M & m_M & n_M\end{bmatrix}=\boldsymbol{0} \tag{6-45}$$

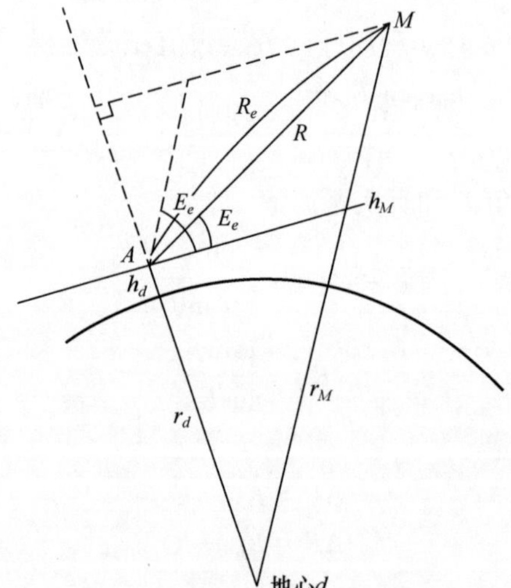

图 6-10　目标处波迹切矢示意图

由斯耐尔定理可知：

$$E_M=\arccos\left(\frac{n_0 r_0\cos E_0}{n_M r_M}\right) \tag{6-46}$$

向量 $\boldsymbol{r}_M$ 与向量 $\dot{\boldsymbol{R}}_e^0$ 夹角为$\frac{\pi}{2}-E_M$，则

$$\boldsymbol{r}_M \cdot \dot{\boldsymbol{R}}_e^0 = \cos\left(\frac{\pi}{2} - E_M\right) \tag{6-47}$$

即 $l_M\tilde{l}+m_M\tilde{m}+n_M\tilde{n}=\sin E_M$。

此外，还有 $\boldsymbol{r}_d \cdot \dot{\boldsymbol{R}}_e^0 = \cos\left(\varphi + \frac{\pi}{2} - E_M\right)$ ，即 $l_d\tilde{l} + m_d\tilde{m} + n_d\tilde{n} = \sin(E_M - \varphi)$。联立后，可得到视在径向速度的方向余弦可表示为

$$\begin{bmatrix} \tilde{l} \\ \tilde{m} \\ \tilde{n} \end{bmatrix} = \frac{\cos(E' - \varphi)}{\sin\varphi}\begin{bmatrix} l_d \\ m_d \\ n_d \end{bmatrix} - \frac{\cos E'}{\sin\varphi}\begin{bmatrix} l_M \\ m_M \\ n_M \end{bmatrix} \tag{6-48}$$

所需目标在发射坐标系中的位置坐标由观测量解算得到。

3）计算斜距变化率的电波折射修正

（1）当三台脉冲雷达都有斜距变化率 $\dot{R}$ 元素时。

由

$$\dot{R}_{ei}(t) = n(\boldsymbol{r}_M)\dot{R}_{ei}^0(t) = n(\boldsymbol{r}_M)(\dot{x}\tilde{l} + \dot{y}\tilde{m} + \dot{z}\tilde{n}) \tag{6-49}$$

可得

$$\begin{bmatrix} \dot{R}_{e1} \\ \dot{R}_{e2} \\ \dot{R}_{e3} \end{bmatrix} = n(\boldsymbol{r}_M)\begin{bmatrix} \dot{R}_{e1}(t) \\ \dot{R}_{e2}(t) \\ \dot{R}_{e3}(t) \end{bmatrix} = n(\boldsymbol{r}_M)\begin{bmatrix} \tilde{l}_1 & \tilde{m}_1 & \tilde{n}_3 \\ \tilde{l}_2 & \tilde{m}_2 & \tilde{n}_3 \\ \tilde{l}_3 & \tilde{m}_3 & \tilde{n}_3 \end{bmatrix}\begin{bmatrix} \dot{x} \\ \dot{y} \\ \dot{z} \end{bmatrix} = n(\boldsymbol{r}_M)\tilde{\boldsymbol{A}}\begin{bmatrix} \dot{x} \\ \dot{y} \\ \dot{z} \end{bmatrix} \tag{6-50}$$

$$\begin{bmatrix} \dot{x} \\ \dot{y} \\ \dot{z} \end{bmatrix} = [n(\boldsymbol{r}_M)\tilde{A}]^{-1}\begin{bmatrix} \dot{R}_{e1} \\ \dot{R}_{e2} \\ \dot{R}_{e3} \end{bmatrix} \tag{6-51}$$

根据定位电波折射修正得到的目标精确位置与各站站址坐标，计算得到各测站至目标的方向余弦（l_i, m_i, n_i），$i=1$、2、3。

且

$$\begin{bmatrix} \dot{R}_1 \\ \dot{R}_2 \\ \dot{R}_3 \end{bmatrix} = \begin{bmatrix} l_1 & m_1 & n_1 \\ l_2 & m_2 & n_2 \\ l_3 & m_3 & n_3 \end{bmatrix}\begin{bmatrix} \dot{x} \\ \dot{y} \\ \dot{z} \end{bmatrix} = A\begin{bmatrix} \dot{x} \\ \dot{y} \\ \dot{z} \end{bmatrix} \tag{6-52}$$

则测速电波折射修正量为

$$\begin{bmatrix}\Delta\dot{R}_1\\ \Delta\dot{R}_2\\ \Delta\dot{R}_3\end{bmatrix}=\begin{bmatrix}\dot{R}_1\\ \dot{R}_2\\ \dot{R}_3\end{bmatrix}-\begin{bmatrix}\dot{R}_{e1}\\ \dot{R}_{e2}\\ \dot{R}_{e3}\end{bmatrix}=[n(\boldsymbol{r}_M)\tilde{A}-A]\begin{bmatrix}\dot{x}\\ \dot{y}\\ \dot{z}\end{bmatrix}$$

$$=[n(\boldsymbol{r}_M)\tilde{A}-A](n(\boldsymbol{r}_M)\tilde{A})^{-1}\begin{bmatrix}\dot{R}_{e1}\\ \dot{R}_{e2}\\ \dot{R}_{e3}\end{bmatrix}=\left[I-\frac{A\tilde{A}^{-1}}{n(\boldsymbol{r}_M)}\right]\begin{bmatrix}\dot{R}_{e1}\\ \dot{R}_{e2}\\ \dot{R}_{e3}\end{bmatrix}\tag{6-53}$$

$$\begin{bmatrix}\Delta\dot{R}_1\\ \Delta\dot{R}_2\\ \Delta\dot{R}_3\end{bmatrix}=\begin{bmatrix}n(\boldsymbol{r}_M)\tilde{l}_1-l_1 & n(\boldsymbol{r}_M)\tilde{m}_1-m_1 & n(\boldsymbol{r}_M)\tilde{n}_3-n_1\\ n(\boldsymbol{r}_M)\tilde{l}_2-l_2 & n(\boldsymbol{r}_M)\tilde{m}_2-m_2 & n(\boldsymbol{r}_M)\tilde{n}_3-n_2\\ n(\boldsymbol{r}_M)\tilde{l}_3-l_3 & n(\boldsymbol{r}_M)\tilde{m}_3-m_3 & n(\boldsymbol{r}_M)\tilde{n}_3-n_3\end{bmatrix}\tilde{A}^{-1}\begin{bmatrix}\dfrac{\dot{R}_{e1}}{n(\boldsymbol{r}_M)}\\ \dfrac{\dot{R}_{e2}}{n(\boldsymbol{r}_M)}\\ \dfrac{\dot{R}_{e3}}{n(\boldsymbol{r}_M)}\end{bmatrix}\tag{6-54}$$

（2）当两台脉冲雷达都有斜距变化率 $\dot{R}$ 元素时：

$$\begin{bmatrix}\Delta\dot{R}_1\\ \Delta\dot{R}_2\end{bmatrix}=\begin{bmatrix}n(\boldsymbol{r}_M)\tilde{l}_1-l_1 & n(\boldsymbol{r}_M)\tilde{m}_1-m_1 & n(\boldsymbol{r}_M)\tilde{n}_1-n_1\\ n(\boldsymbol{r}_M)\tilde{l}_2-l_2 & n(\boldsymbol{r}_M)\tilde{m}_2-m_2 & n(\boldsymbol{r}_M)\tilde{n}_2-n_2\end{bmatrix}\tilde{A}^{-1}\begin{bmatrix}\dfrac{\dot{R}_{e1}}{n(\boldsymbol{r}_M)}\\ \dfrac{\dot{R}_{e2}}{n(\boldsymbol{r}_M)}\\ \dot{x}\end{bmatrix}\tag{6-55}$$

$$\tilde{A}=\begin{bmatrix}\tilde{l}_1 & \tilde{m}_1 & \tilde{n}_3\\ \tilde{l}_2 & \tilde{m}_2 & \tilde{n}_3\\ 1 & 0 & 0\end{bmatrix}\tag{6-56}$$

$\dot{x}$ 由目标位置分量 x 利用中心平滑公式得到。

（3）当一台脉冲雷达都有斜距变化率 $\dot{R}$ 元素时：

$$\Delta\dot{R}_1=[n(\boldsymbol{r}_M)\tilde{l}_1-l_1,\ n(\boldsymbol{r}_M)\tilde{m}_1-m_1,\ n(\boldsymbol{r}_M)\tilde{n}_3-n_1]\tilde{A}^{-1}\begin{bmatrix}\dfrac{\dot{R}_{e1}}{n(\boldsymbol{r}_M)}\\ \dot{x}\\ \dot{y}\end{bmatrix}\tag{6-57}$$

$$\tilde{A}=\begin{bmatrix}\tilde{l}_1 & \tilde{m}_1 & \tilde{n}_3\\ 1 & 0 & 0\\ 0 & 1 & 0\end{bmatrix} \tag{6-58}$$

$\dot{x}$，$\dot{y}$ 由目标位置分量 x，y 利用中心平滑公式得到。

（4）连续波雷达系统，一主站、三副站的测速元素为 $\dot{S}_e,\dot{P}_e,\dot{Q}_e,\dot{P}'_e$，其电波折射修正量为

$$\begin{bmatrix}\dot{S}_e\\ \dot{P}_e\\ \dot{Q}_e\\ \dot{P}'_e\end{bmatrix}=n_M\begin{bmatrix}\dot{R}_{eS}(t)\\ \dot{R}_{eP}(t)\\ \dot{R}_{eQ}(t)\\ \dot{R}_{eP'}(t)\end{bmatrix}=n_M\begin{bmatrix}\dot{R}_{eR}(t)+\dot{R}_{eT}(t)\\ \dot{R}_{eR}(t)-\dot{R}_{eP}(t)\\ \dot{R}_{eR}(t)-\dot{R}_{eQ}(t)\\ \dot{R}_{eR}(t)-\dot{R}_{eP'}(t)\end{bmatrix}$$

$$=n_M\begin{bmatrix}\tilde{l}_R+\tilde{l}_T & \tilde{m}_R+\tilde{m}_T & \tilde{n}_R+\tilde{n}_T\\ \tilde{l}_R-\tilde{l}_P & \tilde{m}_R-\tilde{m}_P & \tilde{m}_R-\tilde{m}_Q\\ \tilde{l}_R-\tilde{l}_Q & \tilde{n}_R-\tilde{n}_P & \tilde{n}_R-\tilde{n}_Q\\ \tilde{l}_R-\tilde{l}'_P & \tilde{m}_R-\tilde{m}_{P'} & \tilde{m}_R-\tilde{m}_{Q'}\end{bmatrix}\begin{bmatrix}\dot{x}\\ \dot{y}\\ \dot{z}\end{bmatrix}=n_M\tilde{A}\begin{bmatrix}\dot{x}\\ \dot{y}\\ \dot{z}\end{bmatrix} \tag{6-59}$$

$$\begin{bmatrix}\dot{x}\\ \dot{y}\\ \dot{z}\end{bmatrix}=[n_M\tilde{A}]^{-1}\begin{bmatrix}\dot{S}_e\\ \dot{P}_e\\ \dot{Q}_e\\ \dot{P}'_e\end{bmatrix} \tag{6-60}$$

根据定位电波折射修正得到的目标精确位置与各站站址坐标，计算得到各测站至目标的方向余弦（l_i,m_i,n_i），$i=R$、T、P、Q，且

$$\begin{bmatrix}\dot{S}\\ \dot{P}\\ \dot{Q}\\ \dot{P}'\end{bmatrix}=\begin{bmatrix}l_R+l_T & m_R+m_T & n_R+n_T\\ l_R-l_P & m_R-m_P & n_R-n_P\\ l_R-l_Q & m_R-m_Q & n_R-n_Q\\ l_R-l_{P'} & m_R-m_{P'} & n_R-n_{P'}\end{bmatrix}\begin{bmatrix}\dot{x}\\ \dot{y}\\ \dot{z}\end{bmatrix}=A\begin{bmatrix}\dot{x}\\ \dot{y}\\ \dot{z}\end{bmatrix} \tag{6-61}$$

则测速电波折射修正量为

$$
\begin{bmatrix} \Delta\dot{S} \\ \Delta\dot{P} \\ \Delta\dot{Q} \\ \Delta\dot{P}' \end{bmatrix} = \begin{bmatrix} \dot{S} \\ \dot{P} \\ \dot{Q} \\ \dot{P}' \end{bmatrix} - \begin{bmatrix} \dot{S}_e \\ \dot{P}_e \\ \dot{Q}_e \\ \dot{P}_e' \end{bmatrix} = [\, n_M\tilde{A} - A \,] \begin{bmatrix} \dot{x} \\ \dot{y} \\ \dot{z} \end{bmatrix} = [\, n_M\tilde{A} - A \,](n_M\tilde{A})^{-1} \begin{bmatrix} \dot{S}_e \\ \dot{P}_e \\ \dot{Q}_e \\ \dot{P}_e' \end{bmatrix}
$$

$$
= \left[I - \frac{A\tilde{A}^{-1}}{n_M} \right] \begin{bmatrix} \dot{S}_e \\ \dot{P}_e \\ \dot{Q}_e \\ \dot{P}_e' \end{bmatrix} \tag{6-62}
$$

6.5 基于雷测数据的卫星轨道根数计算

已知（$x,y,z,\dot{x},\dot{y},\dot{z}$）为目标 M 在历元时刻 t 平天球坐标系中的坐标与分速度，轨道要素如图 6-11 所示，则

$$r=\sqrt{x^2+y^2+z^2}$$

$$v=\sqrt{\dot{x}^2+\dot{y}^2+\dot{z}^2}$$

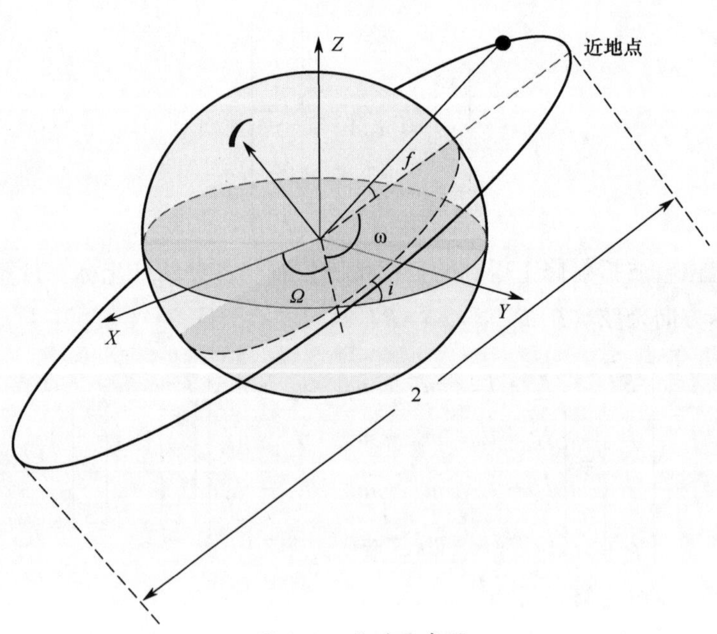

图 6-11 轨道要素图

1）利用活力公式得到半长轴 a

$$V^2 = \mu\left(\frac{2}{r} - \frac{1}{a}\right)$$

$$\Rightarrow a = \frac{\mu r}{2\mu - rv^2} \tag{6-63}$$

式中：μ 为地球引力常数；$\mu = 3.986 \times 10^{14}\,\mathrm{m^3/s^2}$。

2）根据 $\boldsymbol{h}$ 求得偏心率 e

$\boldsymbol{h}$ 为比角动量，垂直于 $\boldsymbol{r}$ 和 $\boldsymbol{v}$ 所在平面，为常矢量，说明航天器的比角动量沿着其轨道为一常数。

$$\boldsymbol{h} = \boldsymbol{r} \times \boldsymbol{v} = \begin{vmatrix} i & j & k \\ x & y & z \\ \dot{x} & \dot{y} & \dot{z} \end{vmatrix} = \begin{bmatrix} y\dot{z} - z\dot{y} \\ z\dot{x} - x\dot{z} \\ x\dot{y} - y\dot{x} \end{bmatrix} \triangleq \begin{bmatrix} A \\ B \\ C \end{bmatrix}$$

$$|\boldsymbol{h}| = \sqrt{A^2 + B^2 + C^2}$$

$$h = \sqrt{\mu a(1 - e^2)}\ \left(p = \frac{h^2}{\mu} = a(1 - e^2)\ \text{为半通径}\right)$$

$$\Rightarrow e = \sqrt{1 - \frac{h^2}{\mu a}} \tag{6-64}$$

3）求轨道倾角 i

轨道倾角是轨道正法向和地球北极的夹角。

$$\boldsymbol{h} \cdot \boldsymbol{z}_0 = |\boldsymbol{h}| \cdot |\boldsymbol{z}_0| \cos i = |\boldsymbol{h}| \cos i$$

$$\boldsymbol{h} \cdot \boldsymbol{z}_0 = \begin{bmatrix} A \\ B \\ C \end{bmatrix}^{\mathrm{T}} \cdot \begin{bmatrix} 0 \\ 0 \\ 1 \end{bmatrix} = C$$

$$\Rightarrow i = \arccos\left(\frac{C}{h}\right) \tag{6-65}$$

4）升交点赤经 Ω

定义升交点矢量 $\boldsymbol{n}$，该矢量同时位于赤道面与轨道面，因此，其同时垂直于轨道面正法向与地球北极方向，故

$$\boldsymbol{n} = \boldsymbol{z}_0 \times \boldsymbol{h} = \begin{vmatrix} i & j & k \\ 0 & 0 & 1 \\ A & B & C \end{vmatrix}$$

$$= B\boldsymbol{i} - A\boldsymbol{j} \tag{6-66}$$

升交点赤经为升交点矢量与春分点方向的交角，也就是与 X 轴方向的夹角。

$$\left.\begin{aligned} \boldsymbol{n} \cdot \boldsymbol{x}_0 &= |\boldsymbol{n}| \cos\Omega \\ \boldsymbol{n} \cdot \boldsymbol{x}_0 &= B \end{aligned}\right\} \Rightarrow \Omega = \arccos\left(\frac{B}{\sqrt{A^2 + B^2}}\right) \tag{6-67}$$

5）过近地点时刻 τ

$$r = a(1 - e\cos E) \tag{6-68}$$

$$E = \arccos\left(\frac{a - r}{ae}\right) \tag{6-69}$$

$$n(t - \tau) = M = E - e\sin E \tag{6-70}$$

$$\tau = t - \frac{E - e\sin E}{n} \tag{6-71}$$

式中：M 为平近点角；E 为偏近点角；$n = \frac{2\pi}{T} = \sqrt{\frac{\mu}{a^3}}$ 为平均角速度。

6）近地点幅角 ω

首先求得纬度幅角 u，u 为升交点矢量 $\boldsymbol{n}$ 与 $\boldsymbol{r}$ 的夹角，得到

$$\cos u = \frac{\boldsymbol{n} \cdot \boldsymbol{r}}{nr} = \frac{Bx - Ay}{\sqrt{A^2 + B^2}\sqrt{x^2 + y^2 + z^2}} \tag{6-72}$$

$$u = \arccos\left(\frac{\boldsymbol{n} \cdot \boldsymbol{r}}{nr}\right) \tag{6-73}$$

其次求得真近点角 f

$$\tan\frac{f}{2} = \sqrt{\frac{1 + e}{1 - e}}\tan\frac{E}{2} \tag{6-74}$$

$$f = 2\arctan\left(\sqrt{\frac{1 + e}{1 - e}}\tan\frac{E}{2}\right) \tag{6-75}$$

$$\omega = u - f \tag{6-76}$$

思考题：

1. 如何对单脉冲体制雷达的角度零值进行修正？
2. 随机误差对精、粗测距信号分别有什么样的影响？
3. 雷达测量数据的时间误差来源有哪些？分别进行详细描述。
4. 大气对雷达测量数据的影响有哪些？
5. 雷达轴系误差对雷达测量数据有什么样的影响？
6. 概述 EMBET 的基本原理。

第7章　遥测数据处理

遥测数据处理与前两章介绍的光学测量数据处理和雷达测量数据处理在工作原理、内容和方法上有很大的不同。因此，本章首先总体介绍遥测数据处理的任务和分类，然后分别详细阐述速变参数和缓变参数这两类遥测参数的数据处理，包括它们的相关概念、任务流程和常用的数据处理方法。

7.1　遥测数据处理概述

7.1.1　遥测数据处理的任务

在导弹、运载火箭的飞行试验中，通过弹（箭）上传感器、变换器对反映导弹、火箭各分系统工作情况以及工作环境的近千个参数进行实时监测，并通过弹（箭）上遥测系统将各种电量、非电量信号都转换成在规定范围内（0~5V或0~6V）变化的电信号，然后由弹（箭）上遥测系统采集、编码、调制后通过无线电波发往地面各测量站、船。

遥测数据处理的任务就是将各测量站、船所测数据进行一系列加工、变换，再按一定的处理要求和方法，通过计算、分析将测量的原始数据处理还原成各物理量，如：压力、转速、温度、角度、速度、频率、液位、流量、烧蚀厚度、指令等。而对振动、冲击、噪声等速变参数，则需进行幅值谱、功率谱密度、冲击响应谱等各种谱分析。速、缓变参数处理结果按一定要求制表打印和绘图并拷贝存盘。

遥测数据处理工作按时序划分，可分为实时处理、准实时（即快速处理）和事后处理。

实时处理是在飞行试验任务实施时，从测量站、船所测的实时遥测数据中，挑选部分关键参数送往指挥中心、发射中心及测控中心进行处理并显示，以供指挥及试验人员实时监控，作为实时指挥决策的依据。

准实时（或称快速）处理是在发射现场，对遥测设备记录的部分急需参数进行快速处理（一般几小时），以供试验人员对飞行试验情况或故障做初步判断和分析。

事后处理是指发射试验后，将各测量站、船所测的原始数据汇集于数据处理中心，中心对有冗余测量的数据进行全面的综合检查，择优进行剪辑和拼接得出全飞行过程的完整数据，并对全部参数进行精处理，包括对各种测量干扰及误差的剔除及修正。其处理结果将作为型号研制部门分析研究的最终依据。数据处理结果报告将作为型号试验资料长期保存。

7.1.2 遥测数据的分类

按参数所属位置不同，测量数据可分为助推器参数、一二级参数、弹体参数、弹头参数等。

按参数所属系统不同，测量数据可分为控制系统参数、动力系统参数、总体系统参数、外安系统参数等。

按参数物理量不同，测量数据可分为电量类参数，如电压、电统、指令、脉冲、频率等，非电量类参数，如压力、温度、过载、角度、液位、转速、流量等。

按被处理参数变化快慢的程度，可分为缓变参数处理和速变参数处理。

1）缓变参数

通常把最高频率分量低于10Hz的参数称为缓变参数。这类参数有时间指令、计算机字、电流、电压、过载、温度、压力、角速度、舵偏角、发动机摆角、转速、流量、液位、转动频率、脉冲频率、烧蚀厚度和相对行程等。

2）速变参数

通常把最高频率分量高于10Hz而低于20kHz的参数称为速变参数。这类参数有振动、冲击、噪声和脉动压力等。

7.2 遥测数据速变参数处理

7.2.1 速变参数的含义及类型

根据《GJB 2238A—2004 遥测数据处理》的规定：速变参数（fast changing parameter），通常指信号变化频率高于10Hz的遥测参数（速变参数主要反映力学环境），其变化规律属随机信号。

速变参数一般可分为振动参数、冲击参数、脉动压力参数和噪声参数等，其中振动参数又包括高频振动、低频振动和（POGO）振动参数。

（1）高频振动参数。高频振动参数属于宽带随机信号，对其测量、处理及分析的频带上限通常为2000Hz。根据不同的测量目的，试验中有许多高频测量参数。引起高频振动的过程比较复杂，但在诸多振源中，发动机是最重要的振源。在航天器飞行的过程中，发动机在点火启动和热分离等时段，要发生推力的急剧变化和发动机燃料的振荡燃烧，同时还伴随着发动机喷流的巨大噪声以及涡轮泵的转动，这些都将产生机械性的高频随机振动。

（2）低频振动参数。低频振动参数的测量和分析频带的上限一般为 200Hz，主要反映航天器的整体特性。低频振动一般可分为平稳振动和瞬态振动。平稳振动揭示的是航天器在平稳飞行段（如滑行段）的特性，它一般是由箭体的自振和气动噪声引起的。低频瞬态振动又称为低频冲击，是由急剧变化的外力引起的。这些外力包括：发动机推力的变化；跨声速抖振直至动压最大时的气动噪声；切变风和阵风的低频扰动；级间热分离过程等。

（动压：物体在流体中运动时，在正对流体运动的方向的表面，流体完全受阻，此处的流体速度为 0，其动能转变为压力能，压力增大，其压力称为全受阻压力，简称全压或总压，它与未受扰动处的压力即静压之差，称为动压，$P_{动} = P - P_{静} = \frac{1}{2}\rho v^2$）

除了发动机稳定工作段及滑行段以外的其他特征时刻，低频振动信号都具有冲击的特性。瞬态振动一定是非平稳的。

（3）POGO 振动参数。POGO 振动参数的测量和分析频带的上限为 50Hz，主要反映航天器大部件的振动特性。POGO 振动效应是发动机系统和航天器结构闭路吻合的自激振动，它是对航天器飞行环境的潜在威胁。POGO 振动多发生在从跨声速至动压最大的时段。

（4）冲击参数。冲击参数用来测量在各级分离时火工品的爆炸所引起的高频冲击特性，其测量和分析频率上限一般为 5000Hz，在火工品爆炸的情况下，冲击以应力波的形式在结构的内部传播，而且仅在火工品附近的局部结构范围内传播，随着离开爆炸源越远，这种传播很快衰减。由此可见，冲击参数与各部分的局部结构特性及火工品的特性有关。

（5）脉动压力参数。脉动压力参数的测量和分析频带的上限为 50Hz，主要反映航天器流体传输部件的压强特性。脉动压力效应是航天器传输部件中气体或液体流动时对管壁产生的压力。

（6）噪声参数。航天器飞行时的噪声主要是指发动机噪声和气动噪声。其中，发动机噪声在起飞点火时刻最大，而且随着离开发动机喷管端面越远，噪声沿运载火箭的纵向长度向上呈指数曲线衰减，气动噪声在跨声速飞行及动压最大时最为严重。噪声的测量主要是针对以上两类噪声参数进行的，其频率上限通常为 8000~10000Hz。噪声参数的频谱峰值一般出现在中频段。

上述各遥测参数既相互区别，又相互联系。首先，噪声是和高频随机振动密切相关的，多数高频随机振动都是由噪声引起的；其次，在火工品爆炸激起局部结构的高频冲击响应的同时，低频振动也表现为瞬态振动即冲击；再次，对于测点附近的各类参数，通常在特征时段总表现出相互相似的特性。

7.2.2 速变参数处理流程

速变参数处理流程如图 7-1 所示。

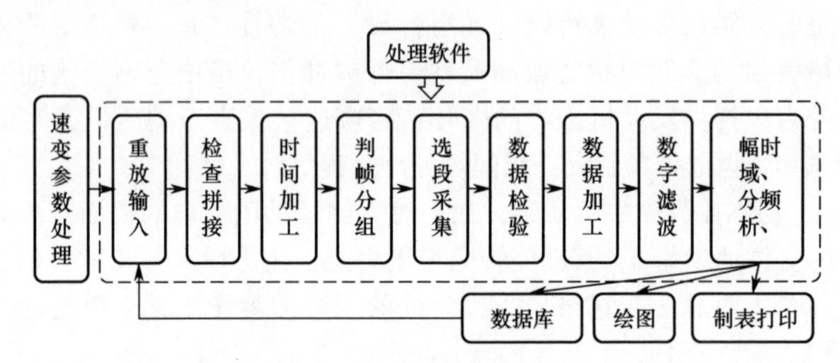

图 7-1 速变参数处理流程图

其中，重放输入、检查拼接、时间加工和判帧分组四个环节属于预处理环节，是速变参数处理流程与缓变参数处理流程中的共同环节。

重放输入通过读取硬带或光盘，对原始文件中的遥测数据进行一次扫描，依次将文件中各测量站所记录的数据读到记录存储区，形成数据表。

检查是指遥测原始数据质量检查，就是查看各测量站记录原始信息的测量时统信号、帧同步等是否保持正确的逻辑关系。其目的有两个：一是判别各站测量记录设备是否工作正常，若有故障则提供查找故障现象的数据；二是从有冗余的测量数据中，对比择优选择，以记录质量最好的硬带或光盘供后面的数据处理使用。

拼接是指对选定的来自首区、航区、落区的测量站、测量船等的全程测量原始数据（测站接力接收记录、冗余信息），在质量检查的基础上，根据地面测量站、船的分工测量弧段，对应进行择优剪辑和对接，使其成为一个在时间坐标序列里连续的数据文件。

剪辑工作：尽可能挖掉乱散段而补上测量完好的数据。

对接工作：完成全程各接力测站数据的首、尾拼接。

对接方法：一是寻找对接数据的全帧数据吻合点；二是检查吻合点的时间是否为同帧时间，此时应考虑不同测站的无线电波延迟及随机误差影响，但时间误差应小于紧邻两帧信号的采样时间间隔。另外也可按照帧计数对接。

去跳点：以校准电平或帧码、帧计数是否正常为依据去跳点。

时间加工，就是把时统信号加工成参数所对应的时间坐标序列。然后，将绝对时间坐标序列减去起飞零点的绝对时间，得到相对时间坐标序列。时间加工包括三方面工作：一是把各测量站记录数据的绝对时间换算成以起飞触点接通时刻为零秒的相对时间；二是时间纠错；三是对时间进行修正，包括零秒修正、电波延迟修正及各测量站系统误差修正等。

时间纠错即检查每一帧时间信号是否正常，判断式：

$$T_z - \Delta\tau < t_{i+1} - t_i < T_z + \Delta\tau \tag{7-1}$$

式中：T_z 为帧周期时间；$\Delta\tau$ 为帧周期的最大允许误差；t_i、t_{i+1} 分别为第 i、$i+1$ 帧的相对时。

若满足判断式，则时间正常，否则，用前一帧正确时间加帧周期时间来纠错修改。

原始测量数据是以速、缓变全帧群信号记录的，判帧分组是指对 N 路群信号，针对不同参数的特性不同要求进行分路，使单路参数或多路参数形成各自的数据文件。

7.2.3　速变参数处理方法

主要针对速变参数处理流程中的分析数据采集，数据检验，数据加工，数字滤波，时、频、幅域分析等环节，分别阐述各自的处理方法。

7.2.3.1　分析数据采集方法

对测量原始数据进行检验后，数据采集主要完成选段、分析频率的选择、滤波器频率的选择等工作。

1）选段

由于速变参数处理是基于随机数据的统计分析，因此不可能也没有必要在航天器飞行的全过程进行分析和处理，而是选取一些特定的时段（或称采样段）进行处理，即“选段”。

选段原则：

（1）所选段落不应包含由于严重噪声干扰、电源干扰、插头松脱、限幅等原因造成的虚假信号和畸变信号；

（2）选取导弹、运载火箭工作的特征时间段；

（3）选取信号幅值较大，即振动、脉动压力、冲击等较严重的时间段；

（4）所选段的信号频率成分应较丰富；

（5）所选取信号的平稳性较好。

选段方法：

根据上述原则，通过分析参数的时间历程曲线，可采取人工选段或自动选段两种方法。

人工选段。观察参数的时间历程曲线，获取感兴趣时段的长度和起始时刻，并将这些信息输入有关处理程序。人工选段具有较高的可靠性，但速度慢且含有较多的经验成分。

自动选段。随着快速傅里叶算法的成熟和计算机等设备性能的提高，人工选段日益成为阻碍遥测速变参数事后处理向实时发展的瓶颈。能否实现快速选段已成为影响速变参数处理速度的主要矛盾。计算机辅助自动选段具有自动化高、速度快的优点，无疑代表着速变参数处理的发展方向。

自动选段遵循典型采样段的选段原则，采用信号幅值触发加特征时刻综合判断得到处理时段。

信号幅值触发即设置幅值门限，信号幅度达到所设门限高度时，开始选出数据。

预先装订好特征时刻（即选段起始时间），当重放信号时间符合时，开始选出数据。

针对平稳飞行段数据，判断数据子样的方差是否超过幅值门限。若大于，则该数据子样被选出。

针对瞬态振动段数据，需要进行波形识别，具体步骤包括平滑、取包络、对包络线进行波形识别。

2）采样频率的选取

采样定理：若一个连续信号 $X(t)$ 的频谱 $X(\omega)$ 的最高频率小于 f_c，则 $X(t)$ 可以由周期 $T \leqslant 1/2f_c$ 的等间隔采样点 $X(nT)$ 序列完全决定。

根据采样定理，为了能从采样数据恢复原始信号，采样频率必须满足 $f_s \geqslant 2f_c$，否则将发生混叠现象。

针对编码信号（PCM），采样频率由遥测系统决定，应满足 $f_s \geqslant 2.5f_c$；

针对模拟信号（PAM），当进行傅里叶谱分析时，应满足 $f_s \geqslant 2.56f_c$，当进行冲击响应谱分析时，用数字滤波方法时应满足 $f_s \geqslant 5f_c$，用改进的数字滤波方法时应满足 $f_s \geqslant 3f_c$。

3）滤波器频率选择

当信号中含有高于分析频率上限的频率成分时，用低通滤波避免频率混叠：通带边界频率应等于被测信号频率范围的最大值。

当信号中有零线漂移或谱分析设备无中心化处理措施时，用高通滤波消除甚低频扰动和低频上翘：通带边界频率应等于被测信号频率范围的最小值。

（典型的功率谱密度曲线低频上翘：指在谱密度曲线中，从十几、几十或100Hz左右到接近0Hz，随频率的降低，自右向左，曲线呈现由低到高单调向上趋势的异常现象。在最低频率点的曲线最高处，功率谱密度常常可以达到很惊人的量值。)

对于数字信号，运用数学滤波方法，计算机编程实现。

对于模拟信号，采用专用的滤波设备实现。

7.2.3.2　数据检验方法

在进行遥测速变参数数据处理前，需对数据先进行检验，其内容包括信号真伪的判别、信号的平稳性、周期性、正态性检验。

1）真伪信号的判别

即依据被测信号波形规律及复合值大小检验测量信号数据的真实性。

（1）目视判别信号真伪。

航天器正常飞行时，若在不应出现的时刻有较大振动，而且在同测点附近的相关参数现象不同，没有规律，即可疑为干扰。

（2）判别信号是否被噪声淹没。

由于目前所用遥测系统噪声大，目视认为正常的信号有时仍需进行信噪比分析，以判断信号的工常频率成分是否被噪声淹没。

① 时域判别。将原始信号经滤波器滤掉感兴趣的频段以外的成分后绘其时间历程图，若滤波前后在特征时刻的曲线无明显变化，则可能信号已被噪声淹没。

② 频域判别。若时域判别仍把握不大，可在频域判别。若点火等特征时刻前后的谱量级及谱形无显著变化，则表明信号可能已被噪声淹没。

③ 正常飞行时，若大多数复合值峰值的计算结果远大于理论值或超出测量范围时，则认为有噪声干扰。

（3）判断信号是否叠加了干扰信号。

一般情况下，可以用目测的方法直接判断。当需要通过计算机自动识别时，可使用下述方法。

① 方差上限判别法。遥测速变参数通常称为高斯随机过程，设 $x(t)$ 为某一路信号，其均值为零，方差为 $D(x)$ 存在方差上限值，当信号方差大于方差上限时便可基本判定信号为干扰信号。

② 轮次判别法。伪信号的平稳性往往较差，伪信号的轮次数远小于真实信号的轮次数，且进行轮次数检验的时段越短，这种差别就越明显。

③ 相关性检验法。同一速变参数的不同时间段的功率谱间存在着较强的相关性，而伪信号与真实信号的功率谱之间的相关性较差，利用这一差别，通过计算判断信号的功率谱与同信号其他时段功率谱的相关函数，便可判定干扰存在与否。

自相关函数计算方法：

① 直接法。

设测量数据 x_i，其均值为 μ，则自相关函数计算如下：

$$R(m) = \frac{1}{N - m}\sum_{i=1}^{N-m}(x_i - \mu)(x_{i+m} - \mu) \tag{7-2}$$

式中：$i = 1,2,\cdots, N - m$；$m = 0,1,\cdots,M$，为自相关滞后数，$M < N$。

② 快速傅里叶变化法。

设测量数据为 x_i'，$i = 1,2,\cdots,N$，其均值为 μ，将 x_i' 扩大形成新的序列 x_i，使其满足：

当 $x_i = x_i'$ 时，$i = 1,2,\cdots,N$；

当 $x_i = \mu$ 时，$i = N + 1, N + 2,\cdots,2N$。

对 x_i 求得功率谱密度 S_k。将 S_k 做快速傅里叶逆变换，得到循环自相关函数 $R'(m)$，按下式计算自相关函数，即

$$R(m) = N \cdot R'(m)/(N - m) \tag{7-3}$$

将 $R(m)$ 的后面 1/2 去掉，即为所求的自相关函数。

2）平稳性检验

均值和自相关函数不随时间的平移而变化，即被检验数据的所有概率特征都与时间无关才是平稳的。

运载火箭、导弹的速变参数，在航天器飞行的各特征时段严格讲都是非平稳的，处理时若在选段时间内有 5~10 帧以上相对稳定的样本，则可将数据视为平稳。因而，平稳性检验局限在对选段时间内的数据进行检验。

实际中概率特征随时间变化较小就认为是平稳的，其显著水平 α 一般取 0.05。

在进行平稳性检验时，有多种方法可供选择，最简单的检验可通过对波形的直观观察来判断。从波形上分析，平稳性的重要特征是平均值波动要小，波形的峰谷变化比较均匀，频率结构比较一致，这里面含有较多的经验成分。

根据测量数据的均方值随时间的变化情况来判断，均方值波动小则认为是平稳的，反之则是非平稳的。

一般采取较为严格的轮次检验法。

将数据的均方值中心化以后，取数据的符号作为统计量，根据符号的轮次来判断其平稳性。一个轮次定义为一列同类的观察值，它们的前面和后面都是不同类的观察值或没有观察值。该方法观察值序列如下例：

++	−	++	−	+++	−	+	−−	+	−−	+	−−−
1	2	3	4	5	6	7	8	9	10	11	12

上例中，共有 $N = 20$ 个观察值，轮次数为 $\gamma = 12$。假设（+）观察数等于

(-) 观察数，将序列的轮次数所具有的抽样分布制成轮次分布概率统计表（表 7-1)，将观察的轮次数 γ 与某一显著水平 α 下轮次区间（γ_n :1-α/2，γ_n :α/2）做比较，若在区间之内即为平稳的，否则为不平稳的。当数据总点超过统计表范围时，可根据精度要求等间隔取点以减少点数，再进行检验。

表 7-1　轮次分布概率统计表

n	α=0.10		α=0.05		α=0.02	
	下限	上限	下限	上限	下限	上限
5	3	8	2	9	2	9
6	3	10	3	10	2	11
7	4	11	3	12	3	12
8	5	12	4	13	4	13
9	6	13	5	14	4	15
10	6	15	6	15	5	16
11	7	16	7	16	6	17
12	8	17	7	18	7	18
13	9	18	8	19	7	20
14	10	19	9	20	8	21
15	11	20	10	21	9	22
16	11	22	11	22	10	23
18	13	24	12	25	11	26
20	15	26	14	27	13	28
25	19	32	18	33	17	34
30	24	37	22	39	21	40
35	28	43	27	44	25	46
40	33	48	31	50	30	51
45	37	54	36	55	34	57

3）周期性检验

一般可使用自相关函数方法。中心化的随机遥测数据的自相关函数，在时间位移很大时，总是趋于零，而周期性信号的自相关函数在整个时间轴上表现为一连续振荡曲线，且其振荡频率就是周期信号的频率，根据这一特点，很容易检测出待测信号中的周期分量。

4）正态性检验

正态性分布是遥测速变参数数据处理中许多算法的假设前提，因此，正态性检验很有必要。

研究数据的正态性简单的方法是求出信号的概率密度函数并和典型的正态概率密度图进行比较。

概率密度函数计算方法如下。

设均值为零的测量数据 x_i，$i=1,2,\cdots,N$，x_i 的最大值为 x_b，最小值为 x_a。

1）确定概率密度函数处理的窗口宽度

根据样本数据个数 N，确定最大值与最小值之间划分等级区间的个数 K。区间窗口宽度为

$$\Delta x=(x_b-x_a)/K \tag{7-4}$$

2）估计概率密度函数

$$P_k=N_k(\Delta x),\ k=1,2,\cdots,K \tag{7-5}$$

式中：N_k 为数据落入 k 区间窗的个数。

也可以利用正态概率坐标纸进行检验，方法是把测量数据点标记在专用正态概率纸上，若各点近似地落在一条直线上，则说明该测量数据是正态分布的。

7.2.3.3 数据合理性加工方法

飞行器恶劣飞行环境导致飞行器上设备可能出现异常；地面接收设备也可能出现异常，导致实测信号中往往出现奇异项和趋势项，并混杂有周期干扰和噪声干扰，另外，传感器和变换器也可能出现零位漂移。

1）消除趋势项

周期大于选段记录长度的频率成分均称为趋势项。趋势项可以是畸变引起的基线偏移，也可以是相对于研究主频率段来说较低的甚低频扰动，二者都会造成低频上翘、淹没主频成分。

一般使用最小二乘法消除趋势项。

2）抑制周期性干扰

测量和处理过程中都会有周期性干扰信号，譬如：50Hz 电源干扰、39Hz 和 78Hz 采样频率干扰等，导致信号的复合值较大，量级虚假。

分析仪具有抑制功能时，选用足够小的分析带宽，采取点阻滤波法，使信号振幅在需要消除的干扰频率点上为零，从而抑制掉周期性干扰信号。

傅里叶变换：正变换得到频谱，抑制掉干扰频率后，逆变换，调整时域数据的加窗畸变。

3）剔野值

目测法：

观察复合值，根据时间历程曲线，将显著偏离曲线变化趋势，过大或过小的不合理数据应剔除。

（1）均值法：

求方差

$$\sigma^2 = \sum_{i=1}^{N} (x_i - \mu)^2/(N-1) \tag{7-6}$$

$$\mu = \sum_{i=1}^{N} x_i/N \tag{7-7}$$

若 $|x_i - \mu| > 3\sigma$，则判 x_i 为跳点，予以剔除。

（2）肖维涅法：

若 $|(x_i - \mu)/\sigma| > K$，则判 x_i 为跳点，予以剔除。

相关函数加权法替代野值：

$$\hat{x}_i = \frac{1}{b}[x_{i-k}e^{-2Bk\Delta t} + x_{i-k+1}e^{-2B(k-1)\Delta t} + \cdots + x_{i-2}e^{-2B\cdot 2\Delta t} + x_{i-1}e^{-2B\Delta t}] \tag{7-8}$$

$$b = [e^{-2Bk\Delta t} + e^{-2B(k-1)\Delta t} + \cdots + e^{-2B\cdot 2\Delta t} + e^{-2B\Delta t}] \tag{7-9}$$

式中：B 为信号的频带宽度。

4）消除噪声干扰

消除噪声干扰有三种情况。

（1）判定已被噪声淹没的信号，该参数一般不予处理。

（2）污染不严重时：根据干扰噪声性质，采取相应措施，减轻噪声污染的影响；利用已有信号给出保守的变化上限，尽量加大谱平均次数，减轻噪声污染的影响。

（3）污染较严重，功率谱密度量级很高时：各特征时刻的信号功率谱密度减去点火前或滑行段同一信号的功率谱密度，作为参考量级。

7.2.3.4　波形分析处理方法

（1）复合值处理（判读、计算、绘图）

速变参数复合值的测量分为模拟量测量和数字量测量。

对于模拟信号 PAM，一般利用分析仪，在被选作谱分析的时间段判读复合值的最大值。需要时，可以判读反映复合值包络的几个比较大的值。注意避开干扰信号或跳点。

用分析仪判读的复合值，按下式计算：

$$A_i = V_i/K_{cal} \tag{7-10}$$

式中：A_i 为 t_i 时刻复合值，单位为 EU（工程单位）；V_i 为已中心化的判读值，单位为 V；K_{cal} 为标定系数，单位为 V/EU，由传感器灵敏度、变换器放大系数及其他修正系数换算出。

对于数字信号 PCM，用数学方法做谱分析，在计算机上用软件判读复合值的最大值，或判读反映复合值包络的几个比较大的值。

用数学方法软件选取的复合值，按下式完成计算。

（1）中心化公式：

$$M'_i = M_i - \sum_{i=1}^{N} M_i/N,\ i = 1,2,\cdots,N \tag{7-11}$$

式中：M_i 为 t_i 时刻复合值的分层数；M'_i为 t_i 时刻的中心化后的复合值分层值。

（2）复合值计算公式：

$$A_i = M'_i / K_{\mathrm{cal}} \tag{7-12}$$

式中：A_i 为 t_i 时刻复合值，单位为 EU；M'_i为 t_i 时刻的中心化后的复合值分层值；K_{cal} 为标定系数，单位为 1/EU。

（3）标准声压级计算公式（单位为 dB）：

$$L_i = 20\log(A_i/P_0) \tag{7-13}$$

式中：A_i 为 t_i 时刻噪声复合值，单位为 μPa；P_0 为标准声压，$P_0 = 20\mu\mathrm{Pa}$。

7.2.3.5 频谱分析方法

1）窗函数选择

将信号进行谱分析之前，一般在时域都要进行加窗处理，以使截取的数据频谱能反映原来频谱的特点。

加窗对信号频谱的影响：窗函数的频谱只有一定宽度，使频谱带进了虚假的高频成分，尤其是那些带有波动形状的旁瓣，会使频谱产生虚假的峰谷现象，具有负的旁瓣的窗函数将产生漏能影响，窗的长度越大，频率结构越详细，越接近真实谱。因此，选取窗函数时，尽量选取频率窗有高度集中的主瓣，旁瓣尽量小，最好无负旁瓣，窗长尽量长，同时还要考虑计算量要小，计算时间短等。

一般对平稳随机振动、噪声及脉动压力信号加汉宁窗或海明窗，对冲击和瞬态振动信号的冲击响应谱一般不进行加窗处理。最后，还应根据所加窗型的修正因子对功率谱密度结果进行修正。

汉宁窗（Hanning）：

$$W_h(t) = 0.5 - 0.5\cos\left(\frac{2\pi i}{N-1}\right),\ i = 0,1,\cdots,N-1 \tag{7-14}$$

加汉宁窗处理出的频率结果，应乘以修正系数 2；加汉宁窗处理出的功率谱密度结果，应乘以修正系数 2.667。

2）频谱分析

通常采用快速傅里叶变换（FFT）算法。

（1）数据序列。

原始数据以采样间隔 Δt 进行采样，经过高低通滤波、去趋势项的一个样本数据序列为 x''_i，$i=0,1,\cdots,N-1$。N 一般取 2 的整次幂。

（2）中心化计算：

$$x'_i = x''_i - \left(\sum_{i=0}^{N-1} x''_i\right) \Big/ N \tag{7-15}$$

（3）加窗处理：

$$x_i = x'_i \cdot \left[0.5 - 0.5\cos\left(\frac{2\pi i}{N-1}\right)\right],\ i = 0,1,\cdots,N-1 \tag{7-16}$$

（4）计算 x_i 序列的傅里叶变换：

$$X_k = \frac{1}{N}\sum_{i=0}^{N-1} x_i W_N^{ik} = X_{k,R} + jX_{k,I},\ k = 0,1,\cdots,N/2-1 \tag{7-17}$$

$$W_N^{ik} = \exp(-\mathrm{j}2\pi ik/N) \tag{7-18}$$

（5）计算 x_i 的傅里叶幅值谱（FMS）。

$$A_k = \alpha\sqrt{(X_{k,R})^2 + (X_{k,I})^2},\ k = 0,1,\cdots,N/2-1 \tag{7-19}$$

式中：α 为加窗函数的修正系数，Hanning 窗为 2。

（6）谱平均（正则化平均）。

将一个较长的时间段分为 M 个小的段落进行处理，对其结果进行平均。

$$A_{k,M} = \alpha\sqrt{\frac{1}{M}\sum_{m=1}^{M} A_{k,M}^2},\ k = 0,1,\cdots,N/2-1,\ m = 1,2,\cdots,M \tag{7-20}$$

式中：M 为平均样本个数；α 为加窗函数的修正系数；Hanning 窗为 2。

在选段信息量不足时，每个样本之间可重叠 50%。准正弦信号和瞬态信号不做谱平均。

（7）校准计算。

$$K_{\mathrm{cal}} = V_0 K_1 K_2 K_3 K_T / \sqrt{2} V_I K_L K_0 \tag{7-21}$$

式中：K_{cal} 为标定系数，单位为 V/EU；V_0 为校准信号测量结果（与信号测量结果单位相同）；K_1 为传感器灵敏度，单位为 mV/EU；K_2 为变换器灵敏度，单位为 V/mV；K_3 为传输通道特性系数；K_T 为温度修止系数；V_I 为校准信号输入的有效值；K_L 为滤波器修正系数；K_0 为其他修正系数。

公式中没有修正项目时，其系数为 1。

$$\hat{A}_k = A_k / (K_{\mathrm{cal}} \cdot M_1(k) \cdot M_2(k) \cdot M_3(k)),\ k = 0,1,\cdots,N/(2-1) \tag{7-22}$$

式中：$M_1(k)$ 为传感器频率特性；$M_2(k)$ 为变换放大器频率特性；$M_3(k)$ 为传输通道频率特性。

3）功率谱分析

（1）数据序列。

（2）中心化计算。

(3) 加窗处理。

(4) 计算 x_i 序列的傅里叶系数，均与频谱分析中方法相同。

(5) 计算 x_i 的功率谱密度 (PSD)：

$$S_k = [2N\Delta t\alpha/M] \cdot \sum_{m=1}^{M}[(X_{k,R,m})^2 + (X_{k,I,m})^2],\ k = 0,1,\cdots,N/2-1 \quad (7\text{-}23)$$

式中：M 为平均样本个数；α 为加窗函数的修正系数；Hanning 窗为 2.667。

(6) 校准计算：

$$\hat{S}_k = S_k/(K_{\text{cal}}^2 \cdot M_1^2(k) \cdot M_2^2(k) \cdot M_3^2(k)),\ k = 0,1,\cdots,N/2-1 \quad (7\text{-}24)$$

4) 声压级谱

(1) 选取带宽及中心频率。

根据测量系统的频率范围和数据处理要求，选取倍频程分析带宽及其相应的中心频率（有专门的表供查询，《GJB 遥测数据处理》K2.2）。

(2) 计算频带内声压谱密度之和。

$$\hat{S}_{\sum k} = \sum_{k=N_1}^{N_2} S_k \quad (7\text{-}25)$$

式中：N_1、N_2 为每个信频程分析带宽上下限。

(3) 计算每个频带内声压的均方根值。

$$\sigma_k = \sqrt{\Delta f \hat{S}_{\sum k}},\ k = \text{中心频率}$$

式中：Δf 为 $\hat{S}_{\Sigma k}$ 的求和带宽。

(4) 计算声压级谱 (SPL)。

$$L_k = 20\log(\sigma_k/P_0) \quad (7\text{-}26)$$

式中：P_0 为标准声压，$P_0 = 20\mu\text{Pa}$。

(5) 计算总声压级。

$$P_k = 10^{L_k/10} \quad (7\text{-}27)$$

$$L = 10\log\left(\sum_{k=N_1}^{N_2} P_k\right) \quad (7\text{-}28)$$

5) 冲击响应谱分析

(1) 校准计算。

设基座加速度输入 $U(t)$ 的遥测采样、编码、中心化后的值为 M_k，$k=0,1,2,\cdots,N$，按下式进行校准计算：

$$U_k = M_k/K_{\text{cal}} \quad (7\text{-}29)$$

式中：U_k 为基座加速度输入值，单位为 EU；K_{cal} 为标定系数，单位为 1/EU。

（2）加速度响应递归公式：

$$X_0 = 0,\ X_1 = 0 \tag{7-30}$$

$$X_k = b_0U_k + b_1U_{k-1} + b_2U_{k-2} + q_1X_{k-1} + q_2X_{k-2},\ k \geqslant 2 \tag{7-31}$$

式中：$b_0 = 1 - \exp(-D)\sin(E)/E$；$b_1 = 2\exp(-D)[\exp(-E)/E - \cos(E)]$；$b_2 = \exp(-D)[\exp(-D) - \sin(E)/E]$；$q_1 = 2\exp(-D)\cos(E)$；$q_2 = -\exp(-D)$；$D = \xi\omega_n\Delta t$；$E = \omega_d\Delta t$；$\omega_n = 2\pi f_n$，为系统的固有频率；$\omega_d = \omega_n\sqrt{1-\xi^2}$，为系统的阻尼固有角频率；$\xi$ 为系统阻尼系数。

（3）参数选取。

根据实际结构特性选取阻尼系数 ξ，一般可取为 0.05；

根据信号特点选取样本长度 T，样本中应包括瞬态信号的起始和衰减部分，起始的上升沿一定要保留，样本结尾的幅值应小于最大值的 30%。

根据测量参数的频率范围最低值选定起始分析频率 f_0，但应满足 $f_0 \geqslant 1/T$。

（4）冲击响应谱。

分析频率点从 f_0 开始，原则上按 1/6 倍频程给出 f_n 值，至采样频率为止。频率较低部分（f_0~0.04f_0）可适当等间隔选取频率点。

对于给定的 f_n 值，计算出系统的绝对加速度响应 X_k，找出 X_k 的最大值，即为冲击响应谱一个点。按参数选取要求改变 f_n，则可获得冲击响应谱。

7.3 缓变参数处理基本方法

7.3.1 缓变参数含义及类型

根据《GJB 2238A—2004 遥测数据处理》规定：缓变参数（slow changing parameter），通常指信号变化频率低于 10Hz 的遥测参数，其变化规律属确定性信号。

10Hz 以上的为速变参数，10Hz 以下的为缓变参数，这种分类法从数据处理的角度看是有道理的，因为往往 10Hz 以下的参数均在时间域内处理，结果均为时间函数值，而 10Hz 以上的参数在时间域和频率域都进行处理，结果分别为复合值、频谱、功率谱、最大熵谱等。

缓变参数的类型主要有连续参数、数字量参数、指令参数和脉冲参数，各类参数的特点和具体参数如表 7-2 所列。

表 7-2　缓变参数类型

类　　型	特　　点	具体参数
连续参数	连续变化的模拟量	电量：电压、电流、姿态角、角速率
		非电量：压力、温度、过载、相对行程、流量
数字量参数	不同型号之间参数表示格式不同	加速度表参数：平台加速度表参数、惯组加速度表参数
		计算机字：视速度、视位置、关机余量、横向导引、法向导引
指令参数	反映某事件的发生及其时间	阶跃电压型、组合电压型、位控型、特征码、特殊遥测系统指令
脉冲参数		液位、转速、频率

7.3.2　缓变参数处理基础

1）缓变参数处理流程

缓变参数处理流程如图 7-2 所示。其中，重放输入、检查拼接、时间加工和判帧分组四个环节属于预处理环节，与速变参数处理流程相同，主要是对各遥测地面站记录的原始信息进行质量检查，得出能否进行数据处理的结论。对时统信号、帧同步信号等进行纠错，以使时统、帧同步及各波道参数严格保持正确的逻辑关系。对测量信息进行对接整理和分路，将起飞触点进行加工，提供参数时间坐标，剔除野值等初始处理，形成可用来进行数据处理的数据结构形式，以供计算模块使用。

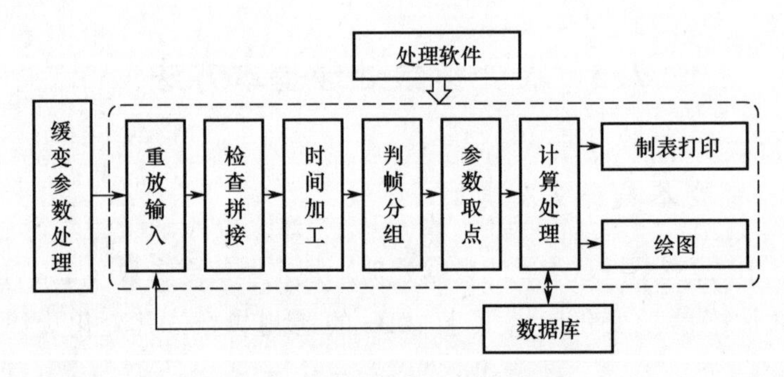

图 7-2　缓变参数处理流程图

2）参数取点

依据：

不同型号火箭、不同类型参数及不同时段，都可能有不同的取点要求，一般应按设计部门给出的“遥测数据处理要求与方法”文件中的具体要求来进行选点处理。

原则：

（1）所选的参数点应能反映出被处理参数的变化情况及特征；

（2）用所选参数点连成的曲线应能保持原参数波形，使其不失真。

取点一般可分为如下方法。

（1）逐点方式：去掉跳点，取出参数所有的采样点进行处理。

（2）等间隔方式：所取的各点之间时间间隔相等，间隔大小视参数变化平稳情况和设计部门使用数据的需要而定。

（3）特征点方式：按参数变化趋势的特征取点，取出的点连成曲线应能保持原参数波形趋势不失真。

由于缓变参数变化波形多种多样，很难用一种方法完成特征点的选取，需要用多种方法综合处理。

计算处理：

不同缓变参数类型，有各自具体的计算处理方法。

3）缓变参数处理相关数学基础

（1）野值剔除方法。

由于信号干扰，使得某些实测点数值远离参数变化规律，这些点应去掉。去跳点的方法很多，如一阶差分方法、二阶差分方法、莱特准则判别法等。

一阶差分预测表达式：$x_i = 2x_{i-1} - x_{i-2}$。

二阶差分预测表达式：$x_i = 3x_{i-1} - 3x_{i-2} + x_{i-3}$。

式中：x_i 为 t_i 时刻预测值；x_{i-1} 为 t_i 时刻前一点实测值；x_{i-2} 为 t_i 时刻前二点实测值；x_{i-3} 为 t_i 时刻前三点实测值。

求出 t_i 时刻预测值后与实测值 x_i 比较：

当 $|x_i - x_i| \geq W$ 时，x_i 为跳点应去掉。

其中，W 是误差窗口，其值视具体参数变化情况而定。

（2）干扰剔除方法。

剔除干扰即实现数据的平滑。使用加权移动平均的方法，平滑的加权系数 W_k 可由最小二乘法求得，也可查表得到（表 7-3）

表 7-3　平滑处理的加权系数表

点　数	5	7	9	11
x_{i-5}				−36
x_{i-4}			−21	9
x_{i-3}		−2	14	44
x_{i-2}	−3	3	39	69

续表

点　　数	5	7	9	11
x_{i-1}	12	6	54	84
x_i	17	7	59	89
x_{i+1}	12	6	54	84
x_{i+2}	−3	3	39	69
x_{i+3}		−2	14	44
x_{i+4}			−21	9
x_{i+5}				−36
归一化系数	35	21	231	429

平滑公式：$x_i = \sum_{k=-L}^{L} W_k x_{i+k} \Big/ \sum_{k=-L}^{L} W_k$。

例如，五点平滑公式为

$$x_i = (-3x_{i-2} + 12x_{i-1} + 17x_i + 12x_{i+1} - 3x_{i-2})/35 \tag{7-32}$$

（3）挑点方法。

① 取极值点。

$$\Delta 1 = x_{i+1} - x_i \tag{7-33}$$

$$\Delta 2 = x_i - x_{i-1} \tag{7-34}$$

若 $\Delta 1$ 与 $\Delta 2$ 符号相反，则 x_i 为极值点，当 $|\Delta 1| \geqslant W$ 或 $|\Delta 2| \geqslant W$ 时，取该极值点 x_i，否则 x_i 被舍弃。窗口值 W 根据参数具体情况设定，一般要大于 2 个分层值。

② 取拐点。

令二次抛物线方程为

$$x_i = a + bi + ci^2 \tag{7-35}$$

用五点实测数据求二次多项式系数 c。取实测被判数据点及其前后四点数据：

$$x_{i-4},\ x_{i-3},\ x_{i-2},\ x_{i-1},\ x_i,\ x_{i+1},\ x_{i+2},\ x_{i+3},\ x_{i+4}$$

按前 5 点及后 5 点各一组进行 5 点平滑，分别求出 c：

$$c_1 = [2(x_{i-4} + x_i) - (x_{i-3} + x_{i-1}) - 2x_{i-2}]/14 \tag{7-36}$$

$$c_2 = [2(x_i + x_{i+4}) - (x_{i+1} + x_{i+3}) - 2x_{i+2}]/14 \tag{7-37}$$

二次抛物线方程的二阶导数为

$$x_i'' = 2c \tag{7-38}$$

因此，若 c_1、c_2 的结果符号相反则 x_i 为拐点，相同则 x_i 不是拐点；c_1、c_2 均为零时 x_i 不是拐点，c_1、c_2 其中只有一个为零时 x_i 是拐点。

③ 单调曲线取点

令二次抛物线方程为

$$x_i = a + bi + ci^2 \tag{7-39}$$

取五点实测数据：x_{i-2}、x_{i-1}、x_i、x_{i+1}、x_{i+2}。用此实测数据及点序：$i-2$、$i-1$、i、$i+1$、$i+2$、求二次多项式(二次抛物线) 系数 b、c，则

$$b = [-2(x_{i-2} - x_{i+2}) - (x_{i-1} - x_{i+1})]/10 \tag{7-40}$$

$$c = [2(x_{i-2} + x_{i+2}) - (x_{i-1} + x_{i+1}) - 2x_i]/14 \tag{7-41}$$

一阶导数为

$$x_i' = b + 2ci \tag{7-42}$$

将 b、c 分别代入式（7-42），当一阶导数大于零或小于零时，则判断出这五点是单调曲线，若 $|x_i - x_{i-2}| \geqslant W$ 或 $|x_{i+2} - x_i| \geqslant W$，则取 x_i 点；当一阶导数等于零时，则判出其为直线，不取 x_i 点。改变 i 值，往后移动继续判断，完成后续取点。窗口值 W 根据参数具体情况设定。

7.3.3 典型缓变参数处理方法

7.3.3.1 连续参数的处理

连续参数是指遥测数据缓变参数中连续性变化模拟量，一般包括控制系统参数、总体系统参数、动力系统参数，其变化曲线是连续的。

控制系统是飞行器的核心，它具体包括制导系统、姿态稳定系统、电源配电系统。

目前制导系统采用全惯性的平台加计算机制导方案（而 CZ-3A 火箭首次采用先进的四轴挠性平台技术），即以平台为测量基准，计算机为计算元件的制导方案。制导系统的功能就是对导弹的运动参数进行实时测量、计算和控制，并根据实际计算结果在运动参数达到关机点的额定值时给出关闭各级发动机的指令，关闭各级发动机。导引信号进行姿态控制，程序脉冲控制元件按预定程序飞行。如导弹的俯仰程序转弯是由计算机发出的程序脉冲去驱动平台上的程序机构转动，从而控制导弹的程序转弯。

火箭按照关机方程实现关机，保证卫星运行周期符合要求，而在有干扰作用的情况下要保证弹头落点或卫星近地点高度和轨道倾角满足要求，要靠导引实现。实现导引的方法是使干扰弹道上被控制参数尽可能与理论弹道相接近、如果偏离了理论弹道，则根据偏差量的大小形成控制信号，通过伺服机构操纵发动机偏转用以改变火箭的姿态，使其做机动飞行，从而减小偏差。理论弹道的参数预先存贮在计算机内，计算机根据加速度表输出的信号进行实时计算，不断与理论弹道相比较，输出一个与偏差成比例的电压信号，故而导引是一个闭合的控制回

路。导引作用可以分为法向导引和横向导引，横向导引的作用是使卫星轨道的倾角 i 的偏差最小，法向导引的作用是消除高度及速度方向的偏差，使关机点的高度满足要求。

姿态稳定系统的功能是保证导弹按预定弹道稳定飞行，其测量参数主要有姿态角，角速度，横、法向加速度表输出，综合放大器输出电流等。

电源配电系统的功能是提供控制系统各仪器所用电源，弹上由一次电源和二次电源组成。

实际遥测数据中的主要连续参数包括：

（1）偏航。飞行器按照理论轨迹飞行，由于种种原因，可能会出现偏离射面（向左或向右）理论弹道的情况，这种偏离理论弹道射面的情况叫偏航。弹体纵轴 OX 与 XOY 平面（射面）的夹角称为偏航角。

（2）俯仰。导弹向上抬头或向下低头的情况称为俯仰，弹体纵轴 OX 在 XOY 平面上的投影与发射坐标系 XOZ 平面之间的夹角叫做俯仰角。俯仰角与程序角之差称为俯仰角偏差。

（3）滚动。导弹绕自身轴的旋转叫滚动，弹体的横轴 OZ 与 YOZ 平面夹角称为滚动角。

（4）过载。产品或部件受力后所产生的惯性空间加速度 g 与重力加速度 g_0 的比值称为过载系数，简称过载。

（5）压力及压差。压力指弹（箭）上各系统所受外力的大小。压力是一个标量、表示所测部位只受一个方向的压力。

压差与压力的物理意义一样，只不过所测部位要受两个相反方向力作用。设这两个方向的力分别为 P_1、P_2，若 P_1 为正值那么 P_2 就为负值。所谓压差即指 P_1 与 P_2 的向量和，因此压差为向量。

（6）流量及流速。流量一般是指涡轮泵燃料或蒸发器流动气体在单位时间流过的总量（体积），用 m^3/s 来表示，该参数是用来检查分析涡轮泵或蒸发器工作情况的依据。有时设计单位不测流量而测流速，由于流量与流速有关，因此二者有一定联系。流速用 m/s 来表示。

（7）热流。流动的高温气体叫热流，该参数是用来了解部件受热情况的，参数的单位为 $cal/(m^2 \cdot s)$。

1）遥测信号采集类型

根据遥测信号的特点和性质，需对其进行不同方式的采集，对于符合规范的电量信号可直接采集；不符合规范的电量信号则需由变换器进行变换然后再采集；非电量信号可以由一体化传感器（其中已集成变换器）直接采集或先由传感器将其转换为电信号，再由变换器转换为规范电信号，如图 7-3 所示。

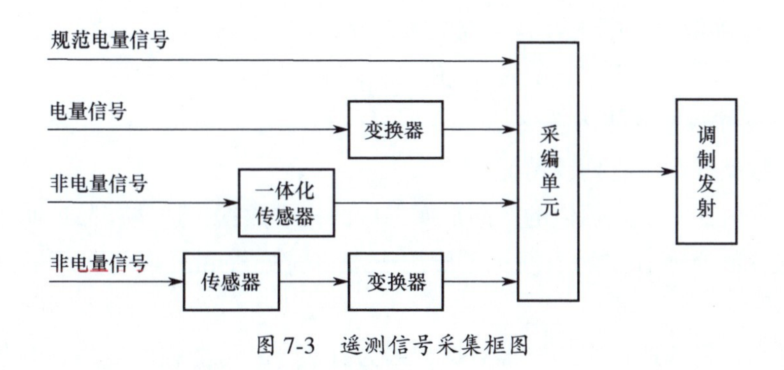

图 7-3　遥测信号采集框图

2）参数编码分层值与电压值的换算

遥测数据处理，是将地面遥测站记录的信号（编码值）复原为原始信号的真实值，实际上是信号采集的一个逆过程，即首先将编码值复原为电压值或电平百分数，然后通过变换器和传感器的校准数据复原为工程物理量。

在《遥测数据处理要求及方法》中均提供了各种类型的参数处理公式，将传感器、变换器等产品证明书中提供的校准数据代入处理公式，即可复原被测参数的工程物理量。

（1）参数编码分层值与电压值的换算。

根据传感器、变换器校准数据的需要，将被测信号编码分层值换算成电压值或电压百分数。

① 运用异源校准电平计算参数电压值（精度较高的控制系统参数使用）：

$$\begin{aligned} u_i &= K_y \times M_i \\ K_y &= U_y / M_y \end{aligned} \tag{7-43}$$

式中：u_i 为某参数在 i 时刻电压值，单位为 V；K_y 为异源校准单位分层电压换算关系，单位为 V/分层数；M_i 为某参数在 i 时刻的编码分层值；U_y 为异源校准电压值，由遥测采编器证明书中查得，单位为 V；M_y 为异源校准编码分层值。

另外，也可用编码器的编码电压（由遥测采编器证明书中查得）除以 255 分层，代替 K_y 值来求参数电压值 u_i。

② 运用同源校准电平计算参数电压值（共同使用一个测量电源进行测量的参数）：

$$\begin{aligned} u_i &= K_T \times M_i \\ K_T &= U_T / M_{100} \end{aligned} \tag{7-44}$$

式中：K_T 为同源校准单位分层电压换算关系，单位为 V/分层数；U_T 为同源校准电压值，由遥测采编器证明书中查得，单位为 V；M_{100} 为同源校准信号 100% 电平的实测编码分层值。

③ 运用同源校准电平计算参数电压百分数：

$$u_i\% = (M_i/M_{100}) \times 100\% \tag{7-45}$$

（2）校准数据的使用模式。

校准数据的来源有两种情况：

一是发射前一个月提供的产品证明书中的校准数据，这些产品证明书包括了全部箭遥参数处理所需的数据，主要用于准实时处理和故障情况下遥测参数的处理。

二是由发射阵地传来的校准数据，因为有些产品可能临时更换，有些产品需要发射前几天的测试结果以最接近发射时的产品特征，如测量电池电压、加速度表当量转换系数。由于最接近发射时产品的特征，因此为首选数据。此情况下，要求技术测试阵地根据实时处理任务的需要，将主要处理参数的校准数据用电报形式发往各测量船、站。

（3）工程物理量计算。

校准数据一般在出厂前已经测定，包含一组输入值和一组输出值（x_i, y_i），测量时，在其量程内给出一组输入值（x_i），测量其对应的一组输出值（y_i）；数据复原的过程正好相反，即由任一输出值 y 反算出其对应的输入值 x。

选取最接近发射时刻和温度的那一组校准数据使用。当校准数据有正、反行程时，按处理方法要求：被测参数上升段和平稳段使用正行程，下降段使用反行程校准数据；或使用正、反行程校准数据的平均值。

反算输入值时要用到校准数据，在使用传感器和变换器的校准数据时有两种方法：一种是将校准数据按最小二乘法进行线性拟合，计算出线性方程的斜率和截距，然后将输出值代入方程算出输入值；另一种方法是由校准数据进行实时插值，由输出值插值得到输入值。

通常选择使用最小二乘线性拟合或者两点线性插值，有特殊需要时也可采用埃特金三点二次插值来运用校准数据计算参数物理量的值。具体算法按照飞行试验《遥测数据处理要求与方法》给出的计算公式进行计算。

两点线性插值：

$$y(x) = y_i + \frac{y_{i+1} - y_i}{x_{i+1} - x_i}(x - x_i) \tag{7-46}$$

式中：x 为实测输入值；x_i，x_{i+1} 为校准数据输入值；y_i，y_{i+1} 为校准数据输出值。

最小二乘法线性拟合：

$$y(x) = a_0 + a_1 x \tag{7-47}$$

式中：$a_1 = \dfrac{n\sum_{i=1}^{n} x_i y_i - \sum_{i=1}^{n} x_i \sum_{i=1}^{n} y_i}{n\sum_{i=1}^{n} x_i^2 - \left(\sum_{i=1}^{n} x_i\right)^2}$，为斜率；$a_0 = \dfrac{\sum_{i=1}^{n} x_i^2 \sum_{i=1}^{n} y_i - \sum_{i=1}^{n} x_i y_i \sum_{i=1}^{n} x_i}{n\sum_{i=1}^{n} x_i^2 - \left(\sum_{i=1}^{n} x_i\right)^2}$，为截距。

（4）纠错。

对野值进行剔除和补点。常用方法包括：多点平均法、中点平滑法、门限法、3σ 法、莱依特准则判别法、三点预报方法、中值滤波方法等。其中，中值滤波方法效果最为明显。

7.3.3.2　数字量参数处理

数字量参数主要包括两类：一类是加速度表参数，包括平台加速度表参数和惯组加速度表参数；另一类是计算机字，包括视速度、视位置、关机余量、横向法向导引等参数。

数字量参数是控制系统的重要参数，平台加速度表参数是进行制导误差分离的主要数据；计算机字参数对于飞行结果分析、故障分析有重要作用。

1）拼字

数字量参数的字长一般由多个字节组成，而一个缓变波道只能传输 1 个字节，因此需要按照高低位顺序将有关波道内容拼接起来，形成一个完整的字。

2）特征位识别

为了保证高可靠性，数字量参数一般在数据帧中重复传送三遍，数据处理时采用三取二的原则取字，并按字结构取出特征位，通过特征位识别出相应的字。

计算机字处理流程如下：

（1）打开数据库中的计算机字通用信息表；

（2）读取记录信息，包括主副波道号、传输顺序、传输次数、特征码位置等；

（3）按照记录波道查找有关原始文件，进行文件合并；

（4）根据传输次数决定是否进行“少数服从多数原则”的选择；

（5）根据传输次序进行字节的拼接，并进行特征码与数据的分离；

（6）打开数据库中的计算机字参数信息表；

（7）读取一条记录，包括特征码、计算类型等；

（8）由特征码检索对应参数的数据；

（9）根据计算类型进行对应格式的计算；

（10）输出结果；否则返回（7）继续直到结束。

3）参数计算

按照试验任务文件《遥测数据处理要求与方法》给出的数字量参数数据格式及计算方法，将识别出来的数字量参数换算成相应的物理量。

（1）加速度表参数计算。

平台加速度表和惯组加速度表测量的都是（x,y,z）三个方向的六路脉冲（$N_{x\pm},N_{y\pm},N_{z\pm}$），其中每个方向包含正、负两路脉冲数，每路脉冲数包含高、中、低位3个字节，计算时将3个字节进行拼接，再把正、负两路脉冲相减后乘以脉冲当量，即得到视速度（W_x,W_y,W_z）。

$$N_\alpha = \sum_{i=1}^{24} K_i \cdot 2^{i-1}，\ \alpha = x\pm,\ y\pm, z\pm \tag{7-48}$$

$$W_\alpha = K_\alpha(N_{\alpha+} - N_{\alpha-})，\ \alpha = x,y,z \tag{7-49}$$

式中：K_α 为平台脉冲当量。

（2）计算机字计算。

计算机字是指弹（箭）载计算机输出的二进制字，经变换送至遥测系统的二进制码。

计算机字所包含的内容是由飞行器上制导系统的参数进行处理的结果。

特点：

（1）本身就是一群码信号，不需经过编码，直接综合；

（2）直接对编码进行计算，不需要经过校准电平的换算；

（3）含有特征位、符号位、类型位等，其中每位编码值都具有一定的意义。

根据箭（弹）上计算机计算格式和传输格式的不同，计算机字的格式和传输方法不同。

4）纠错方法

（1）位纠错法。

针对原码或拼接后数据的某位进行纠错，特别是数据的高位。由于遥测数据是逐位进行传输的，传输或记录过程中的随机干扰可能只干扰到某一数据位（0变为1或1变为0），因为数字量参数都是由多个字节拼接而成，所以一旦某一高位被干扰，那么在结果中要么出现特大的数，要么就是出现明显小于相邻数据的数。

对一组数据从高位到低位逐位扫描（但也不必扫描所有位，因为最后的几位事实上就是在频繁变化的，所以对它们纠错没有实际意义），对于某一位扫描时，先扫描出值发生变化的地方，然后再看其持续的时间，如果持续的时间较长则认为是正常变化，否则可以视其为错点并进行纠正。

（2）差分法。

平台加速度表参数是以脉冲数给出的，其特点是整个数据序列满足单调非减

性，其一阶差分值非负。因此，可以利用差分法来判别出一阶差分值为负数的错点，并进行纠正。

差分法判别的优点是能够辨识出数据低位受到干扰产生的错点。差分法和位纠错法配合使用可以产生良好的纠错效果。

(3) 比对法。

数字量参数一般都要进行重复传输，即将相同的内容连续传 3 遍或 3 遍以上，比对法就是将多次传输的内容进行比对，最后以少数服从多数的原则决定结果。

比对法包括两个步骤：首先按字节进行对比，若结果不一致，则逐位进行对比，以少数服从多数的原则确定每一位的值。

比对法对于传输环节产生的错点可以被有效识别和纠正。

7.3.3.3　指令参数处理

也称事件参数或断续参数，反映了导弹或火箭飞行过程中某事件、状态、动作或者控制命令是否发生及其发生时间，如火箭起飞、各级发动机关机、分离指令执行等。

从处理方法的角度，可以把指令参数分为三类。

1) 电平跳变型指令参数处理

这类指令以出现不同幅度的电平跳变来表示指令或不同动作组合。

跳变方式有两种，一是脉冲式跳变，即当指令发生时，其测量值仅维持很短时间（如 450ms，即脉宽），过后又恢复原来的电平值；另一种是由固定电平值上升或下降后一直保持，直到另外事件发生。

将多个波道的参数按采样时间顺序合并，然后采用多层扫描法，搜索出各个指令出现的时间。

(1) 扫描各个脉冲信号的前、后沿；

(2) 扫描脉冲幅值，与指令的理论跳变值相匹配；

(3) 扫描脉冲宽度，与指令的理论宽度相匹配；

(4) 扫描理论时间，指令的理论时间与脉冲的前沿时刻相匹配。

理论值来自校准数据中的指令参数电平变化表。

发射任务前，会对每个指令的跳变幅值在技术阵地做一次测试，并将其测试结果报各单位。一般情况下这个跳变幅值与理论设计值是相符的。在软件设计时，将理论跳变的电压值（如果射前的测试值与理论值相差较大，则应用测试值代替）化成编码值，其转换方法是用跳变幅值除以校准电压再乘以 100%校准电平编码值。这个结果值就是实时处理中对该指令是否跳变进行衡量的标准。为了防止测量中编码值的误差，对这个理论编码值设置一个上、下限，一般设 3~4 个编码分层值，即发生在理论编码分层值±3 至±4 个范围内的测量值才认为属于该信号脉冲的一个合格采样点。

二是在实际测量的信息中，由于信号乱散、丢帧信号、弹上测量等其他各种原因，不可能保证每个指令都有 450ms 的采样时间（即得到理论设计的 18 个采样点，每 25. 6ms 采一个点）。另外，加之要防止由于误码、解调造成的由于一两个跳变点（实际为野值）误判成假指令时间信号，故要求每个指令的动作情况一般应连续保持 3 帧以上方为有效，取第一次出现变化的时间计算指令时间，给出每个指令的动作情况。

$$T = T_i - T_0 - T_c - T_s - T_d \tag{7-50}$$

式中：T 为某指令出现时间；T_i 为某指令出现脉冲跳变第一点时的测量绝对时；T_0 为时统零点时间；T_c 为采样间隔修正；T_s 为数据传送滞后时间；T_d 为飞行器与测量设备之距离造成的电波时延。

2）位控型指令

用编码中的某一位或某几位由 0 变 1（或由 1 变 0）表示指令出现，一般连续保持 3 帧以上为有效，以第一次出现跳变的时间来计算指令时间。

位控指令参数分为无电常开触点、带电常开触点和无电常闭触点。对于前两种参数性质的位控指令，当与它对应的码位由 0 变 1 时，表示该指令信号发生，对应的时间即为该帧发生的时间。对于后一种参数性质的位控指令，当与它对应的码位由 1 变 0 时即表示该指令发生，对应的时间即为该帧发生的时间。

位控指令的处理：

由遥测大纲或处理方法给出某一指令参数的性质（是什么触点形式）、波道分配、帧同步计数波道，其中参数性质供判别指令发生时跳变情况，波道分配则指出该指令如果发生是在哪一波道的哪一位中反映出来。

合并指令所在波道的数据，扫描取出状态发生变化的位，记录相应时间。注意扫描指令时应排除传输误码或其他干扰产生的误码。

如果连续测量三帧中该位按参数性质判断情况发生，则认定该指令参数已发生并将第一帧发生的时间作为指令参数的发生时间。

位控指令处理公式：

$$t_k = \left(\sum_{i=1}^{16} K_i 2^{i-1} \right) \times \Delta T \tag{7-51}$$

式中：t_k 为指令参数出现的时间；K_i 为第 i 位码的读数（0 或 1），$i = 1, 2, \cdots, 16$，这 16 位二进制数是由两路信号拼凑成的一个帧计数；ΔT 为帧同步信号之间的时间间隔。对于每一帧的时间测量周期是固定和已知的（如 32ms，25. 6ms，512ms 等）。

注：以上公式的精度仅考虑到以帧周期采样的范围，没有像跳变指令那样对时间采样和传输进行修正。

公式计算的是从发射零点开始，至该指令发生时的第一帧共测量了多少个遥测帧，所以，公式中求时间的关键是利用了帧计数器，只有在飞行器上的帧计数器正常工作的情况下才是正确的。对于不正常的计数情况，如果该指令只是作为一个指令而不对其他参数的处理作为条件，就用处理方法中规定去做，如果用该指令是否出现作为其他参数的处理限制条件，则应考虑如下因素。

首先是当前帧的帧同步时刻减去发射零点时刻的相对时，与帧计数计算的相对时是否大致相同。如果大致相同，则认为帧同步计数正确；如果相差太大，而又经过验证帧同步时刻正确，则认为帧同步计数不正确，不能用它来计算指令出现的时间。如果不正确的情况，应采取相应措施：一种办法是用当前时刻（即位控指令第一帧出现变化的帧同步时刻）减去发射零点后认为是该指令的发生时间；第二种办法是用位控指令出现第一帧与出现数字量指令变化的第一帧之间的帧数（可用大于数字量指令的帧数，与后出现的数字量指令比较，也可用小于数字量指令的帧数，与前一个数字量指令比较）进行前推或后推帧数，在数字量指令的基础上加上或减去其相差时刻。

3）特征码指令

通常包括时序码指令和姿控码指令，特征码是一系列由 8 位码组成的代表特定动作的码组，形式包括原码与反码。每个时序码代表一个特定的事件，姿控码的每一位码代表一个或一组姿控发动机的动作。

处理特征码时先扫描出特征码发生变化的时刻和对应的特征码，然后将数据库中每一特征码对应的动作说明加到输出结果中。

7.3.3.4　脉冲参数处理

被测参数波形是脉冲、阶跃等形状，通过参数处理获得，如：脉冲总数、频率或周期，或阶跃是否出现和出现时间等信息。主要包括液位参数、转速参数、频率参数等。

1）液位参数的处理

液位测量属于触点型测量。

处理步骤：首先将编码分层值复原为电压（或相对电平百分数），然后扫描各脉冲的前沿，由此处的电压值（或相对电平百分数）在校准数据表中匹配相应的液位高度，最后根据传感器的安装位置做相应的修正。液位参数校准数据如表 7-4 所列。

表 7-4 液位参数校准数据

输入/mm	H_1	H_1	H_1	…	H_1
输出/V	V_1	V_1	V_1	…	V_1
输出/%	U_1	U_1	U_1	…	U_1

2）转速参数处理

液体火箭发动机工作时，一般采用涡轮泵式输送系统将液体推进剂从储箱输送到燃烧室。

涡轮泵每转一圈，转速传感器产生 M 个脉冲（M 一般为 1，有时为），然后由分频器进行分频处理，最后进行采样、编码。

处理步骤：

扫描出各脉冲的前后沿，统计出脉冲变化的时间点；

计算一定时间段内的脉冲数，并按公式计算出该时间段内的平均转速。

计算公式为

$$n = \frac{K}{M} \cdot \frac{N}{\Delta t} \tag{7-52}$$

式中：K 为分频系数（$2^5=32$）；M 为传感器每转输出的脉冲；$N/\Delta t$ 为单位时间内所对应的脉冲个数，平稳段取 N 为 10～20，过渡段取 N 为 1～2，Δt 取对应的时间段。

3）频率参数处理

主要是指方波电源频率（脉冲电源），用途是作为程序配电器步进电机。

处理步骤：首先扫描出各脉冲的前沿，然后计算一定时间段内的脉冲数，并按公式计算出该时间段内的平均频率。

$$n = K \cdot \frac{N}{\Delta t} \tag{7-53}$$

特殊的频率参数：有相序频率 A、B、C 三相，有正、负相序之分，有相序脉冲输出值如表 7-5 所列。

表 7-5 有相序脉冲输出值

电　压	A 相	B 相	C 相	AB 相	BC 相	CA 相
输出/V	0.7	1.4	2.6	$A+B=2.1$	$B+C=4$	$C+A=3.3$

要求处理出正、负相序的时间段落及其分段累计脉冲和对应的变化频率、全程累计脉冲总数。

思考题：

1. 为什么要对遥测数据进行处理？

2. 缓变参数和速变参数的定义是什么？分别包含哪些数据类型？

3. 速变参数的平稳性检验有哪些方法？

4. 论述轮次检验法的基本原理。

5. 如何对缓变参数的连续参数进行处理？

6. 缓变参数的指令参数分哪几类？分别如何进行处理？

7. 现有一组数据 $A=\{3,5,4,3,3,8,7,6,5,5\}$，请用中值滤波法，在 $N=5$ 的条件下，对该组数据进行滤波并论述详细过程。

第8章 安控数据处理

地面安全控制系统是测控系统的重要组成部分，安控系统的数据处理在流程和方法上与前三种数据处理有较大的不同。因此，本章首先着重介绍地面安全控制方案及爆炸条件，然后介绍基于外测信息的安控系统实时数据处理流程与方法。

8.1 地面安全控制方案及爆炸条件

8.1.1 地面安全控制方案

地面安全控制方案，简称安控方案。它是地面设备与人员对当次导弹航天飞行试验实施安全控制的预定方案。

安控方案是基地实时数据处理人员根据研制单位提出的要求和具体的理论弹道数据，结合基地的实际情况（如靶场的地理位置和具备的测控能力等），通过计算、分析、研究而拟制的。同时，上报有关部门批准。

1）制定的原则

总原则：在以最大可能实现飞行试验目的的前提下，把发射场区和航区的试验设施与设备、城市、人民生命财产及型号产品所受到的危害降至最低限度，并尽可能获取更多试验数据。

（1）导弹的弹头、弹体部分有没有出国境问题。

一般地说，对国内飞行试验来说，应严格防止导弹飞出国境，坠落于国外；对越国飞行试验来说，如若导弹的停飞故障正好发生在导弹越国飞行所对应的主动段某区间内，则应尽力避免故障导弹完整地坠落在异国境内。

（2）地面安控系统的准确、可靠问题。

地面安控系统工作要可靠，发令要及时、准确，要求系统不误炸好弹，不漏炸故障弹。

（3）保护目标问题。

飞行试验时，在航区范围内，总不免有些重要地区或城市，对它们进行力所能及的保护是完全必须的。

① 需要保护的目标种类、性质与数量；

② 需要保护范围的大小（点目标与面目标）。

（4）推迟炸毁与限度问题。

当导弹发生故障后，为了便于分析和查找故障原因，在不违背上述原则的前提下，一般均让故障弹在空中尽量多飞行一些时间，以便地面设备获得多一些试验数据，但是必须把故障飞行范围限制在地面安全控制系统的可控范围之内。

上述的四条原则应严格遵守，不得违背。但也不能等量齐观，尤其是在具体次序的提法上将随着每次试验任务的具体情况的不同而有不同设置，以示其侧重点。

2）安判信息的选择

安全控制判别信息（简称安判信息）是由跟踪测量系统按其精度和可靠程度所组合成的不同方案信息源提供的，并经过分别计算处理用于监视和判别导弹或运载火箭飞行状态的实时测量信息。

在多种测量信息中哪些信息可以作为安判信息呢?

安判信息应从各类信息源所构造的组合方案中优选：

（1）光学跟踪测量系统（光测）；

（2）无线电弹道测量系统（雷测）；

（3）遥测跟踪测量系统（遥测）；

（4）电视摄像系统（摄像）；

（5）GPS 测量系统（GPS）。

一般地说，能实时地提供地面安全系统进行实时数据处理的和直接用来判断飞行故障的测量信息，如具有显示形式的外弹道测量信息和无线电遥测信息都可以作为安判信息。

在不同弹道段落的多种测量信息中，总是选择那些可靠性较好、精度较高的信息，两种以上相互独立的作为安判信息使用，具体选择方法是，依据安控方案排好各种使用信息的次序，由实时数据处理程序在计算机中自动选择。

安判信息应包括位置、速度、预示落点、图像及控制系统、动力系统、遥测系统的关键信息。

以外弹道测量信息的选用为例：在起飞零点（T_0）至 80s 前的主动段（初始段）多采用光学经纬仪的实时角度数据作为安判信息；60s 之后的主动段（基本段）多采用单脉冲雷达的定位信息和连续波干涉仪的测量信息作为安判信息（图 8-1）。

无线电遥测信息也是一种重要的、必不可少的安全信息，但目前还不能完全独立地使用，只是作为外测安全信息的一种备份或补充手段。

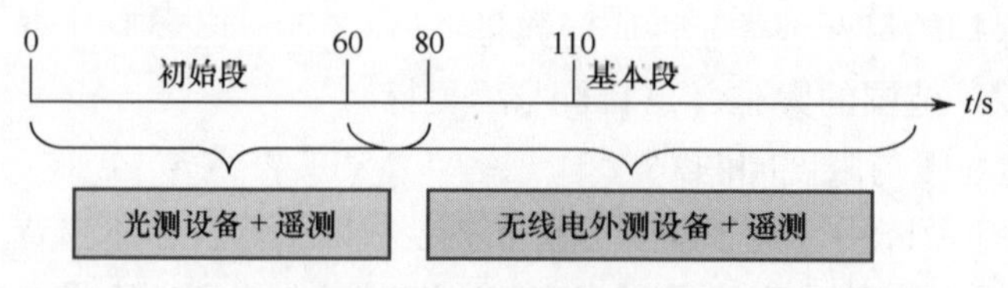

图 8-1 安判信息选择的时间划分

安全监控时段从起飞时刻至主动段终止时刻，或速度不小于 5000m/s、高度不小于 10km 的时刻止。一般划分为：起飞监视段（起飞段）、初始安控段（初始段）、基本安控段（基本段）。

3）显示参数的选定

（1）飞行试验的主动段。

一般选择 $t\text{-}V$，$L_x\text{-}L_z$，$t\text{-}V_z$，$t\text{-}\theta$，$x\text{-}y$，$t\text{-}\dot{W}$ 等曲线，如表 8-1 所列。

① 相对速度 $t\text{-}V$。

主要反映发动机推力故障，尤其是对一、二火箭未分离故障反应迅速。

② 落点预示 $L_x\text{-}L_z$。

落点预示：根据导弹或运载火箭的瞬时弹道参数，推算出在该瞬时终止动力飞行后，导弹或运载火箭的坠落地点并加以显示。

综合反映了导弹/火箭的飞行状态，能够较直观地预报落点的偏离程度。

表 8-1 飞行试验常用曲线

$t\text{-}V$	相对速度	$t\text{-}\theta$	弹道倾角
$L_x\text{-}L_z$	落点预示	$x\text{-}y$	竖面弹道
$t\text{-}V_z$	横向速度	$t\text{-}\dot{W}$	视加速度

③ 横向速度 $t\text{-}V_z$。

反映发动机横向推力故障较为准确。

④ 弹道倾角 $t\text{-}\theta$。

间接反映了程序角变化的故障情况，尤其是按照特殊弹道试验时极有参考价值。

- 低弹道试验（考核再入段性能）；
- 高弹道试验（考核主动段性能）；
- 小射程试验（考核总体技术方案及系统稳定性）；
- 半程试验（考核精度）。

⑤ 竖面弹道 $x\text{-}y$。

反映弹/箭偏离理论弹道的故障。

⑥ 视加速度 $t\text{-}\dot{W}$。

反映发动机工作状态。

（2）其他显示参数。

① 特征点。

- 程序转弯位置及时刻；
- 二级分离位置与时刻；
- 发动机关机位置及时刻；
- 头、体分离位置与时刻。

② 各种跟踪测量设备的工作状态。

③ 根据工作需要选择的弹/箭轨迹参数。

（3）卫星发射入轨的6种典型参数。

对于卫星发射，还有6种典型曲线，$t\text{-}V_a$，$t\text{-}h_p$，$t\text{-}h_a$，$t\text{-}\nu$，$t\text{-}i$，$t\text{-}T$ 等，如表8-2所列。

表8-2　卫星安控典型曲线

$t\text{-}V_a$	绝对速度	$t\text{-}\nu$	当地弹道倾角
$t\text{-}h_p$	近地点高度	$t\text{-}i$	轨道倾角
$t\text{-}h_a$	远地点高度	$t\text{-}T$	轨道周期

① 绝对速度 $t\text{-}V_a$。

表征卫星能否正常入轨的重要参数之一，反映了入轨地点附近发动机的推力状况——在入轨点处卫星是否达到了第一宇宙速度。

② 近地点高度 $t\text{-}h_p$。

表征卫星能否正常入轨的重要参数之一，反映了轨道近地点至地面的距离（通常卫星的入轨点选择在近地点）。

③ 远地点高度 $t\text{-}h_a$。

与近地点高度相对的参数来说，由该参数可以直接看出地球同步轨道卫星是否能够到达应具有的高度。

④ 当地轨道倾角 $t\text{-}\nu$。

反映了末级发动机关机时的轨道倾角。卫星的近地点高度由末级发动机关机时刻的速度、高度和轨道倾角决定，因此，当地轨道倾角是卫星能否入轨的重要参数之一。

⑤ 轨道倾角 $t\text{-}i$。

反映了轨道面在空间的位置。

⑥ 轨道周期 t-T。

反映了卫星绕地球一周的时间。

4）安全管道和必炸线

（1）安全管道的定义。

飞行试验过程中，在显示参数理论值附近，允许该参数有一定的变化范围，在此范围内，认为导弹飞行正常，在此范围外，认为导弹飞行发生故障，此范围称为安全管道（图 8-2）。安全管道外为故障管道。

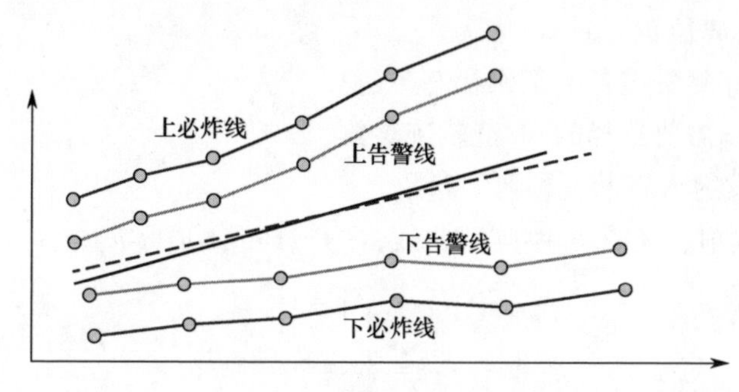

图 8-2　安全管道示意图

当显示参数实际值与理论值的误差达到标准误差的 2 倍时，触及告警线；达到 2.5 倍时，触及必炸线。

（2）安全管道确定方法。

安全管道由下列三部分误差组成。

① 导弹本身的干扰误差。按设计要求，导弹应沿某些理论弹道飞行，但在导弹的实际飞行试验过程中，实际飞行弹道与理论弹道总有一个偏差，这是因为部件结构的各部分设计、制造及控制系统的控制、测量等，在测试过程中都有一定的偏差量（又称干扰量），它们是随机的，其大小事先只能限定一个范围，但具体多大是不知道的。这些偏差如轴线偏差、秒流量偏差等。

此外，导弹在飞行过程中，还要受到一定的外界条件的干扰（如风速等）。有的事先并不能计算它的大小，这些干扰可以说也是随机的，总之，由于上述原因，使得实际弹道总要偏于理论弹道。这个偏差称为导弹本身的干扰偏差。它是由导弹设计研制部门提供的。

② 安控系统的设备误差，包括系统测量设备误差，显示设备误差，转换设备误差（数据处理误差）及传输设备误差。

③ 其他误差，指数学模型误差（包括系统误差、电波修正误差、简化公式误差、截断误差、舍入误差等）、各种时间误差等。

其组成框图如图 8-3 所示。

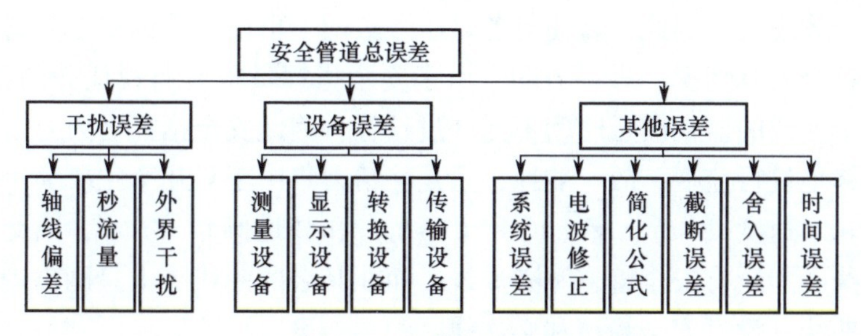

图 8-3　安全管道误差分类

航区选择原则：

① 避开人口稠密区、工业区和有重要地面设施的地区；

② 便于选择弹/箭子级落区；

③ 便于布设测控设备；

④ 尽量远离国境线，不飞越别国领空。

落区选择原则：

① 满足射程要求，并兼顾最大和最小射程；

② 地形和地质条件适宜于试验装置的回收；

③ 远离人口稠密区、工业区和有重要地面设施的地区；

④ 水源和气候条件比较适宜，便于沟通末区内部各站点及外部的交通和通信联系。

（3）必炸线。

必炸线就是地面安全控制系统对故障导弹发出炸毁信号的执行线，也称为故障导弹飞行的最大宽容线。

在导弹航天飞行试验过程中，显示的实际弹道曲线若超出了安全管道，表明飞行中的导弹（火箭）已经发生了故障，此时安全指挥员可以下达口令，发出炸毁指令，将导弹在空中炸毁，从这个意义上说，上述的安全管道也就是炸毁线。但实际工作中，往往让带着故障的导弹（火箭）再继续飞行一段时间，才将其炸毁。至于再允许它飞行多长时间，则完全取决于故障的性质、要求获取数据的多少、有无涉外事件发生、给地面造成危害的严重程度、是否超过安控系统的控制范围的限度等。但不管怎样，将这些因素综合起来，总可以找到一条不允许导弹继续飞行的终止线，这条终止线就是必炸线，在每次试验之前必须将必炸线绘制在显示参数图上。因此，只要显示实际飞行的弹道曲线碰到了必炸线，安全指挥员就应立即下达炸毁口令，将导弹在空中炸毁。

通常，在每一块显示板上，对不同的显示参数都可以画出相应的安全管道和必炸线。但是由于导弹发生故障的时间、类型和条件都是随机的，而且又是由各种因素综合体现的，因此，就使得各显示参数图上事前绘制的安全管道和必炸线难以完全符合实际情况；另一方面，由于安全指挥员执行监视任务的精力有限，加之对每个曲线的监视滞延时间不允许过长等，因此安全指挥无力对每个显示参数自始至终地进行监视，故一般地，只是将精力集中于对几个主要显示参数进行监视，如相对速度（t-v）、落点预示（L_x-L_z）和弹道倾角（t-θ），因此，就在这些参数曲线图上绘有安全管道和必炸线，而在其余的曲线图上只画出理论曲线和记录实际曲线，没有安全管道和必炸线。

① 相对速度的必炸线。

当导弹在低于某速度情况下飞行时，则认为导弹出现故障，那么此速度下限值即为上面所述的安全管道；然后将其与理论速度的误差扩大适当的倍数，所得的曲线就作为相对速度的必炸线使用。

② 落点预示的必炸线。

为了使故障飞行的导弹不落在不允许落入的范围里，可做出落点预示必炸线。一般地，它是由国界线向内纵横向分别扣除一定的数值（$\Delta L_x, \Delta L_z$），或是根据某些特殊要求人为地确定一些线段连接而成。

第一，先画落点预示图。

以发射点为原点，以瞄准方向作为坐标的纵向 L_x 轴，过发射点的铅垂方向即与纸面垂直，向上为正作为坐标的 L_y 轴（无此轴，为了确定 L_z 轴而设），根据右手系决定坐标的横向 L_z 轴。

画航区中心线，由不同时刻预示的落点所给出的地理纬度（B）和经度（λ），根据大地测量中计算大地线长度的公式，可将每组落点的经纬度（λ_i、B_i）换算成地球表面所对应的射程（L_i）的两个分量（L_{xi}, L_{zi}），连接各点得到一条曲线，称此曲线为航区中心线。

画地域界线（包括省、市、国界等）。用同样的方法，在大比例尺的地图上，可查得国界线的许多特征点（λ_j、B_j），将它们换算成（L_{xj}, L_{zj}），连接这些特征点，即可得到一个折线化的国界，我们称它为比拟国界。此外，对于航区内需要保护的城市或地区，可以用同样的方法，也可标绘在落点预示图内。

第二，画出落点预示的安全管道。

根据不同时刻计算所得到的 $\Delta L_{x总}$ 和 $\Delta L_{z总}$ 数值，在航区中心线的两旁各画出一条线，此组连线即为好弹、故障弹的分界线。

$$\Delta L_{x总} = \Delta L_{x散} + \Delta L_{x测} + \Delta L_{x模} + \Delta L_{x时} + \Delta L_{x显} + \Delta L_{x余} \tag{8-1}$$

$$\Delta L_{z总} = \Delta L_{z散} + \Delta L_{z测} + \Delta L_{z模} + \Delta L_{z时} + \Delta L_{z显} + \Delta L_{z余} \tag{8-2}$$

第三，画制必炸线。

落点预示必炸线依安全管道为准，或者在其基础之上向外或向内延伸一定倍

数的曲线。

若有出国问题存在时，则落点预示的必炸线应从比拟国界线起向内扣除$\Delta L_{x总}$和$\Delta L_{z总}$的数值。不过此时，在按式（8-1）和式（8-2）计算$\Delta L_{x总}$和$\Delta L_{z总}$时，还须顾及边界误差$\Delta L_{x边}$和$\Delta L_{z边}$。

③ 弹道倾角 t-θ 必炸线。

若飞行导弹的弹道倾角，在一定的范围内变化，认为导弹飞行正常（即安全）；若超出此范围，则可根据具体情况选择适当时机发出炸毁口令，将导弹炸毁。

8.1.2　爆炸条件

爆炸条件也称爆炸准则，它是安全指挥员按照安全方案在导弹飞行过程中实施自己职能时的一个行动准则。

1）初始段的判断

(1) 下坠飞行。指导弹或运载火箭起飞后不久，由于动力系统工作异常或其他原因，导致其不能爬高飞行，而是向下坠落。

安判信息类型：竖面弹道曲线（x-y）和垂直方向速度曲线（t-v_y）。若出现下坠故障，则飞行速度或位置将偏离理论值且连续单调下降。此时，安全指挥员可下令将导弹炸毁。此外，可用高低角增减的变化情况进行判定。很显然，起飞后，应逐渐增大。若是减小即可判定为下坠故障。

起判时间：

① 告警：起飞后 20s。

② 可炸：起飞后 30s±3s。

判别模式

① 告警判别：连续 5 点 $v_y \leqslant v_{y警}$，给出告警提示显示。

② 必炸判别：连续 5 点 $v_y \leqslant v_{y炸}$，给出可炸提示显示。

其中，$v_{y警}$取$v_{y警} \leqslant 0$ m/s，$v_{y炸}$取与发射工位的直线距离大于 1000m 时 y 方向的下落速度。

(2) 侧向出境飞行。导弹或运载火箭偏离理论弹道，从侧向飞向国界线，超出预先规定的允许范围。

安判信息类型：纬度曲线 t-B。此外，从落点预示（L_x-L_z），导弹坐标曲线（x-y）、（t-z）也可判定。对有些地区来说，为了严防导弹飞出国境而坠落在国外领土，只要出现上述情况，安全指挥员必须将导弹立即炸毁，使其落在国内。

起判时间：起飞后 50s。

判别模式：

① 告警判别：连续 5 点 $B \geqslant B_{上警}$ 或 $B \leqslant B_{下警}$，给出告警提示显示。

② 必炸判别：连续 5 点 $B \geqslant B_{上炸}$ 或 $B \leqslant B_{下炸}$，给出可炸提示显示。

其中，$B_{警}$ 在（1~3）σ 范围内取值，$B_{上炸}$ 取可炸上线中最低纬度值，$B_{下炸}$ 取可炸下线中最高纬度值。

（3）反向飞行。导弹或运载火箭在发射坐标系 X 轴反方向 ±90°的空间范围内飞行（设 X 轴反方向为 0°，顺时针为正）。

安判信息类型：射向速度 t-v_x；竖面弹道 x-y、落点预示 L_x-L_z、方位角。

起判时间：起飞后 40~50s。

判别模式：

① 告警判别：连续 5 点 $v_x \leqslant v_{x警}$，给出告警提示显示。

② 必炸判别：连续 5 点 $v_x \leqslant v_{x炸}$，给出可炸提示显示。

其中，$v_{x警}$ 取 $v_{x警} \leqslant 0\text{m/s}$，$v_{x炸}$ 取与发射工位的直线距离大于 1000m 时 x 方向的速度。

（4）异常垂直飞行。弹道导弹或运载火箭的发射方式，都是采用垂直状态下的发射方式，当它垂直飞行达到一定速度和高度时，通过本身预先装定的飞行程序控制导弹的飞行动作，如程序转弯、发动机关机等。异常垂直飞行是指导弹或运载火箭起飞后，在超过规定的转弯时刻仍不进入转弯程序，并保持原来的上升姿态飞行。

安判信息类型：方位角曲线 t-A。若经纬仪的方位角无变化或仅有微小的变化而达不到预定的变化值，则可确定异常导弹垂直飞行了。这样，安全指挥员在预定的时间内，即可将其炸毁。

起判时间：起飞后 40s 和 50s。

判别模式：

① 告警判别：起飞 40s 后，连续 5 点 $|A-A_0| \leqslant 3°$，给出告警提示显示。

② 必炸判别：起飞 50s 后，连续 5 点 $|A-A_0| \leqslant 3°$，给出可炸提示显示。

A_0 为事先设定的安判参数值。

2）基本段的判断

（1）侧向飞出安全管道。导弹或运载火箭偏离理论弹道飞出安全管道两侧的边界线。

安判信息类型：落点预示 L_x-L_z。

起判时间：起飞后 60s。

判别模式：

① 告警判别：连续 5 点 $L_z \leqslant L_{z下警}$ 或 $L_z \geqslant L_{z上警}$，给出告警提示显示。

② 必炸判别：连续 5 点 $L_z \leqslant L_{z下炸}$ 或 $L_z \geqslant L_{z上炸}$，给出可炸提示显示。

(2) 坠入保护区域。导弹或运载火箭在航区内因动力系统工作异常或其他原因，造成飞行速度或位置偏离理论值，发生下坠，其预示落点在保护区域内。

安判信息类型：落点预示 L_x-L_z 与速度曲线 t-v。

起判时间：起飞后 60s。

判别模式：

① 告警判别：连续 5 点 $\begin{matrix} L_{xi}-\Delta x_i \leqslant L_x \leqslant L_{xi}+\Delta x_i \\ L_{zi}-\Delta z_i \leqslant L_z \leqslant L_{zi}+\Delta z_i \end{matrix}$ 成立，且 $v \leqslant v_{警}$。

② 必炸判别：连续 5 点 $v \leqslant v_{炸}$。

(3) 坠入非保护区域。导弹或运载火箭在航区内因动力系统工作异常或其他原因，造成飞行速度或位置偏离理论值，发生下坠，其预示落点在非保护区域内。

安判信息类型：落点预示 L_x-L_z 与速度曲线 t-v。

起判时间：起飞后 60s。

判别模式：

① 告警判别：连续 5 点 $\begin{matrix} L_{xi}-\Delta x_i \leqslant L_x \leqslant L_{xi}+\Delta x_i \\ L_{zi}-\Delta z_i \leqslant L_z \leqslant L_{zi}+\Delta z_i \end{matrix}$ 不成立，且 $v \leqslant v_{警}$ 成立。

② 必炸判别：连续 5 点 $v \leqslant v_{炸}$。

(4) 超程飞行。故障导弹或运载火箭飞行的预示落点超过预定目标或飞出国界线。

安判信息类型：落点预示 L_x-L_z 与速度曲线 t-v。

起判时间：起飞后 60s。

判别模式：

① 告警判别：连续 5 点 $L_x \geqslant L_{x警}$。

② 必炸判别：连续 5 点 $L_x \geqslant L_{x炸}$、$v \leqslant v_{下}$。

8.2　安控系统实时数据处理流程与方法

8.2.1　实时数据处理的准备工作

相较于事后数据处理，安控系统的实时数据处理对实时性要求很苛刻，这就对准备工作提出了更高的要求。

1) 掌握和学习当次任务的试验文件和资料

(1) 试验文件。

① 任务试验大纲；

② 外测数据处理要求与方法；

③ 遥测数据处理要求与方法；

④ 任务指示（含试验指挥程序）；

⑤ 任务测控方案；

⑥ 任务通信方案。

（2）试验资料。

① 任务型号技术手册或技术说明书；

② 任务理论弹道、卫星入轨参数、变轨参数；

③ 任务干扰弹道；

④ 任务有关设备、仪器在技术阵地、发射阵地的测试结果资料，如频率、焦距、电平等。

2）使用常数和实测数据资料

（1）使用常数。

① 地球参数数据；

② 发射点大地数据；

③ 各测控站设备点和附加方位标、标准标的大地数据；

④ 当次任务气象探测数据；

⑤ 时间常数。

（2）实测数据资料。

任务中各测控站测控设备应完成的跟踪测量数据资料，检查这些资料是否齐全。

（3）实时数据处理应用软件及说明。

实时数据处理中使用的应用软件及其说明，尤其是新任务的实时应用软件，一定要经过全系统联调检验，验证合格才可使用。事后数据处理中使用的数据资料和处理方法及其说明等，须在最终报告中加以表述。

3）弹道加密方法

（1）理论弹道加密方法。

多项式三点内插值方法

$$X(t)=X(t_1)\frac{(t-t_2)(t-t_3)}{(t_1-t_2)(t_1-t_3)}+X(t_2)\frac{(t-t_1)(t-t_3)}{(t_2-t_1)(t_2-t_3)}+X(t_3)\frac{(t-t_1)(t-t_2)}{(t_3-t_1)(t_3-t_2)} \tag{8-3}$$

（2）实际遥测弹道加密方法。

二次曲线拟合公式

$$X(t) = 0.25(t - t_1)^2[X(t_1) - X(t_2) - X(t_3) + X(t_4)] + 0.05(t - t_1)[-21X(t_1) + 13X(t_2) + 17X(t_3) - 9X(t_4)] + 0.05[19X(t_1) + 3X(t_2) - 3X(t_3) + X(t_4)],\ t < 2t_4 - t_3 \tag{8-4}$$

8.2.2　外测信息加工

1）测量设备的状态判断

各路信息按照约定的格式进入安控计算机后，在进行编辑、解算前对各个测量设备进行的状态判断。包括：跟踪状态判断、目标丢失判断和信源设备判断。

设备跟踪定义为：光学经纬仪测角和脱靶量同时有效，则认为设备跟踪；雷达设备测距和测角同时有效，则认为设备跟踪；干涉仪 NR、NR1、NR2 同时有效，则认为设备跟踪。对设备跟踪的测量信息，要加工，同时给予累计跟踪时间。对各测量设备第一次跟踪时间要予以保存。

丢失目标定义：设状态判别连续三次无效，则认为丢失。状态码无效时，对该设备的信息不加工，但要进行丢失次数登记（由跟踪—丢失—跟踪为丢失一次），同时要统计丢失时间，并保存。

信源设备识别：根据 PDXP 协议的信源字节 SID 识别。

2）数据加工

参照相关内部的信息流程及信息交换格式。

（1）T 的解算——采样时刻的当日北京时间；

（2）T_0 的解算——起飞零点的当日北京时间；

（3）相对时的计算；

（4）光学经纬仪信息解算；

（5）外测雷达信息解算（包括干涉仪）；

（6）外机数字通讯信息解算——基地内部与基地间；

（7）方位角过零点的处理——$|A_i - A_{i-1}| \geq 358°$，则认为方位过零点，这时要对此前收集保存的各点 A 值减去 360°后，重新收集保存，以备检择用。

8.2.3　合理性检择

1）信息分类（如图 8-4 所示）

检择合理的信息为真信息，否则为假信息。

信息的可用与不可用是针对具体设备而言。譬如，单台雷达测量、多台雷达加权测量、$3R\dot{R}$ 测量及单台脉冲雷达+159 联合测量，只要雷达俯仰角 E 满足 $3° < E < 75°$，则判定此设备的测量信息为可用信息；否则，此路信息对以上设备组合为不可用信息。

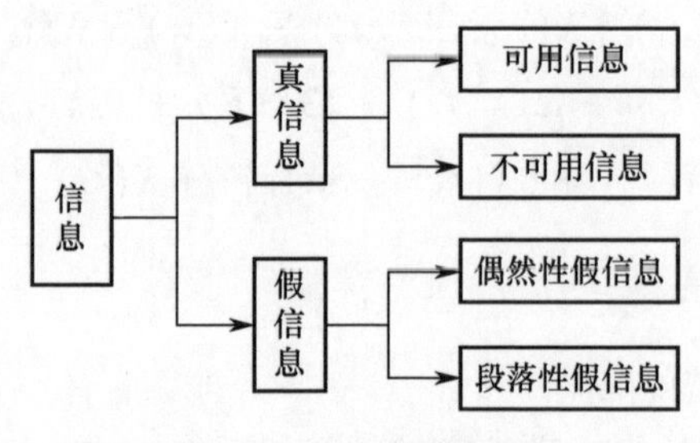

图 8-4 信息检择分类

又如两台光学经纬仪交会测量的交会角，满足 $30°<\varphi<150°$，则判定此设备的测量信息为可用信息；否则，此两路信息对此设备组合测量为不可用信息。

当单台雷达与单台光学经纬仪联合测量时，要求雷达的俯仰角应满足 $3° < E < 75°$，并同时要求雷达与光学经纬仪的交会角应满足 $60° < \varphi < 120°$，则判定为可用信息；否则，此两路信息在此设备组合中为不可用信息。

连续出现多于三次的偶然性假信息，认为此路信息为段落性假信息，对判定为段落性假信息应给出标志，供选优处理；对偶然性假信息，则以检择预测估值代替偶然性假信息。

2）信息检择

（1）初始检择。

设测量信息序列：u_1、u_2、u_3、…、u_i、u_{i+1}、…

u_1 认为合理，从第二点开始：

若 $u_i - u_{i+1} \leqslant \delta_c$，$\delta_c = \Delta U_m + 3\sqrt{2}\sigma$，则 u_i、u_{i+1} 合理，否则均不合理，被舍弃，重新开始判断；若连续 4 点信息合理，则从第 5 点正常检择。

其中：ΔU_m 为信息采样间隔内的最大差值（理论值）；σ 为测量设备的随机误差。

（2）正常检择。

第 i 点估值：$u_{ie} = u_{i-1} + 0.5u_{i-2} - 0.5u_{i-4}$。

若 $u_{ie} - u_i \leqslant \delta_c$，$\delta = K_p \cdot \sqrt{\sigma^2 + \sigma_T^2} = K_p \cdot \sqrt{10}K_p \cdot \sigma/2$，则 u_i 合理，否则不合理，用 u_{ie} 代替 u_i 做下一点检择。

其中：K_p 为常系数，一般取 3；σ_T 为 u_{ie} 的截断误差。

若连续 3 点信息不合理，为段落性假信息，则重新开始初始检择。

（3）输入信息中，T 值的检择。

基地内：$T_n' - T \leqslant 1\text{s}$。

基地间：$T_n' - T \leqslant 8\text{s}$。

T_n' 为当时绝对时（北京时）

（4）外机数字通讯信息的检择。

① 断点判断

基地内要求本点信息与前点信息的时间应满足：

$$T_i - T_{i-1} \leqslant 0.15\text{s}$$

基地间要求本点信息与前点信息的时间应满足：

$$T_i - T_{i-1} \leqslant 1.5\text{s}$$

否则判为断点，重新从本点开始收集数据。

② 检择方法

第一点不检择，第二点开始：

$$u_i - u_{i+1} \leqslant \delta_r$$

若满足，判为合理；否则认为不合理。式中：$\delta_r = 3 \cdot \Delta T \cdot U_m$，$\Delta T$ 为两点信息时间间隔，U_m 为理论参数间隔变化的最大差值。

8.2.4　固定错判断

外测设备在对目标的跟踪测量中，由于某种故障，有时会出现测量信息的某位或某几位为固定值的现象，通常称为固定错。

这种固定错在信息合理性检择中，往往无法检测出来。把固定错加入计算，必然给出错误结果，提供错误信息，给指挥员和指控系统造成误会，甚至导致不可挽回的损失和失败。

思考题：

1. 安控方案中需要显示的参数有哪些？
2. 什么是安全管道？安全管道的误差有哪些？
3. 安控系统实时数据处理流程是什么？
4. 如何对安控数据进行合理性拣择？
5. 如何对火箭的下坠飞行进行判断？
6. 论述安控数据合理性检择的基本过程。

第9章 飞行器试验勤务与发射指挥

试验勤务技术是发射场为导弹、航天器及其运载器完成技术准备和实施发射而提供的勤务保障技术。试验勤务保障系统是发射场完成导弹、航天器及其运载器的技术准备和实施发射的重要技术支持，是发射场设施设备的重要组成部分，其地位十分重要。没有发射勤务保障的支持，导弹、航天器及其运载器就无法进行技术准备和实施发射。

发射指挥是发射试验活动的重要组成部分，贯穿于航天发射试验工作的全系统和全过程之中，是支配参试人员行动的活的“灵魂”。发射指挥技术则是研究发射指挥机构组成与职能、发射指挥程序、指挥手段及指挥决策等内容的专门技术。

本章主要对靶场勤务保障的通信、时统、大地测量、计量和特燃等试验勤务保障内容进行详细阐述；介绍发射指挥的特点、作用和原则，重点阐述发射指挥的机构、指挥程序和指挥决策技术，并对并行试验管理内容进行了介绍。

9.1 试验勤务

发射勤务保障系统的作用就是为导弹、航天器及其运载器试验提供各种不可缺少的基础勤务，保障试验任务的顺利完成。

9.1.1 通信勤务保障系统

导弹飞行试验必须按规定的时间、程序和方式发送、传输、交换和接收各种信息，为此导弹试验场要求有多手段、大通路、高稳定可靠的专用通信网。发射场区的通信系统用于沟通发射场区、航区和落区的大量测控设备，使其成为一个有机的整体，用于沟通上下指挥、左右协同，使指挥畅通、协同一致。

9.1.1.1 发射场通信勤务系统的任务

通信系统的基本任务包括以下5个方面：

(1) 完成指挥调度、勤务电话、发射场广播等任务，即指挥通信。

(2) 完成各种数据、数字话音信号、数字电视信号的传输，即数据传输通信。

（3）沟通各基地之间，基地与友邻部队、地方之间的通信联络，即协同通信。

（4）为发射场各系统提供标准的时间信号和标准频率信号，接收导弹或运载火箭的起飞信号并形成发射场统一的起飞零时，即时统通信。

（5）传输调度指挥实况、关键机房场景、发射区准备工作、发射景象等彩色和黑白电视、录像图像，即图像通信（传输）。

9.1.1.2 通信勤务系统一般组成和分类

1）组成

发射场通信勤务系统是指用电信号（或光信号）传输信息的系统。最基本的通信勤务系统由信源（发信者）、信宿（收信者）、发端设备、收端设备和传输媒介等组成，如图9-1所示。

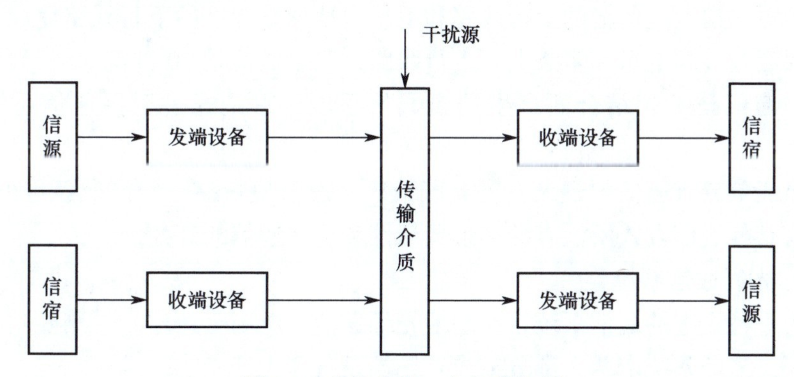

图9-1 通信系统一般组成框图

信源发出的信号可以是语音、文字、数据、图像等，经过发端设备进行信号变换、编码、调制、复用、放大等，将信源的信号换成适合在给定传输媒介中传输的形式，然后送入传输媒介。在收端，传输后的信号经收端设备解调、解码和反变换，恢复出原来信源发出的信号，提供给收信者（信宿）。

2）分类

通信系统按传输媒介不同可以分为有线通信系统和无线通信系统；按通信业务的不同又可分为电话、电报、传真、数据等通信系统。通信系统中传输的基带信号为模拟信号时称为模拟通信系统；传输的基带信号为数字信号时称为数字通信系统。通信还可分为固定通信和移动通信两类。

（1）有线电通信。

有线电通信包括载波电话、自动电话、调度电话、传真、电报、光端机及其电源、配线等设备，使用有线信道，分为导线、同轴线、波导管和光纤等作媒介的信道。

载波通信具有多路、远距离传输和保密等优点，采用频分制，主要用于传输长途电话（报）、调度电话、传真、数据和时统信号等。

（2）无线电通信。

无线电通信是利用无线电波在空间的传播，以传送声音、文字、数据和图像等的通信方式。它不受地理条件的限制，也不局限于地面通信，且适用于移动通信使用。目前它是远程、越洋、航海、宇宙航行等方面的主要通信方式，在机动通信中也占有重要的地位。同有线通信相比，其保密性和可靠性较差，受干扰的机会也较多。

（3）卫星通信。

卫星通信是利用通信卫星作为中继站实现地球上各点的通信。主要进行电话、电报、电视、传真、图像和数据传输。卫星通信一般只经过一颗卫星，由卫星通信地球站向卫星传输的上行线路和卫星向地球站传输的下行线路完成。但有时信号要经过多颗卫星和多条上、下行线路。卫星通信是20世纪60年代中期航天技术与通信技术相结合而产生的新通信手段，它是通过卫星通信系统来实现的。

卫星通信具有通信容量大、覆盖区域广、通信质量高、经济效益好的优点，尤其具有其他通信方式所没有的多址灵活性和可移通信的好处。

（4）光纤通信系统。

作为一种先进的通信系统，在基地光纤通信广泛用于地球站、测发站与指控中心之间。光纤系统由两大部分组成：终端设备和光纤光缆。

根据试验任务的需要，与终端设备接口的电信号设备可以是模拟的，也可以是数字的，从而构成光纤数字传输网络和光纤模拟传输网络。

目前，我国导弹、航天试验场的光纤通信是模拟和数字共存的综合性通信系统。

（5）图像通信。

图像信息按照其内容的运动状态可分为静止图像和活动图像两大类。前者包括黑白二值图像（文字、符号、图形、图表、真迹、图书、报刊等）、黑白和彩色照片（人物像、风景照、X光片等）；后者是对运动景物连续摄取的图像，如电影、普通电视、电缆电视、工业电视、可视电话、会议电视、高清晰度电视等。

图像通信就是只传输和接收图像信号或视觉信息的通信。图像通信的基本问题一是信号本身的传输要求，二是通信信道，或者是传输速度、带宽匹配问题。在光缆和卫星通信之前，基地（如发射区）曾使用了工业电视。为了将各种电视信号传输到用户（如指挥所）使用了同轴电缆，但因线路的损耗大、带宽窄，只能满足近地用户的要求。而向远地用户的传输只能利用已有的电话网传输静态图像。例如，原北京试验指挥所，配备了一套静图传输系统，向基地传输指挥所场景、指挥员照片等，使用的是地面载波电话，这种降低了传输带宽的方案，只能是低速传输，不适合于运动图像，如电视信号的传输。

1984年，西昌卫星发射中心的发射指挥控制中心建成，从发射区首先铺设了到中心的光缆，实现了发射阵地彩色电视信号在中心的显示与存储。之后，各基地内部利用光纤信道建立了阵地监视电视系统。卫星通信专用网的建成彻底解决了航天试验系统各中心间的图像通信。

9.1.2　时间统一勤务系统

时间统一勤务系统是为导弹与航天器发射、指挥控制、跟踪测量系统提供标准时间信号和标准频率信号的整套电子设备。

9.1.2.1　协调世界时

通常说的时间有两种含义：一是"时刻"，指连续流逝的时间的某一瞬间，即指某一事件何时发生；二是"时间间隔"，指两个瞬时之间的间隔长度，或某一事件持续了多久。

我们把时间坐标的原点称为起始历元，把时间参考坐标称为时标或时间尺度。

1）世界时

世界时是以地球自转为基础的时间尺度，又称地球自转时。由于地球公转轨道是椭圆的，真太阳的视运动是不均匀的，故实际测量的地球自转时也是变化的。为了得到以真太阳周日视运动为基础，同时又与其不均匀性无关的时间尺度，科学家纽康在19世纪末引进了一个假想的参考点——平太阳，它在天赤道上做匀速运动，其速度与真太阳的平均速度一致。用平太阳假想点作为基本参考点来规定的时间，称为平太阳时。以平子夜作为 O 时开始的格林尼治平太阳时，称为世界时，简称UT（Universal Time）。

各地天文台观测恒星求得的世界时的初始值 UT_0，长期以来认为 UT_0 是均匀的时间系统，观测发现地球自转的地极并不是固定的，1956年起，加上极移改正的世界时称为 UT_1：

$$UT_1 = UT_0 + \Delta\lambda$$

$$\Delta\lambda = (x\sin\lambda - y\cos\lambda)\tan\phi/15$$

式中：λ、ϕ 为观测站的天文经、纬度；x、y 为地极坐标（其值可从国际时间局公报和我国地球自转参数公报中查得）。

地球自转也是不均匀的，这种不均匀性具有复杂的表现形式，既有气团季节性移动引起的季节变化，又有潮汐摩擦等引起的变慢趋势，还有其他不规则变化，UT_1 加上自转速度季节性变化修正量 ΔT_S 后称为 UT_2。

$$UT_2 = UT_1 + \Delta T_S = UT_0 + \Delta\lambda + \Delta T_S$$

对于世界时，观测一个夜晚，ΔT_S 的均方差为±5ms 左右；由全世界一年的天文观测结果，经综合处理后约为±1ms。

2）原子时

由原子钟导出的时间称为原子时，简称 AT。由于世界时存在不均匀性，自 1967 年起已用原子时作为基本的时间计量系统。国际时间局在 20 世纪 60 年代初期建立原子时尺度时，将原子时起点定在 1958 年 1 月 1 日 0 时（UT），即规定这一瞬间原子时与世界时重合，但事后发现，在这一瞬时原子时和世界时相差 0.0039s，这一差值作为历史事实被保留下来。

计量时间首先要规定秒长，原子时的秒长定义为：绝原子基态的两个超精细能级间在零磁场下跃迁辐射 9192631770 周所持续的时间。

原子秒等于 1900 年的平太阳秒。但是，由于地球自转速度变慢，与 90 年前相比，基于地球自转的世界时秒长变长了，日的长度也长了 3ms，相当于一年累积 1s 左右。

3）协调世界时

原子时的秒虽然非常准确，但按目前与世界时秒长差的速率运行下去，四万年后就会出现午夜时分原子钟的钟面将会指着中午 12 时。这将与日常生活习惯不协调。从科学技术对时间计量的要求来看，大地测量、天文导航和宇宙飞行器的跟踪、定位，需要知道以地球自转角度为依据的世界时时刻，而测距、精密校频等，则要求均匀的时间间隔。这样就面临一种困难局面：要用同一标准振荡器同时满足性质不同的两种要求。为了解决这个矛盾，1960 年国际无线电咨询委员会和 1961 年国际天文学联合会提出了协调的具体方案，即以原子时秒长为基础，在时刻上尽量接近世界时的一种时间计量系统——协调世界时，简称 UTC。

协调世界时规定其秒长严格等于原子时的秒长，其时刻必要时做一整秒的调整（增加一秒或去掉一秒），使协调世界时的时刻与世界时 UT_1 时刻之差保持在<0.9s。跳秒一般在 6 月 30 日或 12 月 31 日实行，增加一秒称正闰秒，去掉一秒称负闰秒。

4）时间尺度的选取

（1）相对时和绝对时。

在发射场，以火箭（导弹）起飞为“零时”的时间称为相对时，因为各系统最关心的是航天器的运行轨道和飞行系统。采用相对时系统具有方便、直观等优点，但是要把发射零时信号传到各台站，尤其是在远程武器的试验时间不太容易的事，而且一旦有的台站发生失步，要再同步几乎不可能，这样就降低了系统的可靠性。采用相对时时，由于受种种因素的约束，发射时刻往往不准时，这样对时间的处理就不再好办。另外由于采用相对计时，会给数据综合处理带来不便。

由于相对时系统存在上述问题，我国从卫星测控工作开始，已逐渐改用绝对时系统。

(2) 时间尺度的选择。

世界时是以地球自转为基础的时间尺度，应该说，它与航天活动有着密切的联系，但是它不是均匀的时间尺度，而且它的不均匀性已经影响到测控工作的精度；原子时虽然是极为均匀的时间尺度，但它是一种与地球转无关的独立系统，在航天测控系统中要应用它显然会带来不便，因此秒长极为均匀，时间与世界时相差不超过一秒的协调世界时无疑是最适合测控系统先用的时间尺度。各国时间服务部门播的都是协调世界时，我国和世界的测控系统选用的也都是协调世界时。

9.1.2.2 时间统一系统的组成

完整的时间统一系统由国家时间要基准、频率基准、授时台、基地时统站的定时校频接收机、频率标准和标频放大器、时码产生器和放大器及用户的接口终端等组成。必要时，还包括时间信号传输设备和副站时统。国家时间频率基准通过授时台播发基准频率和基准时间信号。时统系统的各台站用接收机接收基准频率和基准时间信号，用来同步本地的时间码产生器的时间（称为定时），并校准本地频率标准的频率（称为校频）。时间码产生器产生标准时间码信号，经过时间码放大器（有时还需经过通信信道）送至用户。用户收到时间码信号，经过用户的时间码接口终端产生用户所需的各种时间信号。

时统系统中，常将定时校频接收机到接口终端前这一部分设备称为时统设备。时统系统各部分的简况如下。

1）国家频率基准

世界上各先进国家都采用实验室型铯束原子频率标准（大铯钟）、氢脉泽频率标准和商品型铯束原子频率标准（小铯钟）作为国家频率基准。其中，实验室型铯束原子频率标准的准确度最高，达 10^{-13} 以上。准确度常用相对值表示，其值越小，表示越准确。而时间频率基准则经过无线授时的方式传递到基地级，再传递用户（如测控设备），由于大气传播的影响，用户时统精度的差别等因素的影响，时间频率参数都要变，故时统站提供给设备用户的称为时间频率标准。

2）国家时间基准

各国由原子钟构成的原子频率标准产生独立的地方原子时，根据天文观测可确定世界时，根据原子时和世界时的关系又可获得协调世界时。各国独立确定的时间基准通过卫星等手段经常互相比对，协调各国时间基准的组织是国际计量局的时间部。

我国的时间基准工作由中国科学院陕西天文台负责，它除了独立建立地方原子时外，还综合中国科学院陕西天文台、上海天文台、北京天文台、测量与地球物理研究所武昌时辰站和航天工业总公司 203 所地方原子时，形成综合原子时。此外，中国计量科学院也建有地方原子时。

3）授时系统

授时台所用时间频率基准通常是国家级基准，时间误差很小，一般仅几十纳秒（ns），可以忽略。授时台播发基准时间信号的控制精度很高，例如，我国短波授时台（BPM）播发的 UTC 时号的准确度优于 100us，长波授时台（BPL）播发的 UTC 时号的准确度优于 56ns。

这里介绍服务面较宽的几种常用授时方式。

（1）短波授时台。

众所周知，短波依靠电离层的反射可使通信距离十分遥远。因此，利用短波授时是一种服务面宽而十分低廉的手段。但由于电离层的不稳定性，使这种授时手段达到的同步精度不高，一般认为在 3ms 左右。世界上很多国家都建有短波授时台，我国的短波授时台是建在陕西蒲城的由陕西天文台控制的 BPM 短波授时台。

BPM 台的播发频率和时间（北京时）如下。

10MHz	全天发播
5MHz	全天发播
15MHz	9:00~17:00
2. 5MHz	15:00~9:00

（2）长波定时。

长波定时是一种高精度的定时校频手段，但需要用短波定时作为粗同步手段。由于长波的地波在陆上传播的模式较海上复杂得多，因此，高精度定时场合长波的地波传播时延由陕西天文台计算给出。在正常情况下，BPL 长波授时台每天只工作 8h，而导弹卫星的试验任务并不正好就在这个时间进行，因此，必要时须与陕西天文台协调 BPL 长波授时的播发时间。长波定时信号的载频是 100kHz（波长 3km），属于长波频段，所以称为长波定时。

（3）GPS 定时。

GPS 定时是发展十分迅速的一种新颖定时手段，精度高，使用十分方便，且覆盖全球。但 GPS 受美国国防部控制。为了降低民用导航的精度，美国在 GPS 上实施了精度控制（SA）措施。市面上一些廉价的 GPS 定时接收机给出的 0.1μs 定时精度没有包括这一影响；加上 SA 的影响定时精度会达数百纳秒。直到 2000 年 5 月 1 日，克林顿宣布取消 SA 措施，民用 GPS 定时精度得到了提高。

（4）双星定位系统具有很高精度的定时能力，建成后可用作很好的定时手段。

除了通用的定时校频手段外，尚有利用电缆、光缆、微波、卫星等信道的专用定时校频手段，可根据实际条件和需要来选用。在条件允许的情况下，校频定时应采用两手段互为备份，即使不是同量级的手段，也可以起到监视作用。

4）定时校频接收机

这种设备既具有定时功能又具有校频功能。

短波地是使用十分广泛的手段，其特点是使用方便，设备价格低廉，能实时接收 UT1 信息，发射场大量使用的是 BPM 定时仪，可用来接收陕西天文台播发的 BPM 信号，根据大圆距离用经验公式修正电波传播时延。短波自校数字钟运用了电波传播的科研成果，使短波定时精度达 1ms（最大值），而且自动化程度很高，可接收的授时台多，是值得推广使用的短波定时仪。

5）频率标准

频率标准可分为两类：高稳定晶体振荡器和原子频率标准。

（1）高稳定晶体振荡器。

众所周知，石英晶体通过压电效应使电子振荡器受高度稳定的机械振动的控制，从而输出具有高频率稳定度的信号。由于存在拐点温度，即石英晶体在拐点温度时，温度变化对输出频率的影响最小，因此常将晶体放置在温度控制于拐点温度的内恒温槽里。为了减少环境温度变化的影响，在内恒温槽外又加了一个外恒温槽，将振荡电路和温控电路放置在外槽内。

晶体振荡器相对原子频率标准来说结构简单，价格便宜，可靠性高，能满足大多数测控任务的需要，尤其是秒以下的短期稳定度往往高于原子频率标准，因此得到了广泛的应用。它的最主要弱点是受内在因素和外部环境的影响，准确度较低，需要用更高的频率标准来校准它。另外它的输出频率呈单方向的漂移（老化），这也是使用中要注意的问题。

（2）原子频率标准。

从量子力学可知，分子、原子的能量不是连续的，而是处于不同的能级上。当其从一个能级跃迁到另一个能级时，同时放出或吸收一定频率的电磁波。电磁波的频率由下式确定：

$$f = (E_1 - E_2)/h$$

式中：E_1、E_2 为跃迁前后的能级；h 为普朗克常数。

由于能级的数值是高度确定的，故由能级跃迁产生的电磁波的频率也是高度准确和稳定的。原子频率标准就基于这一原理而工作的。

能级跃迁有自发发射、诱导发射和共振吸收等几种。

能级跃迁频率大部分在光频频段，由于对光频的分频、倍频等技术尚不成熟，作为频率标准，通常选用技术较成熟的无线电频的原子跃迁频率，例如铯原子为9192631770Hz，氢原子为1420405762Hz，铷原子为6834682605Hz。原子跃迁发出的信号很微弱，一般不能直接应用，而是用来控制晶体振荡器的振荡频率。

几种频标的性能比较见表9-1。

表9-1　频标性能比较表

类　别	性　能			
	准　确　度	漂　移　率	稳　定　度	价格/万元
高稳定晶体振荡器	10^{-7}~10^{-9}	10^{-8}~10^{-10}/日	10^{-9}~10^{-10}/10ms 5×10^{-12}/s	0.5~3
铷原子频率标准	10^{-10}	3×10^{-11}/月	0.5×10^{-11}~3×10^{-11}/s	7~9
氢原子频率标准	$<1\times10^{-11}$ （有自动调谐）	10^{-13}/月	5×10^{-13}/s 10^{-15}/100s	30
铯原子频率标准	$<1\times10^{-11}$	不明显	0.5×10^{-11}~3×10^{-11}/s	48~56

6）时统设备与标准化时统设备

（1）时统设备的标准化。

早期的时统设备都是为特定的测控工程而研制的专用设备。随着导弹、卫星测控事业的发展，这类时统设备使用性能差的弱点越来越突出，再加上早期分立元件制造的时统设备可靠性差，已影响到测控系统的正常运行。此外，这为设备与测控设备的接口繁杂，时统设备的输出信号种类达四大类（几十种）之多，并且还有增加的趋势。一些大型测控站时统设备的输出信号达上百路，任务前联调工作量很大，而且这么多信号中只要有一路不正常，就会产生严重后果。

20世纪80年代研制的新时统首先简化了与测控设备的接口，同时解决了时统设备标准化、通用化和系统化差的问题。标准化时统设备已大量装备测控站，以它为蓝本的国军标（时统设备通用规范）也已实施。

（2）标准化时统。

标准化时统在原来时统的基础上采取了如下措施：

① 采用冗余技术，提高可靠性，如频标和时间码产生器都采用了三冗余技术；

② 采用了 IRIG-B 格式时间码作为标准接口；

③ 规范了用户设备与时统设备的接口。

IRIG-B 码接口终端是测控设备的一个部分，但从功能上讲它又是整个时间统一系统不可缺少的一个组成部分。整个测控系统即使所有台站的时统设备已经实现了时间的统一，但如果接口终端的时间未与时统设备实现统一，系统的时间仍不能真正统一。因此，如何使用时间码、如何正确设计接口终端是保证整个测控系统时间统一的一件十分重要的工作。

标准化时统不直接输出各种用户使用的信号，而是 IPIG-B 码信号，因此用户设备就需要一个类似于时统那样产生用户所需各信号的装置，这就是 IRIG-B 码接口终端。

在 GJB2242-94 中归纳成四种类型的接口终端，可供用户选用（表 9-2）。

表 9-2　IRIG-B 码接口终端

	Ⅰ型	Ⅲ型	Ⅳ型	Ⅳ型
与时统设备的接口	IRIG-B（DC）码	IRIG-B（DC）码	IRIG-B（DC）码	IRIG-B（AC）码
内晶振	无	有（工作用）	有（调机用）	有（工作用）
与时统设备的距离	≤200m	≤200m	≤50m	视信道情况而定
特点	电路简单，无时间码输入时无信号输出，输出信号种类有限	与时统同步精度高，输出信号种类多，应用最广泛	与时统同源工作，同步精度高，脉冲信号周期抖动最小，离时统距离受标准信号传输限制	可远离时统设备几十千米，与时统的同步精度受交流码本身及传输信道特性的限制

其中Ⅰ型接口终端不常用；Ⅱ型 IRIG-B（DC）码接口终端使用最为广泛，除了绝对时信号、特标信号外，还可以输出用户需要的各种脉冲信号。所带频率源输出频率一般为 5MHz；Ⅲ型用于对脉冲信号周期抖动要求特别高的用户，如 157A 连续波雷达对这一指标要求优于 5ns。为此终端需与时统同源工作，所以它与时统的接口比Ⅰ型、Ⅱ型多了一路 5MHz 标频信号。但受 5MHz 标频信号传输距离的限制，这种终端离时统的距离应小于 50m，而Ⅰ型、Ⅱ型可达 200m；Ⅳ型用于远距离时统设备的用户设备。

物标信号：IRIG-B 时间码经人工控制可形成特标控制信息，供用户接收使用。副站时统接收到主站送来的时间码中的特标信息后，产生副站特标控制信息，以保证副站时统的用户能与主站时统的用户同时形成特标信号。

（3）时统信号的传输。

直流 IRIG-B 时间码的传输媒介是双绞线，适用于直流时时码的平衡输入接口电路；Ⅳ型接口终端使用交流 IRIG-B 时间码适合远距离传输。由于交流码的带宽在音频范围内，因而可以方便地利用通信网中的有线和无线话音信道传输至几十千米远的用户设备或分站时统，仍可保持几十微妙的时间同步精度。

时统的任务是提供高精度的标准频率、标准时间和起飞零信号，使各测控站在时间上严格保持同步，从而使测得的数据有一个能够进行比较的共同基准。没有时间的统一，测量就无任何意义。

为满足多站联用和高精度要求，以铯原子钟代替石英晶体振荡器，以长波接收机代替有线同步手段，接收陕西天文台播发的长波时号进行校频定时，使得校频精度达 10^{-12}，站间同步精度达到 3 ~ 5μs，比早期导弹试验时的同步精度（3ms）提高了约 1000 倍。

9.1.3 气象勤务系统

运载火箭发射时的气象条件要求一般包含大气电场强度的要求、降水量的要求、浅层风的要求、高空风的要求等。

1）大气电场强度的要求

飞行中的火箭及其喷焰均为良导体，易受雷击，因此对地面大气电场、空中大气电场均有限制要求。

2）降水量的要求

我国运载火箭一般允许在小雨或中雨条件下发射，但不能有雷电。

3）浅层风的要求

浅层风是射前回转平台打开和发射初期对火箭箭体结构影响较大的因素。浅层风对火箭尾端的扭力矩影响较大，特别是运载火箭加注后，同时也是起飞漂移量的影响因素之一，因此运载火箭发射对浅层风有限制要求。

4）高空风的要求

高空风载荷对火箭的影响较大，因此我国运载火箭大多采用高空风补偿技术。同时在发射前，需要对高空风进行实时测量和预报，根据高空风具体情况，决定使用何种高空风补方式；经过风补偿后，qa 值在一定范围内，火箭才能发射。

此外，大气对电波折射会使电波的传播路径发生弯曲，从而造成测距误差；电波传播路径的弯曲又使目标的视方向发生变化，从而造成测角误差；电波与大气分子相互作用，会产生法拉第旋转效应，这种色散效应使无线电波的相位改变，造成基于多普勒效应的测速误差。要修正大气折射误差就得依赖气象勤务系统对大气结构的近实时探测。在假设对流层球面分层水平均匀的条件下，气象勤务系统完成垂直方向的气象控测即可。对于电离层，全国在满洲里、重庆、北京、拉萨、海南、乌鲁木齐、武汉、新乡、广州等地设有电离层探测站，能得到这些地区的电离层平均模式，可供一般精度测量修正时使用。

发射场气象勤务系统通常包括测量站气象雷达站、通信团气象站、技术部气象水文室、发测站气象台、落区气象等。

气象水文室隶属于技术部，是气象勤务系统的技术部门，其主要任务是：

（1）接收、积累国内外有关本场区气象情报、气象云图、传真天气图等资料和本基地的气象观测资料；

（2）对气象资料进行综合分析，制作短期（48h）、中期（3～5d）、长期（一个月）的天气预报和数值与数理统计预报。必要时，还要发布危险天气预报（雷暴、大风、大雪、沙暴等）。

发测站气象台的任务是：

（1）承担每天24h的地面气象要素观测，每天定时两次释放探空气球，测量大气不同高度的温、压、湿三要素；

（2）为基地积累发射区气象资料；

（3）提供试验任务所需的地面、高空气象资料。

测量站气象雷达站主要任务是：

（1）承担每天12h地面气象要素测量；

（2）提供无线电外测电波修正所需的电波折射指数以及电离层观测资料（如不同高度的电子密度）。

落区气象站的主要任务是：

（1）提供所在地区的天气预报和高气象观测资料（30km以上的气压、气温、风向、风速、大气密度、大气折射指数、电离层电子密度、太阳辐射）。

（2）对于精度要求不高的测量站，可以不专设气象站，而是借用地方气象站资料，在监测前施放控空气球，或者利用每天上、下午各一次的常规天气预报探测的数据，所用修正公式也比较简单。对于高精度的测量系统，均自设探测设施；当精度要求再高时，则用折射率仪探测，修正公式也较复杂。

发射场气象系统的主要设施如下。

（1）气象雷达。

测雨雷达。主要用于探测数百千米内暴雨、冰雹、大面积降水及其他空中气象目标；同时也能探测一定范围内各种气象目标的大气风场，它能有效地监测和预报阵风锋、下击暴流、热带气旋、风切变等灾害性天气，同时能警戒强暴风、冰雹、飓风等灾害性天气。

测风与高空探测雷达。用途是跟踪探空气球携带的电子探空仪，进行高空气象的综合探测，提供高空风向、风速、温度、湿度和气压等气象要素；跟踪测风气球携带的金属反射靶，进行高空风向、风速的测定并进行金属靶的落点跟踪。通过雷达对探空仪的定位跟踪，探空仪的坐标测定，可以算出不同高度上的风向、风速，雷达每4s采集1次气象数据（温度频率、基准频率湿度频率），由此可以算出高空的温度、湿度和压力。

（2）卫星云图接收设备。

（3）地面气象站和活动气象站配备的气象要素测量设备，如温度计、气压风速计、湿度计及气象车等。

（4）雷电监测预警系统，由天气雷达数据处理系统、卫星云图数字化处理系统、地面电场仪网、空中电场探测系统、闪电监测定位系统等子系统及中心工作站组成。

（5）气象火箭，可探测30~80km（大气层）和90km以上的高空（电离层）气象资料。

（6）电离层观测设备，如电离层自动测高仪表（300km以下）、折射率仪等。

9.1.4 大地测量勤务系统

9.1.4.1 工作内容

大地测量是为运载火箭、航天器的发射、控制和测量设备提供大地测量数据的工作。

在航天领域，大地测量勤务的工作内容主要包括：

（1）为跟踪测量设备提供站址（经纬度和高程等）和距离、方位角、仰角、光机轴标定等的校正基准。

（2）为运载火箭和航天器提供空间基准，如坐标系的原点和坐标轴的指向。

（3）为航天器飞行轨道的修正提供地球物理参数，如垂线偏差、地心坐标等。

9.1.4.2 大地测量方法

多年来，大地测量的方法已有了很大改进和发展，特别是测地卫星的发展，使大地测量工作发生了革命性的进步。大地测量方法有三角测量、三边测量、导线测量、水准测量、天文测量、重力测量和卫星大地测量。随着导弹射程的增加、精度的提高和航天器发射条件要求的提高及航行空间的扩展，对大地测量精度的要求也不断提高。甚长基线干涉仪测量、人造卫星大地测量与重力矢量测量相结合的方法具有特殊重要的意义。

（1）三角测量是建立水平控制网的主要方法。在地面上按一定的条件，选定一系列的点（三角点），构成许多相互连接的三角形（称为“三角网”或“三角锁”）。在点上设置测量标志，观测各方向间的水平角，并精确测定起始边长和方位角，从已知坐标的点推算其他各三角点的坐标。我国三角测量分为一、二、三、四等，由高到低逐级控制，构成全国基本水平控制网。

（2）三边测量是水平控制测量的一种方法。用电磁波测距仪或激光测距仪直接测定三角网中各三角形的边长，按三角学原理推算三角形的内角，从而计算出各边的方位角和各点的坐标。

（3）导线测量也是水平控制测量的一种方法。在地面上选定一系列的“导线点”，点上设置标志以表示点位，各点相连构成折线，名为“导线”。测定各折线的长度和各转折角，从而推算出各导线点的坐标。适用于隐蔽和某些交通困难的地区。当用于建立国家控制网时，其精度要求较高，称为“精密导线测量”。

（4）水准测量又名“几何水准测量”，是测量地面点高程的基本方法。在地面两点间安置水准点，观测在两点直立的水准标尺，从尺上的读数推算两点间的高程差。由水准原点或任一已知高程点出发，测定沿线各水准点的高程。因不同高程的水准面不平行，沿不同路线测得的两点高程差异。在做精密水准测量时，须按采用的高程系统加入必要的修正，求出正确的高程。我国国家水准测量依精度不同分为一、二、三、四等，和各种测图和工程测量的基本高程控制。

（5）天文测量是观测天体的位置以确定地面点经度、纬度、时刻和两点间方位角的测量工作，主要为各种测量提供起算和校核数据，并求定大地点的垂线偏差。

（6）重力测量是测定地面点重力加速度的工作。可以利用可倒摆仪或绝对重力仪直接测定地面点的重力加速度（统称“重力值”），称为“绝对测定”。还可以利用重力仪测定两点间的重力差，并与已知重力点联网，由重力差推算未知点的重力值，称为“相对测定”。国际上习惯以波茨坦的绝对重力值为准，联测其他重力点，这样求得的重力值称为“波茨坦系统”。用绝对重力仪测定重力值时发现“波茨坦系统”重力值有系统差，应减少 14 毫伽。重力测量结果是研究地球形状和将大地测量数据归算到参考椭球面上的必须资料，也是地球物理探测的重要手段之一。

（7）卫星大地测量是大地测量的一种，包括几何卫星大地测量和动力卫星大地测量。应用卫星上的遥测数据或地面站对卫星用光学、电子技术观测的资料研究地球形状和地球引力场，以及建立卫星三角网的理论、技术和方法，确定测站的地心坐标和地球引力位系数。

（8）甚长基线干涉仪是一种射电天文仪器。两个分开的天线用同一标准频率源作本地振荡器，而以电缆或微波传输等方法实时地联系起来，进行无线电波干涉，这种系统称为“甚长基线干涉仪”。随着高稳定度的原子频率标准和高精度时频同步技术的出现，使两个天线可以独立使用高稳定度的原子频率标准（原子钟）做本地振荡器，然后将各自记录在宽频磁带上的信号，用相干分析法统一处理。这就使得天线间的基线可以很长（最长可以等于地球的直径），相当于望远镜口径加大，从而极大地提高其分辨率。已得到的分辨率约 0.0001″，比光学望远镜高 100 倍。由于其分辨率和测量精度甚高，因此，不仅用于观测宇宙射电源的精细结构，而且广泛用于天体测量、大地测量和地球物理等领域。

大地测量误差是测量设备测量数据误差的来源之一。原总参谋部测绘局和所属的测绘大队与国家测绘部门、基地测绘部门一起，经过多年的研究与实测，采用特级导线测量，使测量精度提高到百分之一（即 1000km 误差 1m），保证了我国北方高精度测量带的坐标精度。同时还采用地心一号坐标系统转换参数，实施坐标转换，提供了发射场区大面积重力异常资料和弹着区的垂线偏差、高程异常值，为弹（轨）道测量数据处理准备了基础数据。

9.1.5 计量勤务保障系统

9.1.5.1 计量与计量勤务保障的内容

所谓计量，是用一个规定的标准已知量作单位和同类的未知量比较而加以检定的过程。标准已知量通常分为基准级、标准级和器具级。概略地说量的规定分公制量、市制量和它们的导出量。通常用一种计量器具来测量未知量的大小，用数值和单位表示出来。根据测量和检测的原理和内容，可分为长度计量、热工计量、电工计量、放射性计量等。

计量勤务保障的内容包括：

（1）量值的传递；

（2）精密检测；

（3）通用仪表的鉴定、校准和修理；

（4）测量数据的仲裁；

（5）计量新技术、新方法的研究等。

导弹发射场本身具有对导弹、火箭进行发射、试验、鉴定的任务，随着导弹、火箭制导精度本身的提高，对场区测控设备、仪器仪表和发射系统的地面设备的要求也越来越高。计量的目的就是保证在导弹和航天器发射过程中测量仪器、仪表测参数的准确与统一。

9.1.5.2 量值的传递

量值的传递通常由国家到基层分级进行（图 9-2）。

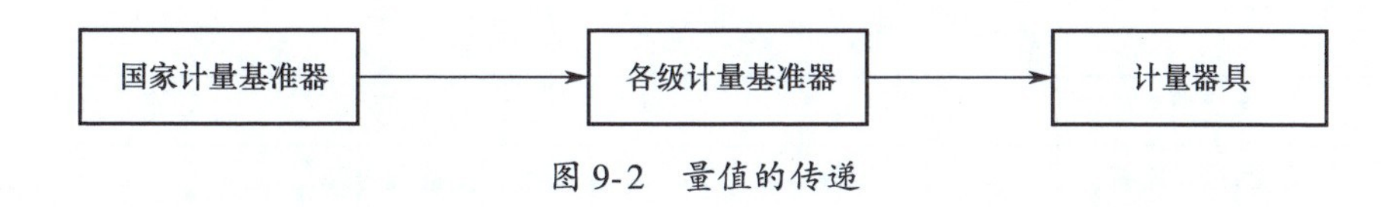

图 9-2　量值的传递

基准是某些自然量的基本标准。国家计量基准器是建立量值基准的物理实现。如频率基准是由铯原子束谐振器（基准器）产生的频率，被公认为原始频率，准确度可达 1×10^{-13}。由其他原子或分子产生的频率，经与原始频率核对之后，成为频率标准。产生频率标准的振荡器称为频率标准器。

9.1.6　特种燃料勤务保障系统

特种燃料，确切地说是发动机推进剂，包括氧化和燃烧剂，且主要指液体火箭推进剂。固体火箭的推进剂是预先装在火箭内，同火箭一起出厂的，飞行试验时保障工作量较小，但需十分注意安全。

液体火箭的推进剂有单组元、双组元（如四组元）之分。如我国 DF-1 导弹用双组元推进剂：液氧和酒精。各类火箭使用的推进剂绝大多数为双组元，少数使用单组元，偶尔见到有关使用单组元推进剂火箭的报道。

推进剂又有可贮存推进剂和不可贮存推进剂之分。由于不可贮存推进剂加注后，停放时间短（如不超过几十分钟到一个小时），影响了作战性能；可存贮推进剂加注后，允许停放时间可达 10~15d。现代导弹与火箭绝大多数使用可贮存推进剂。我国 DF-1、DF-2、DF-2A 导弹和其他国家的部分第一代导弹都使用不可储存推进剂。常用的可存贮推进剂有肼类燃料和硝基类氧化剂等。肼类燃料包括偏二甲肼、无水肼等；硝基类氧化剂有红发烟硝酸和四氧化二氮等。目前实用的低温推进剂只有两种——液氢和液氧，它们在航天技术中获得了广泛的应用。

推进剂还有非自燃和自燃之分。使用前者的火箭发动机，启动时，需要专门的点火装置；而使用后者的发动机，只要把氧化剂化和燃烧剂分别送入推力室，即可自燃。初期导弹由于使用非自燃推进剂，在飞行试验时，有“点火”口令。随着可自燃推进剂的使用，变成了“起飞”口令。

大多数推进剂有毒，储存、保管、加注都要采取严格的防毒措施。比如：按毒性分级，偏二甲肼、硝酸-27S、四氧化二氮为三级；酒精和过氧化氢为四级。对于三级别毒性，30g 的剂量就可以使人致死，这也就是加注要戴防毒面具，发射区设置清洗、污水处理系统主要原因。

我国液体火箭使用的推进剂情况见表 9-3。

可见，四氧化二氮、偏二甲肼是保障重点，因为多数在用火箭用为推进剂。

表 9-3　我国液体火箭推进剂使用情况

推进剂名称	使用型号
酒精、液氧	近程、中近程导弹
硝酸、偏二甲肼	中程、远程导弹，CZ-1 火箭一、二级
四氧化二氮、偏二甲肼	洲际导弹，CZ-2、CZ-3、CZ-4 火箭一、二级
无水肼	洲际导弹姿态控制发动机
液氢、液氧	部分火箭三级发动机

偏二甲肼是易挥发、易燃、有毒的无色液体，暴露在大气中易被氧化变质，必须在氮气保护下储存；与水互溶，水其实是用的清洗剂；不锈钢、铝合金与其互溶，是加注的常用材料；热稳定性好，对冲击、摩擦、震动不敏感，便于安全运输和管路输送；与高锰酸钾、漂白粉等氧化剂发生猛烈反应，所以这类物质的水溶液常用来中和处理肼类燃料废液。

四氧化二氮易吸收空气中的水分而成为硝酸，所以四氧化二氮对材料的腐蚀性与硝酸类同。

硝酸-27s 和硝酸-40s 是由浓硝酸、四氧化二氮和少量缓蚀剂组成的推进剂，它们和四氧化二氮均属硝基类强氧化剂。四氧化二氮的毒性实际上是其蒸汽——二氧化氮的毒性。

特燃保障工作的主要任务是特种燃料的订货、运输、储存保管、检验、供应等。

特燃的贮备量应至少是每次任务加注量的两倍。

选择液体推进剂时，除要求高的能量特性外，还要求冰点低，沸点高、密度大和燃烧性能良好。部分推进剂主要性能参数见表 9-4。

表 9-4　部分推进剂主要性能参数表

类别	名　称	化学组成	分子量	冰点/℃	沸点/℃	密度/（g/cm^3）
氧化剂	液氧	O_2	32.0	−218.9	−183.0	1.14
	液氟	F_2	38.0	−214.6	−188.1	1.509
	四氧化二氮	N_2O_4	92.02	−11.2	+21.1	1.450
	红烟硝酸	HNO_3 含 N_2O_2 (2~40)%和 H_2O (0~3)%	—	−69~−38	+31~+48	1.58~1.62
	五氟化氯	CIF_5	130.5	−93	−12.9	1.818

续表

类别	名　称	化学组成	分子量	冰点/℃	沸点/℃	密度/(g/cm^3)
燃烧剂	液氢	H_2	2.016	-259.1	-252.7	0.007
	偏二甲肼	$(CH_2)_2NNH_2$	60.08	-57.2	+63.0	0.79
	一甲基肼	$CH_2NH\ NH_2$	46.08	-52.4	+87.5	0.874
	煤油	CH1.9~2.0	—	-52	—	0.80~0.85
	丙烷	$CH_3CH_2CH_3$	44.1	-189.7	-42.0	0.5853
单组元推进剂	肼	N_2H_4	32.05	+1.4	+113.5	1.008
	过氧化氢	H_2O_2	34.02	-0.4	+152.0	1.448
	异丙基硝酸酯	$(CH_3)_2CHONO_2$	105.1	-82.5	+101.5	1.049

9.2 发射指挥

9.2.1 概述

9.2.1.1 发射指挥的特点

1）发射试验的特点

发射试验的特点有以下几点。

（1）由于发射对象（运载火箭、卫星和飞船等）与发射手段（发射设施和设备）的庞大和复杂，发射试验实际上是一个复杂的系统工程。

（2）由于发射试验所达到的地域、海域和空域之宽广，参与发射试验的单位和人员之多，要求发射指挥人员必须具有全局观念，发射过程必须保持高度集中统一和协调一致。

（3）由于发射试验具有高危险性，发射的可靠性和安全性极其重要，尤其是对载人航天试验的可靠性、安全性有极高的要求。

（4）由于发射试验严格按照程序进行，对发射过程中完成的每项任务都有严格的时间限制，这就要求各系统中的参试人员都必须严密协调，不能突破时限。

（5）由于每次发射试验都有一定的政治、军事和经济目的，尤其是大型发射试验是国家和军队的重大科研试验活动，因此，发射试验具有国家级战略意义，影响深远。

2）发射指挥的特点

由发射试验的特点可以看出，它既具有军事活动的属性，又具有科学研究的特征，因此，发射指挥具有以下特点。

（1）高度的集中统一性。由于发射试验技术复杂、规模庞大、时限强的特点以及具有军事指挥的特性，决定了发射指挥必须高度集中统一，各系统协调一致。

（2）指挥程序的相对稳定性。发射试验具有明显的科学研究属性，发射试验程序是经过反复研究制定的，而相同的发射试验的指挥程序也基本上相同。因此，指挥程序具有相对的稳定性、继承性和重复使用性。

（3）指挥程序的时间顺序性。由于发射过程中的每项操作都是按照航天器各系统工作顺序而排定的，具有明显的前后工作逻辑性，前一项工作未完成，不能进行下一项工作。因此，指挥程序必须严格按时间顺序进行。

（4）指挥手段的先进性。由于发射对象的技术先进和测试、测控设备的高精度要求，以及发射本身对时间的严格要求，必须具备先进的指挥手段，以确保指挥自信、畅通，指挥命令及时准确。随着航天技术的进步与发展，发射场指挥设备和手段将变得更为先进，指挥信息更加准确、迅速。

（5）指挥决策的技术民主性。由于发射试验中涉及的专业很多，指挥员必须充分发扬技术民主，广泛听取各专业技术人员的意见，才能制定出符合客观实际的技术决策，确保发射成功。决策的民主性是航天发射指挥的特色之一。

（6）指挥人员组成的多样性。由于发射试验的性质所决定，在发射试验指挥机构中不仅有车队指挥员，也有航天产品研制、使用部门的领导及总工程师等，构成了指挥决策人员的多样性。

9.2.1.2 发射指挥的地位和作用

发射指挥是关系到发射试验任务能否完成的关键环节，对发射试验活动起着支配作用。指挥的正确与否将直接影响到发射试验的进程和结局。

发射指挥的作用就是有效地调动一切参试力量，使参试人员在发射过程中保持高度集中统一，协调一致地行动，从而把各方面的试验潜力转化为实际的试验能力。具体地说，发射指挥具有以下作用：

（1）实施正确的发射指挥，可保证各系统操作人员正确无误地操作，顺利完成各自承担的任务，达到“组织指挥零失误、技术操作零差错”的质量目标，圆满完成发射任务。

（2）实施正确的发射指挥，可以有效地组织人员、设备和技术资源，使之最大限度地发挥整体效能。指挥员可以通过指挥机构完成对参试人员和设备的协调，控制发射进程，保证发射活动沿着预定的目标发展，达到试验目的。

（3）实施正确的发射指挥，可以有效地执行各种试验方案和预案，使试验科学合理地进行发射方案和预案是发射指挥的指导性文件，在正常情况下按方案实施，在异常情况下按预案进行。发射指挥是保证各种方案或预案得以贯彻执行、保证发射成功的关键。

（4）实施正确的发射指挥，可以对发射试验中出现的问题做出准确决策，快速排除故障。在发射过程中，会遇到许多影响发射进程的事件，需要指挥员做出正确的决策，确定是否继续发射进程。

9.2.1.3　发射指挥原则

发射指挥原则是发射指挥员和指挥机构在发射活动中必须遵循的基本准则。必须根据发射试验的特点，总结我国多年航天发射试验的经验教训，借鉴和吸取国内外大型发射试验和科研试验组织指挥理论及实践的成果，从而确立具有中国特色的指挥原则体系发射指挥的主要原则有以下几条。

1）高度集中统一的原则

航天发射试验是大规模的系统工程，其发射实施与决策是由高级领导机关决定的，这就决定了必须对发射试验实行高度集中统一的指挥。贯彻这一原则，要做到统一指挥机构，统一指挥关系；统一计划，统一行动，统一调动试验资源；高度集中地进行决策指挥等。

2）科学决策、周密计划的原则

决策和计划是指挥活动的中心环节，科学决策和周密计划是发射指挥的重要原则。贯彻这一原则，首先要采用技术民主与集中决策相结合的方法。排除单凭经验决策的做法，依靠各类专家和专业技术人员组成的智囊团，依靠各种现代科学知识，依靠决策理论和方法提供的手段，保证决策的科学性。其次是周密地制定计划。计划是各级指挥员实施指挥调度、组织任务的重要依据，因此，指挥机构要依据飞行试验大纲和测试发射工艺流程的规定和发射场的实际情况，在发射准备阶段制定出周到细致的计划。

3）系统指挥的原则

系统指挥的原则是运用系统工程的方法，确定发射任务的整体目标和具体目标，并制定出实现目标的方案，通过系统性地实施计划、组织、指挥、比调和控制的职能，求得发射任务中各种资源的最佳组合门在贯彻这一原则时，一是要明确本次发射任务的目标，二是要建立完整的指挥体系，三是要对任务进行整体协调，使发射任务中各资源实现最佳配置和运作。

4）按程序、方案预案指挥的原则

发射试验任务是一种大规模科学试验活动，组织复杂，协作面广，对试验活动有严格的时间、顺序要求，指挥操作稍有不慎或考虑不周，就可能造成失误，延误任务进度甚至造成发射失败。因此，要求指挥员必须严格按程序指挥、按方案预案指挥。贯彻这一原则时，一是要制定科学严密的测试发射组织指挥程序，二是要以严肃认真的态度把好各阶段、各系统的工作质量关，三是制定出切实可行的发射方案预案，确保指挥有正确的依据。

5）确保成功、进度服从质量的原则

质量是航天发射试验的生命，没有质量好的产品就不能确保发射成功。发射指挥人员必须按照“确保成功”的原则进行决策指挥，才能做到“稳妥可靠，万无一失”。要严格按照“单元仪器不带问题进入系统、系统不带问题转场、产品不带问题上天”以及“定位准确、机理清楚、故障复现、措施有效、举一反三”的五条归零标准来处理故障，确保产品质量。切不可赶进度，在进度和产品质量发生矛盾时，“进度服从质量”是必须遵循的原则。

6）确保安全、严格规章制度的原则

在航天发射试验中，安全和成功始终是联系在一起的，没有安全就没有成功。实践经验告诉我们，没有完善的安全措施，再好的产品也可能发射失败。在发射试验的组织实施中，不能有碰运气的思想。若没有绝对的成功把握，则不能定下发射实施的决心。确保安全是一条重要的指挥原则。严格贯彻落实各类规章制度是确保安全的关键。通过几十年发射试验任务成功经验和失败教训的积累，发射场总结并制定出一系列规章制度，例如“双岗”“二检查”“五不操作”等制度，以及技术安全检查各类规定，对保证试验安全起着重要作用。

7）大力协同、密切配合的原则

航天发射试验规模庞大、技术复杂，是国家级系统工程，要求参试各系统必须大力协同，密切配合，有困难共同克服，有故障共同分析，有余量共同掌握，有风险共同承担，互相支持，互相援助，努力落实试验计划和方案，保证试验任务的圆满完成。

9.2.2 发射指挥机构

9.2.2.1 发射指挥机构的分类

1）系统指挥类

试验产品进入发射场后，各系统都成立相应的指挥机构，以组织完成本系统的任务。发射指挥机构按所属系统可分为测发系统、测控系统、通信系统和勤务保障系统指挥机构；各大系统指挥机构又可分为若干分系统指挥机构。以卫星或飞船发射任务为例，按系统分类的发射指挥机构组成如图 9-3 所示。

2）层次指挥类

试验组织指挥机构按层次可分为国家航天发射相关管理机构、试验场区指挥机构和参试部站指挥机构等多个层次。对于试验场区来说，又可分为发射首区指挥机构、航区测控指挥机构和试验落区指挥机构。在发射部站指挥机构中，可分为技术区指挥机构和发射区指挥机构；在测量部站指挥机构中可分为光测、遥测和雷测指挥机构等。以飞船发射试验任务为例，按层次分类的发射指挥机构组成如图9-4所示。

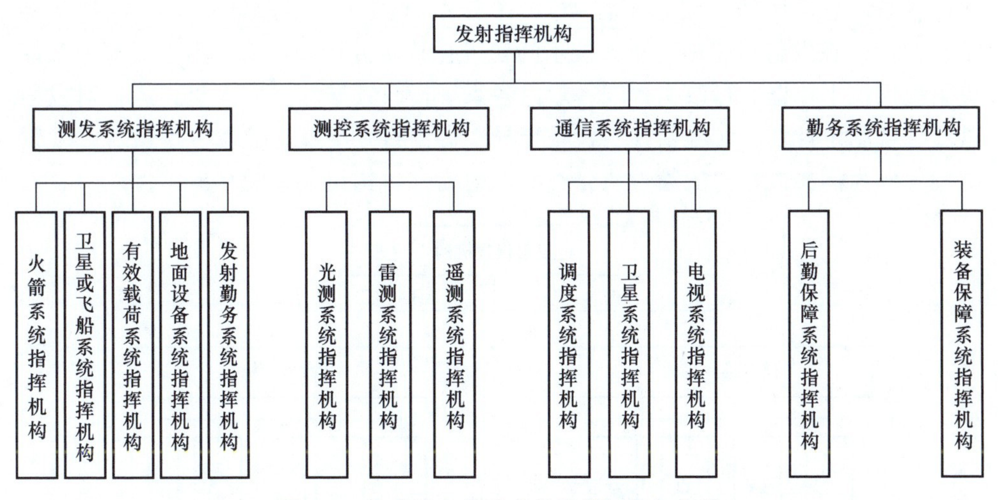

图9-3　按系统分类的发射指挥机构组成图

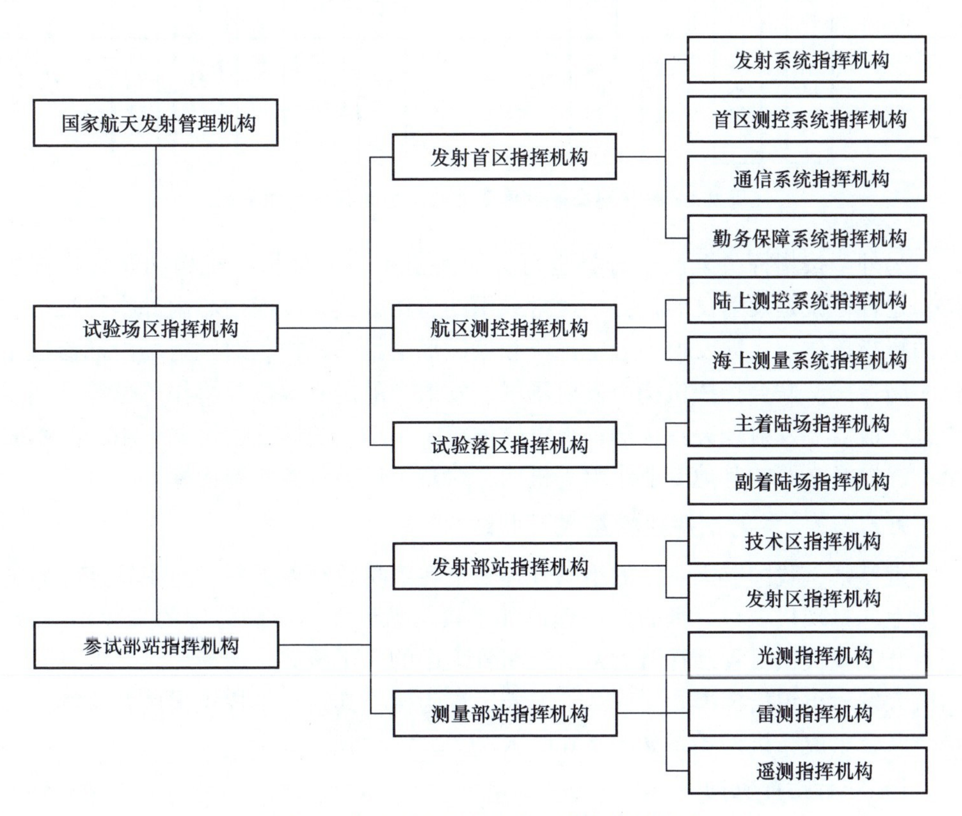

图9-4　按层次分类的发射指挥机构组成图

3）技术指挥和行政指挥类

发射指挥机构按性质可分为技术指挥和行政指挥两条指挥线。技术指挥线一般由各系统总设计师（或总工程师）、主任设计师和技术总体人员（或技术专家）组成，在发射试验中对重大技术问题进行技术分析和决策，为指挥部做最后决策提供技术依据。行政指挥线一般由各系统行政领导和指挥人员组成，对发射试验任务制定计划、实施指挥、检查指导，做出行政决策等。以卫星或飞船发射试验任务为例，按指挥决策性质分类的发射指挥机构组成如图 9-5 所示。

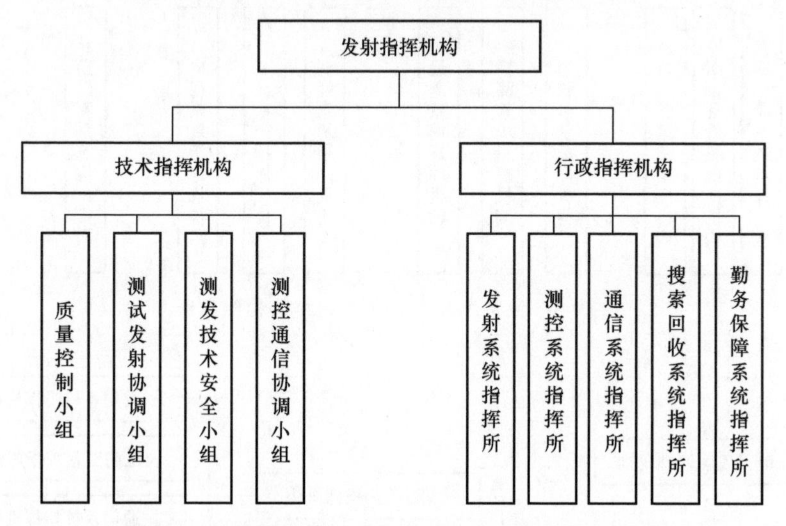

图 9-5 按指挥决策性质分类的发射指挥机构组成图

另外，按指挥决策性质分类也可分为发射中心内部指挥机构和联合指挥机构。这种模式是发射试验任务中最常采用的运作方式。发射中心内部指挥机构实施两级指挥体制，即发射中心指挥所和参试部站指挥机构，对发射场内部参试单位实施指挥。联合指挥机构由发射场区、发射产品研制单位及协作单位等共同组成，一般设立发射任务指挥部，下设质量控制小组、测试发射协调小组、技术安全小组以及必要的其他专业小组等机构，对整个试验任务实施指挥。

9.2.2.2 发射指挥机构组成及职能

近年来，我国航天系统的组织管理人员在系统总结航天发射组织管理经验的基础上，将现代项目管理的先进理论和工具与航天发射组织管理的实际相结合，深入开展现代项目管理在航天发射组织管理中的应用研究，逐渐形成了极具特色的航天发射组织指挥模式。以载人航天工程为例，其组织指挥机构由各系统、各单位联合组成，机构关系如图 9-6 所示。

1）联合指挥机构

在载人航天组织指挥活动中，联合指挥机构有总指挥部、发射场区任务指挥部、质量控制组、测试发射协调组、技术安全组、电磁兼容组、测控通信技术协调组、应急搜救工作组、逃逸安控技术组、航天员活动协调组和新闻工作组等。

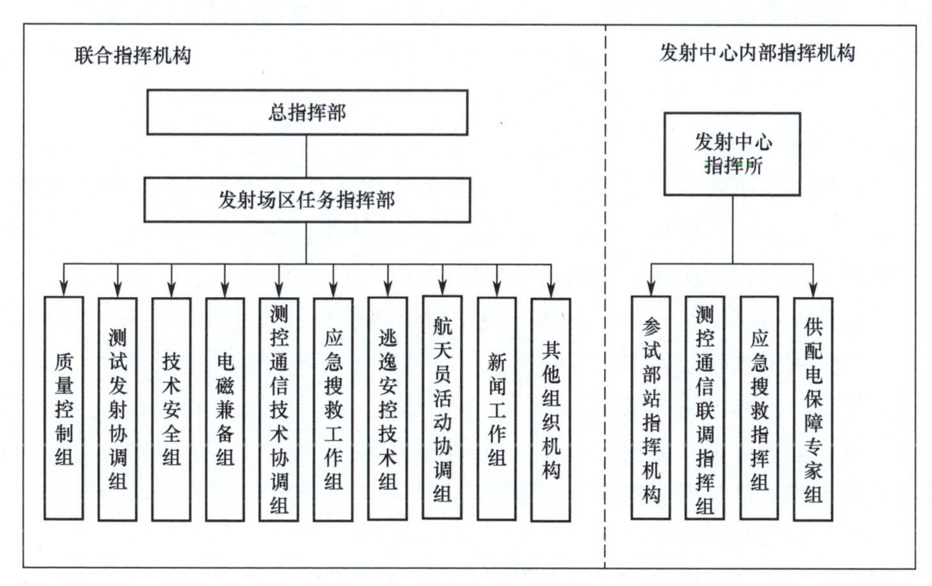

图 9-6　载人航天发射指挥机构关系图

(1) 总指挥部。

总指挥部由工程总指挥、副总指挥、总师及有关单位领导组成。工程总指挥任总指挥长。

总指挥部主要职责是：对任务实施集中统一指挥；听取下级指挥部及参试单位工作汇报，研究批准任务实施计划；审查质量控制情况，对重大质量问题及航天员安全问题进行研究决策；研究决策航天员乘组排序；审议重大突发事件处置方案，研究批准应急计划，协调部署各参试单位快速行动，组织有关方面协同动作；对新闻报道实施统一管理。

(2) 发射场区任务指挥部。

发射场区任务指挥部主要由各系统总指挥和总师组成，发射中心为指挥长单位。发射中心机关和试验队机关是指挥部的办事机构。

发射场区任务指挥部主要职责是：实施发射场试验工作统一组织指挥，确定试验实施计划，研究重大计划调整；制定发射预案、航天员应急救生方案和飞行安全控制方案等重要试验文书；协调处理跨系统问题，研究、决策试验过程中可能影响试验进程、试验质量和安全的重大问题；听取、审议重要试验阶段工作情况汇报，按照质量评定标准，对试验过程质量、安全做出结论，确定是否转入下一阶段工作，提出飞船加注、产品转场、火箭加注及发射计划，报请总指挥部批准后部署实施。

发射场区任务指挥部下设质量控制组、测试发射协调组、技术安全组、电磁兼容组、测控通信技术协调组、应急搜救工作组、逃逸安控技术组、航天员活动协调组和新闻工作组等，在发射场区任务指挥部统一领导下，分别负责不同方面工作。

(3) 质量控制组。

质量控制组由各系统总设计师、主要分系统主任设计师和质量管理人员组成，发射中心为组长单位。发射中心试验技术总体单位为其技术依托，日常事务由发射中心任务指挥所和试验队机关处理。

质量控制组职责是：负责协调处理发射场区试验过程中出现的跨系统问题；负责对各大系统试验过程中出现的重大技术问题进行研究，提出处理意见，为发射场区任务指挥部提供决策依据；对技术通知单、技术方案、技术报告、质量问题归零报告进行审查和复核；对各试验阶段的质量进行评审，向发射场区任务指挥部汇报阶段质量和安全情况；对测发协调组和技术安全组实行技术指导。

(4) 测试发射协调组。

测试发射协调组由发射中心发射测试部站主管领导、总师和各系统主任设计师组成，发射测试部站为组长单位。其日常事务由发射测试部站任务指挥所及其他有关试验单位处理。

测试发射协调组职责是：负责组织指挥试验过程中的工作安排和计划协调，组织测试操作，以测试操作责任书的形式控制测试和操作结果质量；指导拟制测发系统试验技术文书和方案预案，并负责审查把关，指导技术安全组工作；研究处理测发系统试验过程中一般性技术问题，对于难以处理的技术问题，及时提交质量控制组研究、提出处理意见，负责按指挥渠道组织落实；负责协调测发系统参试各方有关技术接口和技术保障方面的问题，并督促落实；负责试验现场管理，保持良好的试验秩序；提供阶段性产品测试情况汇报材料，提出飞船加注、产品转场、火箭加注及发射的组织安排意见。

(5) 技术安全组。

技术安全组由各系统技安人员组成，发射测试部站为组长单位。其日常事务由发射测试部站任务指挥所协调处理。

技术安全组职责是：负责产品测试发射过程中的技术安全指导与把关；在产品和测发系统地面设备第一次加电前以及重大测试项目实施前，组织技术状态、供配电和接地保护等技术安全检查，以技安检查责任书的形式落实技术安全责任制；研究处理一般性技术安全问题，对于难以处理的技术安全问题，通过测发协调组及时提交质量控制组研究，提出处理意见，负责督促落实。

技术安全组在进入飞船加注、火箭加注等关键安全节点前召开会议，对安全工作准备情况进行评审。

（6）电磁兼容组。

电磁兼容组由各系统电磁兼容人员组成，发射中心为组长单位。

电磁兼容组职责是：组织对发射任务期间电磁环境进行监测；对联合检查、临射检查和发射等关键工作时段电磁环境进行管制，协调确定相关设备工作时序和技术状态，保证试验正常进行；协调解决任务期间出现的系统间电磁兼容性问题。

（7）测控通信技术协调组。

测控通信技术协调组由发射中心测控系统主管总师、各测控参试单位和各系统试验队有关人员组成，发射中心为组长单位。其日常事务由发射中心机关按业务渠道协调处理。

测控通信技术协调组职责是：负责测控通信系统及电磁兼容试验过程中的技术协调和计划协调；指导拟制测控通信系统试验技术文书、方案预案并负责审查把关；组织有关系统间技术问题研究，提出处理方案和意见，并督促落实；负责单向联试、系统联调、合练及发射过程中测控通信设备技术安全监督和试验工作阶段质量评审，进行质量把关；提供测控通信系统联试、参加试验情况及质量和安全工作的汇报材料。

（8）应急搜救工作组。

应急搜救工作组由发射中心和有关系统应急搜救人员组成，发射中心为组长单位。其日常事务由发射中心机关牵头协调处理。

应急搜救工作组在发射场区任务指挥部的统一领导下，负责航天员应急搜救准备工作的组织领导和技术协调。其主要职责是：负责应急搜救准备工作的组织领导；负责审查应急搜救方案、预案和实施细则等试验文书；负责协调处理应急搜救准备工作中存在的问题。

（9）逃逸安控技术组。

逃逸安控技术组由各系统专家组成。其主要职责是负责制定待发段、上升段逃逸救生和安控地面控制实施方案，发射时为逃逸安控指挥决策提供技术支持。该组成员分成待发段和上升段 2 个小组，分别负责待发段和上升段逃逸救生的决策。

（10）航天员活动协调组。

该小组由发射中心和航天员系统有关人员组成，发射中心为组长单位，其职责是负责航天员升国旗、接受国家领导人射前接见、与记者见面、种植纪念树等发射技术准备工作外必要活动的组织协调。

(11) 新闻工作组。

新闻工作组由各系统新闻工作主管人员组成，发射中心为组长单位。

新闻工作组的职责是：协助做好任务期间的现场直播及新闻采访；负责发射场区内部电视和广播宣传的计划、协调与把关；统一组织、管理各单位新闻报道人员参加重大活动及会议，安排采访活动；负责外界新闻媒体及外送报刊、电台、电视台的稿件和图像资料的审查与把关，重大事件应报请发射场区任务指挥部批准。

2) 发射中心内部指挥机构

发射中心内部组织机构包括中心级和参试部站级 2 级组织机构。由于发射中心是发射场区任务指挥部指挥长单位，故其内部管理体系是保证发射任务协调高效实施的核心和关键。为实施精干高效的组织管理，发射中心指挥所下设参试部站指挥机构、测控通信联调指挥组、应急搜救指挥组和供配电保障专家组等。

(1) 发射中心指挥所。

发射中心指挥所实施发射中心试验任务的统一组织指挥，部署任务中的各项工作，安排试验计划，协调调整计划进度；了解、掌握试验任务遂行情况，及时向有关领导机构汇报与请示工作；筹办发射场区任务指挥部定期会议，进行阶段工作汇报和审议，并根据发射场区任务指挥部意图，组织召开不定期的指挥部工作会议，及时研究与解决任务遂行过程中出现的重大问题；深入一线，督促、检查和指导参试单位的试验工作，及时发现、协调解决试验过程中的短线和薄弱环节；规范试验管理，保持良好的试验现场秩序；检查安全和质量工作的落实情况；负责与试验相关单位的协调与联络，负责船—箭联合检查、人—船—箭联合检查、发射中心内部和外部测控通信联调、合练及发射的实时调度指挥；协调任务期间上级首长视察指导及大型参观工作；统一组织、协调试验任务的宣传与报道等新闻工作；完成上级和发射中心领导下达的各项临时任务。

(2) 参试部站指挥机构。

参试部站是测试发射活动的主体单位，各参试单位开设本级任务指挥所或指挥组，接受发射中心指挥所领导，分别负责本单位任务的组织指挥。

基本职责是：及时传达和落实上级首长、中心任务指挥所的指示要求；负责所承担航天试验任务的集中统一指挥；检查督导质量安全管理工作及相关制度的落实；负责各自任务中的政治、后勤及装备保障工作等。

(3) 测控通信联调指挥组。

发射中心测控通信系统规模庞大，发射准备工作相对独立，因此设测控通信联调指挥组，负责测控通信系统联调联试的组织指挥。

基本职责是：负责发射中心内和发射中心间测控通信系统联调的实时调度指

挥，承办测控通信技术协调组的工作，组织协调解决测控通信系统存在的问题。测控通信联调指挥组日常事务由发射中心测控部门负责协调处理。

(4) 应急搜救指挥组。

航天员应急搜救准备工作协调面比较广，涉及空军、陆航和各地人民政府，准备工作也与测试发射工作相对独立，故成立应急搜救指挥组，负责应急搜救工作的组织协调。

基本职责是：在发射中心领导、总师及部门主管的领导下，负责应急搜救工作的组织、计划、协调及有关装备保障工作。

(5) 供配电保障专家组。

鉴于发射任务期间供配电保障的重要性，设供配电保障专家组，负责电力系统的技术保障工作。

基本职责是：根据任务进展和供配电系统状况，制定供配电系统整定值复核等工作计划，组织各单位按计划实施，负责组织协调、研究处理供配电系统任务中发生的跨单位问题或其他重大问题。

9.2.2.3　指挥人员

指挥人员是发射试验任务的核心，对发射试验的进程、质量控制、安全保障、应急处置乃至发射成功都起着支配和关键作用。

指挥人员是组织计划的制定者和实施者，制约着试验能力、水平以及指挥系统效能的发挥。指挥人员是发射试验的主要决策者和执行决策的监督者，在发射活动中要对重大问题做出正确决策并保证决策的贯彻落实，以确保试验进程按决策的方向进行。指挥人员是试验结果的责任人，发射试验的成败固然取决于多方面的因素，但主要在于指挥人员能否在既定的客观资源基础上充分发挥主观能动性，圆满完成任务。

指挥人员一般分为以下几类。

1) 宏观决策和指挥人员

宏观决策和指挥人员由国家航天发射管理机构、发射场区指挥部等组成，是集行政和技术于一体的指挥决策群体，负责发射任务中的重大计划调整、技术问题决策和宏观指挥指挥部会议或指挥部工作会议是实施宏观决策和指挥的形式。

2) 技术决策人员

技术决策人员是为指挥部提供决策保障的技术支持群体。技术决策人员包括各级总工程师或总设计师、系统专家和集体技术人员等。指挥部下设的各类技术小组是实施技术决策的组织形式。

3) 发射试验指挥员

发射试验指挥员是担任试验进程指挥的由行政或技术人员组成的指挥群体。

这些人员包括发射场区指挥员、测试发射系统指挥员、测控系统指挥员、火箭系统指挥员、卫星（或飞船）系统指挥员以及各分系统指挥员等。

4）调度人员

调度人员是承办具体计划和指挥协调工作的群体。这些人员包括指挥所的工作人员及产品研制部门的计划调度人员等。

9.2.3 发射指挥程序

9.2.3.1 发射任务组织指挥程序

按照发射任务的工作进程和特点，每次任务可分为任务准备、任务实施及任务总结3个阶段分别进行组织指挥。

1）任务准备阶段组织指挥程序

从发射任务下达到产品出厂为任务准备阶段。此阶段一般要完成下列工作程序：一是受领发射试验任务，明确任务的性质、试验目的、试验方案、任务分工和要求、组织指挥与协同关系、试验产品预计进场和实施发射时间等。二是下达任务预先号令，分析、研究完成任务的利弊条件，提出任务准备工作的项目、内容、要求和措施，形成任务准备的安排意见，向各参试单位通报试验任务计划和要求，进行发射试验任务动员等。三是完成人员定位、训练和考核。按照试验要求，对参试人员定位，并依不同层次明确训练标准，开展专业技术训练，提高参试人员的专业技术水平和操作熟练程度，提高分析问题和解决问题的能力，同时对岗位人员的职务达标进行考核，合格者方可上岗。四是进行试验文书和资料方面的准备。根据上级下发的飞行试验大纲、任务工艺流程等顶层文件，制定本级发射任务计划和各类组织实施方案，拟制试验指挥文书和试验技术文书，落实试验技术资料，完成资料和图纸的配套与归档。五是完成发射场设施设备的准备。根据发射任务的状态变化，适时对试验设备及其状态进行调整，经检验和试运行考核后投入使用；对发射场设备点位及其方位标进行测量或复测；对参试仪器、仪表进行检修和校验；完成液体推进剂的运输、储存及化验等工作。六是对任务准备进行检查评审。发射中心要组织对所属单位的检查评审，发现并解决存在的问题；上级机关还要组织对发射场系统全面的检查评审，评价其是否具备执行发射试验任务的条件，对发现的问题及时进行整改。七是组织有关人员参加试验产品的出厂质量评审，参与协调试验产品的进场时间和保障条件等。

2）任务实施阶段组织指挥程序

从试验产品进场至参试人员撤场为发射实施阶段。此阶段要按以下工作程序进行组织指挥：一是成立任务指挥部和各类组织指挥机构，开设各级指挥所，建立和沟通任务指挥渠道。二是按计划组织发射产品和设备进场，按照交接程序组织研制部门把产品移交于发射场，并进行技术交底和业务对口介绍。三是完成产品在技术区的技术准备。按照试验大纲和测试发射工艺流程的要求，组织火箭、航天器各系统进行相应的单元、分系统、系统间匹配以及综合测试等检查项目。对于卫星发射任务来说，要进行运载火箭与卫星之间的联合检查；对于载人飞船发射任务来说，要进行船-箭联合测试和人-船-箭-地联合检查等。除此之外，还要完成技术区的有关总装和推进剂加注等工作。四是产品转运，将技术区完成技术准备的产品转往发射区。五是产品在发射区进行直接准备和发射。产品在发射区的直接准备一般应包括各大系统的功能检查及联合检查，并适时组织首区合练与全区合练，确保发射系统间的匹配性、可靠性，确保测控系统与发射系统的协调性；技术人员和各级指挥人员熟悉各种方案和预案，做好处置应急情况的准备，备份仪器设备在指定位置就位：抢修组、救护组、消防车等到位；残骸搜索和应急搜救队伍做好相应准备；对运载火箭实施推进剂加注；最后按照发射指挥协调程序组织发射。若出现超出预案和本级处置权限的问题，要及时请示报告；出现重大故障和问题时，则取消当日发射计划，退出发射程序，待妥善处理后，重新组织发射。

一般来说，卫星试验的发射指挥程序以火箭系统工作为主线，飞船试验的发射指挥程序以飞船系统工作为主线，其他系统为辅线。这种指挥程序有利于发射场的组织指挥和计划协调。图 9-7 和图 9-8 分别为卫星和飞船试验在发射实施阶段的组织指挥程序，即计划网络图。

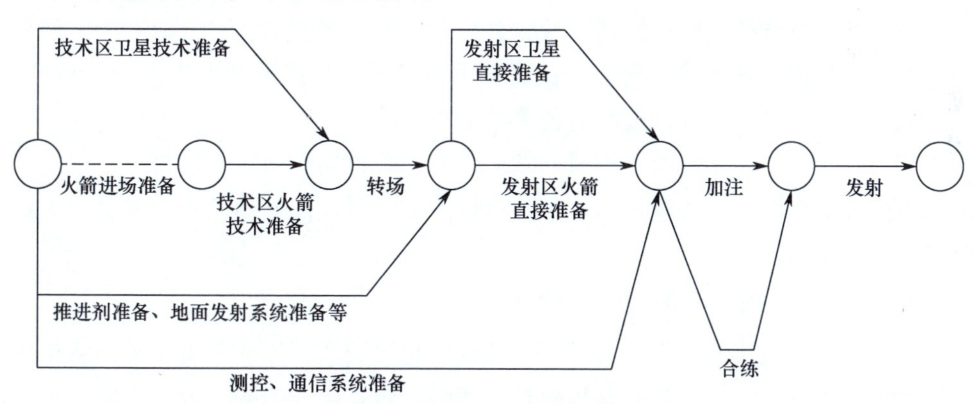

图 9-7　卫星发射任务试验组织计划网络图

3）任务总结收尾阶段组织指挥程序

从参试人员撤场到完成设施设备恢复、进行发射总结为总结收尾阶段。此阶段一般要完成下列工作程序。一是收集整理发射试验资料，进行发射试验结果快速分析。试验资料主要包括：关于试验产品的各种测试记录，测控系统各种跟踪测量数据以及气象数据等。二是组织撤收和撤场。其主要工作有：产品研制单位

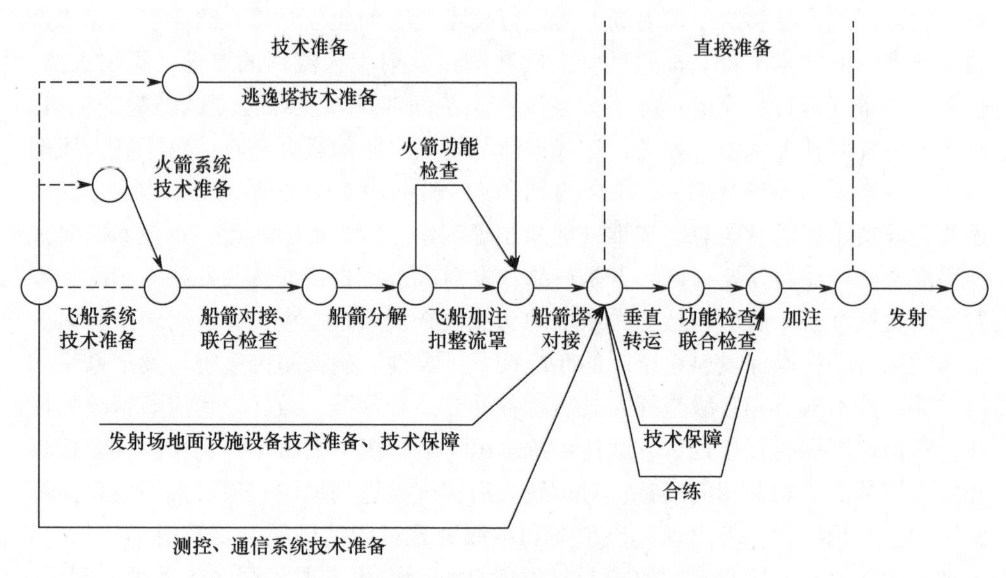

图 9-8 飞船发射任务试验组织计划网络图

试验队撤场，试验任务指挥所撤收。三是进行发射试验结果分析。其主要工作有：组织编写发射场各分系统技术试验报告、专项试验报告以及发射场试验总结报告；对测量数据进行处理，提供数据处理结果报告；对发射试验结果进行分析和评价，提供发射试验结果分析报告，对试验结果做出正确的结论。四是发射任务总结讲评。总结的内容应包括：故障分析和技术方案解剖，对发射试验中暴露的有关质量控制、技术状态管理、试验文书以及操作方面的问题进行分析研究，总结出有指导意义的研究课题和有价值的成果；同时按不同系统和单位开展广泛深入的工作总结，积累经验，查找问题，吸取经验教训，制定改进措施；根据完成试验任务的标准，对各参试单位进行讲评，适时召开任务总结表彰大会，奖励有功单位和个人。

9.2.3.2 指挥程序的控制与优化

任何一个有组织的工作过程都离不开控制与协调。指挥一个由多种因素构成的发射试验系统，要想发挥好整体效益，就必须对系统内的各种因素不断地进行组合和调节，解决相互之间的矛盾，克服不利因素，按照原定计划和方案正常开展工作，这个过程即是发射试验的控制与协调。在发射实施阶段组织指挥程序的内容丰富而重要，因此，着重对其进行控制与协调非常必要。

在组织发射试验活动中，控制与协调的基本任务有以下几项：一是检查和监督各系统是否按发射试验计划进行，发现问题及时纠正。指挥员要及时了解掌握试验进展情况，确保各项工作程序的落实。二是协调各系统的行动。发射试验过程要求各系统协调一致，特别是各系统联合检查时，对每个子系统、每台设备的工作时段以及相互之间的配合都有严格的要求，稍有误差，即有可能造成系统工作紊乱，导致试验失败。例如，在某卫星发射任务进行发射阵地总检查时，由于操作手提前拔下了火箭的起飞信号压板，导致控制系统工作程序紊乱，造成总检查失败。三是控制测试发射工作的质量。在发射试验中，有可能发生各种各样的故障和差错，要求指挥员按照故障归零的“五条标准”控制试验质量，把操作差错降至最低，保证试验任务顺利进行。四是不断调整计划。由于试验过程中经常发生一些意想不到的情况，这就要求指挥员根据变化的实际情况，不断调整试验计划，安排试验流程。

控制与协调发射试验活动的方法很多，一般有以下几种：一是计划控制法。严格的工作计划是试验活动的法规。指挥人员在试验前制定出详细的实施计划，编出科学的计划网络图，明确各单位和系统的职责和任务，确定各工作节点的时间。这些计划和工作内容经各系统指挥人员及总师系统协商确定后，一般要严格遵守执行，以此为依据控制各系统的行动，解决出现的问题。二是评估调控法。即经常对发射试验进程进行科学的评估，以试验计划为标准，分析试验进展情况，评价工作成效和质量，找出工作中的短线和薄弱环节，分析存在的问题和原因，特别是找出影响试验进程的关键环节，并加以科学的调控，保证发射试验按计划进行。三是随机调控法。即根据试验进程中发生的具体问题而采取的随时调整计划的办法。对于工作内容不多、复杂程度不高的随机调控，可通过调度指挥上报，指挥所同意并协调安排；对于调整复杂且影响到其他系统，乃至影响到整个试验进程的随机调控，则要经任务指挥部统一安排布置。

使用网络技术对发射组织指挥程序进行控制和优化是一种有效手段。网络技术是把发射试验全过程当作一个系统来处理，将组成系统的各项工作和各个阶段按先后顺序，通过网络的形式统筹规划、全面安排，并对整个系统进行协调与控制，以达到最有效地利用资源，在最短的时间内完成系统的预期目标。系统越复杂、越庞大，就越能体现出网络技术的优越性和效果。

在发射组织指挥程序中使用网络技术，应着重解决以下 3 个问题。

第一个问题是确定网络图中的关键路线，即主线，以控制关键路线上的作业，使之严格受控。例如，某次任务发射试验程序由 A、B、C，…，I 共 9 道作业组成，其前后关系和完成作业时间估计如表 9-5 所示，画出试验网络图，并确定关键路线，参见图 9-9。

（1）计算节点的最早开始时间 $t_E(j)$：

$$t_E(j) = \max[t_E(i) + t(i,j)] \tag{9-1}$$

表 9-5　作业分段和完成时间估算表

作业名称	后续作业	悲观时间	最可能时间	乐观时间	平均时间
A	C	3	2	1	2
B	D、E	6	5	4	5
C	F、G	4	3	2	3
D	F、G	2	2	2	2
E	H	3	2	1	2
F	I	5	3	1	3
G	—	7	5	3	4
H	—	3	2	1	2
I	—	6	4	2	4

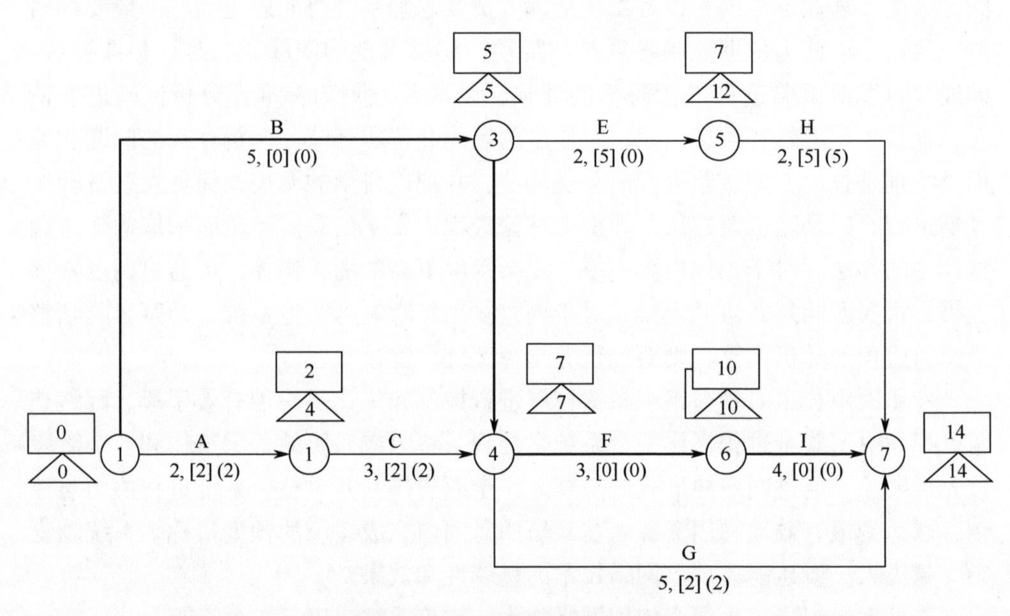

图 9-9　任务网络及关键路线图

将计算的结果标在□内。其中，$t(i,j)$ 为作业时间，$t_E(j)$ 为箭头节点的最早开始时间，$t_E(i)$ 为箭尾节点的最早开始时间。

（2）计算节点的最迟完成时间 $t_L(j)$：

$$t_L(j) = \min[\,t_L(j) - t(i,j)\,] \tag{9-2}$$

将计算的结果标在△内。其中，$t_L(i)$ 为箭尾节点的最迟完成时间，$t_L(j)$ 为箭头节点的最迟完成时间。

（3）计算作业的总时差 $R(i,j)$：

$$R(i,j) = t_L(j) - t_E(i) - t(i,j) \tag{9-3}$$

将计算的结果标在 [ ] 内。

（4）计算作业的单时差 $r(i,j)$：

$$r(i,j) = t_E(j) - t_E(i) - t(i,j) \tag{9-4}$$

将计算结果标在 ( ) 内。

（5）将 $R(i,j) = 0$ 的作业连接起来，即得到关键路线。

因此，此网络图的关键路线为①→③→④→⑥→⑦。网络图和关键路线如图 9-9 所示，其中着重线为关键路线。

第二个问题是利用网络技术计算按期完成任务的概率。在这里，由许多微小的、相互独立的变量组成的随机变量，都当作正态分布来处理。计算完成任务的概率按下列步骤进行。

（1）计算每个作业时间的平均值

$$t_m = \frac{a + 4c + b}{6} \tag{9-5}$$

式中：a 为作业完成的最乐观时间；b 为作业完成的最悲观时间；c 为作业完成的最可能时间。

（2）计算每个作业时间的标准离差：

$$\sigma = \frac{b - a}{6} \tag{9-6}$$

（3）计算每个作业时间的方差：

$$\sigma^2 = \left(\frac{b - a}{6}\right)^2 \tag{9-7}$$

根据中心极限定理，任务最后完成的时间是一个以 $t_m = \sum_{i=1}^{j} \frac{a_i + 4c_i + b_i}{6}$ 为平均值，以 $\sigma = \sqrt{\sum_{i=1}^{j} \left(\frac{b_i - a_i}{6}\right)^2}$ 为标准离差的正态分布。

为了定量地计算出完成任务的概率值，引入概率因子 Z，即

$$Z = \frac{t_L - t_E}{\sigma_{cp}} \tag{9-8}$$

式中：$t_L - t_E$ 为节点的时差；σ_{cp} 为关键路线上方差和的平方根。

根据 $P = P(Z)$ 可查表求得概率值。

第三个问题是调整试验资源，解决网络中发现的短线。该增加人力的增加人力，该增加物资、器材的增加物资、器材，该加班的加班，使短线变成长线，保证整个试验进程协调、顺利地发展。

9.2.3.3 总检查协同指挥程序

总检查是航天发射试验中的重要测试项目，一般分为火箭系统总检查和卫星（飞船）系统总检查。火箭系统总检查设有不同状态下的模拟飞行检查和紧急关机电路总检查（或发射电路总检查）。卫星（飞船）总检查设有不同时段（上升段、运行段和返回段）的模飞检查和各种故障模式下的模飞检查等。另外，在测试项目中还设有不同性质的联合检查，包括星（船）箭联合检查和人-船-箭联合检查等，这种联合检查是更广义的总检查。

对总检查的协同指挥是重要的指挥活动。由于总检查是试验产品各系统全部参加的测试，每个分系统、每台设备的工作状态、加电时段和动作时序都必须按规定的程序完成，协调一致地工作，因此，严格的组织指挥和协调是必不可少的，是完成总检查测试的关键。

总检查协同指挥程序是重要的指挥依据，是指挥活动的法规，在总检查指挥过程中，系统指挥员和各分系统指挥员必须严格按照事先拟制的程序实施指挥，一切指挥活动都应在协同指挥程序的约束下进行，不能有任何随意性。

编制总检查协同指挥程序要完成以下 4 步工作内容，即明确总检查的目的，明确各系统的技术状态，明确各系统在不同时段的工作内容，最后形成协同指挥程序文本。

1）明确总检查的目的

根据不同的设计状态，每次总检查都有不同的测试目的。指挥员要十分了解和明确每次总检查所要达到的目标，才能做到指挥心中有数，调动各种试验手段和资源，为实现总检查目的服务。

2）明确各系统的技术状态

由于每次总检查所要达到的目的不尽相同，因此参加总检查的各系统技术状态也有较大差别。正确的技术状态是保证正确指挥的基础。指挥员必须牢牢把握技术状态的正确性，认真贯彻“二检查”的工作制度，特别要注意技术状态的更改，注意系统之间关键电、气信号的联系，确保指挥无误。在技术状态的协调和确定过程中，要形成技术状态协调表和主要信息关系表。

3）明确各系统在不同时段的工作内容

各系统在不同时段的工作内容是构成指挥程序的核心。可以用两种方法规定不同时段的工作内容。一种是流程图法，即在流程图上标明各系统在不同时段的工作内容；另一种是表格法，即用表格的形式列出各系统在不同时段的工作内容。

4）形成协同指挥程序文本

在协同指挥程序中，要把总检查的目的、所参加的分系统各分系统的技术状

态以及不同时段的工作内容全部以表格的形式列出来。例如，某火箭在技术区的第三次总检查，其目的是检查各分系统在模拟电缆供电情况下的模拟飞行情况。参加的分系统有控制、遥测、外安、故检、利用、动力、总体网等。技术状态为模拟电缆供电、各分系统真转电、脱落插头真脱落、分离插头真分离；全过程模飞；助推器为定时关机，其余为制导关机。

9.2.3.4　发射协同指挥程序

1）发射程序的特点

广义上来说，进入发射区后的工作内容都可称为发射程序。这里所说的发射程序指的是试验产品进入临射检查的工作程序，其协同指挥程序即为临射检查的协同指挥程序。根据卫星和飞船发射任务的不同，其进入临射检查的工作时间和内容也有很大差别。

归纳各类航天器的发射程序，有以下几个特点：

（1）工作时限性要求高。

每次发射任务都受一定宽度的发射窗口限制，因此发射程序中每项工作内容都必须在规定的时间内完成，否则会影响到下一项工作，进而影响整个发射计划的实施。严格按时完成各项作业是发射程序的基本要求。

（2）可靠性、安全性要求高。

进入发射程序后，火箭、卫星（飞船）都已加注完推进剂，并安装了火工品，各系统在操作中必须绝对保证安全，防止误操作而引发故障，危及试验产品和发射场的安全。另外，由于发射程序受时间的限制，各系统仪器和设备可靠性必须得到充分保障，以免因更换设备而影响发射程序顺利实施。因此，在发射程序中要杜绝出现影响可靠性和安全性的事件。

（3）指挥协调工作量大。

由于发射程序的严密性，指挥协同程序不但要使火箭、卫星（飞船）各系统协调一致地工作，还要使地面发射系统和测控系统也协调一致地工作。因此，指挥员要在有限的时间内完成大量指挥协调工作，做到周到细致，不遗漏工作内容，不误发口令。

（4）技术状态协调更严格。

为了确保发射成功，发射检查的技术状态控制更为严格，状态协调更为严密，以严格的审批和签字与手续保证其正确性。

2）发射协同指挥程序的拟制

发射协同指挥程序是发射指挥员实施发射指挥的重要依据。发射指挥员要严格按照事先拟制好的协同指挥程序指挥，才能确保指挥无误。

在拟制发射协同指挥程序时，指挥员首先要详细掌握各时段的工作内容，绘制出工作流程图。一般来说，发射工作流程图要比总检查工作内容更详细、更具体，要细化到每项工作和每个动作；工作安排更合理，使得个分系统和每台设施设备都协调一致地工作和运行；工作程序更优化，既覆盖到每项测试内容，又使之耗时最短。然后，根据发射工作流程图拟制出表格式的协同指挥程序，作为指挥文件实施。例如，无人飞船发射可安排在8h以前进入临射程序，其间要完成大量的发射准备工作，需要各系统密切配合。

9.2.4 决策技术

决策是对未来实践活动的方向、目标、原则以及实现目标的方法和手段所做的决定，是一种主观意志的表现。指挥技术的核心就是决策。

试验产品发射试验过程中的决策是发射指挥员最基本、最主要的职能，是试验活动中经常性的工作。在整个试验过程中，不但需要指挥员按照试验进程做出各阶段的决策，而且在紧急情况或故障情况下，更需要指挥员做出当机立断的临时性决策。

9.2.4.1 发射决策特点

1）行政指挥与技术专家的集团决策

由于发射试验活动比较复杂，加剧了其决策的复杂性和艰巨性。许多决策问题需要依靠行政指挥与技术专家共同完成。这样既可以集中指挥人员的智慧，又可以集中各方面专家组成的智囊和广大科技人员的智慧。这种集团决策要求对重大、复杂和影响深远的问题听取各方面的意见，经过集体讨论，综合各种利弊，最后做出决策。集团决策是集体领导原则在决策中的表现是科学决策的重要组织保障。

2）技术型、复杂型决策

发射试验活动的对象是技术构成复杂的航天器及其运载器，它涉及材料、制造、电子学、计算机、通信、力学、空间环境学等多种领域的知识，要求决策者必须对其具有较深的理解和掌握；发射试验信息量大，且信息的变化快，不确定因素较多，要求决策者必须善于分析各种信息，从复杂的现象中把握事物的本质；在测试发射活动中，有些技术问题有时难以归零，需要通过反复试验验证，要求决策者制定合理的计划，提出解决问题的正确措施。这种技术型、复杂型的决策对指挥员提出了很高的要求。

3）阶段型决策

经过几十年的实践，我国航天发射试验已积累了丰富的经验，形成了完整的、科学的发射试验流程。在流程的不同阶段要对试验质量和安全做出准确的判断，对后续工作进行安排，形成了阶段型的决策模式。在阶段型的决策中，要根

据试验产品在不同阶段的放行准则及测试中发现问题的解决结果，做出正确的结论，不要把问题和隐患带入下一阶段，影响下一阶段的工作程序。

4）高可靠型决策

航天发射试验的目标是确保发射成功，达到试验目的。这要求试验产品具有高可靠性，对发射试验的决策也应该以确保发射成功为基本出发点和落脚点，避免由于决策失误而引起发射失败。发射指挥员要认真学习贯彻周恩来总理“严肃认真，周到细致，稳妥可靠，万无一失”的十六字方针，严把测试发射的质量关；按照“定位准确，机理清楚，故障复现，措施有效，举一反三”的五条标准，彻底解决测试中出现的质量问题，把影响安全性、可靠性的因素降到最低，确保决策的正确性和发射成功的可靠性。

5）综合型决策

综合型决策，一是体现在综合考虑分系统和系统之间的关系，既要考虑分系统对系统的影响，又要考虑系统对分系统的影响。二是体现在综合考虑发射系统和测量、通信及勤务保障等系统之间的关系，决策结果应使整个工程系统达到最佳实施效果。三是体现在综合考虑技术、质量、进度和安全等因素之间的关系，既要考虑到技术上的必要性、可行性，又要考虑到进度与质量的关系，技术与安全的关系，一般要做到进度服从质量，技术服从安全。四是综合考虑产品研制单位和航天发射场之间的不同意见，既要尊重研制方的意见，又要体现发射场担负计划协调、质量安全控制、确保成功方面的权威性。

9.2.4.2　决策阶段

发射试验活动一般分为技术区准备、实施发射、航天器入轨运行、航天器着陆与返回等阶段，在不同阶段要对试验活动做出不同内容的决策。

1）技术区测试中关键节点的决策

航天器进入发射场后，首先要完成技术区的技术准备程序。按照试验流程的节点可安排若干次技术性决策，主要是对产品在关键节点上实施严格的质量安全控制、监督和评审，及时发现和妥善处理技术准备中的各种关键性的、重大的技术质量问题，确保产品的安全性和可靠性，对产品质量提出结论性意见。这些节点实施决策的依据是：各系统测试检查结果及质量是否满足技术要求，对出现的问题是否按照“五条标准”进行了归零处理，进入下一阶段的准备工作是否已经就绪，是否有可以转入下一试验阶段的明确结论等。

2）产品转场前的决策

产品在技术区完成技术准备后，确认各系统的技术指标合乎设计要求，方可转往发射区进行射前准备和发射。因此，转场前的决策必须保证产品具备良好的质量和工作状态，做到不带任何疑点转场；发射区地面设施、设备准备完毕，技术勤务保障系统处于良好状态；气象条件满足转场和发射区工作要求等。

3）发射决策

产品在发射区按预定的程序经过直接准备并符合发射条件后，即可实施发射。决策发射的时机一般是在产品完成直接准备，经评审通过，加注之前进行，是发射试验中极为关键的项决策活动。决策中需要考虑的重要因素有：产品的故障是否都已归零，完全满足发射条件；发射设施设备及推进剂是否准备好、气源性能是否满足发射要求；测控、通信系统状态是否良好，处于待命状态；气象是否满足发射条件；各种方案、预案是否都已制定完善并已进行了演练等。

4）航天器运行和返回中的决策

在发射飞行中需要变轨的航天器（例如地球同步轨道卫星）一般需经过二次（或多次）变轨，把航天器送入最终轨道在变轨控制中需要根据航天器的过渡轨道参数、姿态和速率以及发动机的环境参数等，做出准确和及时的决策。

对于返回式航天器（例如返回式卫星和飞船），当其完成飞行任务后，要由地面控制脱离原来的运行轨道，进入返回轨道，做到安全回收。在回收决策中，需要重点考虑的因素包括航天器的运行轨道和完成任务的情况、航天器的运行参数以及地面的回收准备情况等。对于载人飞船的回收，要特别考虑回收主场或副场的天气情况，正确决策，使飞船准确可靠地回收，以保护航天员的安全。

当载人飞船在轨运行中出现危及航天员生命安全的故障时，则要决策飞船紧急返回。此时，要控制飞船变轨，返回预先选定的着陆场。

5）逃逸和安控决策

对于载人航天来说，航天员的生命安全是第一位的。航天器在待发段和上升段出现危及航天员生命安全的故障时，必须做出撤离或逃逸的决策，以保证航天员的安全。在待发段出现的此类故障一般包括推进剂泄漏和着火，且泄漏和火势难以控制；火箭紧急关机后发生倾倒；紧急关机后控制系统断电失败等。上述情况之一发生时，指挥员要根据情况，做出航天员紧急撤离或启动逃逸飞行器的决策。在上升段出现的此类故障一般包括助推器或一级发动机未启动、着火、逃逸塔未分离、级间分离时二级主机或游机未启动、飞行过程中推力下降或丧失、级间未分离、整流罩未分离、飞行过程中伺服机构卡死、控制系统开环故障、箭上遥测系统断电等。上述情况之一发生时，指挥员要做出逃逸的决策。

安控是指运载火箭出现故障，飞行轨迹严重偏离理论轨道，将导致飞行出国或落入地面受保护的区域，而对故障火箭实施的炸毁控制。当运载火箭出现此种故障飞行时，指挥员需要根据安控实施方案，做出对故障火箭的炸毁决策。

9.2.4.3 决策信息来源

正确的决策来源于准确、及时、可靠的信息。发射决策的信息一般来源于测

试和测量数据、计算机辅助决策信息、专家群体的咨询信息以及验前信息等。指挥员要对这些信息进行去伪存真、去粗取精、由此及彼、由表及里的分析和逻辑判断，完成决策。

1）测试和测量数据

航天器在不同测试阶段通过笔录仪、打印机等记下的大量测试数据反映了产品的技术状态和质量，它们是指挥员在不同阶段进行决策的主要信息来源和依据。例如，在产品单元测试阶段，指挥员要根据单元测试数据判断仪器设备是否满足设计指标要求，以决定是否转入系统测试阶段，若某一台仪器测试数据异常或超差，则要做出相应的处理决定。产品在飞行中，地面测量系统通过对其跟踪测量可获得大量遥测和外测数据，这些数据真实地反映出飞行状态和内部各系统、设备的工作情况。指挥员可根据这些信息及相应的判断准则，完成飞行中的各种决策。

2）计算机辅助决策信息

来自发射场自动化指挥系统的计算机辅助决策系统可为指挥员提供测试、发射时的各种辅助决策信息。这些信息包括：产品在技术准备和实施发射中的指挥信息；产品的测试和测量数据，测试发射过程中故障处置和测试项目调整的方案、预案；载人航天试验航天员在待发段紧急撤离或逃逸救生的监测信息和实施方案；发射场各级指挥控制专家的经验知识等。

通过计算机专家系统的推现计算，可产生对航天器、运载器和发射场等系统故障的处置方案，根据故障的影响程度，给出暂停发射程序、延长程序时间、继续进行程序、强制执行下一个程序、紧急关机、重新组织发射、撤销发射等辅助决策建议，以及紧急撤离或逃逸的建议。

3）专家系统信息

各级各类专家队伍也可为指挥员决策提供咨询信息，这些信息包括试验方案、预案、质量安全分析评估和故障处置办法、技术分析报告、技术归零报告、管理归零报告、技术状态控制报告、软件评审报告、软件回归测试报告等。

4）验前信息

验前信息是指航天器在进入发射场之前的各种测试和试验中所产生的数据以及此类产品（批次产品）在其他发射试验中所积累的数据等。验前信息是分析问题和进行决策的重要参考信息，可以帮助指挥员广开思路，分析、对比在不同状态、不同环境、不同条件下信息的异同性，找出其中的规律。需要指出的是，验前信息不能不加分析地应用于当前问题的决策，否则有可能产生错误的结论。

9.2.4.4　辅助决策

随着航天发射技术的进步，计算机辅助决策技术已逐渐应用于发射指挥决策之中，信息的集中处理与使用使发射指挥具有了现代化的手段，确保了试验产品及地面发射系统协调和可靠地工作，可以从容应付突然出现的各种异常情况。发射场辅助决策系统就是为实现上述目的，依据发射决策的需求，体现辅助决策技术的基本功能和特点而设计和开发的软件系统。

1）发射试验辅助决策的目标

发射试验指挥的四要素是指挥员、指挥机构、指挥手段和指挥对象。发射试验辅助决策系统是通过指挥控制的自动化和智能化为指挥员服务，其总的目标是提高发射试验指挥决策的正确性和对试验中出现异常情况的快速反应能力。准确地掌握试验现场的态势，正确地分析和判断情况，科学地分配试验资源，有效地组织试验活动，提高发射试验的时效性，是辅助决策的主要任务。因此，发射指挥中的辅助决策应达到以下目标。

(1) 为指挥员提供试验现场的实时信息和非实时信息（验前信息）；

(2) 为指挥员提供影响发射试验成功的故障模式和判断准则，并将实时分析估计和推理判断的结果作为决策依据；

(3) 遇有故障、紧急情况和危险情况而影响发射试验进程和安全时，为指挥员提供多个处理方案，供决策时选择；

(4) 具有人机交互决策能力。

2）辅助决策系统设计

辅助决策系统设计分为运行结构设计和管理结构设计两部分。运行结构设计是把实际问题决策设计成逻辑推理或智能推理的程序结构，其程序运行结果就是实际问题决策的答案。管理结构设计是完成模型库管理和数据库管理，达到模型共享和数据共享的目的。辅助决策系统的总体结构如图 9-10 所示。

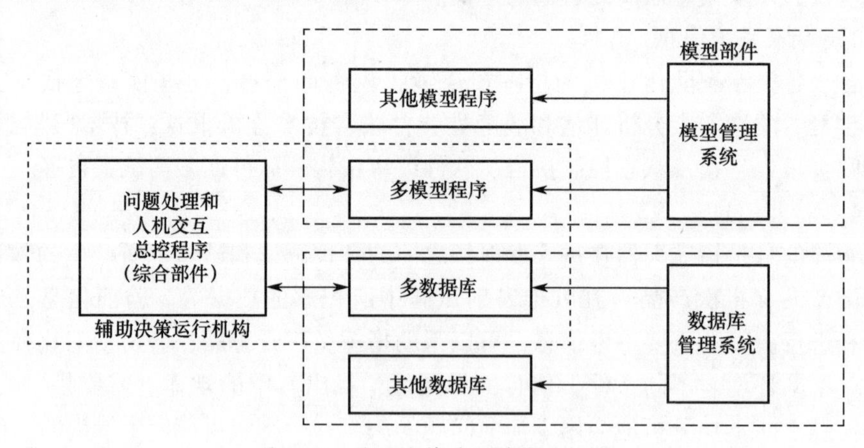

图 9-10　辅助决策系统总体结构图

实时指挥决策软件是发射试验和合练时使用的辅助决策软件，它可以实时采集试验现场的信息，为指挥员和指挥机构提供航天器和发射设施设备的技术状态以及试验流程的进展情况，实时地提出决策依据和决策方案。

非实时指挥决策软件主要是为试验方案和流程研究、试验阶段总结和质量评估、故障处置预案制定等开发的辅助决策软件，能够为指挥员提供研究结果，提供质量分析报告，合理进行试验资源分配，优化试验方案服务。

9.3　并行试验管理

当前及今后一个时期，我国将启动并继续实施载人航天、月球探测和新一代运载火箭研发等重大科技工程，航天发射高密度由阶段性趋于常态化，多任务在发射场并行实施的情况更加频繁。由于并行试验本身的复杂性、现有试验资源的有限性，以及当前发射场和试验产品在测试体制、测试手段等方面的现实问题，迫切需要研究航天发射并行试验的特点及制约因素，依靠行政管理和技术管理的进步，解决发展中的矛盾，不断提升并行试验能力。

9.3.1　并行试验特点

并行试验是指在时间和发射场设施占用上具有一定重合度的试验。与单次航天发射任务相比，并行试验其有以下两方面的显著特点。

(1) 试验组织的复杂性。并行试验中，参试系统多、涉及人员多、试验项目多、动用设备多，产品技术状态、接口关系十分复杂，跨系统协调、参试队伍配置、试验装备和保障资源调度等方面的工作量成倍增加，对组织、计划和协调等工作提出了很高的要求。

(2) 试验资源的有限性。发射场是卫星、飞船等载荷发射升空前的最后一站，各大系统需要齐集发射场进行最后的检查测试。根据设计目标，发射场的测试发射及保障能力是有一定限制的，不可能无限拓展，因而在遂行并行试验尤其是并行度较高的试验时，人员、场地、时间和设备紧张的矛盾会变得比较突出，需要统筹兼顾、科学调配，充分挖掘发射场资源，最大限度地满足参试各方需求。

9.3.2　并行试验制约因素

对管理者而言，在组织并行试验时，需要对测试流程安排、测试技术和体制、测试发射模式、人力资源、发射场设施设备、测控资源以及电磁环境等关键性制约因素进行统筹考虑。

1) 测试流程安排

发射能力直接受制于发射场测试发射流程安排。合理确定发射场测试发射流程和测试项目，有助于降低对发射场资源的需求，有效提高发射场测试发射能力。

确定发射场测试发射流程和测试项目，应在继承传统的基础上，充分考虑航天技术成熟度及可靠性不断提高的实际情况，动态评估相关测试项目，将合理且必须的测试项目纳入发射场测试发射流程中。对于某些非重点或非关键性的测试项目，则可适当优化。

发射场测试发射流程的优化应立足我国航天发射任务需求和高质量、高效率、低成本的工程总要求，基于产品质量保证和质量控制的角度，以保证系统可靠性、安全性为前提，充分继承现有测试发射工艺流程和各项试验成果，根据测试覆盖性范围，制定简练、科学、有效并符合航天产品质量保证和质量控制要求的发射场测试策略，合理设置各系统在发射场的试验项目，适当缩短测试发射周期，提高测试发射效率和能力。

流程的优化方法分两种，一种是随测试理念和技术进步而进行的大的、决定性的调整优化，如载人航天工程第二步将原“两次扣罩”改为“一次扣罩”流程，卫星发射场“三化”设备等效器测试在产品进场前由发射场完成，取消或简化单元测试等。另一种是在现有条件下对流程时间、项目等要素的修改和简化。流程时间优化主要从缩减流程安排、缩减工作时间和提高工作效率入手，流程项目优化主要从精简、调整测试项目入手。

2）测试技术和体制

现行的自动化测试技术和按照单元、分系统、匹配、总检查、联合检查顺序循序进行的测试体制，存在测试状态变化频繁、测试状态准备和状态检查占用时间长、系统自动化程度低等问题。同时，受测试手段制约，测试发射过程中的主要操作仍依靠人工完成，大量时间耗费在前期状态准备和后期数据处理上，用于加电测试的时间并不多，测试效率不高，很大程度上制约了并行试验能力的提升。

基于此，需要改变现行的循序渐进式测试模式，创新建立运载火箭功能集成测试体制运用箭地电气接口优化技术，对全箭各系统采集和激励信号进行梳理，将其按照信号的性质、所处的舱段进行分类和合并，通过统一的箭地连接脱落插头，利用一体化测试电缆与地面测试设备一次连接到位，避免频繁的人为操作和状态转换，提高运载火箭测试效率和测试可靠性。运用测试流程优化技术，在保证测试覆盖性的前提下，将地面测发软件按功能模块化改进设计，根据实际情况自由组合功能模块形成一次测试，提高测试的灵活性和快捷性。运用数据自动判读技术，将测试数据判读方式由事后判读转为实时判读，实现遥测数据的实时下传、实时发送和实时判读，达到测试与判读的自动同步，提高数据判读效率和可靠性。运用一体化集成测试发控技术，实现运载火箭各系统测试发射的一体化。

3）测试发射模式

目前，国内航天发射场除飞船发射采用“三垂”模式外，卫星发射都采用运载火箭水平测试、水平分段运输、分段垂直吊装的“二分级”模式或发射台直接组装、测试的“固定准备”模式。后两种模式自动化程度较低，人为和环境因素影响大，运载火箭在发射台上占位时间长，连续发射和应急发射能力较差，制约着发射能力的提升。随着国内外航天发射技术的发展，以及高密度航天发射任务的需求，创新运载火箭测试发射模式已是必然趋势。

现阶段，应依托发射场现有试验资源，创新建立星箭水平总装、水平测试、水平转运的“三平”测试发射模式，实现运载火箭水平总装、卫星与运载火箭水平对接、星箭组合体水平运输及起竖、星箭组合体与发射台自动对接等功能。将运载火箭测试工作由发射区转移至环境较好的技术区测试厂房内进行，最大限度地降低环境因素影响，缩短产品在发射台上占位时间的同时，通过研发星箭一体化测试发射设备和火箭加注自动化对接拆卸装置等地面设备，提高测试发射过程的自动化程度，缩短单发火箭测试发射周期，增强连续发射能力。

4）人力资源

发射场人力资源涵盖组织管理、测试发射、测控通信和勤务保障等诸多岗位。其中，组织管理、测控通信和勤务保障人员相对固定，任务并行实施对他们的需求基本没有变化；从事测试发射的人员，主要集中在运载火箭测试发射岗位上，包括地面、箭上操作人员和各分系统指挥员等任务并行实施，运载火箭岗位人员需求成倍增加，人员紧张的问题比较突出。

人员的数量、素质影响到工作安排的合理性和工作的执行能力。在实际工作中，应实行以人为本的管理策略，充分考虑人员的素质、工作能力和工作积极性，从素质适应程度、统一的管理模式和动态调配等方面改进工作。以“一人多岗、一专多能”为目标，完善培训教育体制，提高人员的综合素质和并行执行任务的能力；打破系统界限，整合不同系统的箭上岗位，按火箭舱段实行岗位的统一分配和管理，逐步向一体化测试方式转变；改变人员使用方式，实行合理统一的管理模式，在不同测试阶段组成不同的人员分配部署方案，实现人员使用效益的最大化。

5）发射场设施设备

发射场设施设备是发射场执行任务的重要物质基础，主要包括为航天器测试、发射试验服务的各类技术厂房、发射勤务塔以及与之配套的地面测发控和勤务保障设备。应本着按需分配、分类管理的原则，对各类设施设备进行有效的整合利用，实行专业化分工、通用化使用，使之应用效果和饱满程度达到最佳，最大限度地提高并行试验能力。具体来讲，在通用仪器设备方面，应按照箭地分开、箭上测试综合化、地面测试一体化的原则进行配置，统一配备标准，消除型号各异的现状；对性能下降的设备及时进行更新，对所需的新设备进行必要的配备。在测试厂房及其配套设备方面，通过技术改造，实现测试场地专门化和通用化，解决航天产品对发射场的特殊要求以及不同型号产品之间同类工作项目的兼容使用要求。

此外，还需进一步完善发射场试验设施体系，根据不同任务的需要，新建各类厂房等基础设施，使产品总装、测试等工作能够在各自场所顺利展开，避免在同一地点并行工作带来的相互干扰：对现有发射工位进行适当的改造，使其能够在不同任务之间进行转换，提高发射场设施设备的利用率；加强防护手段的研究，提高设施设备的自身防护能力，降低发射时设施设备的损坏程度，缩短状态恢复时间，在最短时间内接受下一发任务的进入。

6）测控资源

任务并行期间，发射场测控系统不仅要跟踪飞船、卫星和运载火箭的地面测试，采集有效试验数据，供事后测试质量评估，同时还要完成卫星长期管理等测量控制任务，资源配置、组织指挥难度增大。

针对该问题，一方面要着眼并行任务的需要，加强指挥管理的科学性，分清轻重缓急，科学调度试验资源，确保各项任务协调推进；另一方面，要探索网络化传输条件下的试验模式，提高数据传输速率，实现中心、测站及设备间的信息共享，保证多任务并行情况下，技术状态快速转换、快速准备、快速进入。同时，要发挥测控设备信息化优势，强化中心，弱化测站，形成以信息处理中心为主体，以测站和测量设备为分支的信息传输和处理模式，带动指挥模式改变，以缩短试验程序，提高试验效率。

7）电磁环境

航天发射场电磁环境主要由自然电磁辐射、航天产品电磁辐射、地面测控通信设备电磁辐射、民用设备电磁辐射及辐射传播因素组成。各种电磁信号在时域、空域、频域分布下重叠交叉，影响了航天产品可靠性、测试真实性、指挥通信稳定性和发射成功率。基于此方面的考虑，并行试验期间，具有相近频率的部分无线电设备一般不允许同时开机工作，进而限制了测试项目的并行开展，这也是目前无法实现完全并行试验的关键制约因素。

为提高试验任务的并行度，同时满足试验产品的安全性、可靠性要求，需要发射场电磁资源管理部门利用对电磁环境监测结果，采用时分、频分、码分、空分等措施对发射场电磁资源进行管理，在时域、空域、频域、能域以及调制域对系统和设备实施综合管理，从而达到航天发射场各系统和设备的电磁兼容。时分就是将作用范围、工作频段发生重叠的设备分配在不同时段上工作。频分就是将作用范围、工作时间发生重叠的设备分配在不同频段上工作。码分就是将作用范围、工作频段、工作时间都发生重叠的设备采用不同的编码对信号进行调制。空分就是通过合理的设备部署，使大功率干扰设备与接收设备保持一段距离，实现空间上分隔，或者根据系统工作的天线方向图，改变波束指向和扫描方式，减小相互间干扰。

9.3.3　并行试验管理主要内容

并行试验管理是发射场试验管理的重要课题，其核心是通过管理模式和指挥手段的创新，解决资源冲突，提高管理效益，达到试验目的。这既是适应高密度航天发射任务要求的现实需要，也是提升发射场综合试验能力的必然要求。

1）提高资源利用效率

通过对测发流程时间的精确测定与控制，实行弹性工作制，提高有效工作时间段的试验资源利用率。

一是强化计划管理。试验任务并行实施期间，组织计划部门应着眼全局，分析研究独立任务的测试发射工艺流程，区分轻重缓急，详细制定任务并行实施计划网络图，明确并行工作项目、人员需求、保障条件等要素，从组织计划上避免试验资源的矛盾和相互干扰。

二是加强节点控制。任务并行实施期间的每日工作安排，通过试验各方共同协调确定，各项工作之间的串并关系、起止时间安排、资源配备都要严格约定。要把握好工作项目的状态准备、加电测试和数据判读时间，按约定时间节点完成工作项目，避免工作落实不力、试验资源得不到高效利用，造成全盘工作被动。

三是灵活调整工作。实际工作中，往往会因测试工作进展顺利，使工作项目提前完成；也会因地面设备故障、测试故障或其他问题，使得工作项目完成时间被迫推后。应加大现场工作力度，及时掌握实际情况，对工作计划适时做出调整，争取在有效工作时段内，发挥试验资源的最大效益。

2）加强指挥手段建设

一是创新组织指挥机制。应着眼提高组织指挥全过程的时效性、准确性、可靠性和不同任务间状态的快速转换，在现有组织指挥模式的基础上优化指挥层次，适当增加指挥跨度，引入新型指挥方式，提高组织指挥效能，探索建立“指挥自动化、结构扁平化”的组织指挥机制，适应并行试验需要。

二是组建面向任务的指挥机构。针对航天发射任务多样化的发展特点，围绕合成、精干、高效的目标，探索组织指挥机构面向任务支持重组的建构方式；贯彻人机并重、人机结合、人机协调的理念，积极运用集成化和智能化的指挥手段，合理优化机构设置和人员，提高指挥决策效率。

三是发展集成灵活的组织指挥平台。适应并行试验时效性、复杂性和特异性日益增强的趋势，坚持指挥效率与可靠性、固定与灵活相统一的原则，建立集指挥控制、信息获取、传输处理、信息共享、综合应用等功能于一体，实现组织指挥的快速化和决策判断的科学化。

3）创新管理模式

多任务并行实施，更加强调组织管理的重要性。应积极创新航天发射任务组织管理的体制机制，运用项目管理等现代管理成果，规范发射场组织指挥工作，确保行政指挥与技术决策高效运行。

一是加强科学统筹。在全局上，坚持按照任务总指挥部的统一部署和指示要求组织任务实施，更加强调发射场区任务指挥部的统筹作用，统一意志、凝聚力量，确保各项任务高效推进。在局部上，在发射场区任务指挥部下，设立各类联合组织机构，按职责分工及时协调处理各项工作。

二是严格计划控制。年初制定全年试验任务总体计划，系统分析任务形势，对试验产品进场、场地及设施设备使用、参试人员调整、关键节点工作等做出总体部署任务实施期间，以测试发射工艺流程为基本依据，科学安排主副线工作，合理配置关键节点、质量控制点和安全控制点。在具体计划落实上，通过充分协调，科学制定阶段计划、周计划和日计划，重大活动和关键节点的工作细化到具体时段，保证在多任务并行情况下各项工作的顺利实施。

三是坚持行政与技术相结合，实施科学民主决策。严格落实岗位责任制体系，坚持领导指挥到一线，任务进展到哪一步，领导工作就跟进到哪一步，一级抓一级，层层抓落实，将工作落到实处。重大问题的处理与决策，应充分发挥技术民主，充分听取专家意见，关键问题先由专家组评审把关，确保决策正确可靠。建立发射场区“两总”联席会议制度，对任务并行实施的重大节点和问题实施集体会商决策。

思考题：

1. 试验勤务保障系统的作用和地位是什么？
2. 发射场通信勤务系统的任务有哪些？
3. 什么是时间统一勤务系统？
4. 时间统一系统由哪些设备组成？
5. 卫星气象观测的特点有哪些？
6. 发射场气象系统的主要设施有哪些？
7. 在航天领域，大地测量勤务的主要工作内容是什么？

8. 计量勤务保障的主要内容包括哪些？

9. 什么是特种燃料？有哪些类型？

10. 什么是发射指挥？具有什么特点？

11. 航天发射指挥人员分为哪几类？每一类人员的具体任务是什么？

12. 已知某次任务发射试验程序由 A，B，C，…，I 共 9 道作业组成，其前后关系和完成作业时间估计如表所示，画出试验网络图，并确定关键路线。

作业名称	后续作业	悲观时间	最可能时间	乐观时间	平均时间
A	C	3	2	1	2
B	D、E	6	5	4	5
C	F、G	4	3	2	3
D	F、G	2	2	2	2
E	H	3	2	1	2
F	I	5	3	1	3
G	—	7	5	3	4
H	—	3	2	1	2
I	—	6	4	2	4

13. 航天器的发射程序具有哪些特点？

14. 发射决策的特点有哪些？

15. 并行试验管理的主要内容是什么？

第 10 章　航天发射试验项目管理

航天发射项目管理是指管理者为使航天发射项目获得成功（满足所要求的功能和质量、规定的时限、批准的费用预算），采用项目管理的理论、方法和工具，发挥组织、指挥、计划、协调和控制职能，对航天发射项目所实施的系统、规范、科学的管理。一般包括组织、范围、进度、资源、风险、技术、质量和综合等方面的管理。本章在介绍航天发射项目和航天发射项目管理基本内容的基础上，主要对航天发射试验项目管理包含的自主管理、资源管理、进度管理、风险管理和综合管理进行详细介绍。

10.1　概述

10.1.1　航天发射项目

10.1.1.1　航天发射项目定义

狭义的航天发射项目是指以航天器及其运载器为对象，运用测试技术和发射技术，按照一定的程序和规范，对其进行技术准备，并将航天器准确送入预定轨道的过程。这一定义将航天发射项目限定在了从航天产品进入发射场，到运载火箭点火发射后的跟踪测量直至航天器进入预定轨道的过程，也就是通常所讲的航天发射的实施阶段。这里的航天器包括卫星、飞船、目标飞行器、空间实验室及其有效载荷等，运载器通常指运载火箭。航天发射一般由航天器、运载火箭、空间应用、发射场、测控通信 5 个系统组成，载人航天发射还包括航天员和返回着陆场 2 个系统。

广义上讲，航天发射项目是指围绕将航天器送入预定轨道的所有活动，即我们通常所讲的项目准备、项目实施和项目总结的所有活动。核心是项目实施过程，即上面所定义的围绕航天器和运载器所做的一系列技术准备，并将航天器准确送入预定轨道的过程。

10.1.1.2　航天发射项目范围

根据定义，一般将航天发射项目划分为前期准备、直接准备、项目实施和项目总结几个阶段。前期准备阶段从受领任务到发射场适应性建设基本完成，主要工作包括任务策划、需求分析与确认、发射场建设（改造）设计、发射场建设与改造、相关沟通与协调；直接准备阶段从任务发射计划基本明确到航天器进场前，主要工作包括试验流程拟制、设施设备准备、人员针对性训练、试验文书拟制等；项目实施阶段是从航天器进场至航天器被送入预定轨道，主要工作包括产品接运、吊装、对接、测试检查、推进剂加注、临射检查、点火发射、跟踪测量与控制等；项目总结阶段是指从发射工作结束到完成相关工作的总结，主要工作包括发射实施后的发射场设施设备恢复、试验结果快速分析与事后数据处理、技术总结、工作总结等。其中前期准备阶段的工作不是本章讨论的重点。

10.1.1.3　航天发射项目特点

航天发射是典型的大型项目，具有目标明确、一次性、阶段性、复杂性、风险性、临时性的特点。目标明确是指航天发射项目范围明确、要求清晰，可交付产品的定义完整。一次性是指航天发射不同于日常运作，是一次性的任务，每次发射都具有特定的内容，具有不同的任务组织，一旦发射结束，项目即告完成。阶段性是指航天发射表现为项目准备、项目实施、项目总结等明显的阶段划分，每个阶段的工作特点和重点明确。复杂性是指一次航天发射涉及产品研制单位、使用单位、发射场、测量控制网等，需要数百个单位直接参与、近千个单位协同工作，构成一个庞大复杂的系统工程。风险性是指航天发射具有高风险性，高新技术多、系统集成复杂、投入经费大、影响范围广，项目实施过程中，微小的失误都可能导致灾难性的后果。组织机构的临时性表现在发射场为指挥长单位，航天产品研制、生产和使用部门共同参与，组成临时性的组织机构，任务结束时，该组织机构即告解散。

10.1.1.4　航天发射项目相关方

航天发射项目涉及单位很多，主要包括主管部门、发射场系统、运载器研制方、航天器研制方、有效载荷研制方、测控通信系统，以及其他相关方。

1）主管部门

航天发射主管部门是指下达航天发射项目的总部，主要负责任务立项、审批和总体计划的下达。相当于项目的发起人，有时还兼有客户或委托人的身份。

2）发射场系统

发射场是航天产品实施发射的主战场，发射场系统主要负责航天产品进场后的组织协调、测试操作、质量控制、技术勤务保障，以及待发段、上升段测量和控制等。航天产品进入发射场后，由发射场系统领导担任发射场区指挥部指挥长，与有关各方组成发射任务指挥部及下属各职能机构，共同组织实施发射任务。

3）运载器研制方

运载器研制方是航天发射项目的主要参加单位，负责航天发射运载火箭的研制生产、桌面联试、出厂测试等。运载器到发射场后，作为发射场区指挥部副指挥长和成员单位，在指挥部的统一组织领导下与发射场测试发射人员一起，共同完成运载器的测试和发射任务。

4）航天器研制方

航天器研制方主要承担卫星、飞船、目标飞行器等航天器的研制生产，航天器运抵发射场后，负责航天器的总装、测试、推进剂加注、临射前的检查测试等工作。发射场系统提供相关的地面勤务保障支持。航天器研制方同样是发射场区指挥部副指挥长和成员单位，在指挥部的统一组织下开展工作。

5）有效载荷研制方

有效载荷研制方主要承担有效载荷的研制生产、测试、装星（船）以及临射前的检查测试等工作。在发射场，有效载荷研制方的工作一般纳入航天器研制方进行总体协调，是发射场区指挥部副指挥长和成员单位，在指挥部的统一组织下开展工作。

6）测控通信系统

测量控制和通信保障系统主要承担航天发射上升段、运行段、回收段的测量控制、天地话音通信、时统、调度、指挥通信等任务。它包括发射场区的测量控制系统、分布于测控点位的测控站点（远洋测量船）、指挥控制中心、中继卫星系统、卫通、时统、调度、光纤通信等。

7）其他相关方

航天发射项目涉及单位非常多，除上述主要单位或系统外，还包括产品用户、相关产品研制生产配套厂家、运载火箭残骸落区地方政府、新闻媒体、航空运输单位、铁路运输部门等，载人航天发射项目还有航天员、着陆场系统、应急搜索救援系统等相关单位。

10.1.2 航天发射项目管理

10.1.2.1 航天发射项目管理的特点

1）目标管理

航天发射明确的目的性，决定对其管理必须紧紧围绕实现任务目标开展。对发射场系统而言，项目准备阶段管理的主要目标是确保发射场人员、文书、设备、环境等要素满足航天产品进场的必要条件；项目实施阶段管理的主要目标是“组织指挥零失误、技术操作零差错、设施设备零故障、航天产品零疑点”，确保按计划节点要求，航天产品准确入轨；项目总结阶段的主要目标是总结经验、查找不足，做到持续改进。

2）系统管理

航天发射是大系统的协同联合，参试系统多，技术含量高，安全风险大，环境因素复杂，因此，更强调对计划、组织、人员、范围、资源、质量等要素的综合管理。要求所有活动都必须进行统筹协调，保持进度、质量、资源等要素的平衡，以杜绝因局部问题造成全局性的损失，甚至任务的成败。

3）过程管理

航天发射活动的高复杂性和高风险性，要求其管理活动不仅要关注结果，更要关注过程。只有对项目实施全过程管理，确保各项工作、各个岗位、每个操作动作严格受控、结果唯一，才能确保最终达到预期目的。“过程控制，状态确认，节点把关”的全过程管理模式已成为我国航天发射活动成功的基本经验。

10.1.2.2　航天发射项目管理职能

1）任务策划

航天发射项目策划就是将任务的各项要求转换为具有期望质量属性的组织指挥、测试发射、测量控制、通信保障、技术勤务保障的活动和与活动相关的试验流程、方案、预案、程序、规程、准则等的一组过程。航天发射项目明确后。发射场系统需要识别相关各系统对发射场的要求策划项目实施的途径与方法策划的内容包括：确定航天发射质量目标，进行人员、设施设备、环境、文书等相关准备，识别项目实施各过程的主要活动和活动控制方法，确定所需的监视测量活动和放行准则，进行可靠性、安全性及风险分析，确定任务组织机构、职责和协同关系。

2）计划协调

计划协调是航天发射项目管理的主要职能。航天发射参与单位多，系统复杂，组织协调难度大，要确保项目实施顺畅、各系统协调一致，计划协调至关重要。航天发射项目计划管理包括计划的制定、执行、控制与变更，内容包括进度计划、质量计划、资源计划、经费计划等，而其中最重要的是进度计划的管理。航天发射进度计划与其他一般项目计划相比有其特殊性，航天发射项目计划在考虑发射条件和工期的同时，还要兼顾政治影响，特别是载人航天发射项目，其政治意义巨大，在对外发布发射计划后，除发生影响成败的问题，发射时间一般不再变更，因此对于进度计划的管理显得尤为重要。

3）组织指挥

组织指挥是航天发射项目管理的重要职能。我国航天发射项目组织指挥采用行政指挥决策与技术负责相结合的方式，总指挥、总设计师相互支持，共同负责在任务总指挥部的领导下，发射场区任务指挥部召开指挥部会议或指挥部专题会议，参试各系统总指挥、总设计师等人员充分论证协商，集体研究决策重大问题和转阶段工作计划，并报任务总指挥部批准后组织实施。对于涉及的技术状态变化、试验流程调整、技术问题归零处理等技术问题，充分发扬技术民主。设计师系统要首先提出意见建议，指挥部以设计师系统的意见建议为参考，确保决策正确。对于航天员逃逸、火箭安全控制及其他应急事件处置，事先制定周密的方案预案并进行演练，简化指挥决策程序，确保应急处置的实时性。

4）监测控制

监视测量与控制是航天发射项目管理的主要内容，包括航天发射项目过程和产品 2 方面的监视测量与控制。过程的监视测量与控制包括对质量方针和质量目标的制定、评审和实现过程，职责权限的规定、内部沟通和管理评审过程，人力资源、设施设备、工作环境和质量信息的管理过程，任务的策划、设计开发、生产和服务提供、技术状态管理过程以及不合格品控制、数据分析、纠正措施和预防措施等过程的监测与控制。产品的监视和测量通过检验活动实施，包括任务各阶段质量评审、任务结果评估等。项目准备阶段，组织对设施设备、人员、文书及准备过程的记录等进行检查评审，确保满足任务要求；项目实施阶段，在测试发射工艺流程的关键环节，对测试发射、测量控制、通信保障和技术勤务保障的工作结果和下阶段工作准备情况进行评审，确定各系统工作是否满足相关标准要求，决策各系统是否转入下一阶段工作；项目总结评估阶段，依据试验技术分析和数据处理结果，检验最终产品的质量。

10.2 航天发射项目组织管理

10.2.1 组织原则

航天发射项目固有的特点，决定了其组织管理应遵循以下原则。

1）集中统一

航天发射项目组织规模巨大、结构复杂、系统间接口繁多、联系紧密，参试各方需要分工协作、密切配合，为使航天发射各项工作能协调有序地进行，组织管理必须坚持高度集中统一的原则。

2）安全至上

航天发射具有高风险性，任何微小的失误都可能导致灾难性的后果。因此，组织管理必须强调预防为主，确保安全的原则。

3）突出质量

航天发射项目管理以发射成功为终极目标，质量是其根本，应保证在时间、进度和资源 3 个约束项中，以质量为最先考虑的要素。因此，航天发射项目组织

管理必须突出质量监管的地位。

4）指挥与技术相结合

航天发射项目科技含量高、系统组成复杂，客观上要求指挥和技术 2 条线相互独立、密切配合。一方面，计划、调度须以技术为先导，行政指挥必须保证设计意图的贯彻与实现。另一方面，技术决策必须以现实条件为前提，兼顾项目需要与可能，尊重行政指挥的意见，尤其是航天发射项目常常都具有重大的政治影响。

5）与阶段特点相适应

航天发射项目所处阶段的不同，对组织管理的要求也不同。在项目准备阶段，参试各方依据职责划分各自准备，相互间的协同要求不高。在任务实施阶段，参试各方汇聚到发射场，遵守同一测试发射流程，相互间需要密切配合、统一行动。在任务的收尾阶段，参试各方的撤场虽需统一组织，但设施设备的恢复、贮运，遗留问题的分析处理，工作和技术的总结等主要活动，则应由参试各方分别组织。

6）与管理层级相适应

由于处于不同管理层级的管理对象和规模有很大的不同，因此航天发射活动的决策层、执行层和操作层的组织机构及其运作方式应与其承担的职能和管理的对象相一致。

10.2.2　组织结构设计

10.2.2.1　决策层组织设计

在航天发射项目准备阶段，项目的主要工作是进行设施设备检修检测、人员针对性训练、试验文书拟制、物资器材筹备等。这些工作一般都在发射场内部完成，因此，决策层的项目组织结构可结合领导层的日常分工和部门职责划分，指定牵头业务部门，按照职能式组织结构运行，结构示意见图 10-1。

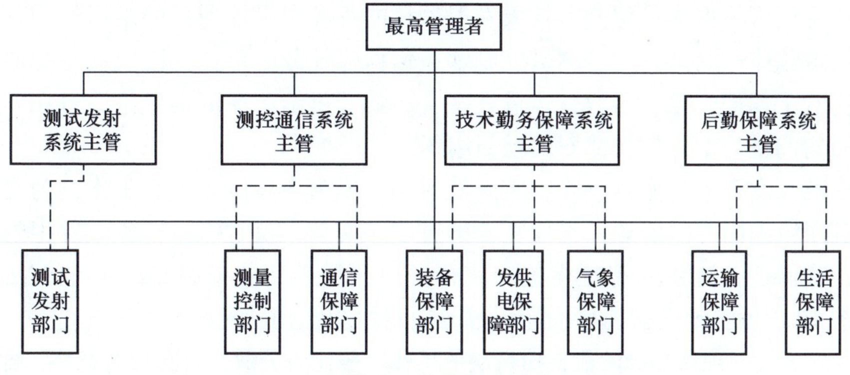

图 10-1　决策层职能式组织结构示意图

在航天发射项目实施阶段，发射场与参加任务的其他单位是协作关系，为保持决策层的集中统一，此阶段项目组织结构一般选择项目式或强矩阵式的组织结构，考虑到发射场需要同时协调各协作单位和发射场内部各单位，因此，应分别设立联合组织指挥机构和发射场内部组织指挥机构，分别协调各协作单位和发射场内部各单位。图 10-2 是航天发射项目决策层强矩阵组织结构示意图。

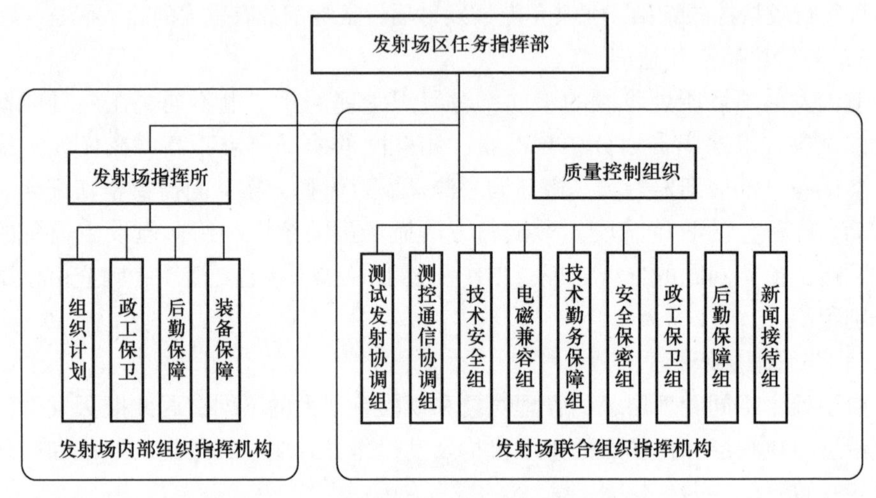

图 10-2　决策层强矩阵组织结构示意图

在航天发射项目总结阶段，项目的主要工作限于各系统内部，各单位可根据与其他项目的关系灵活安排项目总结时间，因此，此阶段的项目组织结构按照职能式设计较为合理。当然，对于非常复杂且非常重要的项目总结，也可成立相应的临时组织，统一组织项目总结工作。

10. 2. 2. 2　执行层组织设计

在航天发射项目准备阶段，由于执行层的工作已带有明显的项目特点，因此，执行层可根据本单位介入航天发射项目的程度来设计项目的组织结构。对于承担技术总体、测试发射、测量控制和通信保障任务的单位，应成立专职的项目组织；对于承担气象、燃料、运输、水电、物资供给的保障类单位，可在职能式组织结构的基础上，成立兼职的项目组织。

在航天发射项目实施阶段，航天发射项目成为各单位的中心工作，为充分有效地利用组织内外的资源，确保任务的进度和质量，及时响应任务中发生的紧急情况，确保任务流程的有效实施，执行层以采用项目式或强矩阵式组织结构为宜。图 10-3 是航天发射项目执行层临时项目组织结构示意图。

在航天发射项目总结阶段，执行层的工作一般比较分散、时间相对宽裕，此阶段的组织结构可结合领导日常分工和部门职责划分，按照职能式组织结构运行为宜。

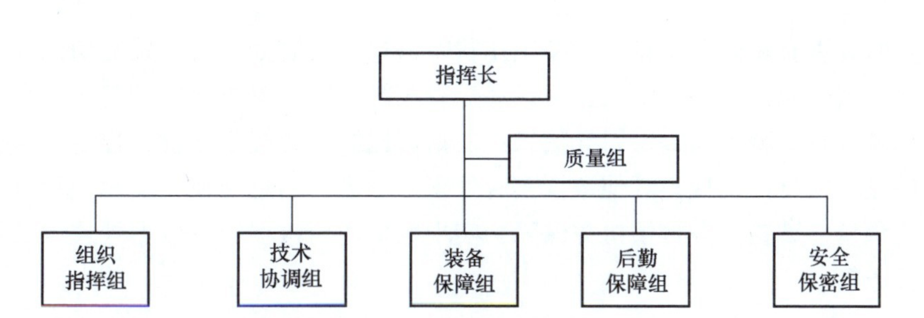

图 10-3　执行层临时项目组织结构示意图

10.2.2.3　作业层组织设计

本章中的作业层特指发射场各单位下属的基层单位，在航天发射项目中主要承担具体业务操作，其组织设计一般采用职能式组织结构。以某单位指挥通信室为例，其组织机构如图 10-4 所示。

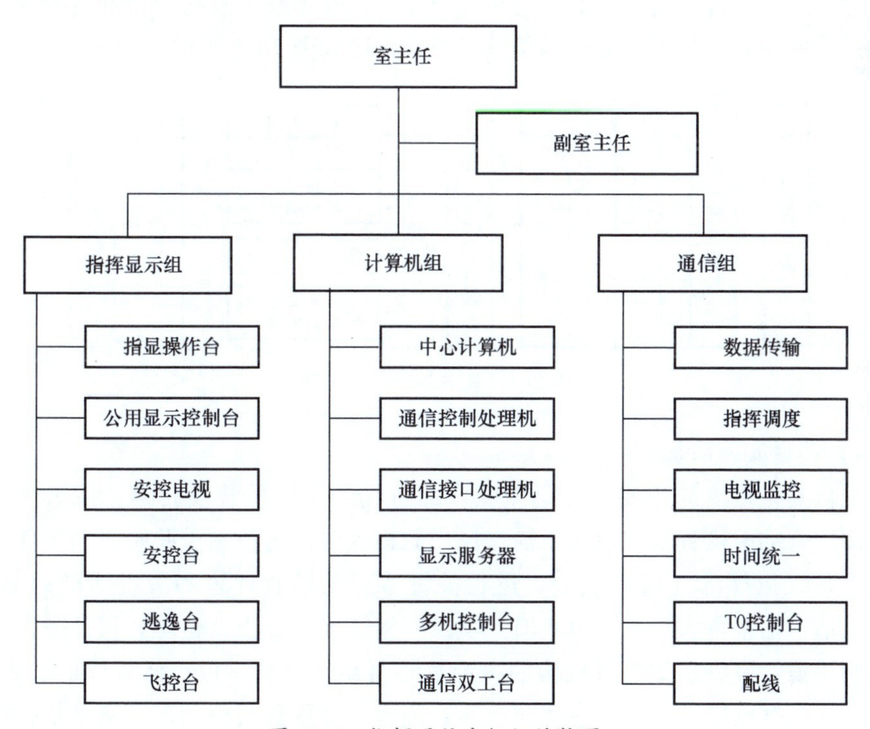

图 10-4　指挥通信室组织结构图

在技术室内部按照管理幅度进一步细分为不同的专业技术组，并按作业性质进一步划分为不同的岗位。图 10-4 中，计算机组按作业性质分为中心计算机、通信控制处理机、通信接口处理机、显示服务器、多机控制台、通信双工台等岗位。承担的主要任务为：实时接收任务中有关测量设备的原始数据，并进行记录；实时处理有关遥测信息和设备工作状态信息；实时处理有关外测信息并及时预报航天器入轨参数；为航天员逃逸和运载火箭的安控提供充分的判决信息；向首区和航区有关测控站提供引导信息；向指挥控制中心提供指挥、控制、监视所需要的显示信息；实现与其他数据实时处理中心进行信息交换；实时记录有关信息；为科研、试验任务提供机务保障；实现数据通信过程中的数据处理以及数据传输任务等。

10.2.3 组织实施流程

1）项目准备阶段

项目准备阶段主要工作是：受领任务，与上级机关、航天产品研制生产部门及其他相关方有效沟通，获取与航天发射项目要求相关的信息，界定航天发射项目范围，建立项目目标；依据航天发射项目目标和范围进行人员、设备、文书、组织等方面的准备；通过内部沟通和检查评审，收集航天发射项目准备情况，确保航天发射场满足航天产品进场条件。组织程序如图 10-5 所示。

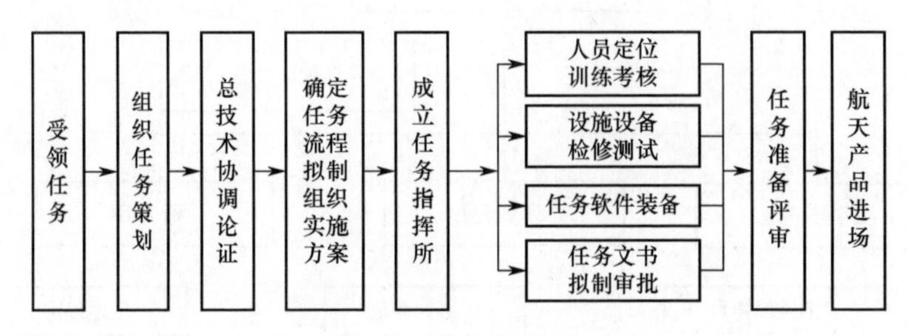

图 10-5　项目准备阶段组织程序

2）项目实施阶段

项目实施阶段的主要工作是航天产品进场卸车、吊装及转运，航天产品测试、加注，临射检查及发射，火箭起场后的跟踪测量与控制。此阶段的工作主要是组织各级指挥部（所）例会，进行关键节点的检查评审和关键活动的验证、确认，请示汇报重大事件，收集航天项目实施情况，分析、整理后报任务组织指挥机构决策，并将组织指挥机构的决定及时通知到相关单位；任务发射过程中，按照协同指挥程序，通过信息实时收集、传递、处理和判决，采用调度指挥的方式，组织各系统协同作业。此阶段对组织工作的要求是指挥决策科学、协调准确高效、质量控制严格。

3）项目总结阶段

项目总结阶段主要工作是设施设备恢复、资料文件归档、数据处理分析、技术和工作总结。航天发射场收集、整理航天发射结果，组织专家进行技术分析，以发射场试验报告的形式，上报上级有关部门，抄送有关单位。通过技术和工作总结活动，汇总、分析、处理任务过程和结果信息，并以数据资料的形式归档保存。此阶段组织工作的要求是统筹兼顾、严密组织、确保撤场工作安全、确保技术和工作总结有效。组织程序如图 10-6 所示。

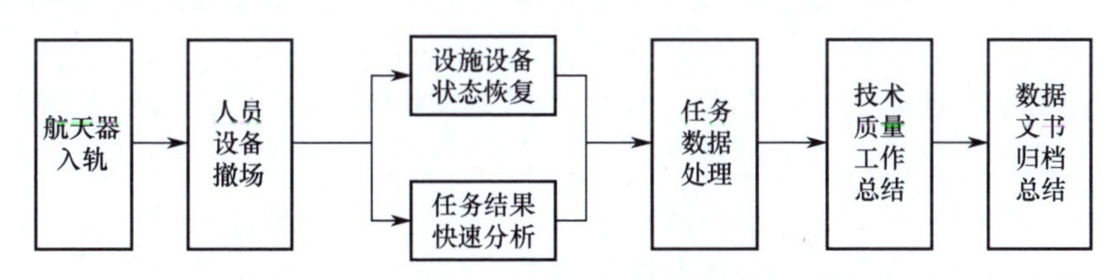

图 10-6　项目总结阶段组织程序

10.3　航天发射项目资源管理

10.3.1　人力资源管理

10.3.1.1　岗位及岗位能力要求

依据航天发射项目范围确定岗位设置，明确岗位职责和岗位能力要求。

岗位设置应根据组织层级和幅度、工作性质和时间、阶段性特点、工作流程等方面的要求确定。尤其是关键岗位设置应考虑“双岗”。

岗位职责应明确工作范围、标准要求、内外和上下关系，需要遵守的制度、章程，适用的作业指导书或操作规程。

岗位能力要求应根据岗位职责分析确认，一般应从以下 4 个方面明确岗位能力要求：教育、培训、技能和经验。

10.3.1.2　岗位培训和针对性训练

岗位人员配置依据岗位能力要求，从航天发射中心现有人力资源中选择调配，特别急需的采取临时引进的办法。

人员选择调配后，根据岗位能力需求，分析现有人员的能力差距，尤其是对任务成败和质量有直接影响的关键岗位人员应逐个分析评价。依据人员能力差距，制定培训计划，开展针对性训练，确保在规定的时间内达到预期目标。

针对性训练主要以岗位自学、集中授课、会议研讨、以老带新、实装操作等措施为主，以模拟仿真、应急演练、系统合成等手段为辅，针对航天发射项目对人员能力的要求，对定岗人员进行适度的培训，以便在规定的时间段内，使定岗人员满足岗位能力要求。

针对性训练的组织主要是依据训练计划，按照职责分工，做好思想、组织、物质和教材的准备，按照系统、类别和层次，分别组织任务知识、操作技能、系统协同、应急处置等方面的训练。

10.3.1.3 上岗确认与绩效考评

上岗考核一般采用笔试、面试和操作 3 种方式，考核成绩是上岗确认的重要依据。

上岗确认根据岗位能力要求，由人力资源管理部门组织，审核拟上岗人员的资质，经确认合格的人员方可持证上岗。

在航天发射项目准备、实施和收尾阶段，人力资源管理部门对上岗人员进行跟踪考评，评价岗位人员的工作业绩，纠正不合格人员，实施绩效奖惩。

10.3.2 基础设施管理

10.3.2.1 设施设备检修检测

为保证设施设备在航天发射项目中安全可靠，依据设施设备检修检测规范，在航天发射项目准备期间开展设施设备的检修检测。依据航天发射项目对设施设备的具体要求，利用设施设备当前状态和历史工作数据，开展安全性和可靠性分析评估，查找薄弱环节和风险因素，制定纠正和预防措施并将其写入质量计划。

设施设备检修检测后，可分别组织技术评审和综合评审。技术评审主要根据设施设备的技术状态和航天发射项目对设施设备的性能要求，评价设施设备是否具备参加任务的条件，评审合格的设施设备发放准用标识。综合评审使用技术评审的结论，针对设施设备的保障条件、设施设备检修检测的组织实施情况，评价设施设备检修检测的有效性和充分性，接受评审的单位针对评审结论开展纠正、补充检修检测或重新组织检修检测。

10.3.2.2 设施设备使用

有准用标识的设施设备才可在航天发射项目中使用。设施设备的使用须遵守操作规程，一般按照“工作环境准备、技术安全检查、任务状态确认、实施规范操作、工作现场整理”的步骤操作使用设施设备。

设施设备使用完毕后还应记录设施设备的工作情况，定期分析设施设备性能变化的情况。使用过程控制图的关键设备，应建立该设备的过程控制图，以便事前发现故障的征兆，及时采取预防措施。

10.3.3 信息资源管理

各级组织应依据职责分工，实时收集航天发射项目管理的各类信息。

下级组织通过日常汇报、工作例会、阶段评审等活动及时将收集到的任务状态信息传递到相关办事机构和上级组织。

各办事机构及时处理获取的与航天发射项目相关的信息，并做好信息的转换和分发，及时呈报给相关主管领导。

各办事机构要及时组织落实上级主管领导和组织的要求，并做好要求的转换工作，及时下发给下级组织。

下级组织接到上级领导和组织的要求后，及时将要求转化为本单位的工作计划、方案和措施，并组织实施。

航天发射实施过程中，采用信息化指挥系统，实时收集、传递、处理、判决航天产品飞行状态信息，实时下达指挥决策。

航天发射项目结束后，各级组织及时收集、分析任务过程和结果的信息，评价航天发射项目目标的实现程度，总结航天发射项目实施的经验教训，以改进、指导后续工作。

10.4　航天发射项目进度管理

10.4.1　进度计划编制

10.4.1.1　测试发射工艺流程

航天发射项目测试发射工艺流程（简称测发流程）对发射场系统的总体布局、设施设备的技术方案和发射任务的实施起着决定性的作用，是制定项目实施阶段进度计划的依据。

设计测发工艺流程的制约因素主要包括可靠性要求、安全性要求、发射频率要求、技术基础、经济基础和环境条件等。这些因素之间的关系错综复杂、相互关联，在考虑一个因素的同时还要考虑其他因素的影响，在突出主要因素的同时还要统筹兼顾和综合平衡各因素之间的相互关系，因此，对制约因素的不同考量，会导致不同的工艺流程模式。

测试发射工艺流程有基本型工艺流程和应用型工艺流程2种。基本型工艺流程是航天发射项目规划论证阶段优先需要确定的内容，是现代航天工程论证实施过程中的工程步骤。基本型工艺流程作为航天发射项目顶层总体设计文件，是发射场设计建设的依据，其基本框架和主要内容确定后，发射场的总体布局、设施设备的技术方案要求才能明确。

发射场建成后，基本的设施设备布局就已确定，航天发射项目的物流方向和工作项目实施场所也就相对固定下来。对于具体的航天发射项目，还要根据基本型工艺流程的框架内容、航天产品和设备、发射场的具体情况、发射任务的具体要求等，具体设计和制定应用型工艺流程，以满足实际航天发射项目的需要。应用型工艺流程是对基本型工艺流程的细化，使之成为完全可操作的实用的项目实施总体技术方案。

应用型测试发射工艺流程的编制依据是基本型测试发射工艺流程、各系统对发射场的技术要求、航天产品的技术状态、发射场相关的工作程序等，由发射场系统根据各系统提供的技术文件，清理汇总各系统在发射场的工作内容，形成工作项目列表。

各系统在发射场的工作项目确定后，发射场系统综合考虑发射场资源、各系统及系统间制约因素，细化各阶段工作项目、时间安排、逻辑关系等，拟制应用型测试发射流程。

测发流程拟制完成后，需要多次与各系统进行交流协商，形成一致意见后由各系统会签确认。对于载人航天飞行等重大任务或对流程安排存在较大分歧时，需要通过会议协调和会议评审的形式达成一致意见，报任务总指挥部批准。

10.4.1.2 航天发射进度计划

1）总体计划

总体计划是航天发射项目的基准计划，一般以航天产品进入发射场为起始点，以火箭点火发射为终结点。图 10-7 所示为航天发射进度计划编制流程。

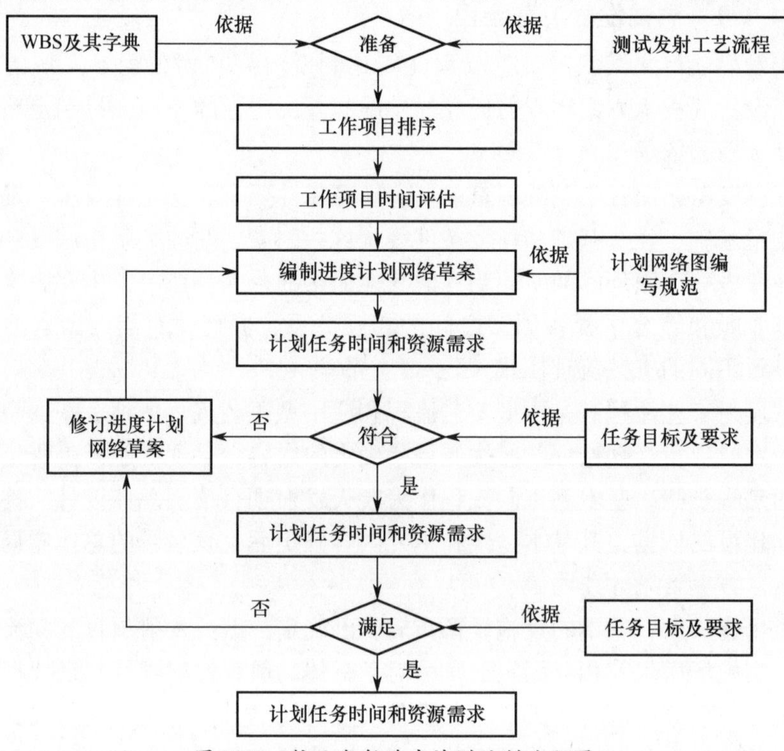

图 10-7　航天发射进度计划编制流程图

2）各系统计划

总体计划制定后，各系统根据总体计划安排，细化本系统工作项目，协调与外系统的接口，合理调配本系统内部资源，编制本系统工作计划。各系统进度计划须与总体计划相匹配，进度计划安排不能超出总体计划的要求，工作项目在系统内部可以适当调整，但在关键节点必须与总体进度计划取齐。

3）阶段计划

阶段进度计划是在项目实施过程中，根据任务进展情况适时对进度计划进行的细化和调整。航天发射项目中，航天器加注推进剂、运载火箭加注推进剂前，一般要召开指挥部会议，审议前期工作和后续进度计划，这个后续进度计划就属于阶段计划的范畴。项目实施过程中，在联合检查测试、航天器加注、运载火箭加注、产品转运吊装等关键阶段，为保证计划的执行，一般要制定阶段进度计划。当出现重大质量问题需要进行故障归零处理时，往往带来计划的调整，也需要制定阶段进度计划。

4）周计划

周计划由发射场根据任务总体计划、各系统计划、阶段计划以及项目实施进展情况，与各系统协商制定。其特点是更加符合任务实际，包括对总体计划、阶段计划的调整。

5）日计划

各级组织在每天工作结束后，汇总当天计划完成情况，统筹协调第二天的工作计划，特别是对电磁环境、人员及设施设备等资源的配置进行协调。

10.4.2　进度计划实施

1）把握计划环节

在贯彻执行各级各类进度计划时，应检查这些计划之间是否协调一致，计划目标是否层层分解、互相衔接，在此基础上，形成一个计划实施的保证体系，以书面或会议形式下达给计划的执行者。

2）把握人员环节

进度计划的实施是航天发射项目全体工作人员的共同行动，要使相关人员都明确计划的目标、任务、实施方案和措施，使管理层和作业层协调一致，将计划实施变为全体人员的自觉行动。应明确各级各类人员的责任，保证责权的统一。

3）把握资源环节

应按照资源保障计划，及时组织资源的供给工作，尤其是要加强重点工作、关键环节的资源管理，确保资源按质、按量、按时到位。

4）把握环境环节

不良的气候条件、不可预见的地质条件、作业条件等都可能带来不利的影响，阻碍进度计划的实施。应监测环境条件的变化，积极采取防范措施，将环境的不利影响降到最低。

5）把握进度控制环节

控制工作要贯穿于计划执行的全过程，要严格落实各项制度，严密监测项目的进展，科学分析出现的进度偏差，采取有效措施进行计划的调整，保证任务进度在可控的状态。

6）把握关键工作

关键工作是项目实施的主要矛盾，为保证关键工作能按时完成，可采取集中人员攻关、优先提供资源等措施，可采用定任务、定人员、定目标，使用新技术、新工艺等手段，确保关键工作按质、按时完成。

7）重视调度协调

调度协调工作是实现项目进度目标的重要手段，其主要任务是掌握项目计划的实施情况，协调各方面的关系，采取措施解决各种矛盾，保证进度目标的实现。

8）重视精细实施

航天发射任何一个微小的失误都可能造成重大损失，因此精细实施是进度管理的内在需求。精细实施要求建立科学全面的标准，细化每个过程、步骤和技术操作，确认每项活动结果的符合性。

10.4.3　进度控制

10.4.3.1　航天发射项目进度控制原理

1）动态控制

航天发射项目进度控制是随着项目的进行而不断实施的一个动态过程。项目实际进度按计划进行时，进度目标的实现就有保证；实际进度与进度计划不一致时，若不及时采取措施，进度目标就难以实现。当进度出现偏差时，必须针对偏差产生的原因采取措施，调整计划，使实际进度与计划进度在新的起点上重合，并使航天发射项目按调整后的计划继续执行，以保证航天发射项目最终进度目标的实现。由于主客观条件的不断变化，项目偏差的产生和针对偏差采取措施、调整计划的活动必然是一个持续不断的动态过程，直至项目结束。

2）系统方法

航天发射项目是一个整体，项目的进度控制，无论是控制对象，还是控制主体，无论是进度计划，还是控制活动本身都是一个完整的系统。进行项目进度控制，首先应编制项目的各种计划，如进度计划、资源计划等，计划的对象由大到小，计划的内容由粗到细，形成项目的计划系统；其次项目涉及各个相关主体、各类不同人员，必须建立决策、执行和操作等层次的组织体系，形成项目组织系统；最后项目在具体实施中，时间、资源、质量和项目实施的自然和社会环境等要素间相互支撑和制约，使项目实施本身形成一个复杂的系统。因此，项目的进度控制必须采用系统方法，在各种平衡中追求项目目标的实现。

3）闭环管理

航天发射项目进度控制活动包括目标确定、计划编制和实施、进度检查比较与分析、调整措施的确定和计划的修订，共同形成一个闭环改进的过程。

4）信息原理

航天发射项目进度控制的过程是一个信息传递和反馈的过程，项目进度计划的信息从上到下传递到项目的实施部门和人员，使计划得以贯彻落实；项目实际进度信息自下而上反馈到各有关部门和人员，以供分析、决策和调整，使进度计划符合预定的进度目标。因此，信息是项目进度控制的依据，需要依据信息原理建立信息系统，以保证项目进度控制的有效实施。

5）网络计划技术

网络计划技术是项目进度控制的理论基础，广泛应用于进度计划编制、优化、管理和控制。

10.4.3.2　有效利用进度控制技术

各级各类组织根据项目进度计划，对重点工作、关键环节、主要资源等分层次、分时段细化保障条件和技术要求，明确相互间接口关系，制定详细的实施计划。在项目实施过程，对重点工作，如航天产品卸车、吊装、转运、测试、加注、发射等，优先考虑资源分配，提前做好预防措施，并加强任务现场秩序的监控；对于关键环节，实时掌握各系统的工作进度，及时调整资源配置，确保关键路径上的工作按计划完成，确保重大节点（航天器加注、运载器加注等）各系统工作无延误；对于主要资源，如关键设备、主要人员应提前进行确认，保证能按时、按质、按量投入。

要有效利用前锋线法、图上记录法、报告表法和定期观测等进度检测技术，适时掌握各系统工作进展情况。利用横道图、S 曲线和香蕉曲线等比较评价技术，适时掌握各系统工作进度的状态。尤其是在关键节点处，利用返工保证质量，利用赶工保证进度，确保进度和质量的协调统一。

10.4.3.3　充分使用协调沟通手段

充分利用现场跟踪、调度协调和阶段评审的机会，及时掌握航天发射项目进度的状态，比较分析存在的偏差，统一对处置措施的认识，及时调整计划和资源配置，保证实际进度与计划的一致性。

依靠质量联络员，及时掌握各系统工作的质量和进度，发现问题及时上报至发射场组织指挥机构。组织指挥人员应靠前指挥，检查任务计划执行情况，组织处置存在的问题，对可能影响或已经影响任务进度的重大问题，交由专题工作会或任务指挥部会研究纠正措施。

依靠调度协调会，及时汇总分析各系统任务态势，通过对计划、程序和资源的调控，及早采取纠正和预防措施，保证各系统工作进度的一致性。尤其是要尽快解决系统间发生的不协调、不匹配和矛盾冲突，以保持航天发射项目内外有序、关系顺畅和系统最优。

依靠阶段评审，监视和测量关键环节处工作质量和进度的一致性，根据质量特性的状况和实际工作进度，决策是否返工和赶工。同时通过阶段评审，达到沟通意图和统一行动的目的。

10.4.3.4 科学实施纠正偏差措施

航天发射进度计划的控制主要有前馈控制、同期控制和反馈控制等。对通过分析可预知的短线和薄弱环节采取前馈控制，事前消偏。对实施过程中发生且可立即解决的问题进行同期控制，及时消偏。对通过事后评估和分析发现的影响进度的问题采取反馈控制，事后消偏。对于影响整体计划执行的重大问题或项目，需要集智攻关，编制专题计划，同时及时调整阶段计划，加大资源投入，避免由于单项任务的推迟影响任务的整体计划。

航天发射项目纠偏措施的原则是进度服从质量。因此，纠偏措施要确保满足系统性能指标要求、满足航天产品质量要求，然后再综合平衡进度损失和成本增加最小的要求。

在保证质量的前提下，各系统、分系统出现的进度偏离要服从总体计划。当出现进度紧张、需要追赶工期时，相关系统和分系统应及时调整人员投入、延长工作时间，甚至要借助外部人力物力的资源优势，想方设法追赶工期，尽量保证全局任务计划不受影响。

10.4.3.5 严格控制进度计划变更

采取纠偏措施后，进度仍不能满足基准计划要求时，需对计划进行变更。影响航天发射进度计划变更的因素有很多，其中最主要的因素有发生质量问题、气象条件不满足要求和政治形势需要 3 个方面。

质量问题是影响航天发射项目计划最常见的因素。航天发射项目要求进度服从质量，因此，当航天产品发生质量问题时，必须按照“双五条”标准进行归零。由于系统和环境因素的复杂性，质量问题的归零常常不是件容易的事，在计划允许的时间范围可能做不到质量问题的归零，此时就需要变更项目进度计划。

如神舟 2 号飞船发射任务因“活动发射平台误启动”导致任务计划推迟 5 天，神舟 3 号飞船发射任务中因“飞船穿舱插座存在批次质量问题”造成任务计划推迟近 3 个月等。

气象条件不满足要求引起计划变更，常常发生在产品转运、加注、发射等关键时段。

由于上述时段对气象条件要求较高，尤其是风速、雷雨、云量等气象要素对相关活动的实施影响很大，当气象不能满足最低要求时，需要变更任务计划。例如在神舟 7 号载人航天飞行任务中，就因为气象原因 4 次调整了飞船转运、船箭组合体转运的计划。

因政治形势需要而变更任务计划的情况不常见，但对于有重大政治影响的航天发射项目是必须考虑的一个因素。如神舟 6 号载人航天飞行任务就因此多次变更任务计划。

由于航天发射项目规模大、系统复杂，局部计划的变更常常影响全局，全局计划的变更常常对项目目标产生重大影响，可能会导致难以估计的重大政治、经济损失。因此，计划的变更必须充分论证、审批完备、严格落实。

航天发射项目局部进度计划变更在不影响全局进度计划时，由相应系统的最终责任人或组织审批者上报发射场最高指挥机构。全局阶段性进度计划变更在不影响最终发射时间时，由发射场指挥机构审批，上报航天发射最高指挥机构。全局进度计划调整影响到最终航天发射时间时，由航天发射最高指挥机构审批。

10.5　航天发射项目风险管理

10.5.1　风险管理流程

风险管理的一般流程可分为风险识别、风险评估、制定对策、实施对策、监督评价 5 个步骤。航天发射风险管理须遵守“稳妥可靠、万无一失”的原则，做到“不带问题转场、不带疑点上天”，因此航天发射风险管理流程可概括为风险识别、风险评估（影响发射成败的风险、造成一定损失的风险、可以接受的风险）、风险应对（消除影响成败的风险、控制造成一定损失的风险、针对可以接受的风险制定处置预案）、风险状态确认。具体流程如图 10-8 所示。

航天发射项目风险管理随项目的开始而开始，随项目的结束而结束，因此项目风险的管理流程是一个在项目生命期中不断循环的过程。但是，在项目的不同阶段所面临的风险程度是不同的，一般来说，随着项目的进展，项目风险发生的可能性就会逐步降低。

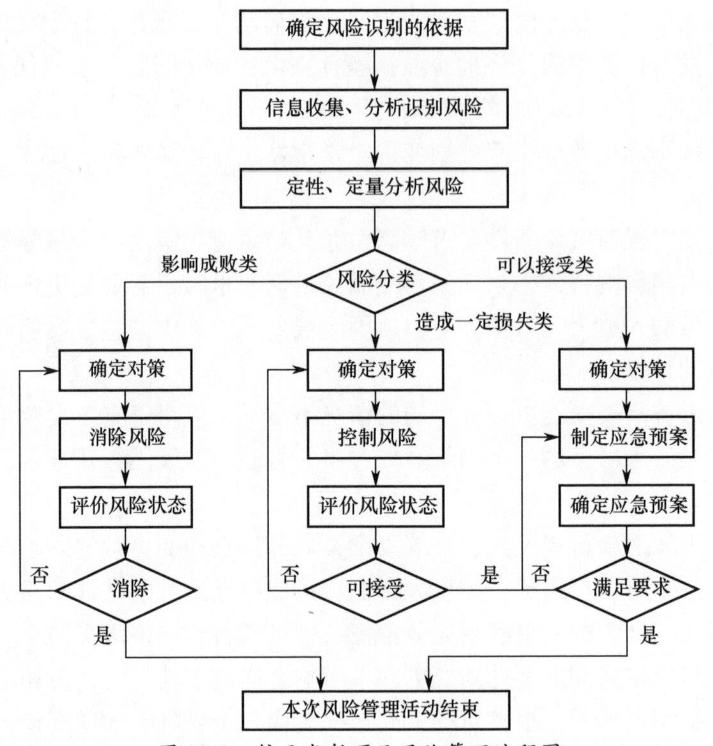

图 10-8 航天发射项目风险管理流程图

10.5.2 风险识别

风险识别是项目风险管理的基础。风险识别是指风险管理人员在收集资料和调查研究的基础上，运用各种方法对尚未发生的潜在风险以及客观存在的各种风险进行系统归类和全面识别。风险识别的主要内容是：识别引起风险的主要因素、识别风险的性质、识别风险可能引起的后果。

项目风险的识别不是一次能够完成的，它应该在整个项目运作周期中定期而有计划地进行，是一项持续性、反复作业的过程和工作。

10.5.2.1 航天发射项目风险识别依据

1）航天发射项目要求描述

航天发射项目要求主要包括以下几个方面：上级组织的指示和要求；航天任务飞行大纲、测发工艺流程、总体技术文书；航天产品研制、生产、使用单位的要求；任务技术状态和系统间接口变化情况等；上述任务要求识别得越详尽，任务的不确定因素就越少，风险就越小。

2）航天发射项目历史资料

航天发射项目历史资料主要包括以下几个方面：岗位设置及人员定位情况；

设施设备性能状况；测试、操作环境状况；任务文书状况；以往任务过程有关风险的相关信息；应遵守的适用的法律法规和行业标准等。从上述历史资料中分析确定风险因素，识别风险所在。

3）项目实施及质量问题处置情况

航天发射项目实施和质量问题处置情况主要包括以下几个方面：项目各类计划的实施情况；航天产品质量问题的归零情况；地面设备质量问题的归零情况；任务保障发生问题的处置情况；后续工作的准备情况；应急处置措施的落实情况等。

10.5.2.2　航天发射项目风险识别方法

航天发射项目风险识别的方法主要有头脑风暴法、德尔菲法、检查表、因果分析图、故障树分析法、工作风险分解法和“双想”法等。这里仅对“双想”法进行介绍，其他方法具有通用性，读者可参考相关资料。

“双想”指回想和预想，是航天发射项目管理中比较有效的预防措施之一，分为组织和岗位两类。组织类“双想”由相应的组织机构组织，与头脑风暴法相类似，但目的性更强。岗位类“双想”由组织安排，一般采取岗位“双想”记录表的形式，指导岗位人员在特定的时段内开展。

在航天发射项目关键节点处，各系统、专业开展“双想”活动，回想和复查前阶段工作中是否存在问题和隐患，发现的问题是否已归零或有不影响后续工作的结论；预想下阶段工作中可能出现的问题、工作重点和薄弱环节，提出预防措施。表 10-1 所列为航天发射项目岗位“双想”记录表示例。

表 10-1　航天发射项目岗位“双想”记录表示例

NO.　　　　　　　　　　　　　　　　　　　　年　月　日

系统名称		岗位名称	
1. 对前一阶段测试结果是否有怀疑和不放心的地方			
2. 在前一阶段测试中，技术通知单的内容是否已完全落实			
3. 在前一阶段测试中，是否还有未检查到的项目			
4. 前一阶段的进出舱登记表、状态检查表是否严格落实了审签制度			
5. 前一阶段的数据判读是否严格落实了审签制度			
6. 前一阶段有无归零不准确、不彻底的问题			
7. 对任务下一阶段本岗位的技术状态、岗位职责、工作内容是否清楚			
8. 是否理出了本系统、本岗位下一阶段的工作重点、短线和薄弱环节			
需详细说明的问题、措施或建议：			
审查意见			

10.5.3 风险评估

10.5.3.1 航天发射项目风险评估含义

航天发射项目风险评估包括风险分析和评价，目的是将各种数据转化成可为决策提供支持的信息，主要任务是确定风险发生概率、风险后果严重程度、风险影响范围大小和风险发生的时间分布，给出航天发射项目风险评估的结论。

对识别出的航天发射项目风险采用定性分析和定量分析相结合的方法，估计风险发生的概率、风险范围、风险严重程度（大小）、变化幅度、分布情况、持续时间、发生时间和发生频度，从而找到影响航天发射项目的主要风险源和关键风险因素，确定风险区域、风险排序和可接受风险基准，确定风险评价准则和风险决策的准则，进而从决策的角度评定风险对航天发射项目的影响，给出风险对评价准则或决策准则影响的度量，由此确定可否接受风险，或者选择控制风险的方法，降低或转移风险。

10.5.3.2 航天发射项目风险评估依据

航天发射项目风险评估依据主要包括：已识别的项目风险清单，从已识别的风险清单中可以得到已识别的风险列表、风险的相对排序或优先级表，以及按照类别归类的风险；风险事件统计数据的准确性和可靠性，数据的准确性和可靠性会影响项目风险评估的结果，所以应对数据的准确性和可靠性进行评估；风险概率和影响的程度，风险发生的概率和影响的程度是划分项目风险大小的重要依据；风险评价准则和决策准则；航天发射项目历史资料等。

10.5.3.3 航天发射项目风险分析方法

航天发射项目风险分析方法较多，这里仅介绍常用的风险概率及后果、矩阵图分析、访谈和决策树技术，其他方法读者可参阅相关书籍。

1）风险概率及后果

风险概率是风险发生可能性的大小。风险后果是风险事件对项目目标产生的影响。

风险分析的首要工作是确定风险事件的概率分布。一般来讲，风险事件的概率分布应根据历史资料来确定；当项目管理人员没有足够的历史资料来确定风险事件的概率分布时，可以利用理论概率分布进行风险估计。

历史资料法。在航天发射项目情况基本相同的条件下，可以通过观察各个潜在风险在长时期内已经发生的次数，估计每一个可能事件的概率。这种估计是每一个事件过去已经发生的频率。

理论概率分布法。当航天发射项目的管理者没有足够的历史信息和资料来确定项目风险事件的概率时，可根据理论上的某些概率分布来补充或修正，建立风险的概率分布图。常用的风险概率分布有正态分布、指数分布、三角形分布、对数正态分布、等概率分布和阶梯形分布等。

主观概率。由于项目的一次性和独特性，不同项目的风险往往存在差别。因此，项目管理者在很多情况下要根据自己的经验，测算项目风险事件发生的概率或概率分布，这样得到的项目风险概率被称为主观概率。主观概率的大小常常根据人们长期积累的经验，对项目活动及其有关风险事件的了解进行估计。

风险事件后果的估计。风险事件造成的损失大小要从 3 个方面来衡量：风险损失的性质、风险损失的范围和风险损失的时间分布。

风险损失的性质分为政治性损失、经济性损失和生命性损失。风险损失的范围是指损失的严重程度、损失的变化幅度和分布情况，严重程度和变化幅度可分别用数学期望和方差来表示。风险损失的时间分布是指项目风险事件是突发性，还是随时间推移逐渐致损，是在项目风险事件发生后马上就感受到，还是需要随时间推移而逐渐显露出来，以及这些损失可能发生的时间。

2）矩阵图分析

风险的大小由两个方面决定，一个是风险发生的可能性，另一个是风险发生后对项目目标所造成的危害程度。对这两方面，可以用一些定性的描述词分别进行描述，如“非常高的”“高的”“适度的”“低的”和“非常低的”等，其中对发生可能性大且危害程度大的风险要特别加以注意。表 10-2 是风险对航天发射项目目标影响度分析示意表。

表 10-2　风险对航天发射项目目标影响度分析示意表

NO.　　　　　　　　　　　　　　　　　　　　　　　　　年　月　日

因　素	影　响　度				
	很低（0.05）	低（0.1）	一般（0.2）	高（0.4）	很高（0.8）
质量	进入预定轨道的航天器非主要性能指标轻微超差，对非主要功能的使用有轻微的影响	进入预定轨道的航天器主要性能指标轻微超差，对主要功能的使用有轻微的影响	进入预定轨道的航天器非主要功能不能使用	进入预定轨道的航天器少量主要功能不能使用	航天器未进入预定轨道，或航天器主要功能不能使用
安全	没有明显的人员伤害和航天产品受损	导致人员或航天产品受到轻微伤害	导致人员或航天产品受到一般性伤害	导致人员受到严重伤害，航天产品非主要功能受到受损	导致人员死亡，航天器产品主要功能受损

续表

因素	影响度				
	很低（0.05）	低（0.1）	一般（0.2）	高（0.4）	很高（0.8）
进度	不明显的进度拖延，不影响最终发射时间	进度拖延<5%，不影响最终发射时间	进度拖为［5%～10%）不影响最终发射时间	进度拖延为［10%～20%），发射延误时间在可接受的范围内	进度拖延≥20%，发射延误至不能接受的程度
成本	不明显的成本增加	成本增加<5%	成本增加为［5%～10%）	成本增加为［10%～20%）	成本增加≥20%

3）访谈

访谈技术所需的信息取决于采用的概率分布类型。例如：概率分布如果采用三角形分布，信息会按照乐观（低风险）、悲观（高风险）和最可能这种模式进行收集；如果采用标准或对数正态分布，信息则按照均值和标准差进行收集。将风险值域设定的理由形成文字记载是风险访谈的一个重要组成部分，因为它有助于为该项分析提供可靠的信息。访谈可以邀请相关的专家，运用他们的经验做出风险度量，其结果较为准确可靠，甚至有时比通过数学计算与模拟分析的结果还要准确和可靠。

4）决策树分析

决策树分析法可表示出项目所有可供选择的行动方案、行动方案之间的关系、行动方案的后果，以及这些后果发生的概率。

决策树是形象化的一种决策方法，采用逐级逼近的计算方法，从出发点开始不断产生分枝以表示所分析问题的各种可能性，并以各分枝的损益期望值中最大者（如求极小，则为最小者）作为选择的依据。

决策树技术是项目管理中的常用工具，读者可参考相关资料。

10.5.3.4 航天发射项目风险评价准则

1）成败类风险

航天发射成败类风险主要包括：可能导致不能将航天器送入预定轨道的风险；可能导致航天器不能正常工作的风险；可能导致航天器不能达到预期寿命的风险；可能导致航天员受到伤害的风险；可能导致航天产品受到严重损害的风险；可能导致地面人员受到严重伤害的风险；可能导致地面不能获取航天产品关键数据的风险；可能导致地面不能有效控制航天产品的风险等。上述事件发生的概率无论高低，均视为成败类风险。

2）损失类风险

航天发射损失类风险主要包括：可能导致航天产品受到一般性损害以下的风险；可能导致地面人员受到一般性伤害的风险；可能导致地面不能获取航天产品非关键数据的风险；可能导致地面设备受到损害的风险；可能导致地面环境受到一定损害的风险；可能导致一般性以上的泄密事件发生的风险；可能导致延期发射的风险；可能导致重要通信中断的风险；可能影响重要物资供给的风险等。当上述事件发生的概率高于相应的工程设计或期望的概率时，认为是损失类风险。

3）接受类风险

航天发射接受类风险主要包括：一般性任务通信中断；任务图像质量低于期望的级别；任务话音音质低于期望的效果；任务通信误码率高于工程要求；可能会对地面设备造成轻微损害；可能会对地面人员造成轻微伤害；可能会对地面环境造成轻微损害；非关键参试设备故障；可能影响一般性物资供给等。上述事件无特殊情况，视为接受类风险。对于损失类风险事件，若发生概率满足相应的工程设计或期望的概率，也可视为接受类风险。

10.5.3.5 航天发射项目风险评价步骤

项目风险评价方法主要有风险评审技术（Venture Evaluation Review Technigue，VFRT）、概率风险评估（Probabilistic Risk Assessent，PRA）方法、故障模式影响及危害性分析等，但由于航天发射项目的特殊性，其风险评价有自己独特的要求，一般按以下四步进行。

第一步，依据航天发射项目风险评价准则，确定风险事件是属于成败型、造成一定损失型或可以接受型。

第二步，对于造成一定损失型的风险事件，只需判别其发生的概率是否在工程设计指标和任务期望指标要求内，进而给出是不是损失类风险的结论。

第三步，对于损失类风险，采用风险优先数法进行分析排序。

第四步，根据前三步评价的结果，绘制风险评估清单。表 10-3 为航天发射风险评估清单示意表。

表 10-3 航天发射风险评估清单示意表

NO. 年 月 日

成败类						
序号	风险事件	风险位置	时间分布	期望概率	发生概率	责任单位

续表

<table>
<tr><td colspan="10">损失类</td></tr>
<tr><td>序号</td><td>风险事件</td><td>风险位置</td><td>时间分布</td><td>发生概率</td><td>严重程度</td><td>风险指数</td><td>风险水平</td><td>排序</td><td>责任单位</td></tr>
<tr><td></td><td></td><td></td><td></td><td></td><td></td><td></td><td></td><td></td><td></td></tr>
<tr><td colspan="10">接受类</td></tr>
<tr><td>序号</td><td>风险事件</td><td>风险位置</td><td colspan="3">时间分布</td><td colspan="2">责任单位</td><td colspan="2">备注说明</td></tr>
<tr><td></td><td></td><td></td><td colspan="3"></td><td colspan="2"></td><td colspan="2"></td></tr>
</table>

10.5.4 风险应对

10.5.4.1 成败类风险应对方法

根据航天发射“稳妥可靠、万无一失”和“不带问题转场、不带疑点上天”的原则，在发射场只要存在成败类风险就不能发射。因此，成败类风险的应对方法只有2种，即回避风险和消除风险。

1）回避风险

考虑到风险事件存在和发生的可能性，主动放弃或拒绝实施可能导致航天发射重大损失的方案。通过回避风险，可以完全彻底地消除某一或某类风险事件的发生，而不仅仅是减少损失的程度。回避风险具有简单易行、全面彻底的优点，能将风险事件发生的概率降为零，从而保证航天发射最终成功。回避风险的具体方法有：放弃或终止某项活动，改变某项活动的性质，放弃某项不成熟工艺等。例如，在航天发射项目临射检查与发射过程中，由于某系统或设备的故障可能会导致发射失败，而该故障又不能在规定时间内排除时，为避免发射失败造成的损失与影响，可暂时终止发射活动，待查明故障原因并彻底根除后再重新组织发射。

在采取回避风险时，应注意以下几点：当对风险有足够的认识时，这种策略才有意义；当采用其他风险应对策略的成本和效益预期值不理想时，可采用回避风险的策略；不是所有的风险都可以采取回避策略，如无法预测的不可抗拒的自然力；由于回避风险只是在特定范围内及特定的角度上才有效，因此，避免了某种风险，可能会产生另一种新的风险。

2）消除风险

在全面、真实地掌握了引发风险事件的原因及其机理后，采取根除引发风险事件的原因，或消除引发风险事件的作用机理，达到消除风险的目的；或者，虽不能全面、真实地掌握引发风险事件的原因和机理，却可以明确地判定存在风险

的部件，此时可以通过已知是安全正确的部件替代存在风险的部件，达到消除风险的目的；或者，虽不能全面、真实地掌握引发风险事件的原因和机理，却可以明确地判定存在风险的部位，此时可以通过切除风险部位且不影响系统主体功能的办法消除风险。航天发射要求质量问题归零要满足“双五条”归零标准，就是消除风险的措施之一。

10.5.4.2　损失类风险应对方法

损失类风险的应对方法包括预防和减轻 2 类办法，通过预防风险可有效降低损失型风险事件发生的概率，通过减轻风险可有效减少风险事件发生时的损失幅度，最终达到将损失类风险转化为接受类风险的目的。

1）预防风险

预防风险是指在损失发生前，为了消除或减少可能引起损失的各种因素而采取的具体措施，以降低损失发生的频率。航天发射项目预防风险的方法包括工程法、教育法和程序法等。

工程法。以工程技术为手段，通过对物理因素的处理，达到控制损失的目的。具体措施包括：预防风险因素的产生、减少已存在的风险因素、改变风险因素的基本性质、改变风险因素的空间分布、加强风险单位的防护能力等。例如，在航天测试发射活动开始前进行的地面设备运行检查、产品第一次加电及重大测试开始前的技术安全检查，以及状态检查、状态确认活动，可以达到提前发现系统、设备故障和安全隐患，从而在测试发射活动开始前采取有效措施消除风险因素，减少风险事件发生。

教育法。通过安全教育培训，消除人为风险因素，防止不安全行为的出现，以达到控制损失的目的。例如，对全体参加任务人员进行质量意识教育、发射场相关规章制度学习、文书（方案、预案、协同指挥程序、操作规程等）学习、安全技能和人员安全防护教育等。

程序法。以制度化的程序作业方式控制损失，其实质是通过加强管理，从根本上对风险因素进行处理。例如，“双岗”“三检查”“五不操作”制度。进出舱门管理、现场管理和“表格化”管理制度等，均可以有效防止操作差错和测试工作漏项。

2）减轻风险

减轻风险是通过采取措施，缩小风险事件发生时导致损失的幅度。航天发射项目减轻风险的方法包括分割、储备和拟订有效的规章制度等。

分割是将某一风险单位分割成许多独立的、较小的单位，以达到减小损失幅度的目的。例如分布式供电，避免供电线路故障导致众多设备不能正常工作。

储备是增加风险单位的一种手段。例如，系统、设备的冗余设计，关键系统的备品备件储备，指挥、操作人员工作的继承性及双岗设置等。这样，当出现系统、设备故障时可以启用系统、设备的冗余备份或更换备品备件，当参加任务人员出现问题时有可替代的岗位人员。

拟订有效的规章制度是减轻风险的有效措施。例如，在现场设立安全员，测试操作设置一岗、二岗或主岗、副岗的“双岗”制度，可以有效抑制参加任务人员的操作差错，及时发现设备故障和安全隐患。

10.5.4.3 接受类风险应对方法

接受类风险的应对方法是自留风险，又称承担风险，是指由组织自己承担风险事故所致损失的措施。在实践过程中有主动自留和被动自留之分。主动自留风险是指在对项目风险进行预测、识别和评估基础上明确风险性质及其影响，风险管理者经合理判断、慎重研究后，主动将风险承担下来。被动自留风险则是指未能准确识别和评估风险及其损失影响的情况下，被迫采取自身承担风险的应对方式。被动自留风险是一种被动的、无意识的应对方式，往往造成严重的影响，使组织遭受重大损失。航天发射项目进入实施阶段以后，风险事件的发生往往会影响任务进程。针对航天发射项目的这种特点，要着力提高参加任务人员的应急处置能力，增强突发风险事件的应急处置手段。针对人员、设备、指挥、操作等方面的潜在问题，制定相应的处置预案并组织预案演练，使岗位人员熟悉应急处置的程序和方法，确保在紧急情况发生时能及时有效地处置，避免或降低风险事件发生时的损失。

10.5.4.4 风险应对措施落实

1）风险应对计划

项目风险应对计划主要包括：已识别的风险及其描述、风险发生的概率、风险应对的责任人、风险应对策略及行动计划、应急计划等。针对航天发射项目风险评估清单，编制相应的风险应对计划，在计划中明确每一风险事件的风险控制点、应对措施、责任单位、责任人和落实情况。

2）风险应急计划

应急计划是预先计划好的，一旦已识别的风险事件发生就可付诸实施的行动步骤和应急措施。好的应急计划把风险看作是由某种风险预警信号引起的，两者存在因果关系。应急计划包括风险的描述、完成计划的假设、风险出现的可能性、风险的影响及适当的反应。

航天发射项目主要指各类预案、应急处置方案等，如发射预案、发射区人员紧急撤离方案、推进剂加注故障处置预案等，一旦出现相关风险事件，即按照既定的预案执行。

3）风险应急储备

风险应急储备是指在项目计划中为了应对项目进度、成本、质量风险而事先准备的时间、资金或物资。航天发射项目主要考虑任务进度和质量风险的影响，在项目准备期间要事先购置好相关系统、设备的备品备件；针对重要任务节点，制订详细的时间节点计划，预留相应的机动时间，确保不影响总的任务进程。

10.5.4.5　应对措施落实效果评审

成败类风险应对措施实施的效果须进行专家评审，评审结论认为该项风险已经消除或对后续任务没有影响，方可结束对该风险的处置。

损失类风险应对措施实施的效果，一般也要经过评审确认达到预期的目的后，才可将其作为接受类风险进行处置。

对于接受类风险的应急处理计划、方案应经过评审确认后，才可转入对此风险的监控阶段。

10.6　航天发射项目综合管理

10.6.1　基本特点

航天发射项目综合管理的内容涉及指挥决策、装备保障、后勤保障、气象保障和任务现场管理等方面的内容，具有以下典型特点。

（1）系统集成性。每个航天发射项目都是一个系统，其综合管理强调项目的整体优化，提高系统的整体功能，重视系统的集成。纵向方面包括发射场的准备、航天产品的测试、系统间的联合检查、航天产品的发射和项目总结与改进的集成；横向方面包括技术、管理、人和环境的集成等。通过系统集成，航天发射项目管理可以优化资源配置，协同管理对象，激发要素间优势互补，提高项目管理活动的效果。

（2）动态开放性。航天发射项目综合管理过程中必须时刻关注项目内外环境要素（以内部为主）的变化，通过有效的调节和控制机制，使变化朝有利的方向发展，使管理对象按预定的途径实施，以保证项目最终目标的实现。因此，航天发射项目综合管理工作中要重视搜集信息，注意经常反馈，随时掌握项目实施过程中各种要素之间相互作用的动态性，以增强航天发射要素间的群体效应。

（3）协同有序性。在航天发射的实施过程中，需要通过综合管理实现质量、进度、资源等各项目要素之间的平衡协同，以保证项目目标的实现。同时，由于航天发射项目自身的复杂性、风险性，各要素间的高度相关性，使航天发射项目管理的有效性不仅取决于要素（内在）的作用，一定程度上还取决于其有序化程度。这种有序化在航天发射项目管理中表现为项目实施的程序化。

10.6.2 装备保障

装备是实施航天发射的基本要素，在项目管理中应给予高度重视并加强管理。航天发射项目装备保障管理涉及基本设施设备、测量设备、特燃特气等方面的管理。

10.6.2.1 基础设施设备保障

依据航天发射项目范围计划，确认参加航天发射项目的设施设备。按照设施设备检修检测细则，对参加任务的设施设备进行检修检测。根据航天发射项目对设施设备的数、质量要求，开展设施设备数、质量评审。对满足任务要求的设施设备张贴准用证，保证参加航天发射的设施设备数量和性能满足要求。

根据检修检测结果和历史数据，分析设施设备的技术状态；依据关键节点处的任务剖面，评估任务的可靠度；针对薄弱环节，策划设施设备的保障方案。尤其是对设施设备的备品备件，应依据任务需求准备充分，并确认其性能满足要求。

项目实施过程中，应保持与设施设备研制生产单位的联系，保持相关物资器材供给渠道的畅通，对基础设施设备可能出现的问题，提前做好应急保障预案，建立装备备用保障系统。对项目实施中发生的基础设施设备故障，及时处置并在必要时启动备用保障系统。

任务结束后，要对设施设备的性能状态进行恢复，及时做好技术状态的转换，并按照装备维护保养要求，组织好设施设备的维护管理。

10.6.2.2 测量设备保障

依据航天发射项目范围计划，识别用于航天发射项目中的测量设备，包括测量装备和仪器仪表。测量设备的精度必须满足航天发射项目给定的要求。

用于获取测量数据的测量设备，要按照规定的时间间隔或在使用前进行校准和（或）检定，并张贴校准状态标识，保存校准或检定结果的记录。对用于监视和测量的计算机软件应确认其满足预期用途的能力。

10.6.2.3 特燃特气保障

根据航天发射项目范围计划，分析计算特燃特气的需求量。依据任务需求，组织液氧、液氮的生产、储存和供给工作，航天产品推进剂的化验、提取、运输、储存和转注工作。

特燃特气的保障过程，必须高度重视安全防护工作，确保各种预防措施的有

效落实，严禁在没有安全防护措施情况下对特燃特气进行操作。

特燃特气的使用需分析其对环境造成的污染，并按照国家有关标准做好污染的防护和治理。

10.6.3　后勤保障

后勤保障是航天发射项目得以有效实施的物质基础，包括航天发射项目实施期间的航天产品接运、交通运输保障、卫生勤务服务、供电保障管理和生活保障。

航天产品接运一般涉及公路和铁路运输 2 种情况。后勤保障部门应针对航天产品接运的特殊情况制定航天产品接运保障方案，组织协调相关各方做好各项准备工作。在实施运输前应检查铁路公路、运输车辆、装卸机械等的状况，确认各种预防措施得到落实。航天产品运输过程中，应加强监控，确保安全。航天产品装卸时，要做好航天产品的防护，严格落实组织实施程序和操作规程，确保人员和产品安全。

交通运输保障包括铁路和公路运输 2 种情况。后勤保障部门应针对航天发射项目关键节点和重要活动，维护检查铁路和公路，组织调度工程机械和运输车辆，筹措油料等物资，保证交通运输安全、准时、高效。

卫生勤务服务应针对航天发射项目的特点制定保障方案和应急预案，组织做好人员训练和应急演练。要筹措好以烧伤、中毒救治为重点的各种应急药品和器材，开设专用病房。在航天发射项目实施过程中，组织巡诊，并针对关键节点和关键活动派出任务现场应急救护分队。

供电保障管理的重点是确保航天发射项目的用电安全，因此要针对航天发射项目的特殊性制定发供电的调度方案和紧急限电保障方案。

生活保障的重点是做好特殊劳动用品筹措和发放，饮食卫生安全，防暑、防冻和防毒工作。

10.6.4　气象保障

由于航天发射受气象条件的约束，因此准确预报发射场近、中、长期的气象状况对航天发射的组织实施具有非常重要的意义。我国航天发射场一般通过以下方式为航天发射提供气象保障。一是依据行业标准建立气象站，实施地面气象观测和高空气象探测。二是开展气象保障协作，收集地方航危报实况，以及相关测量站、船的气象信息，与上级保障单位和地方气象部门进行气象会商。三是召开气象保障协调会，明确各方职责，协调相关事宜。四是针对航天发射项目的关键节点，实时观测地面气象，增加高空气象探测频次。五是气象专题汇报，根据航天发射项目要求和天气形势，一般在重大决策前，进行气象专题汇报，汇报内容主要包括气候背景、天气变化趋势和预报结论等。

10.6.5 任务现场管理

航天发射项目任务现场管理是对任务现场活动和空间使用进行的管理，是一种综合性的管理。

1）任务现场管理的意义

任务现场管理是航天发射项目管理的重要组成部分。良好的现场管理能使场容美观整洁，道路畅通，产品和设备布置有序，作业有条不紊，安全、消防及其他环境条件得到有效保障，且能使项目相关各方满意。

任务现场管理是各项管理工作联系的“纽带”，各项管理工作都在这里相互关联地进行着。现场管理给其他管理工作以保证，同时又受其他管理工作的约束。

现场管理是组织单位的面貌。严格规范的现场管理能为组织单位赢得信誉，利于组织内外关系的协调。

2）任务现场管理总体要求

任务现场管理的总体要求主要包括：任务现场安全有序、整洁卫生，环境条件满足规定要求；对任务有关区域和工作场所进行标识，对危险场所应提供警示；任务现场通道、消防出入口、紧急疏散楼道、高度限制等均应有标识；对任务现场在用的设施设备以及正在测试和已经测试完毕的航天产品的状态进行标识，防止任务现场中的误用；发射场任务指挥部应经常巡视检查任务现场，认真听取各方意见，及时抓好任务现场管理的改善。

3）任务现场人员管理

任务现场人员管理的重点包括：明确出入人员的管理，如出入现场的人员必须佩戴有效证件，经检查确认符合出入权限后方可出入任务现场；明确出入现场的物品管理，如严禁将易燃易爆物品带入任务现场，物品出入任务现场必须接受检查；明确任务现场人员着装和活动的管理，如工作人员须着工作服和工作鞋，不得擅自动用非管辖的设施设备、仪器仪表等，参观人员不得擅自进入非参观区，严禁在任务现场吸烟，未经允许不得拍照。对人员的其他要求，如不在任务现场召集人员开会讨论问题，工作人员要坚守工作岗位，不允许随意走动和大声喧哗，人员离开任务现场必须做好工作整理，关闭电源和门窗等。

思考题：

1. 什么是航天发射项目？

2. 航天发射项目具有什么特点？
3. 航天发射项目管理的职能有哪些？
4. 航天发射项目风险识别的依据有哪些？
5. 航天发射项目风险识别的方法主要有哪些？什么是“双想”？
6. 航天发射项目综合管理基本特点是什么？
7. 论述航天发射项目风险应对的基本方法有哪些？

参考文献

[1] 崔吉俊．航天发射试验工程［M］．北京：中国宇航出版社，2010.
[2] 冉隆燧．航天工程设计实践［M］．北京：中国宇航出版社，2013.
[3] 钟文安，张俊新．航天测试发射原理［M］．北京：国防工业出版社，2020.
[4] 赵瑞兴．航天发射总体技术［M］．北京：北京理工大学出版社，2015.
[5] 王瑞铨，运载火箭发射技术及地面设备试验［M］．北京：中国宇航出版社，2019.
[6] 宋征宇．运载火箭地面测试与发射控制技术［M］．北京：国防工业出版社，2016.
[7] 张庆君，刘杰，等．航天器系统设计［M］．北京：北京理工大学出版社，2018.
[8] 闻新，等．航天器系统工程［M］．北京：科学出版社，2016.
[9] 陈善广．载人航天技术［M］．北京：中国宇航出版社，2018.
[10] 刘家騑，李晓敏，郭桂萍．航天技术概论［M］．3 版．北京：北京航空航天大学出版社，2014.
[11] 贾玉红．航空航天概论［M］．4 版．北京：北京航空航天大学出版社，2017.
[12] 周焕丁．内装式空射火箭射前姿态复合控制方法研究［D］．北京：航天工程大学，2019.
[13] 姜秀鹏，傅丹膺，李黎，等．发展空基发射小卫星技术的意义和途径［J］．国际太空，2016，1：47-51.
[14] 许志，何民，唐硕．内装式空射火箭箭机分离 RCS 姿态控制方案研究［J］．飞行力学，2011，2：70-73.
[15] 辛朝军，蔡远文，姚静波．空中发射技术现状及趋势分析［J］．装备学院学报，2014，5：67-71.
[16] 刘利生，张玉祥，李杰．外导弹测量数据处理［M］．北京：国防工业出版社，2002.
[17] 陈以恩，于谟，唐永华．遥测数据处理［M］．北京：国防工业出版社，2002.
[18] 魏法杰，郑永煌，刘安英，等．航天发射试验风险管理理论、方法与工具［M］．北京：科学出版社，2020.
[19] 于志坚，李浪元，张科昌，航天发射场质量安全环境一体化管理体系建立与实施［M］．北京：中国宇航出版社，2020.
[20] 鲁宇．航天工程技术风险管理方法与实践［M］．北京：中国宇航出版社，2014.
[21] 万全，王东锋，刘占卿，等．航天发射场总体设计［M］．北京：北京理工大学出版社，2015.
[22] 宋征宇．运载火箭地面测试与发射控制技术［M］．北京：国防工业出版社，2016.
[23] 李学锋，王青，王辉，等．运载火箭飞行控制系统设计与验证［M］．北京：国防工业出版社，2014.